Conserver cette correspondance

LES

SCIENCES NATURELLES

ET

LES PROBLÈMES

QU'ELLES FONT SURGIR

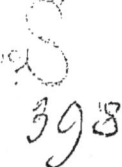

TRAVAUX DU MÊME AUTEUR

La place de l'homme dans la nature, traduit, annoté, précédé d'une introduction, et suivi d'un compte rendu des travaux anthropologiques du Congrès d'anthropologie et d'archéologie préhistoriques, par Eug. Dally. Paris, 1868, 1 vol. in-8, avec 68 fig.. 7 fr.

Éléments d'anatomie comparée des animaux vertébrés. Traduit de l'anglais par madame Brunet, revu par l'auteur et précédé d'une préface, par Ch. Robin. Paris, 1875, 1 vol. in-18 jésus de viii-530 pages avec 122 fig............ 6 fr.

LES
SCIENCES NATURELLES

ET

LES PROBLÈMES
QU'ELLES FONT SURGIR

LAY SERMONS

PAR

TH. HUXLEY
Membre de la Société royale de Londres

Professeur de paléontologie à l'École royale des mines d'Angleterre, etc.

ÉDITION FRANÇAISE

Publiée avec le concours de l'auteur et accompagnée d'une préface nouvelle

---

PARIS

LIBRAIRIE J.-B. BAILLIÈRE ET FILS

19, RUE HAUTEFEUILLE, PRÈS DU BOULEVARD SAINT-GERMAIN

1877

PRÉFACE NOUVELLE

Les essais réunis dans le volume que je présente actuellement au public français ont été écrits séparément, pendant une période de seize ans, selon que l'occasion se présentait et sans plan déterminé. Néanmoins, quand j'y regarde à nouveau, je m'imagine qu'ils ne manquent pas de connexion autant que je l'aurais cru tout d'abord, mais qu'en réalité ils expriment les différents aspects d'une même idée. Cette idée qui les relie, conviction profondément enracinée dans mon esprit, c'est que les résultats et surtout les méthodes de l'investigation scientifique ont une influence considérable sur la façon dont les hommes doivent comprendre leur propre nature comme leurs relations avec le reste de l'univers. Je crois surtout que cette influence doit s'accroître de jour en jour.

Comme je suis convaincu que l'interprétation vraie de la nature est pour l'homme l'affaire la plus importante, que seule elle peut le conduire au bien-être matériel, lui donner une base sérieuse et solide pour l'action sociale, lui fournir une exacte conception du passé, et une fidèle anticipation de l'avenir de l'univers dont il est une partie, je me suis efforcé de faire participer le grand public à mes pensées en les revêtant d'un langage simple et dépourvu de termes techniques.

Me confinant aux branches de la science qui font l'objet de faire ressortir mes propres études, j'ai cherché à faire ressortir l'action des résultats de la recherche moderne sur l'histoire du globe et de l'origine de ses populations vivantes, et à mettre ceux qui ne sont pas versés dans les recherches biologiques, à même d'apprécier la valeur et l'importance du livre de M. Darwin, l'*Origine des Espèces*, ce grand ouvrage, si discuté et si mal compris. J'ai beaucoup combattu pour faire admettre les éléments des sciences physiques dans les cours d'instruction adoptés dans les écoles, et finalement m'aventurant dans ces régions où la science et la philosophie arrivent à se rencontrer, j'ai été amené à peser les droits de deux Français éminents à être considérés comme les représentants de cette pensée scientifique moderne, que quelques-uns appellent la *Nouvelle Philosophie*.

Pendant les années écoulées depuis que les deux essais sur la *Valeur scientifique du Positivisme* et le *Discours de la méthode* ont été écrits, la réflexion n'a pas modifié ma conviction, que si Auguste Comte a exercé une influence négative ou même fâcheuse sur les sciences physiques, René Descartes est le père véritable de la pensée moderne.

Je dois de sincères remercîments au traducteur de ces essais. Grâce aux soins consciencieux qu'il a mis dans ce travail, il a rendu fidèlement ma pensée.

Th. Huxley.

Octobre 1876.

LES
SCIENCES NATURELLES

I

DE L'UTILITÉ DE TRAVAILLER AU DÉVELOPPEMENT DES
CONNAISSANCES NATURELLES

*Sermon laïque prononcé à St-Martin's Hall,
le dimanche soir 7 janvier 1866.*

Dans les premiers jours du mois de janvier 1666, il y a donc aujourd'hui deux cents ans, ceux de nos ancêtres qui habitaient cette grande ville de Londres, déjà bien ancienne alors, jouissaient d'un moment de répit entre les souffrances que leur firent éprouver deux épouvantables calamités; la première était sur son déclin, la seconde allait survenir.

Selon la tradition, c'est à quelques pas du lieu actuel de notre réunion que la peste, maladie mortelle et si douloureuse, se déclara d'abord dans les derniers mois de l'année 1664. On la connaissait déjà, mais elle n'avait jamais frappé le peuple d'Angleterre, et tout particulièrement les habitants de

Londres, avec autant de violence qu'on le vit pendant l'année suivante. Defoe nous a retracé de main de maître, dans une fiction des plus véridiques (1), ce qui arriva pendant ces mois lugubres. Il nous montre la Mort, escortée des Souffrances et de la Terreur, parcourant les rues étroites du vieux Londres dont elle avait fait son empire; elle avait remplacé le bourdonnement des affaires par un silence qu'interrompaient seules les lamentations de ceux qui pleuraient cinquante mille morts, les tristes accusations et les folles prières des fanatiques et les imprécations plus folles encore de débauchés sans espoir.

Mais, au commencement de l'année 1666, la mortalité redescendait à son taux habituel; çà et là se produisait bien encore quelque cas de peste; pourtant les citoyens riches qui avaient fui à l'approche du fléau rentraient dans leurs demeures. Les autres reprenaient la série de leurs travaux journaliers, ou de leurs plaisirs, et tout annonçait que le courant qui fait la vie de la grande ville allait rentrer dans ses rives pour couler dès lors sans interruption avec une force nouvelle.

Espoir trompeur! La grande peste ne revint pas, il est vrai, mais le grand incendie vint détruire la ville, comme la peste avait détruit ses habitants. Au mois de septembre de cette année 1666, le feu avait réduit en cendres les cinq sixièmes des riches-

---

(1) *History of the Plague year.*

ses qui avaient fait la gloire de Londres, mais n'avait pu abattre l'énergie indomptable de ses habitants, bien plus glorieuse que toutes ces richesses détruites.

Nos ancêtres expliquaient à leur manière chacune de ces calamités. Ils subissaient la peste dans un esprit d'humilité et de pénitence, parce qu'ils l'attribuaient au jugement de Dieu. Mais l'incendie leur inspirait une indignation pleine de fureur, parce qu'ils l'attribuaient à la malice humaine. Pour les uns, c'était l'œuvre des républicains ; pour les autres, des gens du pape, selon que chacun était partisan du roi ou des puritains.

Si, en ce point où nous sommes, centre d'un quartier élégant et très-peuplé du vieux Londres, quelqu'un était alors venu proposer à nos ancêtres la doctrine que je vais vous développer, il aurait été, je pense, fort mal accueilli quand on l'aurait entendu dire que toutes ces hypothèses étaient également fausses, et que la peste n'était pas plus le jugement de Dieu, comme ils l'entendaient, que l'incendie n'avait été l'œuvre d'une secte religieuse ou politique ; qu'ils avaient déterminé eux-mêmes et la peste et l'incendie, et que pour éviter le retour de ces calamités, qui leur semblaient être absolument au delà de la portée du contrôle des hommes et résulter manifestement de la colère divine ou des complots et des artifices de leurs ennemis, c'est à eux-mêmes qu'ils devaient avoir recours.

On s'imagine le concert de saints anathèmes des

puritains de l'époque, faisant chorus avec les jurons profanes et l'ironie pétillante des Rochesters, des Sedleys et les insultes des politiques fanatiques, qui eût accueilli cet esprit positif déclarant ensuite que si l'on arrivait jamais à empêcher le retour de semblables malheurs, ce ne serait pas par le triomphe des croyances de Laud ou de Milton, ni par celui des républicains ou des monarchistes; si enfin ce partisan du bon sens avait professé que, pour atteindre ce but, il fallait seconder les efforts d'une corporation insignifiante qui s'était établie quelques années avant l'époque de la grande peste et du grand incendie et qui avait attiré l'attention aussi peu qu'elle était pourtant remarquable.

Une vingtaine d'années avant les premières manifestations de la peste, quelques hommes d'étude, calmes, à l'esprit réfléchi, s'étaient réunis dans l'intention de travailler, selon leur propre expression, au développement des connaissances naturelles. On ne peut exprimer le but qu'ils se proposaient plus clairement que ne l'a fait un des premiers organisateurs de leur compagnie. « Nous nous étions pro-
« posé, dit-il, laissant de côté toute discussion reli-
« gieuse et politique, de prendre en considération
« les recherches philosophiques et tout ce qui s'y
« rapporte, et d'en faire le sujet de nos entretiens.
« Ainsi donc, nous nous occupions : de méde-
« cine, d'anatomie, de géométrie, d'astronomie, de
« navigation, de statique, d'aimantation, de chimie,
« de mécanique et d'expérimentations naturelles;

« nous nous enquérions de l'état de ces études et de
« tout ce qui se faisait en ce genre, tant chez nous
« en Angleterre, qu'à l'étranger. Puis nous avions
« pris pour sujet de nos entretiens : la circulation
« du sang, les valvules des veines, les vaisseaux chy-
« lifères et les vaisseaux lymphatiques, l'hypothèse
« de Copernic, la nature des comètes et des étoiles
« nouvelles, les satellites de Jupiter, la forme ovale
« de Saturne (cette planète leur paraissait avoir cette
« forme), les taches du soleil et la rotation de cet
« astre sur son axe, les inégalités et la description de
« la lune, les différentes phases de Vénus et de Mer-
« cure, les améliorations à apporter aux télescopes
« et à la fabrication de leurs lentilles, la pesanteur
« de l'air, la possibilité ou l'impossibilité du vide, et
« l'horreur du vide qui se manifesterait dans la na-
« ture, l'expérience de Torricelli au moyen du vif
« argent, la chute des corps pesants et le degré d'ac-
« célération que présente ce mouvement, ainsi que
« plusieurs autres choses du même genre, dont
« quelques-unes étaient alors des découvertes toutes
« récentes, et d'autres n'étaient pas connues et gé-
« néralement acceptées comme elles le sont main-
« tenant ; ainsi que d'autres choses encore se rap-
« portant à ce que l'on appelle aujourd'hui la
« philosophie nouvelle, et à laquelle on a beaucoup
« travaillé depuis l'époque du Florentin Galilée et
« de l'Anglais François Bacon lord Verulam, en
« Italie, en France, en Allemagne, et ailleurs à
« l'étranger comme ici en Angleterre. »

C'est en ces termes que le savant docteur Wallis, écrivant en 1696, raconte ce qui était arrivé un demi-siècle avant, vers l'année 1645. Les premiers membres de l'association se réunissaient à Oxford dans l'appartement du docteur Wilkins, qui fut plus tard évêque. Puis ils se retrouvèrent à Londres et attirèrent l'attention du roi. Les Stuarts avaient toujours favorisé la science; Charles II, celui de ces rois sans grande valeur dont les vices furent le plus apparents, l'aimait comme son père et son grand-père; nous en avons ici la preuve. Non content de dire à propos de ses philosophes des choses très-spirituelles, le roi Charles agissait encore à leur égard en homme sage. Il leur accorda tous les soins qu'il put leur donner sans faire tort à ses maîtresses et à ses chiens caniches, et de plus, se trouvant sans argent selon son habitude, il sollicita en leur faveur les libéralités du duc d'Ormond; mais il échoua de ce côté, et alors il leur donna le collége de Chelsea, une charte et la masse que devait porter leur massier; enfin il mit le comble à ses faveurs en ne leur imposant pas autrement le patronage royal ou l'intervention de l'Etat.

C'est ainsi que ces quelques jeunes gens qui désiraient étudier la « *philosophie nouvelle* » et s'étaient réunis vers le milieu du dix-septième siècle, tantôt chez l'un, tantôt chez l'autre, à Oxford ou à Londres, devinrent de plus en plus nombreux et prirent plus de valeur de jour en jour, jusqu'à ce que plus tard la *Société Royale pour le développement des connais-*

sances naturelles eut acquis grande renommée et droit à la vénération du peuple anglais. Depuis lors, comme foyer principal de l'activité scientifique en ce pays et comme premier champion de la cause dont la défense avait été son but, elle n'a pas périclité.

C'est grâce au secours de la Société Royale que Newton a publié ses *Principia*. Si tous les livres du monde venaient à disparaître et qu'il ne restât plus que les bulletins de cette Société (1), nous sommes fondés à dire que la base des sciences physiques subsisterait intacte, et qu'on retrouverait les vestiges de tout le progrès intellectuel des deux derniers siècles, dont tous les grands traits seraient complets, malgré la perte de bien des détails. Cette Société ne présente pas aujourd'hui de signe de décadence. Comme à l'époque du docteur Wallis, nous nous proposons, en laissant de côté toute discussion religieuse et politique, de prendre en considération les recherches philosophiques et d'en faire le sujet de nos entretiens. Mais nos mathématiques sont telles aujourd'hui que, pour les apprendre, Newton serait forcé de se remettre sur les bancs; notre statique, notre mécanique, notre aimantation, notre chimie et nos expérimentations naturelles constituent une telle somme de connaissances physiques et chimiques que, si Galilée pouvait y jeter un simple coup d'œil, cela seul le dédommagerait des persé-

(1) *Philosophical transactions.*

cutions que pourrait lui faire subir toute une bande de cardinaux inquisiteurs, et si Vésale, si Harvey, pouvaient contempler notre médecine, notre anatomie, l'arbre immense qui a surgi du grain de sénevé déposé par eux, les variétés infinies de l'être, les mondes nouveaux dévoilés dans le temps et dans l'espace, les grands problèmes auxquels se sont adressés avec de notables succès les efforts de l'homme, ils en seraient éblouis.

Ce merveilleux progrès intellectuel se manifeste dans la vie pratique d'une façon non moins remarquable ; c'est là un fait qui est mis aujourd'hui en lumière, plus peut-être qu'il ne serait nécessaire. Pour n'envisager la question qu'à ce point de vue, le mouvement que représente le chemin parcouru par la Société Royale est sans parallèle dans l'histoire de l'humanité.

Les spéculations subtiles de la scolastique rempliraient peut-être un aussi grand nombre de gros volumes que les bulletins de la Société Royale, et, pour se rendre maître des produits de la pensée du moyen âge, il faudrait peut-être y dévouer plus de temps et d'énergie que pour connaître la philosophie nouvelle ; mais quand les plus grands esprits de l'Europe y passeraient plus de temps encore qu'il ne s'en est écoulé depuis le grand incendie, les résultats en seraient vains et illusoires, en ce qui concerne notre état social.

D'autre part, si ce noble personnage qui fut le premier président de la Société Royale pouvait soulever la pierre de son tombeau pour visiter encore une fois la Société qui lui était si chère, il se trouverait transporté au cœur d'une civilisation qui diffère matériellement plus de celle qu'il a connue, que celle-ci ne diffère de la civilisation du premier siècle. Et si cette ombre avait encore toute la sagacité naturelle qui distingua lord Brouncker, il ne lui faudrait pas de bien longues réflexions pour s'apercevoir que tous ces grands navires, ces chemins de fer, ces télégraphes, ces manufactures, ces presses d'imprimerie, sans lesquels tout l'édifice de la société moderne en Angleterre s'écroulerait, pour se réduire en un paupérisme torpide et famélique, que tout cela, dis-je, qui est le soutien de notre État, n'est que la manifestation de peu de valeur relative du grand courant intellectuel dont ils n'avaient pu contempler, lui et ses compagnons, que le point de départ; mais en voyant ces merveilles, il y reconnaîtrait ce qu'ils eurent pour heureuse mission de cultiver à son état de pureté primitive.

On peut bien se figurer ce noble revenant, encore soucieux des calamités de son époque, nous demandant combien de fois depuis lors l'incendie avait détruit la ville de Londres, combien de fois la peste y avait fauché ses milliers de victimes. Il faudrait lui répondre que si Londres contient dix fois autant de matières inflammables qu'en 1666, que si, non contents de remplir nos appartements de boiseries et de draperies légères, nous en sommes venus à faire circuler dans tous les coins de nos rues et de nos maisons, comme objets de première nécessité, des gaz inflammables et explosibles, nous ne laissons plus jamais le feu détruire une rue entière. Il nous demanderait sans doute comment cela se fait, et il nous faudrait lui expliquer qu'au moyen du progrès des sciences naturelles, nous sommes parvenus à fabriquer de nombreuses machines pour lancer l'eau sur le feu, et chacune de ces machines eût fourni à l'ingénieux M. Hooke, premier curateur et expérimentateur de la Société, des matériaux en abondance suffisante pour faire les frais de ses discours pendant une demi-douzaine de séances. De plus il faudrait lui faire remarquer que, sans les progrès des sciences naturelles, nous n'eussions même pas été capables de façonner les outils qui servent à construire ces machines. Enfin nous devrions lui expliquer que, si de grands incendies se produisent encore et nous occasionnent de grandes pertes, il existe des sociétés qui les compensent au moyen d'opérations financières rendues possibles par le seul progrès des sciences naturelles dans la voie des mathématiques et par l'accumulation des richesses, résultat direct d'une autre forme de connaissances naturelles.

Mais la peste? Les observations que pourrait faire lord Brouncker ne le conduiraient pas à penser, je le crains, que les Anglais du dix-neuvième siècle sont plus purs dans leur vie, plus fervents dans leur foi religieuse, que la génération qui a produit un Boyle, un Évelyn, un Milton. Il retrouverait la fange dans les bas-fonds de notre société, au lieu de la voir recouvrir ses sommets; mais, hélas! notre corruption mérite en somme un jugement aussi sévère que celle de la restauration, et alors il nous faudrait lui expliquer, en rougissant de honte cette fois, que nous avons lieu de croire que ce ne sont ni les progrès de notre foi ou de notre moralité qui nous sauvent de la peste, mais que nous devons encore cela aux progrès des connaissances naturelles. Nous avons appris que la peste ne s'établit que chez ceux qui lui préparent des demeures malpropres et misérables. Il lui faut des villes aux rues étroites, sans eau courante, rendues infectes par l'accumulation des immondices. Il lui faut des maisons humides, mal éclairées et sans air, aux habitants sales, mal nourris et en guenilles. Telle était la ville de Londres en 1665. Telles sont les villes de l'Orient où règne toujours la peste. Dans ces derniers temps nous avons acquis quelques connaissances de la nature, et nous lui obéissons tant soit peu. Comme nos connaissances naturelles sont en progrès, comme nous obéissons partiellement à la nature, nous n'avons plus de peste; mais comme nos connaissances sont incomplètes, notre obéissance imparfaite, la fièvre typhoïde est endémique chez nous, et nous avons des épidémies de choléra. Pourtant on est en droit de dire que quand nos connaissances seront plus complètes, si nous savons alors nous conformer aux connaissances acquises, la ville de Londres pourra compter les siècles écoulés depuis la dernière irruption de la fièvre typhoïde ou du choléra, comme elle compte aujourd'hui, avec reconnaissance, les deux cents ans écoulés sans qu'elle ait vu survenir cette peste qui fondit trois fois sur elle pendant la première moitié du dix-septième siècle.

N'est-il pas certain qu'il n'y a rien dans ces explications qui ne soit pleinement confirmé par les faits ? N'est-il pas certain que les principes qu'ils impliquent sont admis par tous les penseurs ? Peut-on nier que nos concitoyens soient moins exposés à l'incendie, à la famine, à la peste, à tous les maux qui résultent de l'incapacité où nous sommes de nous rendre maîtres de la nature et de savoir prévoir son cours, que ne l'étaient les concitoyens de Milton ? La santé, la richesse, le bien-être, ne sont-ils pas aujourd'hui plus abondants qu'ils ne l'étaient alors ? Il n'est pas moins certain que cela provient des progrès effectués dans les connaissances de la nature, répandues de toute part, devenues familières, et dominant, sans qu'on s'en rende compte le plus souvent, toutes nos actions.

Accordons pour le moment, aux contempteurs des sciences naturelles, leur argument de prédilection : Nos progrès en ce sens ne peuvent ajouter qu'aux ressources de la civilisation matérielle. Admettons que les fondateurs de la Société Royale n'avaient pas en vue une récompense plus élevée

Je ne puis admettre cependant que j'exagérais en vous donnant à entendre tout à l'heure que pour l'homme capable de distinguer les événements réellement importants, de les reconnaître parmi les événements plus marquants, mais de moindre importance réelle, le point de départ des efforts combinés des hommes pour faire progresser les sciences naturelles devait sembler plus considérable que la peste, plus lumineux que les lueurs de l'incendie, car cet événement était gros de bonheur pour l'humanité, et le dommage causé par ces épouvantables fléaux devenait relativement insignifiant.

Pour chacune des victimes de la peste, il est certain que la filature mécanique fait vivre aujourd'hui des centaines d'hommes, et leur assure leur part de bonheur terrestre. Le grand incendie de Londres, au pis aller, n'a pas détruit ce que brûle journellement en charbon, dans les entrailles de la terre, la pompe à vapeur, dont le produit se chiffre par une somme de richesse près de laquelle les millions perdus dans le grand incendie ne sont plus qu'une babiole.

Mais après tout, les machines fileuses, les pompes à vapeur, ne sont que jouets d'enfants dont la valeur est accidentelle ; les sciences naturelles créent une infinité de machines bien autrement ingénieuses, et si nous n'entendons pas sans cesse chanter les louanges de ces inventions admirables, c'est qu'il n'est pas possible d'en faire directement des instruments de production de la richesse. Quand je vois les sciences naturelles répandre ainsi leurs dons parmi les hommes, je pense à la paysanne des Alpes. Lourdement chargée, elle gravit la montagne, ne songeant qu'à sa famille ; elle tricote des bas sans effort, sans même penser à son tricot. Des bas tricotés, c'est là assurément une fort bonne chose, les enfants s'en trouveront bien. Que penseriez-vous de celui qui, méprisant cette bonne mère, ne verrait en elle qu'une machine à faire des bas et ne l'évaluerait qu'en raison du bien-être physique qu'elle procure ?

On voit pourtant des aveugles, conducteurs d'aveugles, et en grand nombre, qui considèrent ainsi les connaissances naturelles, et pour eux cette mère bienfaisante de l'humanité n'est qu'une machine à fabriquer le bien-être. Pour eux, le progrès des connaissances naturelles n'est que l'augmentation des ressources matérielles et des jouissances de l'homme, et ne peut être autre chose.

Ils ne veulent pas reconnaître dans les sciences naturelles la vraie mère de l'humanité, qui élève ses enfants avec tendresse, parfois aussi avec sévérité, quand la sévérité est nécessaire, et leur indique la voie qu'ils doivent parcourir, les instruisant de toute chose utile à leur bien réel. Pour eux, c'est une marraine de la nature des fées, qui a pour ses favoris des bottes de sept lieues, des armes enchantées, de toutes-puissantes lampes d'Aladdin, à l'aide desquelles on arrivera un jour à prolonger les télégraphes jusqu'aux astres et à voir l'autre face de la lune, de sorte que nous pourrons alors remercier Dieu de tous les avantages que nous aurons sur nos ancêtres arriérés.

S'il en était ainsi, je ne me soucierais guère, quant à moi, de travailler péniblement au service des connaissances naturelles. J'aimerais tout autant, ce me semble, travailler tranquillement à me façonner une hache de pierre à la façon de mes ancêtres d'il y a quelques milliers d'années, que de subir toute la vie cette longue maladie de la pensée dont nous sommes tous tourmentés, si ce peu de bien-être matériel est notre seule récompense. Mais, je puis l'affirmer, ni la raison ni les faits ne confirment une semblable manière de voir. Ceux qui parlent ainsi sont, à mon avis, des gens tellement désireux de voir ce qui dépasse la nature, ou ce qu'elle nous cache, qu'ils sont incapables, par cela même, de voir ce qu'elle montre à tous les yeux.

J'hésiterais à vous parler d'une façon si absolue, si je n'avais pour me justifier les faits les plus simples et les plus palpables. Il suffit de faire appel aux vérités les plus notoires pour reconnaître, comme justification complète de mes assertions, que le progrès des connaissances naturelles, quels que soient la direction qui lui était donnée et le but terre à terre que se proposaient ses premiers instigateurs, n'a pas seulement valu aux hommes un bénéfice pratique, mais en produisant ce résultat a déterminé une révolution dans leur conception de l'univers et d'eux-mêmes, et a profondément changé leurs modes de penser et leurs interprétations du bien et du mal. Je dis que les sciences naturelles, en cherchant à satisfaire les besoins naturels, ont trouvé les idées qui seules peuvent apaiser nos désirs spirituels. Je dis que les sciences naturelles, en cherchant à élucider les lois du bien-être, ont été amenées à découvrir les lois de la conduite et à établir les fondements d'une moralité nouvelle.

Examinons tous ces points séparément, et voyons d'abord quelles sont les grandes idées introduites dans l'esprit humain par les sciences naturelles. Je ne puis m'empêcher de croire que les fondements de toutes les connaissances de la nature furent posés quand la raison de l'homme contempla pour la première fois les faits de la nature, quand l'homme sauvage reconnut, par exemple, que dans ses deux mains il y a plus de doigts que dans une seule ; qu'il est plus court de traverser un ruisseau que d'en faire le tour en remontant à sa source ; qu'une pierre reste en place quand on n'y touche pas et qu'elle tombe de la main qui ne la retient plus ; que la lumière et la chaleur suivent le soleil pour disparaître avec lui ; qu'un bâton se consume dans le feu ; que les plantes et les animaux croissent et meurent ; qu'en frappant son voisin il excitait sa colère et s'exposait ainsi à en recevoir des coups, tandis qu'en lui offrant un fruit il lui faisait plaisir et pouvait en retour recevoir de lui un poisson. Les ébauches grossières des mathématiques, de la physique, de la chimie, de la biologie, des sciences morales, économiques et politiques furent tracées quand les hommes eurent acquis ces connaissances primitives. Et dès que se montra la science, le premier germe de la religion se montra aussi. Ecoutez ce vieux chant d'Homère qui, malgré ses trois mille ans d'existence, n'a pas perdu de sa fraîcheur :

Quand au ciel les étoiles qui escortent la lune nous semblent belles, quand les vents se calment, quand se montre chaque sommet des monts, leurs crêtes et leurs vallées, et que les cieux immenses se découvrent jusqu'au zénith, quand les astres resplendissent, la joie envahit le cœur du berger.

Si le Grec à demi sauvage pouvait à ce point prendre part aux sentiments que nous éprouvons aujourd'hui, soyons certains qu'il ne s'en tenait pas là, et qu'après ce moment de bonheur, comme nous, il sentait survenir une certaine tristesse. Cette petite étincelle de l'intelligence humaine qui se réveille, brille si peu au milieu de l'abîme de notre ignorance fatale. Elle nous fait voir les imperfections irrémédiables, les aspirations irréalisables de la nature humaine, et ne semble pas pouvoir aller au delà. En reconnaissant les limites qui lui sont imposées, en **voyant** ouvert devant lui le livre dont il ne peut pénétrer le secret, l'homme éprouve une tristesse qui est l'essence de toute religion, et en cherchant à donner à ce sentiment une forme, au moyen de celles que lui fournit son intelligence, il donne naissance aux théologies supérieures.

Ainsi donc, dès que l'intelligence commença à poindre, les fondements de toutes les connaissances séculières ou sacrées furent bientôt posés, nous n'en saurions douter, quoique les premiers édifices de la pensée religieuse aient été longtemps sans solidité intrinsèque, et se soient accommodés pour ainsi dire à toutes les théories possibles du gouvernement de l'univers. Dès l'origine, il y eut assurément la conviction bien arrêtée dans les esprits les plus grossiers que la constance successive de certains phénomènes impliquait, au moins pour ces phénomènes, un ordre fixe et régulateur. Je ne puis croire que le plus grossier adorateur des fétiches se soit jamais imaginé qu'il y avait dans la pierre qui tombe un dieu qui en déterminait la chute, ou dans le fruit un dieu qui en déterminait la douceur. Il semble bien certain que, dès l'origine, l'humanité se rendit compte de tous les phénomènes de ce genre à un point de vue strictement positif et scientifique.

Mais, quant à tous les événements insolites qui se présentent journellement, l'homme inculte devait se prendre comme terme de comparaison, comme centre et comme mesure du monde, et il ne lui était guère possible de faire autrement. Reconnaissant que sa volonté libre et indépendante de toute cause en apparence, est très-efficace pour déterminer bien des événements, il était tout naturel qu'il assignât des événements autres et plus grands à des volontés plus grandes et différentes de la sienne. Il en arrivait donc à considérer le monde, et tout ce qu'il contient, comme le résultat des volontés de personnes semblables à lui, plus puissantes qu'il ne l'était lui-même, et capables d'être apaisées ou irritées comme lui. Toute l'humanité a traversé ces phases ou les traverse actuellement, après avoir interprété ainsi le plan de l'univers et ce qui s'y passe. Et maintenant nous pouvons rechercher quelle action ont eue les progrès effectués dans les connaissances naturelles sur la manière de voir de ceux qui ont atteint le point où nous sommes, et qui se sont mis à cultiver ces sciences, sans autre but que « l'honneur de Dieu et le bien de l'homme » comme l'a dit Bacon.

Ainsi, par exemple, chez un ancien peuple, rien ne peut paraître plus sage au point de vue matériel, plus innocent au point de vue théologique, que de chercher à connaître la succession précise des saisons, qui devait guider les agriculteurs, ou la position des étoiles à l'aide desquelles les premiers navigateurs étaient à même de se diriger. Mais qu'est-il résulté de cette recherche qui semblait si absolument se borner aux besoins à satisfaire ? Vous répondrez tous : l'astronomie ; l'astronomie, en effet, qui, plus qu'aucune autre science, a fourni à l'esprit des hommes des idées générales, dont la nature s'écarte le plus de l'expérience journalière, et qui, plus que toute autre, les a mis dans l'impossibilité d'accepter les croyances de leurs pères ; l'astronomie qui leur dit que cette terre, qui paraît si vaste et si solide, n'est qu'un atôme au milieu des atômes, roulant vers un but inconnu dans l'espace sans limites ; l'astronomie qui nous démontre que ces cieux qui nous semblent si calmes sont l'espace immense que remplit une matière infiniment subtile, bouillonnant, tourbillonnant sans cesse comme une mer en furie. C'est l'astronomie qui nous découvre les régions infinies où rien n'est connu, où, semble-t-il, rien ne l'a jamais été, si ce n'est que la matière et la force y existent et y réagissent selon des lois immuables. C'est l'astronomie encore qui nous amène à contempler des phénomènes dont la nature nous prouve à la fois qu'ils ont eu forcément un commencement et qu'ils auront aussi une fin, mais que ce commencement est infiniment reculé par rapport à nos conceptions du temps, et que cette fin ne peut se prévoir que perdue dans les profondeurs incommensurables de l'avenir.

Mais ce ne sont pas seulement ceux qui étudient l'astronomie qui ont reçu des idées au lieu du pain qu'ils demandaient.

Peut-il y avoir rien de plus innocent que de chercher à faire monter l'eau et à la distribuer au moyen d'une pompe? Peut-on mieux se renfermer dans les grossières limites de l'utile ? Mais les pompes ont amené des discussions sur l'horreur du vide manifestée par la nature ; puis on s'aperçut que la nature n'a nullement horreur du vide, mais que l'air est un corps pesant; ceci conduisit à reconnaître que toute matière est pesante, et que cette force qui détermine le poids des corps se répand dans tout l'univers; bref, la théorie de la gravitation universelle et de la force sans limite fut établie. Et d'un autre côté, en apprenant à manier les gaz, on fit la découverte de l'oxygène, d'où naquirent la chimie moderne et la notion d'indestructibilité de la matière.

Quand une roue tourne très-vite autour de son moyeu, elle s'échauffe ; peut-on se figurer quelque chose de plus simple, de plus pratique, que de chercher à éviter cet échauffement ? Il serait bien utile aux charretiers et à tous les conducteurs de voitures, d'être bien renseignés à ce sujet, et si un homme ingénieux pouvait leur faire connaître la cause de ce phénomène et déduire de sa connaissance le moyen de l'éviter, celui-là leur rendrait grand service. Le comte Rumford fut un homme ingénieux de ce genre ; lui et ses successeurs nous conduisirent à la théorie de la persistance ou de l'indestructibilité des forces. De plus, en étudiant les infiniment petits comme les infiniment grands, les hommes qui recherchaient les connaissances naturelles du genre de ce que nous appelons la physique ou la chimie, ont trouvé partout un ordre défini et successif qui semble n'avoir jamais été enfreint.

Et qu'est-il arrivé en médecine, en anatomie ? L'anatomiste, le physiologiste, le médecin, avaient un but bien direct et pratique : le soulagement des souffrances humaines, et ils s'y dévouent assidûment. Ont-ils pu se borner à ce qui est strictement utile, mieux que les autres chercheurs ? C'est à eux, je le crains bien, qu'on jettera surtout la pierre. Si l'astronome, en effet, nous a montré les profondeurs infinies de l'espace et la durée de l'univers, pour nous, pratiquement éternelle ; si le physicien et le chimiste ont démontré la petitesse infinie des parties qui constituent cet univers et la durée, pratiquement éternelle pour nous, de la matière et de la force, proclamant l'un et l'autre l'universalité d'un ordre stable et d'une succession qui peut se prévoir avec certitude dans les événements, ceux qui se sont mis à étudier la biologie ont accepté tout cela, et y ont ajouté de leur côté bien des thèses qui semblent étranges. Les astronomes avaient découvert que la terre n'est qu'un point excentrique dans l'univers, bien loin d'en être le centre ; de même les naturalistes reconnurent que l'homme n'est pas centre de la nature vivante, qu'il n'est qu'une des modifications infinies de la vie ; et comme l'astronome reconnaît dans les dispositions du système solaire des signes qui lui permettent de lui assigner une durée qui pour la pratique est sans fin, de même le biologiste reconnaît les traces des anciennes formes de la vie peuplant le monde pendant de longues périodes d'une durée illimitée par rapport à l'expérience humaine.

Bien plus, le physiologiste reconnaît que la vie ne se manifeste que sous certaines conditions, résultant de dispositions moléculaires, tout comme un phénomène physique ou chimique quelconque, et l'ordre fixe, la causalité immuable se révèlent à lui dans toutes ses recherches, d'une façon aussi manifeste que dans tout l'ensemble de la nature.

Je ne saurais, malgré toute ma bonne volonté, reconnaître que la religion ait débuté autrement que toutes les connaissances dont je vous parle. Provenant comme celles-ci de l'action de l'esprit humain, sur le monde extérieur, et de la réaction du monde extérieur sur la pensée de l'homme, la religion a pris le masque intellectuel du fétichisme ou du polythéisme, du théisme ou de l'athéisme, de la superstition ou du rationalisme. Je n'ai pas à m'occuper de la valeur ou des défauts de ces formes différentes de la pensée religieuse, mais il est indispensable à mon argument de bien vous faire comprendre que, si la religion de nos jours diffère de celle des temps passés, cela provient de ce que la théologie actuelle est plus scientifique ; c'est que la théologie a abandonné les idoles de bois et de pierre ; c'est qu'elle commence à sentir la nécessité de récuser des livres, des traditions, dont on s'était fait de nouvelles idoles, en même temps que les vaines minuties des spéculations ecclésiastiques ; elle se sent appelée à l'autel de l'inconnu, de l'inconnaissable, pour s'y livrer en silence aux émotions grandes et nobles de son culte.

Telles sont quelques-unes des conceptions nouvelles qui se sont produites sous l'influence du progrès des connaissances naturelles. L'homme a reconnu que pour lui l'étendue de l'univers est infinie, et que pour lui l'univers est éternel. L'idée que la terre est une portion infinitésimale de l'univers visible est familière aujourd'hui, et par rapport à nos évaluations de la durée, sa durée est éternelle cependant. On a reconnu encore que l'homme n'est qu'une des formes innombrables de la vie qui se rencontrent actuellement sur le globe et que toutes ces formes ne sont que les manifestations ultimes d'une série incommensurable qui les a précédées. Bref, chaque pas que faisait l'homme dans la voie des connaissances naturelles lui découvrait, de plus en plus, l'ordre immuable de la nature. Cette idée s'emparait alors de son esprit; il la formulait tant bien que mal en la désignant sous le nom de lois de la nature, métaphore malheureuse d'ailleurs; il reconnaissait que tout changement provient de cet ordre défini, et perdait de plus en plus la croyance en la spontanéité dont l'action se rétrécit sans cesse pour lui.

Il ne s'agit pas de savoir si ces idées sont bien fondées ou non. Elles existent, il n'y a pas à le nier, et proviennent fatalement du progrès des connaissances naturelles. S'il en est ainsi, il est certain, par cela même, qu'elles modifient les convictions humaines les plus importantes, celles que l'homme a chéries de tout son cœur.

Il nous reste à examiner une seconde question. Jusqu'à quel point les progrès de nos connaissances naturelles ont-ils donné une forme nouvelle et différente aux conceptions que nous pouvons appeler l'éthique intellectuelle de l'humanité? Et quelles sont les convictions morales qui tiennent le plus au cœur de l'homme barbare ou à demi civilisé?

A cet état de développement social, la base la plus ferme des croyances est pour l'homme la foi en l'autorité. L'homme croit alors qu'il y a mérite à croire sans recherches contradictoires; le doute est une faute, le scepticisme un péché ; quand l'autorité légitime s'est prononcée sur l'objet de la croyance, quand la foi a accepté ses décisions, la raison est hors de cause. Il y a aujourd'hui bien des gens de grand mérite qui défendent ces principes, et je n'ai pas à discuter en ce moment leur manière de voir. Qu'il me suffise de bien vous faire comprendre, qu'en dehors de toute discussion possible, les progrès des connaissances naturelles proviennent de méthodes en contradiction formelle avec toutes ces croyances, et qui affirment précisément le contraire de ce qu'elles avancent.

Celui qui cherche à faire progresser les connaissances naturelles se refuse absolument à reconnaître l'autorité comme valable à l'encontre de la raison. Pour lui, le scepticisme est le premier des devoirs, la foi aveugle, le grand péché impardonnable. Il ne peut en être autrement. Tout progrès, en fait de science naturelle, a toujours impliqué la négation absolue de l'autorité, l'amour d'un scepticisme que rien n'arrête, l'annihilation de l'esprit de foi aveugle. Celui qui, de tout son cœur, se dévoue à la science n'accepte pas ses convictions en raison de la croyance des hommes qu'il vénère le plus, il ne les accepte pas parce que des prodiges et des merveilles en garantissent la vérité, il les accepte parce que l'expérience lui prouve que chaque fois qu'il les met en contact avec la nature, leur source première, chaque fois qu'il les met à l'épreuve en faisant appel à l'expérience et à l'observation, la nature les confirme. L'homme de science a appris à croire à la justification, non par la foi, mais par la vérification.

Ainsi donc, sans prétendre un seul instant mépriser les résultats pratiques du progrès des connaissances naturelles et son influence bienfaisante sur la civilisation matérielle, il faut admettre, je pense, que les grandes idées dont je vous ai tracé l'ébauche incomplète, que l'esprit moral que j'ai cherché à vous indiquer sommairement, constituent la signification réelle et permanente de ces connaissances.

Si ces idées doivent, comme je le crois, prendre avec les années un empire de plus en plus grand sur le monde ; si cet esprit est destiné, comme je le crois, à s'étendre sur tout le domaine de la pensée de l'homme et doit se répandre sur tout l'ensemble de ses connaissances ; si, en s'approchant de sa maturité, la race humaine reconnaît, comme elle le reconnaîtra, je le crois encore, qu'il n'y a qu'un genre de connaissances, qu'une seule méthode pour y atteindre, nous alors, qui sommes encore dans l'enfance, avons bien lieu de penser que notre premier devoir est de constater l'utilité de travailler au développement des connaissances naturelles pour nous faciliter, à nous-mêmes et à nos successeurs, la voie qui mène au noble but offert à l'humanité.

II

LE BLANC ET LE NOIR; UNE QUESTION D'ÉMANCIPATION.

Ne suis-je pas homme comme vous, ne suis-je pas votre frère? Ce cri plaintif que nous adressait le pauvre nègre vient enfin de recevoir une réponse décisive sur les champs de bataille de l'Amérique, et la conclusion des combats sanglants s'accorde pleinement avec celle à laquelle nous étions arrivés ici d'une façon plus pacifique.

C'est une question réglée; mais ceux-là mêmes qui sont les plus convaincus que le sort des armes a favorisé la justice, doivent reconnaître que la plupart des arguments mis en avant par les vainqueurs sont sans valeur aucune; les résultats immédiats ne répondront probablement pas aux espérances des émancipateurs, et dépasseront peut-être toutes les craintes du parti vaincu. Il peut être absolument vrai que certains nègres valent mieux que certains blancs; mais aucun homme de bon sens, bien renseigné sur les faits, ne peut croire qu'en général le nègre vaille le blanc, bien loin de lui être supérieur. Et s'il en est ainsi, il est impossible de croire que, dès qu'on aura écarté toutes leurs incapacités civiles, dès que la carrière leur sera ouverte et qu'ils ne seront ni favorisés ni opprimés, nos frères prognathes puissent lutter avec avantage contre leurs rivaux mieux pourvus de cervelle, bien que les mâchoires de ceux-ci soient moins fortement développées, la lutte étant de celles qui s'effectuent par les pensées et non à coups de dents. Nos frères noirs ne pourront donc pas atteindre aux plus hautes places de la hiérarchie qu'a établie la civilisation, bien qu'il ne soit nullement nécessaire malgré cela de les confiner au dernier rang. Mais quelle que soit la position d'équilibre stable où les lois de la gravitation sociale finiront par établir le nègre, s'il est alors mécontent de son sort, il ne pourra plus s'en prendre qu'à la nature. Le blanc pourra s'en laver les mains et n'aura plus de reproches à se faire. Si nous voulons considérer le fond des choses, telle est la véritable justification de la politique antiesclavagiste.

La doctrine de l'égalité des droits naturels n'est peut-être qu'une illusion contraire à la logique. Le nègre esclave était un animal bien nourri ; l'émancipation en fera peut-être un misérable mendiant, et peut-être encore faudra-t-il que nous nous passions de chemises de coton. Mais il y a une loi morale qui dit qu'un être humain ne peut se rendre maître arbitraire d'un autre sans se faire grand tort à lui-même, et si, comme certains le pensent, l'expérience démontre cette loi aussi facilement qu'une vérité physique quelconque, il faut envisager virilement tous les maux qui peuvent résulter de l'émancipation. Si la loi morale que nous indiquons est vraie, l'abolition de l'esclavage est une double émancipation, et la liberté accordée bénéficie au maître plus qu'à l'affranchi.

De semblables considérations s'appliquent à toutes les autres questions d'émancipation qui remuent le monde en ce moment. En effet, nous voyons demander de toutes parts que certaines classes de l'humanité soient affranchies des entraves qui leur ont été imposées par les artifices des hommes, et non par les nécessités de la nature. Parmi toutes ces questions il en est une qui domine peut-être toutes les autres; il n'y aura bientôt plus moyen d'y opposer une fin de non-recevoir; je parle de l'émancipation des femmes. Quels sont les droits politiques et sociaux des femmes? Que peut-on leur permettre de faire? que pourront-elles être? que pourra-t-on leur faire souffrir? jusqu'à quel point la société doit-elle s'opposer à leurs vœux? jusqu'à quel point leur doit-on aide et protection? Et sous toutes ces questions on en rencontre une autre qui les implique toutes : celle de l'éducation des femmes.

Comme la femme a des ennemis acharnés, elle a des défenseurs fanatiques qui prennent le contre-pied de ce que l'on avait toujours pensé, et veulent que l'homme considère toujours la femme comme le type supérieur de l'humanité ; ils nous demandent de reconnaître que l'intelligence des femmes est plus nette, plus vive que la nôtre, sinon plus puissante; ils veulent que nous nous inclinions devant le sens moral de la femme, plus pur et plus noble que celui de l'homme, et nous somment d'abdiquer en faveur de l'autre sexe la souveraineté que nous avons usurpée sur la nature. D'autre part, il y a des hommes pleins d'une parfaite loyauté et de respect équitable envers le sexe, mais qui ont la tête dure, qui détestent les illusions, toutes charmantes qu'elles puissent être, et qui ne se bornent pas à répudier ce nouveau culte de la femme que certains sentimentalistes, certains philosophes même, cherchent à nous inculquer, mais qui poussent l'audace jusqu'à nier l'égalité naturelle des sexes. Ils affirment, au contraire, qu'en tout ce qui tend à l'excellence morale ou physique, la femme, prise en général, est inférieure à l'homme, en ce sens que chez elle les capacités qui nous y portent seront toujours en quantité moindre et inférieures en qualité. Faites valoir près de ces individus la vivacité de perception, l'intuition instinctive des femmes, ils vous répondront que les particularités de leur esprit que l'on désigne ainsi, proviennent tout simplement de ce que l'aspect superficiel des choses les impressionne davantage, et de leur impuissance à maîtriser leurs expressions, tandis que la réflexion et le sentiment de sa responsabilité rend l'homme maître des siennes. Si vous dites que le sexe faible sait mieux que nous supporter toutes les souffrances, les contradicteurs allèguent que Job était un homme, et que jusqu'à ces derniers temps on ne s'était pas avisé de compter la patience et le courage à l'aide desquels on résiste aux longs tourments parmi les vertus féminines ; si vous faites valoir la tendresse passionnée comme propre à la femme, on vous demandera aussitôt si, en faisant exception peut-être pour certains sonnets de Mme E. Browning, ce ne sont pas des hommes qui ont écrit les plus belles poésies d'amour ; si en fait de musique c'est une dame du nom de Beethoven qui a écrit le chant d'Adélaïde et qui a ainsi donné un corps à l'idéal de la passion pure et tendre ; si enfin c'est la Fornarine ou Raphaël qui a peint la madone de Saint-Sixte. Nous avons même rencontré un de ces hérétiques qui allait jusqu'à porter les mains sur l'arche, pour ainsi dire, et soutenait cet étrange paradoxe que, même en fait de beauté physique, l'homme l'emporte sur la femme. Il admettait sans doute que, pendant une petite période de la première jeunesse, il pouvait être difficile de décider si les ondulations gracieuses des formes de la jeune fille l'emportaient sur le parfait équilibre et la vigueur souple du jeune homme, et ne savait alors à qui donner la pomme. Mais si ce nouveau Pâris pouvait hésiter entre Bacchus jeune et Vénus sortant des ondes, il affirmait que quand Vénus et Bacchus arriveraient à l'âge de trente ans, il n'y aurait plus de doute possible, la forme de l'homme ayant alors atteint toute sa noblesse et, selon lui, la femme étant en pleine décadence, de sorte qu'à cette époque sa beauté, en tant qu'elle est indépendante de la grâce ou de l'expression, n'est plus qu'une question de draperies et d'accessoires.

Admettons cependant que tous ces arguments aient quelque fondement, et qu'on puisse les mettre au rang de ceux qui établissent l'infériorité de la race nègre par rapport à la race blanche ; sont-ils valables en ce qui concerne l'émancipation des femmes? En les admettant comme bons, pouvons-nous nous refuser à donner aux femmes une aussi bonne éducation qu'aux hommes, et les priver des droits civils et politiques dont nous jouissons nous-mêmes? Nous voyons à chaque instant des gens fort capables commettre cette grosse erreur qui consiste à considérer une cause comme mauvaise parce que les arguments de ses défenseurs sont pour la plupart ineptes et insensés. Il nous semble tout simple qu'en trouvant ridicules les arguments des champions fanatiques de la femme, on se sente tenu cependant de travailler de toutes ses forces pour faire prévaloir les résultats pratiques qu'ils préconisent.

Ainsi, par exemple, prenons l'éducation. Admettons que la femme ait bien tous les défauts qu'on lui reproche. N'est-il pas tant soit peu absurde de sanctionner et de maintenir un système d'éducation qui semble avoir été organisé en vue d'exagérer tous ces défauts?

La fillette, dont le système nerveux ne présente pas la résistance et l'équilibre qu'on rencontre chez celui du jeune garçon, est privée, par le fait même de son éducation, de la plupart des plaisirs et des exercices physiques considérés à bon droit comme absolument nécessaires au parfait développement de la vigueur du sexe plus favorisé. La nature a fait la femme plus excitable que l'homme, toute disposée à se laisser entraîner par le flot des émotions qui procèdent chez elle de causes internes et cachées, comme des causes externes et palpables, et voilà que l'éducation des femmes fait tout ce qu'il faut pour affaiblir les contre-poids physiques de cette mobilité nerveuse, et tend de toute façon à exciter chez elle le côté émotionnel de l'esprit et à affaiblir tout le reste. La jeune fille est naturellement timide, portée à la dépendance, elle naît du parti conservateur ; et nous lui enseignons qu'une dame comme il faut ne doit pas être indépendante dans ses allures, que l'esprit de foi aveugle est seul convenable pour elle, et que, quelle que soit la conduite qui nous soit permise, ou qu'il y ait même lieu d'encourager chez nous, à l'égard de notre frère, nous devons abandonner notre sœur à la tyrannie de l'autorité et de la tradition. A peu d'exceptions près, on élève les filles pour en faire les servantes ou les jouets des hommes, ou bien on veut en faire des anges qui les dominent, et l'on a en vue dans leur éducation un idéal qui va de Clärchen à Béatrice. Mais il ne semble pas que ceux qui se sont chargés de faire l'éducation des filles se soient jamais imaginés que la belle sainte ou la belle pécheresse n'étaient peut-être ni l'une ni l'autre la femme idéale; que le type du caractère de la femme est tout simplement plus faible que celui de l'homme, sans être meilleur et sans être pire, et que les femmes ne doivent être ni les guides des hommes, ni leurs jouets, mais nos compagnes et nos aides dans la vie, nos égales en tant que la nature ne s'oppose pas à cette égalité.

Si le système actuel de l'éducation des femmes est par le fait absurde, et se condamne lui-même, si la position de la femme est bien celle que nous indiquons, qu'y a-t-il à faire tout d'abord pour arriver à un meilleur état de choses ? Nous répondons : il faut émanciper les filles. Il faut reconnaître qu'elles ont les sens, les perceptions, les sentiments, les facultés de raisonnement, les émotions des garçons, et que l'esprit de la jeune fille prise en général ne diffère pas autant de l'esprit du garçon que ne diffère l'esprit de tel garçon de celui de tel autre ; en sorte que tout argument qui justifie un système d'éducation comme devant s'appliquer à tous les garçons justifie par cela même l'application de cette éducation aux filles. Au lieu d'empêcher par des restrictions artificielles que les femmes acquièrent des connaissances, donnez-leur au contraire toute facilité pour cela. Trouvez bon que les Faustines du jour aillent sonder, si bon leur semble, les profondeurs

> Du droit, de la médecine,
> Voire même, hélas ! de la philosophie.

Je demande de tout cœur qu'il y ait « de belles diplômées ». Un peu de sagesse ne les rendra pas moins aimables, et les boucles soyeuses de leurs cheveux blonds n'encadreront pas moins gracieusement une tête qui contiendra un peu de cervelle. Bien plus, s'il y a moyen de surmonter des difficultés pratiques évidentes, que les femmes qui se sentent disposées à affronter la lutte descendent dans l'arène, qu'elles déposent leurs rets pour s'emparer de la lance, qu'elles fassent montre de leur valeur et de leur force dans le grand combat de la vie. Si bon lui semble, que la femme se fasse négociant, avocat, diplomate. Que la carrière lui soit ouverte, mais qu'elle comprenne aussi, corollaire obligé, qu'elle ne sera favorisée en rien. Que la nature soit juge du champ, et qu'elle distribue les palmes au seul mérite !

Qu'en résulterait-il ? Nous n'aimons pas à faire le prophète, mais nous croyons que les résultats seraient ceux de toutes les autres émancipations. Les femmes trouveront leur vraie place, qui ne sera pas celle où nous les avons tenues jusqu'ici, ni celle que quelques-unes d'entre elles ambitionnent. La nature a sa vieille loi salique, elle ne sera pas abolie ; il ne se produira pas un changement de dynastie. Les larges poitrines, les cerveaux massifs, les muscles vigoureux, les robustes charpentes des hommes supérieurs l'emporteront toujours, chaque fois que dans la vie la récompense vaudra la peine qu'ils entrent en lutte contre les femmes supérieures. Ce qu'il y a ici de fâcheux pour la femme, c'est que plus elle acquerra de valeur moins ses chances seront favorables. Des mères de plus grand mérite enfanteront des fils qui auront plus de mérite eux-mêmes, et l'élan acquis par le sexe à une génération sera reporté sur l'autre à la génération suivante. Le plus fervent adepte des théories de Darwin ne se hasardera sans doute pas à maintenir qu'au moyen d'une sélection effectuée par l'éducation même, quelque bien conduite en ce sens qu'on puisse la supposer, on viendrait à bout des désavantages physiques qui ont pesé sur la femme dans sa lutte pour l'existence contre l'homme.

De fait, nous sommes tout disposés à croire que la femme civilisée peut arriver à porter ses enfants sans danger et sans gêne, tout aussi bien que la femme sauvage, qu'elle doit même arriver à faire ce progrès. A mesure que la société s'approchera de son organisation parfaite, la maternité tiendra peut-être beaucoup moins de place dans la vie de la femme qu'elle ne l'a fait jusqu'ici. Mais pourtant, à moins que l'espèce humaine ne doive s'éteindre, résultat que les plus ardents défenseurs des droits de la femme ne peuvent guère désirer, il faut bien que les uns ou les autres prennent la peine d'ajouter au monde un nombre d'enfants correspondant annuellement au nombre des morts, et assument la responsabilité de cette procréation. En raison de quelques chagrins domestiques, Sydney Smith, dit-on, avait émis l'idée qu'il est fâcheux que la race humaine n'ait pas été établie sur le modèle de la ruche, où toutes les femelles travailleuses sont neutres. Mais comme ceci impliquerait une réforme par trop radicale et tout à fait impossible à obtenir, il ne nous reste plus que cette vieille division de l'humanité en hommes qui sont pères virtuellement ou réellement, et en femmes qui sont mères virtuellement, quand même elles ne le sont pas du tout. Et nous croyons bien que tant que cette maternité virtuelle sera le lot de la femme, ce sera pour elle une effroyable surcharge dans cette course qu'on appelle la vie.

Si c'est là un poids que la nature impose à la femme, le devoir de l'homme est d'éviter qu'il lui en soit imposé un autre, et que l'injustice vienne renforcer l'inégalité native.

III

DE L'ÉDUCATION LIBÉRALE. — OÙ PEUT-ON LA TROUVER ?

Une réunion d'ouvriers vient de se fonder à Londres (*South London Working Men's College*) en vue d'une grande œuvre à accomplir ; je pourrais même dire qu'il ne se présente pas actuellement de question plus importante que ce problème de l'éducation dont la solution va faire l'objet des efforts des fondateurs de cette institution.

Voici un fait qui commence enfin à être généralement reconnu. De toute part s'élève un concert de voix, souvent confuses et contradictoires, au sujet de l'éducation, et il n'est pas possible de nier que nous ayons fait un progrès marqué, par rapport aux discussions antérieures, sur un des points au moins de la question. En dehors des classes rurales, personne n'oserait dire aujourd'hui que l'éducation est une chose mauvaise ; et s'il existe encore quelque représentant encroûté des adversaires de l'éducation, parti autrefois puissant et nombreux, il a soin de se taire. De fait, c'est une harmonie de voix presque fatigante, proclamant à l'unisson que l'éducation est la grande panacée de tous les maux de l'humanité, et que, pour éviter la ruine déplorable de notre pays, il faut que tout le monde reçoive de l'éducation.

Les politiques nous disent : Donnez de l'éducation aux masses, car elles vont être souveraines. Le clergé pousse le même cri, et affirme que le peuple s'éloigne du culte, et se précipite aux abîmes de l'incrédulité. Les manufacturiers, les capitalistes viennent ajouter leurs grosses voix à ce chœur unanime. Ils déclarent que l'ignorance fait de mauvais ouvriers, que bientôt l'Angleterre ne pourra plus envoyer sur des marchés étrangers les produits manufacturés à plus bas prix que ceux des autres peuples, et alors, malheur ! malheur ! nous aurons perdu notre gloire. Puis on entend quelques voix proclamant qu'il faut répandre l'éducation, parce que la foule se compose d'hommes et de femmes dont les capacités en ce qui concerne la manière d'être, l'action, la souffrance, sont illimitées, et qu'il est toujours vrai, aujourd'hui comme jadis, que les peuples périssent faute de connaissances.

Si ceux qui défendent de cette façon-ci la doctrine de l'éducation générale sont en minorité, ils ont, je l'avoue, toutes mes sympathies. Ils se demandent, non sans raison, si les autres arguments que l'on fait valoir en faveur de l'éducation générale ne sont pas illusoires, si les fondements, sur lesquels quelques-uns de ces arguments reposent, sont sages et dignes de nous. Est-il sage de dire au peuple que, par crainte de sa puissance, vous vous disposez à faire ce que vous n'avez pas fait, tant que vous n'aviez pour cela d'autre motif que la pitié de sa faiblesse et de ses peines ? De plus le peuple pourra demander à bon droit : S'il est si préjudiciable que nous, qui sommes les souverains de l'avenir, soyons ignorants de tout ce que le souverain doit savoir, comment se fait-il que l'on n'ait pas éprouvé le même sentiment d'horreur à l'égard de l'ignorance des classes dirigeantes du temps passé ?

Si l'on compare l'artisan et le propriétaire rural, on verra, nous le croyons bien, qu'en général ils se valent de tous points, en fait d'ignorance, d'esprit de caste, ou de préjugés. L'ignorance n'est pas la même dans les deux cas, il est vrai, l'exclusivisme dans chaque cas se rapporte à une classe différente, c'est de part et d'autre le même entêtement en faveur de préjugés distincts, mais on peut se demander si tout cela ne se vaut pas absolument. Le vieux système des protectionnistes, c'est la doctrine des sociétés coopératives appliquée par les propriétaires ruraux, et dans leurs sociétés coopératives les artisans ont réalisé les doctrines des propriétaires. Les deux régimes se valent, pourquoi nous trouverions-nous plus mal de l'un que de l'autre ?

Puis, se tournant vers le clergé, la minorité sceptique lui demande si c'est bien le défaut d'éducation qui écarte la foule de son ministère. Les hommes les mieux élevés méritent autant de reproches, à cet égard, que les ouvriers. Il serait bien possible que l'éducation n'ait rien à faire ici, pour aller au fond des choses.

Ensuite ces sceptiques, à l'esprit toujours contrariant, s'avisent de mettre en doute si la gloire qui consiste à vendre à meilleur marché que tout le reste du monde est un genre de gloire sur lequel on puisse beaucoup compter, et se demandent si nous ne payerions pas cette gloire-là trop cher, surtout si nous permettions que l'éducation, dont le but doit être de faire des hommes, fût réduite à n'être plus qu'un procédé de fabrication d'outils humains, merveilleusement adroits dans l'exercice de leur industrie spéciale, mais ne pouvant plus servir à autre chose.

Enfin, cette même minorité demande si c'est pour le peuple seulement qu'il y aurait lieu de réformer et de perfectionner l'éducation. Ne pourrait-on pas obtenir, demandent ces sceptiques, que nos écoles publiques les plus riches, d'où l'on sort avec des habitudes distinguées, un esprit de caste très-prononcé, et une aptitude marquée aux exercices physiques, fournissent aussi des connaissances à leurs élèves? Pour eux, nos vieilles universités, ces belles fondations du temps passé, ne remplissent plus guère leur but; aujourd'hui elles tiennent à la fois du séminaire ecclésiastique et du champ de course ; les jeunes gens y sont entraînés pour remporter les prix académiques, comme on entraîne les chevaux pour les grands prix, sans s'occuper dans le cas de l'homme, non plus que dans celui du cheval, des conditions auxquelles ils auront à satisfaire ultérieurement dans la vie. Tandis que son zèle en faveur de l'éducation ne le cède en rien au zèle des autres, notre minorité affirme que si l'éducation des classes riches avait été instituée de façon à les rendre capables de diriger et de bien gouverner les classes pauvres, si l'éducation de celles-ci les avait mises à même de bien apprécier une direction sage et un bon gouvernement, les politiques n'auraient plus à redouter que la populace nous imposât sa loi, le clergé ne pleurerait plus la dispersion de son troupeau, les capitalistes n'auraient pas à prévoir la ruine de notre prospérité.

Telle est la diversité des opinions au sujet des motifs qui nécessitent l'éducation, et doivent nous déterminer à cet égard. Mes auditeurs sont tout préparés à reconnaître que les moyens proposés pour arriver au but qu'on veut atteindre ne sont pas moins discordants. L'éducation obligatoire a de nombreux partisans, et ce ne sont pas les moins bruyants. Nous autres Anglais avons conservé une foi touchante en l'efficacité des actes ou décrets de parlement, bien que l'expérience nous ait toujours prouvé leur peu de valeur, et je crois qu'à la prochaine session l'instruction obligatoire serait décrétée, s'il était aucunement probable qu'une demi-douzaine d'hommes d'État de marque, parmi les différents partis, pussent s'entendre sur ce que doit être cette éducation.

Les uns prétendent que le manque absolu d'éducation vaut mieux qu'une éducation sans instruction religieuse. D'autres prétendent, d'une façon tout aussi formelle, que l'éducation qui se base sur la théologie est plus nuisible encore. Mais, d'une part, ces derniers sont en minorité, et les premiers ne peuvent s'entendre sur ce que doit être l'instruction religieuse qu'ils préconisent.

En tout cas, bien des gens nous demandent de faire que chacun sache lire, écrire et compter, et en soi l'avis est bon. Mais ceux qui se contenteraient de ce petit résultat, faute de mieux, se trouvent en présence d'une objection qui m'a été faite autrefois. Votre système, leur dira-t-on, revient à enseigner aux enfants la manière de se servir d'une cuiller, d'une fourchette et d'un couteau sans leur donner ensuite les aliments nécessaires. Je ne vois pas qu'il y ait rien à répondre à cette objection.

Nous voici en présence d'un écheveau de fil bien embrouillé ; mais il est parfaitement inutile de passer notre temps à le débrouiller, ou plutôt à montrer toutes les difficultés qui se présentent dans les différentes solutions proposées par d'autres. Pour aller droit au but, cherchons si nous avons quelque moyen de nous tirer nous-mêmes de toutes ces difficultés. Et pour commencer, proposons-nous cette question : Qu'est-ce que l'éducation ? Demandons-nous surtout quel est notre idéal d'une éducation vraiment libérale, de cette éducation que nous voudrions nous donner à nous-mêmes, si nous pouvions recommencer la vie, de cette éducation que nous donnerions à nos enfants, si nous pouvions faire plier le sort à notre volonté. Je ne sais vraiment pas ce que vous en pensez, mais je vais vous dire comment je l'entends moi-même, et j'espère que notre manière de voir à cet égard ne sera pas très-différente.

Supposons qu'il soit bien certain que notre vie, notre fortune à tous, dût dépendre, un jour ou l'autre, d'une partie d'échecs qu'il s'agirait de gagner. Ne pensez-vous pas que notre premier devoir serait dès lors d'apprendre pour le moins le nom et la marche des pièces, de nous renseigner sur les séries des coups, et de connaître tous les moyens de faire échec, comme tous les moyens de s'en tirer. Ne pensez-vous pas que nous aurions pour le père, pour l'État qui laisserait grandir les siens, sans qu'ils sussent reconnaître un pion d'un cavalier, des sentiments de blâme bien voisins du mépris ?

Et pourtant, la chose est claire et tout élémentaire, la vie, la fortune, le bonheur de chacun de nous, et en bonne partie de tous ceux qui se rattachent à nous, dépendent de la connaissance que nous pouvons avoir des règles d'un jeu infiniment plus difficile et plus compliqué que le jeu d'échecs. Il s'agit d'un jeu qui se joue depuis des siècles plus nombreux que nous ne savons les compter; nous tous, hommes et femmes, sommes individuellement le joueur contre lequel la partie est engagée. L'échiquier, c'est le monde, dont les phénomènes naturels sont les pièces, et nous appelons lois de la nature, les règles de ce jeu-là. Nous jouons contre un adversaire qui nous est caché ; nous savons qu'il ne triche pas, il ne fait pas de fautes, il est patient dans ses coups. Mais nous savons aussi, pour l'avoir appris à notre grand dommage, qu'il ne nous passe pas la moindre faute et n'a nul souci de notre ignorance ; les plus gros enjeux se payent aux bons joueurs avec ce genre de générosité surabondante par laquelle les forts témoignent leur amour de la force. Quant à celui qui joue mal, il est fait mat, sans hâte comme sans pitié.

Vous rappelez-vous le tableau du peintre Retzsch qui représente Satan jouant aux échecs contre un homme qui a mis son âme pour enjeu ? Au lieu du démon moqueur, mettez dans ce tableau un ange calme et fort qui ne veut pas le malheur de son adversaire, désirant même plutôt perdre que gagner, et ce serait pour moi l'image de la vie humaine.

Eh bien, comme je l'entends, l'éducation consiste à apprendre les règles de ce jeu formidable. En d'autres termes, l'éducation doit d'abord faire connaître à l'intelligence les lois de la nature, et par ce mot de nature je n'entends pas seulement la matière et ses forces, mais aussi l'homme et sa manière d'agir ; puis elle façonnera nos affections et notre volonté de telle sorte que nous ayons toujours un désir ardent et sincère d'agir en harmonie avec ces lois. Pour moi l'éducation comprend tout cela, ni plus ni moins. Pour qu'un système d'éducation mérite ce nom, il faut qu'il satisfasse à ce programme, et s'il ne peut pas y satisfaire, ce ne sera pas, selon moi, une éducation, quelle que soit la force d'autorité ou le nombre de ceux qui voudront le faire valoir.

Pour parler d'une façon précise, il est important de se rappeler qu'il ne peut exister un homme sans éducation aucune. Prenons un cas extrême. Supposons qu'un adulte, jouissant de toute la vigueur de ses facultés, puisse être tout à coup placé dans le monde, comme le fut Adam à ce que l'on prétend, et qu'il y soit abandonné pour se tirer d'affaire de son mieux. Cinq minutes ne se seraient pas passées que son éducation serait déjà commencée. Par les yeux, les oreilles, le toucher, la nature aurait commencé à lui enseigner les propriétés des objets. Le plaisir et la peine seraient à ses côtés pour lui dire de faire ceci et d'éviter cela, et peu à peu cet homme recevrait une éducation complète, réelle, adéquate aux circonstances où il se trouverait, tout étroite qu'elle puisse être, toute rudimentaire et insuffisante qu'elle soit à notre point de vue mondain.

Et si un second Adam se présentait à notre solitaire, ou encore mieux, une Ève, un monde nouveau et plus grand, le monde des phénomènes sociaux et moraux lui serait révélé. Ses relations nouvelles lui feraient connaître des joies et des chagrins près desquels les joies et les chagrins qu'il aurait éprouvés jusqu'alors ne seraient que des ombres pâles. Le bonheur et la tristesse remplaceraient pour lui ces grossiers conseillers, le plaisir et la peine ; mais ce serait toujours l'observation des conséquences naturelles des actes, ou, en d'autres termes, celle des lois de la nature de l'homme, qui déterminerait sa conduite.

Pour chacun de nous, il fut un jour où le monde était aussi nouveau qu'il le fut pour Adam. A ce moment, longtemps avant que nous ne fussions capables de recevoir aucune autre espèce d'instruction, la nature nous prenait par la main, et tant que le sommeil ne venait pas nous dérober à l'influence de ses leçons, elle agissait sur nous, et nous façonnait, pour nous faire mettre nos actions en harmonie avec ses lois, et pour éviter que des fautes trop grossières ne fussent cause de notre ruine prématurée. Encore ne faudrait-il pas dire que l'homme, quelque vieux qu'il soit, puisse arriver à un moment où ce genre d'éducation n'agit plus pour lui. Le monde est aussi nouveau pour nous tous qu'au premier jour, il présente toujours, aux yeux capables de les voir, des vérités inconnues. L'univers est la grande université où la nature fait toujours patiemment notre éducation à tous tant que nous sommes, sans distinction de partis ou de sectes.

Ceux qui remportent les palmes dans cette université de la nature, ceux qui apprennent à connaître les lois qui gouvernent les hommes et les choses, et s'y conforment, sont ceux qui réussissent en ce monde, et sont réellement grands. La plupart des hommes constituent la foule des écoliers qui en savent juste assez pour se tirer d'affaire aux grands examens de la nature. Puis il y a ceux qui n'ont rien voulu apprendre, ils sont refusés, mais alors on ne renouvelle pas; ils sont *fruits secs,* et les fruits secs de la nature sont exterminés.

Ainsi, la nature a réglé cette question de l'instruction obligatoire; pour tout ce qui la concerne elle l'a décrétée à sa façon, il y a longtemps déjà. Mais toute législation obligatoire est dure, et entraîne bien des pertes; c'est ce qui arrive ici. L'ignorance est traitée avec la même rigueur que la désobéissance entêtée, et l'incapacité est punie à l'égal du crime. La discipline de la nature ne consiste pas en un avis suivi d'un coup, ce n'est même pas un coup précédant le mot d'avis, c'est le coup tout seul. A vous à reconnaître pourquoi vous avez reçu le soufflet.

Le but de ce que nous appelons communément l'éducation, celle où l'homme intervient, et que j'appellerai l'éducation artificielle, est de subvenir à tout ce qui manque dans les méthodes d'éducation naturelles. Elle prépare l'enfant à recevoir l'éducation de la nature de telle sorte qu'il soit capable de la comprendre, et qu'il ne se complaise pas à lui désobéir; elle le met à même de saisir les premiers signes de son déplaisir sans attendre ses coups. Bref, toute éducation artificielle doit être une anticipation de l'éducation naturelle. Une éducation libérale est une éducation artificielle qui ne se borne pas à mettre un homme à même d'échapper à tous les maux résultant de la désobéissance aux lois naturelles, mais qui de plus l'a dressé à apprécier les récompenses distribuées par la nature avec autant de profusion qu'elle répand les châtiments, et à savoir s'emparer de ses bienfaits.

Je dirai qu'un homme a reçu une éducation libérale, quand il aura été élevé de telle sorte que son corps sera pour lui un serviteur toujours prêt à accomplir sa volonté et à exécuter facilement et avec plaisir le travail dont ce corps est capable comme instrument, quand l'intelligence de cet homme sera un instrument de logique lucide et froid, dont toutes les parties seront en bon ordre et de force égale, semblable en un mot à une machine à vapeur qui pourra s'appliquer à toute espèce de travail, qu'il s'agisse de tisser les délicatesses de la pensée ou d'en forger les soutiens. Il faudra que son esprit ait amassé la connaissance des grandes vérités fondamentales de la nature et des lois de ses opérations. L'ascétisme n'aura pas paralysé ses forces, il sera plein de vie et de feu, mais ses passions auront été dressées à se prosterner aux pieds de sa volonté puissante, obéissant elle-même à une conscience pleine de délicatesses. Il aura appris à aimer toutes beautés, celles de la nature comme celles de l'art, à détester toute bassesse, et à respecter les autres comme lui-même.

Selon moi, celui qui est tel que je le dis, et

celui-là seul, a reçu une éducation libérale, car il est aussi pleinement en harmonie avec la nature que peut l'être l'homme. Il tirera de la nature tout le parti possible, la nature fera de lui tout ce que l'homme peut être. Ils procéderont toujours ensemble en merveilleux accord ; elle sera sa mère bienfaisante ; il sera son interprète, sa personnification consciente, son ministre et son héraut.

En quel lieu se donne une éducation semblable à celle que nous indiquons, ou qui du moins s'en rapproche ? Quelqu'un a-t-il jamais cherché à l'établir ? On ne la trouvera pas dans toute l'Angleterre ; personne n'a fait encore chez nous une tentative en ce sens, je suis, hélas ! contraint de l'avouer. Considérez nos écoles primaires et ce qu'on y enseigne. L'enfant y apprend :

1° La lecture, l'écriture et le calcul, plus ou moins bien, mais la plupart du temps pas assez bien pour que la lecture soit pour lui un plaisir, pas assez pour qu'il puisse écrire convenablement la lettre la plus simple.

2° Beaucoup de théologie dogmatique, et la plupart du temps l'enfant n'en comprend pas un traître mot.

3° On lui fera connaître les principes les plus généraux et les plus simples de la morale, en les combinant avec les dogmes religieux, de telle sorte qu'ils sembleront en dépendre, pour subsister ou s'effondrer ensemble. C'est faire, à mon avis, ce que ferait un savant qui nous raconterait l'histoire de la pomme que Newton vit tomber dans son jardin, et nous donnerait cette anecdote comme partie intégrante des lois de la gravitation, nous l'enseignant comme ayant une valeur égale à celle de la loi de la raison inverse du carré des distances.

4° On enseigne à cet enfant beaucoup d'histoire des Juifs, et la géographie de la Syrie; on lui enseignera un peu d'histoire et de géographie de son propre pays. Mais je doute fort qu'il y ait, sur les murs d'une de nos écoles, une carte du canton où se trouve le village, afin que l'enfant puisse apprendre pratiquement ce qu'une carte signifie.

5° On lui enseignera enfin, jusqu'à un certain point, la régularité, on lui enseignera à obéir en faisant attention aux ordres, à respecter les autres. Si le maître est un sot incapable, il arrivera à ce résultat par la crainte; il y arrivera par l'affection, par la vénération, s'il est un sage.

En tant qu'un semblable cours scolaire consiste à faire connaître aux élèves la théorie des lois morales de la nature, et les dresse à obéir, il contient, je suis heureux de le reconnaître, un élément important de l'éducation; bien plus, en ce qu'il embrasse, il se rapporte à la partie majeure et la plus importante de toute éducation. Comparez cependant ce qui se fait en ce sens, et ce que l'on pourrait faire. Quel contraste! D'une part, beaucoup de temps employé à des objets insignifiants; de l'autre, les choses capitales à peu près négligées. C'est la note d'auberge de Falstaff; d'un côté un sou de pain, beaucoup trop de vin de l'autre.

Demandons-nous ce que peut savoir un enfant élevé de cette façon, et ce qu'il ne saura pas. Commençons par la chose la plus importante, la moralité qui doit diriger plus tard sa conduite. L'enfant sait très-bien que certains actes entraînent l'approbation, et d'autres, la désapprobation. Mais personne ne lui a jamais dit que toute loi morale a sa raison d'être dans la nature même des choses, raison aussi puissante, aussi inattaquable et bien définie que celle qui motive toute loi physique ; que s'il vole, que s'il ment, il en résultera pour lui des conséquences fâcheuses, tout aussi certaines que s'il met la main dans le feu ou s'il se jette d'une fenêtre de grenier. De même, si on lui a dogmatiquement enseigné les grandes lois morales, on ne l'a pas dressé à appliquer ces lois aux problèmes difficiles qui résultent des conditions compliquées de la civilisation moderne. N'aurait-on pas tort de demander la solution d'un problème de section conique à celui qui ne connaîtrait que les axiomes et les définitions des sciences mathématiques ?

Un ouvrier doit subir la souffrance d'un dur labeur et peut-être les privations, tandis qu'il verra des riches rouler sur l'or et nourrir leurs chiens de ce qui eût empêché ses enfants de mourir de faim. Ne serait-il pas bon d'aider cet homme à calmer les mauvaises pensées que lui suggère son mécontentement, en lui faisant voir dès sa jeunesse qu'il y a une relation nécessaire entre la loi morale qui défend de voler, et la stabilité de la société ? N'aurait-il pas fallu lui prouver, une fois pour toutes, qu'il vaut mieux mourir de faim que de voler, tant pour lui que pour les siens et pour tous ceux qui procéderont de lui? Si, pour agir sur cet homme et le convaincre, vous ne trouvez pas chez lui un fondement de connaissances, une habitude de penser, comment lui persuader, le jour où il mourra de faim, que le capitaliste est autre chose qu'un voleur protégé par la maréchaussée? Et s'il croit cela en toute sincérité, à quoi bon lui citer le commandement du Décalogue, lorsqu'il se dispose à faire rendre gorge au capitaliste ?

L'enfant n'apprend pas un mot de l'histoire politique ou de l'organisation de son propre pays. Il arrive à se figurer que tous les événements importants se sont passés il y a fort longtemps ; le souverain et la noblesse gouverneraient à la façon du roi David et des anciens du peuple d'Israël, les seuls modèles qui lui soient connus. Voulez-vous faire un électeur d'un homme ainsi renseigné? Aux temps de calme, il va vendre sa voix pour un pot de bière. Pourquoi pas? Elle vaut pour lui ce que valait la perle pour ce coq qui l'avait trouvée, et il en est tout aussi embarrassé. Mais au contraire, en temps de trouble, il applique sa théorie toute simple de gouvernement: il croit que ses chefs sont cause de ses souffrances, croyance dont les résultats sont parfois effroyablement pratiques.

Ce que l'enfant apprend moins que toute autre chose dans notre système d'éducation primaire, c'est à se rendre compte des lois du monde physique et des relations de cause à effet qui y règnent. Ceci est d'autant plus fâcheux que les pauvres sont tout spécialement exposés aux maux physiques, et qu'ils ont plus grand intérêt à s'en préserver que toute autre classe de la société. Si quelqu'un a besoin de connaître les lois ordinaires de la mécanique, c'est l'artisan, semble-t-il, l'artisan dont le travail journalier s'exécute au milieu de leviers, de poulies et d'autres instruments du travail manuel. Si quelqu'un a besoin de connaître les lois ordinaires de la santé, c'est le pauvre ouvrier, dont une nourriture mal préparée ne répare pas les forces, dont la santé est minée par une aération insuffisante, par l'humidité, par toutes les autres mauvaises conditions qui résultent du mauvais écoulement des eaux en général, et dont la moitié des enfants sont tués par des affections que l'on pourrait prévenir. L'éducation primaire, actuellement acceptée chez nous, ne s'en tient pas à éviter soigneusement d'indiquer à l'ouvrier que quelques-uns des plus grands maux dont il a à souffrir doivent être attribués à des agents purement physiques, et qu'il en viendrait à bout par l'énergie, par la patience et par la frugalité ; non, elle exerce sur lui une bien plus fâcheuse influence en le rendant sourd, autant que faire se peut, à la voix de ceux qui pourraient lui venir en aide, et en cherchant à remplacer les tendances naturelles qui le porteraient à faire des efforts pour améliorer sa condition, par une soumission orientale à ce qu'on déclare faussement être la volonté de Dieu.

Il ne faut donc pas s'étonner si, tout récemment, on a fait appel à la statistique pour prouver, bien sottement, que l'éducation ne sert à rien, en tant qu'elle ne diminue ni la misère ni le crime, parmi les foules. Je répondrai : Comment ce que vous désignez sous ce nom d'éducation pourrait-il avoir ce bon résultat? Si je suis un coquin ou un imbécile, je ne le serais pas moins quand j'aurais appris à lire et à écrire, à moins que l'on ne m'ait enseigné aussi à diriger mon talent de lecture et d'écriture en vue du vrai et du bien.

Supposons que quelqu'un se mette en tête de démontrer que les remèdes pharmaceutiques sont inutiles en prouvant, statistiques en main, que le pour cent de la mortalité serait le même parmi des gens qui auraient appris à ouvrir une caisse contenant tous les médicaments possibles, et d'autres gens qui ne seraient même pas capables d'en reconnaître la clef. Voilà un argument bien absurde, mais il ne l'est pas plus que celui que je combats. La sagesse est le seul remède à opposer aux souffrances, au crime, à tous les autres maux de l'humanité. Enseigner à un homme la lecture et l'écriture, c'est lui mettre dans les mains la clef d'or du coffret qui la renferme. Mais ce coffret, l'ouvrira-t-il, c'est une tout autre affaire. Et, s'il n'est pas dirigé et qu'il l'ouvre, au lieu de se guérir, il s'empoisonnera peut-être en prenant la première drogue qui lui tombera sous la main. A notre époque, il vaut presque autant être aveugle que de ne pas savoir lire, ou estropié que de ne pas savoir écrire. Mais je le déclare, si l'on pouvait supposer qu'il fallût choisir, je voudrais que les enfants des pauvres ignorassent ces deux arts, malgré leur grande valeur, plutôt que de leur laisser ignorer cette connaissance de la sagesse et de la vertu, dont la lecture et l'écriture ne sont que le moyen.

On pourra dire que si toutes mes objections sont valables en ce qui concerne les écoles primaires, elles ne peuvent plus s'appliquer aux écoles d'un degré supérieur, et qu'en tout cas les élèves de ces dernières y reçoivent une éducation libérale. De fait, on y fait montre de tout sacrifier à ce but.

Cherchons à nous en rendre compte. Qu'enseigne-t-on dans les écoles secondaires, où l'on élève les enfants des classes moyennes en Angleterre, de plus que dans nos écoles primaires ? On y lit, on y écrit l'anglais, un peu plus il est vrai. Pourtant, nous le savons tous, il est rare de rencontrer un garçon des classes moyennes ou supérieures de la société, capable de lire à haute voix d'une façon convenable, ou d'écrire ses pensées, je ne dis pas en langage châtié et élégant, mais seulement d'une façon claire et correcte. Le calcul des petites écoles prend ici le nom plus pompeux de mathématiques élémentaires; à l'arithmétique on ajoutera un peu de géométrie et d'algèbre; mais, la plupart du temps, l'enfant n'a pas appris à raisonner ce qu'on lui enseigne, et récite ces matières par cœur.

La théologie occupe une place absolument et relativement moindre, dans l'éducation des classes moyennes, que dans celle des classes inférieures, en raison du plus grand nombre de sujets sur lesquels on appelle l'attention des enfants. A cet égard, je puis bien le dire, les idées de ces enfants seront le plus souvent bien obscures et bien vagues; l'instruction religieuse qu'on leur aura donnée leur rappellera plus tard, avant tout, les longues heures péniblement passées à apprendre par cœur des textes liturgiques ou le catéchisme.

La géographie moderne, l'histoire moderne, la littérature moderne, la connaissance de la langue anglaise et de ses ressources, l'ensemble des sciences physiques, morales et sociales, tout cela est encore plus étranger aux élèves de nos écoles secondaires qu'à ceux des écoles primaires. Jusqu'à ces dernières années, un jeune garçon pouvait avoir fait toutes ses classes dans une de nos grandes écoles publiques, en se faisant toujours remarquer parmi les premiers, sans avoir même entendu parler d'aucun des sujets que j'indique. Il aurait pu n'avoir jamais entendu dire que la terre tourne autour du soleil, qu'il y avait eu une grande révolution en Angleterre en 1688, et qu'il y en avait eu une en France en 1789 ; il aurait pu ignorer que certains hommes remarquables nommés Chaucer, Shakespeare, Milton, Voltaire, Goëthe,

Schiller, eussent jamais vécu; on lui aurait dit que le premier était un Allemand, le dernier un Anglais, qu'il ne se serait pas récrié, et en fait de science il ne connaissait guère que celle du pugilat.

Si je dis que nous en étions là, il y a peu de temps, c'est qu'en Angleterre, quelques villes ont cherché à mettre l'éducation sur un meilleur pied. Il ne faudrait pas cependant s'attendre, en aucun cas, à un bien grand résultat, si l'on voulait se rendre compte aujourd'hui des connaissances de la plupart des élèves de nos grandes institutions sur les sujets que je viens d'indiquer.

Arrêtons-nous en ce point, pour considérer tout ce que cela a d'étonnant. Un jour viendra certainement où les Anglais en parleront comme preuve capitale de la stupidité apathique de leurs ancêtres au dix-neuvième siècle. Le monde n'a jamais vu un peuple plus commerçant, plus colonisateur et plus disposé à errer de toute part que ce peuple représenté par les classes moyennes de la société anglaise. Depuis trois cents ans, ce peuple s'agite, pour faire de l'histoire sur une grande échelle, histoire bien intéressante assurément et que l'on étudierait avec avidité s'il s'agissait de la Grèce ou de Rome. Depuis lors, ce peuple a produit une littérature des plus remarquables. La prospérité d'aucune des nations du monde ne dépend aussi complétement, aussi absolument que chez nous de la façon dont nous savons nous rendre maîtres des forces de la nature, de notre manière de comprendre les lois de la création et de la distribution des richesses, et de nous y conformer, comme de savoir ce qui fait l'équilibre stable des forces sociales. Et cependant voici comment ce singulier peuple parle à ses fils : « Nous allons sacrifier dans les écoles une douzaine des années les plus précieuses de votre vie, et cela nous coûtera de vingt-cinq à cinquante mille francs de cet argent que nous avons eu tant de peine à gagner. A l'école, vous travaillerez, du moins nous voulons le supposer, mais vous n'y apprendrez rien de ce que vous aurez besoin de savoir au jour où vous quitterez l'école, au jour où il vous faudra entreprendre la grande affaire pratique de la vie. Selon toute probabilité, vous serez négociant, mais vous ne saurez pas d'où proviennent les articles commerciaux, ni comment on les produit; vous ne saurez pas ce que c'est que l'importation ou l'exportation, vous ne saurez même pas ce que signifie le mot *capital*. Vous irez probablement vous établir aux colonies, mais vous ne saurez pas si la terre de Van-Diémen est en Australie ou si au contraire l'Australie ne serait pas une des provinces de la terre de Van-Diémen.

« Il pourrait bien se faire que vous fussiez plus tard manufacturier, mais on ne vous mettra pas à même de vous rendre compte du travail ou du mécanisme d'une de vos machines à vapeur, ni de la nature des matières premières dont vous vous servirez. Quand on vous proposera d'acheter un brevet d'invention, vous serez parfaitement incapable de juger si l'inventeur est un fourbe, en contravention flagrante avec les principes élémentaires de la science, ou si c'est au contraire un homme qui vous rendra riche comme Crésus.

« Vous allez sans doute être nommé à la Chambre des communes, vous participerez à la promulgation de lois qui feront le bonheur ou la ruine de tous vos concitoyens. Mais on ne vous dira pas un mot au sujet de l'organisation politique de votre pays; ce que signifie la grande discussion des libres-échangistes contre les protectionnistes restera pour vous une énigme, vous ne saurez même pas qu'il existe des lois économiques.

« La puissance intellectuelle dont vous aurez le plus grand besoin journellement dans la vie, est la capacité de voir les choses telles qu'elles sont, sans égard à l'autorité, et celle qui vous permettra de tirer des faits particuliers de bonnes conclusions générales. Mais aux écoles, aux universités, l'autorité sera la seule source du vrai que l'on vous fera connaître, on n'y exercera votre raisonnement qu'à déduire les résultats d'une donnée autoritaire.

« Un travail pénible vous fatiguera l'esprit, vous arroserez souvent votre pain de vos larmes, mais on ne vous fera pas connaître la place de refuge, le grand asile des ennuis de la terre et la source pure des plaisirs les plus nobles : le monde de l'art. »

N'avais-je pas raison de dire que nous sommes un singulier peuple ? Je suis tout disposé à reconnaître qu'une éducation qui n'aurait d'autre but que de renseigner ses élèves sur ces sujets aujourd'hui négligés, ne serait pas une éducation parfaitement libérale. Mais peut-on considérer comme telle une éducation qui les laisse tous de côté ? Bien plus, ne suis-je pas autorisé à dire que l'éducation qui embrasserait tous ces sujets serait une éducation réelle, bien qu'incomplète, tandis que l'éducation qui les néglige n'est réellement pas une éducation, mais tout simplement un système de gymnastique intellectuelle plus ou moins utile ?

Dans ces écoles fréquentées par les enfants des classes moyennes de notre société, par quoi remplace-t-on tous les sujets qu'on y néglige ? On y substitue ce que l'on désigne par un titre qui embrasse bien des choses : les classiques, c'est-à-dire les langues, la littérature et l'histoire des anciens peuples de la Grèce et de Rome, avec ce que connaissaient de géographie ces deux grandes nations de l'antiquité. Ne croyez pas que je veuille jamais déprécier la recherche sérieuse et éclairée des études classiques. Ce genre d'occupation a tout mon respect, toute ma sympathie, et je n'aime pas ceux qui le combattent. Si les circonstances de la vie m'avaient poussé de ce côté, il n'y a pas d'étude, tout au contraire, qui m'eût été plus agréable que celle de l'antiquité.

Quelle est la science qui pourrait offrir plus d'attraits que la philologie ? Un admirateur de l'excellence littéraire pourrait-il ne pas goûter les chefs-d'œuvre anciens ? M'occupant sans cesse à déchiffrer le passé, à reconstruire, à l'aide de fragments d'animaux disparus depuis longtemps, des formes intelligibles, comment pourrais-je, malgré mon incompétence à cet égard, ne pas prendre un intérêt sympathique aux travaux d'un Niebuhr, d'un Gibbon, d'un Grote. L'histoire classique est une partie importante de la paléontologie de l'homme ; et, comme toutes les autres espèces de paléontologies, elle m'inspire un double respect : le respect que j'éprouve en présence des faits qu'elle établit, car je respecte toujours un fait, puis un respect supérieur, car cette histoire nous prépare la découverte d'une loi du progrès.

Que n'enseigne-t-on les classiques comme on pourrait le faire? On pourrait faire connaître le grec et le latin aux garçons et aux filles, non plus seulement comme langues, mais comme exemples de la science philologique, pour la leur faire entrevoir. On pourrait par ce moyen graver dans leur esprit un tableau lumineux de ce qu'était la vie sur les rivages de la Méditerranée, il y a deux mille ans. L'histoire ancienne ne serait plus le récit monotone d'une série de luttes et de combats et remonterait aux causes, telles qu'elles se produisirent en certains hommes sous l'influence de certaines conditions données. On pourrait enfin étudier les livres classique de manière à faire sentir aux enfants leurs beautés et leur grande simplicité dans la façon d'énoncer les problèmes éternels qui s'imposent à l'homme, au lieu de se borner à leurs particularités verbales et grammaticales. Et cependant, si l'on enseignait ainsi les classiques, il ne faudrait pas plus, je pense, en faire la base d'une éducation libérale pour nos contemporains, qu'il ne faudrait faire pivoter cette éducation sur ce genre de paléontologie qui fait tout particulièrement l'objet de mes études.

On pourrait établir un bien singulier parallèle entre la paléontologie dont je parle et l'éducation classique telle qu'on la donne à nos enfants. Tout d'abord, je me fais fort d'établir un questionnaire d'ostéologie élémentaire si aride, si pédantesque dans sa terminologie, si rebutant pour l'esprit de la jeunesse, qu'il l'emporterait, haut la main, en aridité, en pédanterie, en insipidité, sur les récentes publications bien connues de quelques-uns de nos chefs d'institutions scolaires. Puis j'exercerais mes élèves sur les fossiles les plus simples, et je développerais toutes les forces de leur mémoire et la finesse dont ils seraient capables, en leur faisant appliquer les règles de cette grammaire ostéologique à l'interprétation de ces fragments ; ceci correspondrait à la construction des phrases. Dans les classes supérieures, j'apporterais des os détachés sur lesquels on reconstruirait des animaux ; les palmes et les récompense seraient pour ceux qui réussiraient à fabriquer les monstres les plus conformes aux règles ; ceci répondrait à la versification et à la dissertation en langue morte.

Assurément, si un maître en fait d'anatomie comparée venait à voir les produits de mes élèves, il branlerait la tête en souriant. Ce n'est pas ce petit accident, sans doute, qui viendrait donner tort à ma comparaison. Que diraient Horace ou Cicéron, croyez-vous, si on leur présentait les productions des meilleurs élèves de nos classes? Si Térence pouvait assister à la représentation d'une de ses comédies par les élèves de nos grandes écoles, il se sauverait en se bouchant les oreilles, je me figure. Une troupe de comédiens français qui voudraient jouer Hamlet en anglais, tout en prononçant notre langue à la façon de la leur, ne serait pas plus affreusement ridicule.

Mais on va dire que j'oublie les beautés et l'intérêt qui, pour tout homme, se rattachent aux études classiques. Je répondrai à cela que, pour goûter les charmes du paysage en gravissant, par un sentier difficile, une colline escarpée, il faut être singulièrement robuste. Dans de semblables circonstances les cailloux, les ornières nous rebutent, nous avons l'haleine courte, et nous sentons si bien qu'il est bon de se contenter de peu, qu'il est sage de se reposer, que notre sentiment du beau y succombe le plus souvent. C'est précisément le cas de l'écolier ordinaire. Le Parnasse est pour lui affreusement escarpé et, tant qu'il ne sera pas arrivé au sommet, il n'a ni le temps ni l'envie de se détourner pour promener les yeux autour de lui. Et, neuf fois sur dix, il n'arrive pas jusqu'à la cime de ce mont.

D'après les renseignements que j'ai pu recueillir près de ceux dont l'autorité est compétente en cette matière, tels seraient les résultats de la meilleure éducation classique donnée en ce pays. Mais qu'en sera-t-il alors de l'éducation classique du degré inférieur, celle qui se donne dans les écoles de second ordre? Je vais vous le dire : cette éducation-là consiste à apprendre par cœur des formules et des règles interminables. La version grecque et latine n'a ici d'autre but que de mettre l'enfant à même de traduire, sans que l'on tienne compte jamais de la valeur ou de l'infériorité de l'auteur dont on s'occupe. Les enfants y apprennent bon nombre d'antiques légendes qui ne sont pas toujours fort décentes; elles sont pour eux sans valeur, car le sens qu'elles avaient autrefois ne leur est pas dévoilé, et voici la seule impression qu'elles puissent faire sur leur esprit : c'est que les peuples qui ont pu croire cela devaient être les plus grands idiots de la terre. En fin de compte, après une douzaine d'années passées à ce genre de travail, celui qui a subi cette lourde discipline ne sera pas capable de comprendre un passage d'un auteur qu'il n'aura pas expliqué déjà; la vue d'un livre grec ou latin le fera bâiller d'ennui, jamais plus il n'en ouvrira un, jamais plus il n'y pensera jusqu'à ce que... chose étrange, il veuille à toute force soumettre ses enfants aux mêmes procédés d'éducation.

O Israël, voilà tes dieux! En Angleterre, pour

satisfaire aux usages du monde, pour honorer ce fétiche que nous appelons « *respectability* » et pour arriver au beau résultat que je viens d'indiquer, le père de famille refuse à ses enfants les connaissances qui pourraient leur être utiles, non pas seulement pour les mettre à même de réussir dans le sens le plus grossier du mot, mais pour s'en faire des jalons dans les grandes crises de la vie. Voilà la pierre qu'il présente aux siens, au lieu du pain que les liens les plus sacrés et les plus tendres lui faisaient un devoir de leur donner.

Si l'éducation primaire et l'éducation secondaire sont dans cet état peu satisfaisant, que pouvons-nous dire au sujet des universités ! Ce sujet, je l'avoue, m'inspire une certaine terreur, et je redoute d'y porter une main profane ; mais je puis vous dire ce qu'en pensent ceux qui ont autorité pour en parler.

Le recteur du collége Lincoln nous dit, dans un ouvrage récent (1) :

« Les colléges annexés à nos universités furent
« fondés à l'aide de dotations qui n'avaient pas pour
« but de subvenir à l'enseignement des éléments
« d'une éducation libérale générale ; les colléges
« avaient été institués pour des hommes d'un âge
« mûr, qui devaient y poursuivre des études spé-
« ciales et professionnelles dans les différentes fa-

---

(1) *Suggestions for Academical Organization with especial reference to Oxford* p. 127.

« cultés. Les universités répondaient à l'un et à
« l'autre but. Si les colléges prenaient incidemment
« une petite part à l'éducation élémentaire, ils
« n'étaient fondés cependant qu'en vue des plus
« hautes études. »

« Telle était la théorie de l'université au moyen
« âge, et le but de la fondation des colléges à leur
« origine. Le temps et les circonstances ont amené
« un revirement total. Les colléges ne font plus
« prospérer les recherches scientifiques, ils ne diri-
« gent plus les études professionnelles. On trouvera
« par ci par là, à l'ombre de leurs murs, quelques
« hommes d'étude, mais pas en plus grand nombre
« qu'on n'en rencontrerait dans la vie privée. Nos
« universités n'ont plus d'autre but aujourd'hui que
« de donner une instruction élémentaire à des
« jeunes gens âgés de moins de vingt ans, et les do-
« tations des colléges ne servent pas à autre chose.
« Autrefois les colléges étaient un asile assuré pour
« ceux qui voulaient passer leur vie à cultiver les
« connaissances les plus hautes et les plus ab-
« straites. Aujourd'hui ce sont des pensionnats où
« l'on enseigne aux jeunes gens les éléments des
« langues savantes. »

Si la haute position de M. Pattison, si l'amour
et le respect bien connus qu'il porte à l'université
à laquelle il appartient, ne suffisent pas à convaincre le monde extérieur que des paroles si sé-
vères ne sont que justes, personne ne pourra récuser l'autorité des commissaires chargés de faire

un rapport sur l'université d'Oxford en 1850. Je cite textuellement :

« Tout le monde reconnaît que l'université d'Oxford et notre pays en général souffrent beaucoup du défaut d'un corps de savants qui passeraient leur vie à cultiver les sciences et à diriger l'éducation académique. »

« Le fait, que peu de livres de profonde recherche émanent de l'université d'Oxford, fait matériellement tort à sa réputation comme foyer scientifique, et tend par conséquent à lui faire perdre l'estime de notre nation. »

L'université de Cambridge n'est pas exempte des reproches que l'on adresse à Oxford. Nous en sommes donc réduits à reconnaître que ces universités dont nous étions si fiers, ne sont que des pensionnats à l'usage des grands garçons ; que les savants n'y sont pas plus nombreux qu'ailleurs, que les membres associés (*fellows*) ont autre chose en vue que le progrès des connaissances, et qu'enfin dans leurs jardins verdoyants le calme favorable à la philosophie, la tranquillité qui porte à la méditation, ne font pas prospérer la philosophie et ne rendent pas la méditation fructueuse.

J'ai le bonheur de compter pour amis des membres résidents de chacune des universités, cultivant la science avec zèle et conservant sans cesse devant les yeux le noble idéal d'une université, qu'ils cherchent à réaliser de leur mieux. Pour moi, ces hommes-là seraient forcément les types d'après lesquels je jugerais les universités, si les citations que je viens de faire ne m'entraînaient à croire qu'ils sont exceptionnels, et ne représentent pas l'esprit de ces institutions. Bien plus, en considérant tout cela avec calme, certaines circonstances me portent à croire que le recteur du collége Lincoln et que les commissaires ne se trompent guère.

Personne ne peut nier, je pense, qu'un étranger qui voudrait se rendre compte de l'activité scientifique et littéraire de l'Angleterre moderne, perdrait sa peine et son temps s'il allait visiter nos universités dans ce seul but.

Quant aux œuvres de recherches profondes sur un sujet quelconque, et surtout quant à celles qui sont du domaine classique auquel les universités font profession de tout sacrifier, il est bien certain qu'une petite université allemande de troisième ordre produit plus en ce genre chaque année, malgré sa détresse financière, que ne produisent en dix ans nos institutions universitaires si vastes et si riches.

Demandez à un homme cherchant à élucider à fond une question, qu'il s'agisse d'histoire, de philosophie, de philologie, de physique, de littérature ou de théologie, un homme qui cherche à se rendre maître d'un sujet abstrait (pourvu qu'il ne s'agisse pas d'économie politique ou de géologie, car ce sont deux sciences que nous avons spécialement cultivées), s'il ne devra pas lire six fois autant de livres allemands que de livres anglais. Et parmi ces livres anglais, sur dix, il n'y en aura peut-être pas plus d'un sortant de la plume d'un membre associé des colléges ou d'un professeur d'une université anglaise.

Ceci proviendrait-il de ce que l'esprit anglais n'aurait pas la même puissance que l'esprit allemand ? Les concitoyens de Grote, de Mill, de Faraday, de Robert Brown, de Lyell et de Darwin, pour nous en tenir à nos contemporains, ont droit de hausser les épaules devant une semblable allégation. L'Angleterre peut montrer aujourd'hui, comme elle l'a pu toujours, depuis que la civilisation s'est répandue en Occident, des hommes qui marchent de pair avec les plus grands du monde entier, et qui ne laisseront pas oublier la vieille renommée de sa valeur intellectuelle.

Mais le plus souvent nos hommes distingués sont ce qu'ils sont, en vertu de leur force intellectuelle native, en vertu d'une énergie de caractère que les obstacles ne rebutent pas. Ils n'ont pas été élevés sous les portiques du temple de la science ; tout au contraire ils assiégent cet édifice de cent façons irrégulières, et perdent bien du temps, bien des efforts, pour y conquérir la place à laquelle ils ont droit.

Ainsi donc, nos universités n'encouragent pas de tels hommes ; elles ne leur offrent pas des positions dans lesquelles ils auraient pour devoir capital de parfaire ce qu'ils sont le plus capables de faire ; puis, autant que possible, l'éducation des universités chasse de l'esprit de ceux qui s'y rattachent, ou qui y appartiennent, la pensée qu'il peut y avoir au monde une chose pour laquelle ils seraient tout spécialement propres. Je viens de vous citer quelques grands hommes nos concitoyens ; croyez-vous que si on leur avait proposé de passer leur vie à étudier la mimique du rhythme d'un chant grec ou l'harmonie de la belle prose de Cicéron, cela eût été pour eux un aliment intellectuel capable de les satisfaire? On ne réussirait pas, sans doute, à persuader à de tels hommes qu'une éducation qui ne pourrait aboutir qu'à la perfection en ces petites élégances mérite seule le nom de culture, et qu'il ne faut pas s'inquiéter des faits historiques, des procédés de la pensée, des conditions de la vie morale ou sociale et des lois de la nature physique, toutes choses qu'on peut abandonner aux profanes sans titres universitaires.

Ce n'est pas ainsi que les universités allemandes, ignorées comme elles méritaient de l'être il y a un siècle, sont devenues ce qu'elles sont aujourd'hui : les associations intellectuelles les plus productives que l'on ait jamais vues, les plus grands foyers d'activité de la pensée humaine.

L'étudiant qui s'y rend trouve, dans le programme des cours et dans la liste des professeurs, un bon tableau du monde de la science. Quelle que soit la chose qu'il désire étudier, il y trouve quelqu'un prêt à la lui enseigner et à lui montrer de quelle façon il faut l'étudier ; quelle que soit la tournure spéciale de son esprit, s'il est capable et diligent, des honneurs et une carrière lui sont assurés. Parmi ses professeurs il trouve des hommes dont le nom est connu et révéré dans toute l'étendue du monde civilisé, et leur exemple lui inspire une noble ambition et l'amour de l'esprit du travail.

C'est en vertu du secret bien simple, à l'aide duquel Napoléon se rendit maître de la vieille Europe, que les Allemands dominent aujourd'hui le monde intellectuel. Ils ont déclaré *la carrière ouverte aux talents*, et tout étudiant porte dans son sac sa toge de professeur. Qu'il devienne savant en fait de littérature ou de science proprement dite, et les ministres brigueront ses services. En Allemagne on n'abandonne pas les chances que peut avoir un homme de mérite d'occuper un poste qu'il illustrerait, aux hasards favorables des brigues universitaires, non plus qu'à une bande d'ecclésiastiques campagnards jugeant en dernier ressort.

Bref, en Allemagne les universités sont exactement ce que les nôtres ne sont pas, d'après le recteur du collége Lincoln et les commissaires, c'est-à-dire que ces universités sont des corporations de savants dévouant toute leur vie à la culture de la science et à la direction de l'éducation académique. Ce ne sont pas des pensionnats de jeunes gens, ce ne sont pas des séminaires, ce sont des institutions ayant en vue les progrès que l'humanité doit faire au moyen des plus hautes études; la faculté de théologie n'y est pas plus importante ni plus en relief que toute autre ; ce sont vraiment des universités parce qu'elles cherchent à représenter l'universalité des connaissances humaines, à leur donner corps et à assurer une place à toutes les formes de l'activité intellectuelle.

Puissent les nobles efforts de réformateurs intelligents et pleins de zèle, du genre de M. Pattison, réussir à façonner nos universités d'après un semblable idéal, tout en leur conservant ce qu'elles ont de distinctif et de bon dans leur ton social. Mais, tant qu'ils n'auront pas obtenu ce bon résultat, ce n'est pas à Oxford ou à Cambridge ni dans nos grandes écoles publiques, que l'on pourra se procurer une éducation libérale.

Si l'idéal que je conçois d'une éducation libérale est juste, et si ce que j'ai dit au sujet des institutions scolaires actuelles de ce pays est également vrai, il est clair que ces deux choses ne s'accordent nullement.

Les meilleures de nos écoles et tous les cours de nos universités ne peuvent procurer qu'une éducation incomplète, boiteuse et essentiellement antilibérale, tandis que l'éducation de nos plus mauvaises écoles est à peu près nulle. La réunion d'ouvriers dont je vous parlais en commençant ne serait pas à même de copier aucune de ces institutions quand même elle désirerait le faire; mais si, le pouvant, elle y cherchait ses modèles, elle aurait le plus grand tort, je le proclame hardiment.

En effet, il nous faut aujourd'hui une éducation

libérale bien réelle, et non des mots et des simulacres; c'est cette éducation que la réunion doit avoir l'ambition d'arriver à donner tôt ou tard. Nous ne faisons que commencer, nous préparons nos instruments pour ainsi dire, et, à part quelques connaissances élémentaires en physique, nous ne pouvons donner que ce que l'on trouve déjà dans les écoles ordinaires.

Pour établir un cours de science morale et sociale, un des plus importants, des plus utiles que nous puissions ouvrir plus tard, il ne nous manque qu'une chose, c'est le professeur. Le desideratum est des plus importants, je l'avoue, mais il faut se rappeler que mieux vaut manquer du professeur que du désir d'apprendre.

Nous ne pouvons encore établir un cours de géographie physique; j'entends cette géographie générale que les Allemands appellent « Erdkunde ». C'est une description de la terre, l'étude de la place qu'elle occupe dans le système universel et de ses relations avec les autres corps célestes; cette géographie embrasse la structure générale du globe et ses traits les plus saillants: les vents, les marées, les montagnes, les plaines, et indique les principales formes des végétaux et des animaux ainsi que les variétés de l'homme. C'est autour de cette science que viennent se grouper les connaissances les plus utiles et les plus intéressantes.

Le programme des cours ne comporte pas la littérature, mais j'espère l'y voir plus tard. La littérature est en effet la source principale des plaisirs délicats, et un des principaux résultats d'une éducation libérale est de nous mettre à même de goûter ces plaisirs. Les riches trésors de la littérature anglaise offrent un champ suffisant au développement d'une éducation libérale. Pour cela, il suffit d'une bonne direction, ayant pour but de cultiver un goût délicat, en fixant l'attention des élèves sur une saine critique ; il n'y a pas de raison d'ailleurs qui puisse empêcher nos élèves d'arriver à connaître le français et l'allemand assez pour lire avec plaisir et profit ce qui mérite d'être lu dans ces langues.

Et finalement, il nous faudra plus tard des cours d'histoire qui ne seront pas les récits de batailles et de dynasties successives, ni des séries de biographies ; l'histoire n'y sera pas traitée en vue de démontrer que la Providence a toujours favorisé tel ou tel parti politique, mais de façon à faire voir le développement de l'homme dans les temps passés et dans des conditions différentes des nôtres. Mais pour tout cela, nous ne voulons pas compter sur d'autres ressources que celles que le public mettra à notre disposition. Si mes auditeurs prennent à cœur ce que je viens de dire au sujet de l'éducation libérale, ils désireront voir prospérer cette institution ; de notre côté nous sommes prêts à nous mettre à l'œuvre, mais ici encore c'est la demande qui doit précéder l'offre.

IV

DE L'ÉDUCATION SCIENTIFIQUE ; RÉMINISCENCE D'UN DISCOURS APRÈS DÎNER.

En parlant des discours que l'on est parfois invité à faire après un dîner d'apparat, M. Thackeray se lamente de ce que l'on oublie toujours au moment opportun toutes les belles choses auxquelles on pensait en se rendant à la réunion. Je ne sais s'il y a *de belles choses* dans les pages suivantes ; quoi qu'il en soit, c'est à peu près comme on rassemble en chemin ses pensées, pour dire quelque chose dans une assemblée d'amis, que ce discours fut composé et prononcé à la table hospitalière de la Société philomathique de Liverpool.

Si j'avais eu à vous parler, il y a quelques années, de faire entrer l'élément scientifique dans l'éducation générale de ce pays, j'aurais dû commencer mon discours en vous faisant valoir, en manière d'excuse, tous les avantages de la science. Mais à cet égard comme à tant d'autres, l'opinion publique s'est modifiée rapidement, dans ces derniers temps. Des comités des deux chambres se sont mis d'accord pour dire qu'il y avait quelque chose à faire en ce sens, et ont même balbutié quelques avis timides sur ce qu'il fallait faire, tandis qu'à l'autre extrémité sociale, des comités d'ouvriers exprimaient leur conviction que pour faire progresser les leurs, comme hommes et comme ouvriers, l'instruction scientifique était absolument nécessaire. Il y a peu de jours j'avais à prendre part à la réception d'une députation d'ouvriers de Londres qui venaient demander à sir Roderick Murchison, directeur de l'École royale des mines, si l'organisation de cet établissement était telle qu'ils pussent en profiter pour s'y procurer l'instruction scientifique dont ils sentaient si bien la nécessité, ce qu'ils nous exposèrent en termes si clairs qu'il n'était pas possible de mieux l'exprimer.

Dans nos grandes universités, les chefs de colléges, qui n'ont pas la réputation d'aimer beaucoup les innovations, ont cru à plusieurs reprises devoir réserver quelques récompenses, quelques distinctions, parmi toutes celles qui sont à leur disposition, en faveur de ceux qui cultivent les sciences physiques. Bien plus, j'ai appris que dans certains colléges universitaires on a désigné un professeur, deux même parfois, pour exposer aux étudiants les faits et les principes des sciences physiques. Et c'est plein de respect et de reconnaissance envers les éminents directeurs des écoles publiques d'Eton, de Harrow et de Winchester, que je me plais à reconnaître qu'ils ont cherché à introduire, malgré les difficultés du problème, l'étude des sciences physiques dans ces grands établissements d'éducation, preuve de leur bon vouloir et de leur intelligence des nécessités qui s'imposent; j'ai donc l'espoir que sous peu il se fera en ce sens des changements importants dans ces anciennes forteresses de la chose établie. De fait, les changements sont déjà effectués, et aujourd'hui ces sciences sont sur le programme des cours à Harrow et à Rugby, et j'ai appris encore qu'on se prépare activement à introduire ces études à Eton et ailleurs.

En présence de ces faits il est peut-être inutile de vous développer les raisons qui motivent l'introduction des sciences physiques dans l'éducation élémentaire; je crois pourtant qu'il y a lieu de vous soumettre quelques considérations qui n'ont guère attiré l'attention.

J'ai cherché ailleurs à établir les arguments supérieurs et abstraits qui démontrent que l'étude des sciences physiques est indispensable à l'éducation complète de l'esprit humain; mais si je me suis dévoué à des études plus ou moins abstraites et dont l'utilité pratique ne saute pas à tous les yeux, je ne voudrais pas vous donner à entendre que je suis indifférent à toute l'importance de la réussite matérielle dans la vie. C'est, dit-on, l'idéal suprême de nos concitoyens. Pour moi, c'est, en tout cas, une affaire fort importante. Ce n'est pas seulement en raison des résultats grossiers et tangibles du succès, que j'en fais cas; son importance provient, à mon avis, de ce que l'humanité est constituée de telle façon que, pour la plupart, nous ne serions pas entraînés à faire les grands efforts qui nous rendent plus sages et plus capables, si nous ne nous trouvions pas dans la nécessité absolue de bander nos facultés jusqu'à l'extrême limite de nos forces, à seule fin de réussir dans le sens le plus pratique du mot.

Or, personne ne peut nier aujourd'hui combien la connaissance des sciences physiques nous est utile pour réussir et progresser. Il n'y a guère chez nous de profession mercantile, à part le petit commerce de détail, dont les représentants ne retirent un bénéfice direct des connaissances scientifiques qu'ils possèdent. A mesure que l'industrie se développe et se perfectionne, à mesure que ses procédés se compliquent et s'améliorent, et que la concurrence devient de plus en plus active, les sciences sont mises à réquisition l'une après l'autre par les combattants, et celui qui sait en tirer le meilleur parti a le dessus dans cette grande lutte pour l'existence, qui se produit sous la surface si calme de la civilisation moderne, avec la même fureur que parmi les hôtes sauvages des forêts.

Sans me borner à l'action de la science sur la vie pratique ordinaire, permettez-moi d'appeler votre attention sur l'immense influence qu'elle exerce sur plusieurs professions. Je fais appel à tout ingénieur pour qu'il dise combien de temps il a perdu, après sa sortie de l'école, pour acquérir des connaissances auxquelles il était resté jusque là tout à fait étranger, et dont ses maîtres ne lui avaient pas donné la moindre idée. Il avait dès lors à se rendre compte du cours et des forces de la nature, à se familiariser avec ces conceptions nouvelles vers lesquelles son attention n'avait pas été dirigée pendant tout le cours de ses études, et il lui fallait apprendre, pour la première fois, qu'au delà du monde des mots il y a un monde des faits. Je m'adresse à tous ceux qui connaissent cette profession pour qu'ils disent si je me trompe ; mais il en est une autre, non moins importante, dont je puis vous parler parce que je la connais directement. Il peut nous arriver à tous que la maladie nous jette un jour ou l'autre, pieds et poings liés, aux mains d'un médecin. Au premier instant notre vie ou notre mort peuvent dépendre de son habileté à reconnaître la lésion corporelle dont nous sommes atteints, et à y appliquer les remèdes convenables.

Telles sont les nécessités de la vie moderne et les conditions sociales de la classe qui fournit le plus grand nombre de médecins, que ceux qui veulent se livrer à la pratique de la médecine ne peuvent passer qu'un nombre d'années très-restreint à acquérir les sciences les plus nécessaires à l'exercice de leur profession. Comment se passe ce temps d'étude si écourté ? C'est comme ancien examinateur et après onze ou douze ans d'exercice en cette qualité, à l'université de Londres, que je vous parle ; je suis donc bien renseigné sur ce sujet ; mais je pourrais en appeler à l'autorité de M. Quain, président du Collége des chirurgiens, pour corroborer mon opinion, car je l'entendais, il y a peu de jours, traiter ce sujet à fond d'une façon admirable (1).

L'étudiant en médecine qui débute doit tout d'un coup chercher à se renseigner sur une foule de sciences : la physique, la chimie, la botanique, la physiologie par exemple, qui lui sont absolument étrangè-

---

(1) *Hunterian Oration* (*Medical Times and Gazette* du 20 février 1869). Deux mots au sujet de nos cours de médecine, et de l'influence des changements effectués dans les écoles élémentaires, dont je viens de vous parler, sur cette instruction médicale. Aujourd'hui l'étudiant, à ses débuts, se trouve tout à coup en présence de plusieurs sciences : la physique, la chimie, l'anatomie, la physiologie, la botanique, la pharmacie, la thérapeutique ; il n'a que dix-huit mois pour en connaître tous les faits, le langage et les lois. Jusqu'aux débuts de leurs études médicales, la plupart des étudiants ont acquis bien peu de connaissances ; et si l'examinateur de l'université de Londres et le professeur de Cambridge nous montrent dans leurs rapports l'infériorité de leurs élèves, nous ne sommes pas fondés à en attendre davantage. Si dans les écoles les jeunes gens avaient acquis des connaissances précises en physique, en chimie et en une des branches de l'histoire naturelle, en botanique, par exemple, avec la physiologie qui s'y rapporte, ils posséderaient alors des connaissances qui vont leur être nécessaires et une pratique rudimentaire du raisonnement par induction.

Toutes nos études sont des procédés d'observation et d'induction, et l'observation, l'induction, constituent la meilleure discipline mentale pour les besoins de la vie, plus importante chez nous que partout ailleurs. C'est, dit le docteur Whewell par de semblables études dans un ou dans plusieurs des départements des sciences d'induction, que l'esprit peut échapper à la tyrannie des mots. S'il en était ainsi, les premiers cours de médecine seraient bien allégés, et les élèves pourraient consacrer bien plus de temps aux études pratiques, y compris ce que sir Thomas Watson appelle la connaissance finale et suprême, celle de la médecine proprement dite.

res, quelque bonne qu'ait été l'instruction première, si illusoire le plus souvent, qu'il ait pu recevoir. Non-seulement il n'a pas acquis de conceptions scientifiques, non-seulement le sens scientifique des mots : matière, force, loi, est pour lui lettre close, mais, ce qui est bien plus fâcheux, il ne sait pas qu'il est possible de se mettre en contact avec la nature, d'aborder un fait physique par l'esprit, et d'en venir à bout comme Nelson, notre grand héros naval, recommandait à ses capitaines d'aborder les ennemis, en les serrant d'aussi près que possible pour les vaincre. Il ne connaît que les livres, et je n'exagère pas en disant qu'ils sont plus réels pour lui, que la nature. Il se figure qu'il pourra acquérir, au moyen des livres, toutes les connaissances possibles, et se confie à l'autorité d'un maître ; il ne doute pas que la méthode d'apprendre, à l'aide de laquelle il a quelque connaissance des règles grammaticales, suffira bien pour lui faire connaître les lois de la nature. C'est ainsi que le jeune homme, fort mal préparé aux études sérieuses, commence, sans guide et sans frein, ses études médicales, et neuf fois sur dix, comme on pouvait s'y attendre, il passe sa première année à apprendre la manière d'apprendre. Il est même bien heureux si au bout de cette première année il a acquis seulement cet art suprême, à l'aide des efforts de ses professeurs et de sa propre diligence. Puis il ne lui reste que peu d'années à consacrer à l'étude profitable de sciences aussi vastes que l'anatomie, la physiologie, la thérapeutique, la médecine, la chirurgie, l'obstétrique et d'autres encore, et les tables de mortalité vont s'élever ou baisser en raison des connaissances que le nouveau praticien aura acquises en toutes ces matières. Si l'éducation scolaire ordinaire n'était pas organisée d'une façon si détestable, pourquoi le jeune homme de dix-sept ans, qui se destine à la médecine, ne serait-il pas pleinement préparé à l'étude de la nature? Pourquoi n'arriverait-il pas aux écoles médicales bien pourvu de la connaissance préliminaire des principes de la physique, de la chimie, de la biologie, qui vont malheureusement occuper une de ces années précieuses dont tous les instants devraient être consacrés à l'étude directe de toutes les branches de sa profession?

Il est une autre profession dont les membres, à mon avis, retireraient tout autant d'avantages que les médecins de quelques notions préliminaires en fait de sciences physiques. Le médecin se propose un noble but; il s'occupe du bien-être corporel de l'homme, mais les membres de cette autre profession s'occupent de son bien-être spirituel; autant que faire se peut, ils cherchent à diminuer le péché, à adoucir les chagrins de la vie. Comme les médecins, le clergé, dont nous parlons maintenant, fait dépendre sa puissance de guérir, de sa connaissance de l'ordre universel; il la base sur certaines théories des rapports de l'homme avec ce qui l'entoure. Je n'ai pas à vous dire mes opinions à l'endroit de ces théories; je me borne à vous faire remarquer que, comme toutes les autres théories, celles-ci ont la prétention de se baser sur des faits. Ainsi donc le clergé s'occupe des faits de la nature, à un certain point de vue ; c'est ainsi qu'il se trouve en contact avec la science qui traite des mêmes faits envisagés sous un autre aspect. Vous savez que ce contact mérite souvent le nom de *collision* ou de *frottement rude;* s'il en résulte beaucoup de chaleur, il n'en résulte pas le plus souvent beaucoup de lumière.

Dans l'intérêt de la vérité et de la justice pour ne pas parler des intérêts de l'humanité, je demande : pourquoi tout membre du clergé n'est-il pas tenu d'acquérir, comme faisant partie de son éducation préliminaire, une teinture des sciences physiques qui le mettrait à même de comprendre les difficultés qui s'opposent à l'acceptation de ses théories, et qui s'imposent à l'esprit de tout homme réfléchi et intelligent, s'étant donné la peine d'étudier les éléments des connaissances naturelles ?

Il y a peu de temps, j'assistais à une grande assemblée cléricale où j'avais été convoqué pour faire un discours. J'exposais quelques faits élémentaires des sciences physiques et faisais ressortir en quoi ces faits contredisent certains enseignements ordinaires du clergé. Voici ce qui en résulta. Quand j'eus fini, une section de l'assemblée m'attaqua avec toute l'intempérance du zèle religieux pour avoir exposé des faits et des conclusions qu'aucun juge compétent ne saurait admettre ; puis, quand les premiers orateurs se furent retirés au milieu des applaudissements de la majorité de leurs confrères, la minorité, plus sensée, se leva pour me dire que je m'étais donné bien de la peine en pure perte. Ces messieurs savaient déjà tout ce que je venais de leur dire ; ils étaient parfaitement d'accord avec moi. Un de mes amis, homme positif, ne se payant pas de mots, des plus distingués d'ailleurs, assistait à la réunion, et tout naturellement il leur fit cette question : S'il en est ainsi, pourquoi ne le dites-vous pas en chaire ? On ne fit pas de réponse à sa demande.

On peut, en effet, diviser aujourd'hui notre clergé en trois catégories : dans la première, de beaucoup la plus considérable, se rangent les ecclésiastiques ignorants et qui parlent ; puis il y a une petite proportion de gens qui savent et qui se taisent ; enfin une minorité insignifiante composée d'hommes qui savent, et qui parlent selon ce qu'ils savent : il s'agit ici du clergé protestant. Notre grande ennemie (je vous parle comme homme de science), l'Église catholique romaine, seule grande organisation spirituelle capable de résister et qui s'oppose en effet aux progrès des sciences et de la civilisation moderne, parce que c'est pour elle une question de vie ou de mort, cette Église, dis-je, conduit mieux ses affaires.

Tout récemment j'eus le plaisir de visiter un des grands séminaires les plus importants de l'Église romaine en ce pays (1), et il me sembla qu'il y avait,

(1) Séminaire de Maynooth en Irlande.

entre les hommes de cette institution et les champions si bien pourvus de nos églises anglicanes et dissidentes, la même différence qu'entre ces parfaits soldats, les vétérans de la vieille garde de Napoléon, et nos braves volontaires anglais.

Le prêtre catholique est dressé à savoir son métier (passez-moi la trivialité de l'expression sans intention méchante) et à l'exercer efficacement. Les professeurs du séminaire en question, instruits, pleins de zèle et de détermination, me permirent de leur parler franchement. Nous étions là comme les postes avancés de deux armées ennemies pendant une trêve, et nous causions comme ennemis faisant commerce d'amitié. Je me hasardais à leur indiquer certaines difficultés que la pensée scientifique allait susciter à leurs élèves et ils me répondirent : Notre église dure depuis bien des siècles, et a traversé heureusement bien des orages. Nous sommes aujourd'hui en présence d'une bourrasque de la vieille tempête, et les jeunes gens qui sortent de nos mains sont prêts maintenant, comme ils l'étaient autrefois, à lutter contre toutes ces difficultés. Leurs professeurs de philosophie et de sciences leur expliquent toutes les hérésies du jour et leur enseignent la manière d'y répondre.

Je respecte de tout mon cœur une organisation qui fait ainsi face à l'ennemi, et je voudrais qu'elles fussent toutes en aussi bon ordre de bataille. Cela vaudrait mieux pour tous les clergés, comme pour nous-mêmes. L'armée de la libre-pensée marche aujourd'hui à la débandade, et plus d'un bouillant libre-penseur use de sa liberté pour faire circuler bien des sottises. Sous les coups d'un ennemi vigoureux et attentif, nous pourrions peut-être acquérir plus de cohésion et de discipline, et quant à moi, je regrette bien qu'il n'y ait pas au banc des évêques un homme de la trempe de Butler, l'auteur de l'*Analogie*, qui exécuterait en un tour de main la plupart des doctrines de ce scepticisme *à priori* qui court les rues en ce moment.

Les arguments que je viens de vous exposer suffiront sans doute, quand même il n'y en aurait pas de plus puissants, pour motiver mon désir de voir introduire dans les écoles l'enseignement scientifique. J'ai ensuite à me demander : quelles sont les sciences qui doivent entrer dans l'éducation des enfants ? Cette question est de la plus grande importance, car ceux de mon parti, qui vont sans doute me reprocher cet aveu, font souvent tort à la cause qu'ils défendent, en demandant trop. A côté des sciences physiques, il y a d'autres formes de la culture intellectuelle, et je regretterais infiniment de voir oublier cette vérité, ou même d'observer une tendance à négliger ou à ruiner la culture littéraire ou esthétique en faveur de la science. Cette manière étroite de se rendre compte des besoins de l'éducation diffère totalement de ce que j'entends, quand je demande l'introduction d'une culture scientifique complète et réelle dans toutes les écoles. Je ne pense pas cependant qu'il faudrait enseigner à tous les écoliers, tout ce que comporte la science. Une semblable idée est absurde, il serait pernicieux de chercher à la mettre à exécution. J'entends qu'en quittant l'école, tous les garçons et toutes les filles devraient posséder un aperçu du caractère général de la science et avoir l'esprit plus ou moins façonné aux méthodes scientifiques en général, de telle sorte qu'en arrivant dans le monde pour y faire leur chemin, ils fussent tous préparés à se rendre compte des problèmes scientifiques ; non qu'ils pussent connaître tout d'abord les conditions de tous ces problèmes, qu'ils pussent être capables de les résoudre tous, mais je voudrais voir tout le monde familiarisé avec le courant général de la pensée scientifique et capable d'appliquer convenablement les méthodes de la science, après s'être enquis des conditions du problème spécial qui se présente.

C'est ainsi que je comprends l'éducation scientifique. Pour qu'un garçon puisse acquérir une semblable éducation, il n'est nullement nécessaire qu'il consacre tout son temps d'étude aux sciences physiques. Personne ne regretterait plus que moi une manière de faire aussi exclusive. Bien plus, il n'est pas nécessaire qu'il y passe beaucoup de temps, pourvu que l'on choisisse bien les objets d'étude, qu'on les dispose utilement et que cette instruction soit donnée d'une façon convenable.

Voici à peu près ce qu'il y aurait à faire, selon moi. Pour commencer, il faudrait faire connaître aux enfants l'ensemble des phénomènes de la nature, la géographie physique, « l'Erdkunde » des Allemands, connaissance de la terre ou géologie au sens étymologique, embrassant les connaissances générales qui s'y rapportent, ce qu'on trouve à sa surface, et ce qui l'entoure. Si celui qui a l'expérience des allures intellectuelles des enfants veut bien rappeler à sa pensée leurs questions, il reconnaîtra que, tant qu'il est possible de les rapporter à une catégorie scientifique, ces questions se rattachent à cette géographie physique. L'enfant demande : Qu'est-ce que la lune ? pourquoi brille-t-elle ? D'où vient l'eau de la rivière ; où coule-t-elle ? Pourquoi y a-t-il des vagues sur la mer ? D'où vient cette bête ? A quoi sert cette plante ? Si on ne lui fait pas affront, si on n'arrête pas le développement de ses pensées en lui disant de ne pas faire de sottes questions, il n'y a pas de limites aux désirs intellectuels du jeune enfant, ni de bornes aux acquisitions, lentes mais solides, que ses facultés de penser peuvent faire ainsi, en fait de connaissances et d'expansion mentale. A toutes questions de ce genre, un précepteur dont les idées représentent des connaissances vraies, et non des phrases de livres apprises par cœur, peut faire des réponses incomplètes nécessairement, mais vraies pourtant dans l'étendue de leur portée ; et l'on peut mettre ainsi un enfant de neuf ou dix ans à même de saisir une vue panoramique de la nature, en infusant dans son esprit de fortes habitudes scientifiques.

Après avoir ainsi, pour commencer, ouvert les yeux de l'enfant aux grands spectacles des mouvements journaliers de la nature, à mesure que se développent ses facultés de raisonnement, et qu'il se familiarise avec les instruments des connaissances : la lecture, l'écriture et les mathématiques élémentaires, il faut le pousser vers les connaissances que l'on appelle d'une façon plus précise les sciences physiques. Or, les sciences physiques sont de deux genres : le premier comprend les sciences qui se rapportent à la forme et aux relations des formes entre elles ; le second, celles qui étudient les causes et les effets. Dans les sciences, comme nous les étudions, les deux genres se trouvent souvent réunis; mais l'étude des systèmes botaniques, que l'on appelle la *taxonomie*, est un exemple du premier genre, dans toute sa pureté, et la *physique* est un exemple du second. En étudiant convenablement ces deux branches de la science, on peut obtenir, au point de vue de l'éducation, tout le bénéfice que l'étude des sciences physiques peut procurer, et si avec la géographie physique ces deux études fournissaient tout le programme scientifique des écoles, je le considérerais comme fort satisfaisant. Je pense même que ce serait pour l'Angleterre le plus grand bonheur que l'on puisse souhaiter, si tous les enfants de ce pays recevaient à l'avenir une connaissance générale des choses qui les entourent, avec les éléments de la physique et ceux de la botanique. Mais je serais bien plus satisfait encore si l'on pouvait ajouter à cette instruction un peu de chimie, et une connaissance élémentaire de la physiologie de l'homme.

En ce qui concerne l'éducation scolaire, je n'en demande pas davantage pour le moment, et je crois qu'une instruction semblable serait une excellente introduction à l'éducation scientifique que je vous ai indiquée comme si essentielle à ceux qui veulent poursuivre heureusement nos professions les plus importantes. Mais il faut que ce minimum d'instruction soit donné de façon à procurer des connaissances réelles, et soit pour l'esprit une discipline pratique. Si l'éducation scientifique doit se résoudre purement en un travail de livres, il vaudra mieux ne pas s'en mêler, et s'en tenir à la grammaire latine qui n'a pas la prétention d'être autre chose.

Si l'on recherche les grands avantages de l'éducation scientifique, il faut que cette éducation soit réelle, c'est-à-dire, que l'esprit de l'élève soit mis directement en relation avec les faits ; il ne faut pas se borner à lui dire une chose, mais il faut lui faire voir qu'elle est telle, et non autrement, au moyen de sa propre intelligence et de ses capacités propres. Il y a ceci de particulier dans l'instruction scientifique, et qui fait qu'aucune autre espèce de discipline ne peut la remplacer : elle met l'esprit en contact direct avec les faits, elle exerce l'intelligence aux procédés de l'induction dans toute leur plénitude, ou, en d'autres termes, elle habitue l'esprit à tirer des conclusions de faits particuliers, connus par l'observation immédiate de la nature.

Ce n'est pas ainsi que les autres études, faisant partie d'une éducation ordinaire, disciplinent l'esprit. L'étude des mathématiques ne nous exerce guère qu'à faire des raisonnements par déduction. Pour point de départ le mathématicien a quelques propositions simples, dont la preuve est si claire qu'on les dit évidentes en soi, et alors il n'a plus qu'à en tirer des déductions subtiles. L'étude des langues, du moins comme on les enseigne habituellement, est le plus souvent de même ordre; l'autorité et la tradition fournissent les données, et les opérations mentales de l'élève sont déductives.

De même, quand il s'agit de l'histoire, les faits sont encore admis sur l'évidence de la tradition et de l'autorité. Vous ne pouvez faire constater par lui-même, à l'enfant, la bataille des Thermopyles, ni lui faire constater que Cromwell a gouverné autrefois en Angleterre. Il n'y a pas moyen, par cette voie, de le mettre directement en contact avec les faits naturels, l'autorité est ici indispensable, ou plutôt tout dépend d'elle.

A cet égard, l'éducation scientifique donne à l'esprit une discipline bien différente, et prépare l'élève pour la vie commune. Qu'avons-nous à faire dans la vie de chaque jour? Il s'agit, le plus souvent, de faits qu'il faut d'abord bien observer ou bien comprendre, et qu'il faut ensuite interpréter à l'aide de raisonnements par induction ou par déduction, en tout semblables aux raisonnements scientifiques. Ce que l'on admet dans un cas comme dans l'autre est admis à nos risques et périls; les faits et la raison ont le dernier mot, et c'est au moyen de l'honnêteté et de la patience qu'on se tire de toutes les difficultés.

Mais, je le répète, pour que l'éducation scientifique procure ses plus grands résultats, il faut qu'elle soit pratique. En expliquant à l'enfant les phénomènes généraux de la nature, il faut autant que possible donner une réalité à votre leçon en lui mettant sous les yeux les objets que vous voulez lui faire connaître. Si vous lui enseignez la botanique, il faut lui mettre les plantes dans les mains, il faut lui faire disséquer les fleurs; si vous lui enseignez la physique, la chimie, cherchez plutôt à lui faire apprendre par lui-même, qu'à lui remplir la tête de connaissances nouvelles. Ne vous contentez pas de lui dire que l'aimant attire le fer; faites-le-lui sentir et qu'il éprouve lui-même cette traction. Dites-lui surtout qu'il a pour devoir de douter, jusqu'à ce que l'autorité absolue de la nature l'ait contraint à reconnaître la vérité de ce qui est écrit dans les livres. Si vous savez poursuivre soigneusement et en toute conscience cette discipline mentale, croyez que vous aurez créé dans l'esprit de l'enfant une habitude intellectuelle d'une immense valeur dans la vie pratique, quelque peu nombreuses que soient les connaissances que vous lui aurez données.

On m'a souvent demandé : A quel âge faudrait-il commencer cette éducation scientifique ? Elle devrait commencer, selon moi, aux premières lueurs de l'intelligence. Comme je viens de vous le dire, dès qu'il commence à parler, l'enfant demande des renseignements sur les matières des sciences physiques. La première leçon dont il éprouve le besoin se rapporte aux objets, quels qu'ils soient, qui lui tombent sous la main et l'entourent ; dès qu'il est capable de recevoir une instruction systématique quelconque, il est capable de recevoir les premiers rudiments de la science.

Certaines gens vous feront valoir toutes les difficultés qui empêchent d'enseigner ces matières aux jeunes enfants, et tout aussitôt insisteront pour qu'on leur fasse apprendre le catéchisme, qui contient pourtant des propositions bien autrement difficiles à comprendre que toutes celles du système d'éducation que je vous ai soumis. De même, on me répète sans cesse, qu'en préconisant l'introduction de la science dans les écoles, nous ne tenons pas compte de la stupidité des garçons et des filles en général. Mais à mon avis, neuf fois sur dix cette stupidité est acquise; *fit, non nascitur*. Elle provient de ce que les parents et les pédagogues s'efforcent incessamment de réprimer les appétits intellectuels de l'enfance, pour y substituer le désir artificiel d'un aliment aussi insipide qu'indigeste.

Ceux qui nous représentent ainsi les difficultés de donner aux jeunes gens une éducation scientifique, oublient facilement une autre condition importante du succès, toujours importante lorsqu'il s'agit d'éducation, mais des plus essentielles, selon moi, quand l'écolier est fort jeune. Cette condition est la suivante : Le professeur devra connaître son sujet d'une façon réelle et pratique. S'il en est ainsi, il en pourra parler en langage facile avec une conviction complète, comme il parle de tout ce qui fait la vie habituelle. Mais s'il ne le connaît pas à fond, il craindra de s'aventurer en dehors des limites d'une phraséologie technique apprise par cœur, et un froid dogmatisme, qui fatigue l'esprit et excite l'opposition, remplacera cette confiance animée, résultat des convictions personnelles, qui réjouit et encourage l'esprit si sympathique de l'enfance.

Je vous ai déjà donné à entendre que l'instruction scientifique, demandée par nous, peut se donner sans empiéter d'une façon extravagante sur le temps accordé actuellement à l'éducation. Dans les traités politiques il y a toujours une clause pour dire qu'une partie contractante met l'autre sur le pied de la nation la plus favorisée. Nous demandons une clause de ce genre dans le traité que nous voulons passer avec les pédagogues; nous demandons qu'il soit accordé à la science un temps égal à celui que l'on accorde à toute autre branche de l'éducation, soit quatre heures par semaine dans chaque classe des écoles ordinaires.

Pour le moment, je crois qu'un arrangement de ce genre satisferait les hommes de science, mais, quant à moi, je ne pense pas qu'il serait définitif, ni qu'il puisse l'être. L'éducation actuelle me fait l'effet d'un arbre dont les racines seraient en l'air et dont les fleurs et le feuillage seraient fixés au sol ; je voudrais, je l'avoue, retourner l'arbre de façon à enterrer profondément ses racines dans les faits de la nature qui fourniraient une séve réparatrice à la littérature et à l'art, le feuillage et les fruits de cet arbre. Pour qu'un système d'éducation puisse être considéré comme définitif, il faut qu'il reconnaisse cette vérité, que l'éducation a deux grands buts auxquels tout ce qui la constitue doit être subordonné : son premier but est de faire progresser les connaissances ; le second est de développer l'amour du bien et la haine du mal.

La sagesse et l'honnêteté d'une nation la rendront toujours digne de notre estime, et entraîneront bientôt notre admiration quand même elle ne chercherait pas à l'attirer ; d'autre part, sur toute la surface du globe, aucun spectacle n'est plus triste et plus révoltant que celui d'hommes ignorant toutes choses, toutes les vérités de la nature du moins, et bornant leur science à ce que d'autres ont écrit ; toute croyance, toute direction morales, semblent leur faire défaut, mais le sentiment de la beauté est si développé chez eux, la puissance d'expression si bien cultivée, qu'on serait tout d'abord tenté de prendre leurs miaulements langoureux et sensuels pour l'harmonie des sphères.

A présent, l'éducation n'a plus guère d'autre but que de cultiver la puissance d'expression et le sentiment de la beauté littéraire. Il ne s'agit pas d'avoir quelque chose à dire en dehors d'un ramassis d'opinions formulées par d'autres, ou de posséder un criterium de la beauté qui nous permette de reconnaître le divin et le diabolique ; on néglige tout cela comme dépourvu d'importance. Je ne pense pas me tromper en disant que, si l'on prenait la science comme base de l'éducation, au lieu d'en faire tout au plus un ornement accessoire, cet état de choses ne pourrait exister.

En préconisant, comme élément de majeure importance, l'introduction des sciences physiques dans l'éducation, je suis loin d'avoir en vue les écoles supérieures seulement. Ce changement, tout au contraire, me semble nécessaire surtout dans les écoles primaires, où l'on désire voir les enfants des pauvres tirer le meilleur parti possible du peu de temps qu'il leur est loisible d'accorder à l'acquisition des connaissances. A cet égard, de récentes décisions officielles ont fait faire un grand progrès à l'instruction en poussant nos écoles à établir des cours scientifiques ; cette mesure n'a pas attiré l'attention, mais elle sera, je crois, plus utile au bonheur du peuple que bien des changements politiques qui ont occasionné des luttes retentissantes.

Par les règlements dont je parle, un maître d'école est autorisé à établir des cours sur une ou plusieurs branches de la science ; ses élèves subissent des examens, et l'État lui accorde une rémunération, d'après un tarif établi, pour tous ceux de ses élèves qui satisfont aux examens. Depuis l'établissement de ce système je suis un des examinateurs, et je m'attends cette année à avoir au moins deux mille séries de réponses à des questions de physiologie, provénant surtout de jeunes gens des classes ouvrières qui ont appris ce qu'ils savent dans les écoles actuellement répandues sur toute l'étendue des îles Britanniques. Je sais que quelques-uns de mes collègues qui s'occupent de sujets dont l'enseignement est mieux organisé, la géométrie par exemple, recevront un nombre de feuilles d'examen trois ou quatre fois plus considérable. Je puis dire qu'en ce qui concerne les sujets dont je m'occupe, l'enseignement dont je suis ainsi à même de constater les résultats, est solide et fort satisfaisant en général, et il dépend des examinateurs, selon moi, de maintenir le niveau de ces études, et même de leur assurer un développement pour ainsi dire illimité. Que pouvons-nous en conclure? Ceci signifie qu'en leur offrant une rémunération bien minime, les maîtres des écoles primaires, sur bien des points de notre pays, sont arrivés à créer de petits foyers d'instruction scientifique et qu'ils sont parvenus, ainsi que leurs élèves, à trouver le temps nécessaire pour mener à bonne fin ce qu'ils avaient entrepris. A mesure que ce système se perfectionnera et se fera connaître, ses résultats efficaces, je n'en doute pas, se développeront beaucoup, malgré le peu de temps que les chefs d'institution et les professeurs ont à leur disposition pendant les jours de semaine. Et ceci m'amène à demander : pourquoi limiter aux jours de semaine cette instruction scientifique?

Certaines personnes dont la tournure d'esprit est cléricale ont l'habitude d'employer les gros mots pour désigner ce qui ne leur plaît pas, et je ne m'étonnerais pas que l'on stigmatisât comme blasphématoire et abominable, la proposition que je vais faire. Comme cela m'est assez indifférent, je me hasarde à demander : Serait-il donc bien mal d'employer une partie du dimanche pour donner, à ceux qui n'ont de loisir que ce jour-là, une connaissance des phénomènes de la nature et des rapports de l'homme avec la nature?

Je voudrais voir dans chaque paroisse une école du dimanche, destinée à l'enseignement scientifique ; elle ne serait pas instituée pour remplacer aucun des moyens actuels de faire connaître au peuple ce qui est pour son bien, mais agirait concurremment. Je ne puis m'empêcher de croire, en présence de l'abîme d'ignorance ouvert à nos pieds, qu'il y a de la besogne pour tous ceux qui sont disposés à travailler pour le combler.

Et si certains de ces partisans des fausses idées cléricales en question, objectent qu'il leur semble dérogatoire à l'honneur du Dieu qu'ils adorent d'éveiller l'esprit de la jeunesse aux merveilles infinies et à la majesté des œuvres qu'ils proclament être les siennes, d'enseigner aux enfants des lois qui sont ses lois, de leur faire connaître, par conséquent, tout ce que l'homme a besoin de connaître, je n'ai plus qu'à conseiller à ces bonnes gens de se confier aux soins d'un aliéniste. Si leur logique leur permet de tirer cette conclusion de semblables prémisses, elle est, je pense, singulièrement détraquée.

V

VALEUR DES SCIENCES D'HISTOIRE NATURELLE AU POINT DE VUE DE L'ÉDUCATION.

C'est sur les rapports de la science physiologique avec les autres branches de connaissances, que je vais appeler votre attention.

Prenant ce mot de *science physiologique*, dans son sens le plus large et comme équivalent du terme biologie, ou science de la vie individuelle, nous avons à envisager successivement les questions suivantes :

1° Sa position et sa portée comme branche des connaissances.

2° Sa valeur comme moyen de discipline mentale.

3° Ce qu'elle peut apporter de renseignements directement utiles, et enfin :

4° L'époque à laquelle il est le plus avantageux d'en faire un des éléments de l'éducation.

Relativement à la première de ces questions, nos conclusions dépendront nécessairement de ce qui fera l'objet des études biologiques, et je pense que quelques considérations préliminaires vous feront bien comprendre la grande différence qui existe entre les corps vivants, dont s'occupe la science physiologique, et le reste de l'univers; entre les phénomènes du nombre et de l'espace, ceux de la force physique ou chimique d'une part, et ceux de la vie, de l'autre.

Le mathématicien, le physicien et le chimiste considèrent les choses à l'état de repos; pour eux tous les corps tendent normalement à un état d'équilibre.

Le mathématicien ne suppose pas que spontanément une quantité puisse changer, qu'un point donné de l'espace puisse prendre une autre direction par rapport à un second point. Il en est de même pour le physicien. Quand Newton vit tomber la pomme, il put conclure de suite que sa chute ne dépendait pas d'une puissance inhérente en la pomme, mais qu'elle résultait de quelque autre chose qui agissait sur elle. De même, on considère toute force physique comme ce qui trouble un équilibre auquel tendaient les choses avant que cette force n'agisse, et auquel elles tendront encore quand elle aura cessé d'agir.

Les changements chimiques qui se produisent dans un corps sont, de même, pour le chimiste, l'effet de quelque chose d'externe, agissant sur le corps modifié. Un composé chimique, une fois formé, persisterait indéfiniment s'il ne survenait aucun changement dans les conditions environnantes.

Mais, pour celui qui étudie la vie, l'aspect de la nature est précisément inverse. Ici le changement incessant, spontané même quant à ce que nous en savons, est la règle ; le repos est l'exception, l'anomalie qu'il faut expliquer. Les corps vivants ne sont pas inertes et ne tendent pas à l'équilibre.

Permettez-moi d'insister sur ces considérations abstraites, et de les élucider par quelques exemples.

Prenons un vase plein d'eau, à la température ordinaire, dans une atmosphère saturée de vapeur. Dans la limite de nos connaissances, la quantité et la figure de cette eau doivent persister indéfiniment.

Que l'on jette dans ce vase un morceau d'or, il en résultera dans la figure de l'eau un trouble et un mouvement exactement proportionnels à l'impulsion de l'or. Mais bientôt les effets du trouble s'effaceront, l'équilibre se rétablira, et l'eau reprendra son état passif.

Exposez cette eau au froid, elle va se solidifier et, en se solidifiant, ses particules se disposeront entre elles selon des formes cristallines définies. Mais, une fois formés, ces cristaux ne changent plus.

Ou encore, substituez au morceau d'or une substance capable d'entrer en relation chimique avec l'eau, soit une masse de cette substance que l'on appelle la *protéine*, la substance de la chair. Il va se produire un grand trouble dans l'équilibre, des compositions et des décompositions de toutes sortes vont survenir, mais, comme précédemment, tout cela finira par le retour à l'état de repos.

Mais, au lieu de cette petite masse de protéine

morte, prenons une particule de protéine vivante, un de ces petits êtres microscopiques qui abondent dans nos étangs, et que l'on appelle des *infusoires*, une *Euglène*, par exemple, et mettons-la dans notre vase d'eau. C'est une petite masse arrondie, pourvue d'un long filament et qui ne présente pas, en dehors de cette forme particulière, de différence physique ou chimique pouvant la faire reconnaître d'une parcelle de protéine morte.

Pourtant les phénomènes qu'elle va occasionner présenteront des différences immenses. En premier lieu notre Euglène, traversant le liquide en tous sens et très-rapidement à l'aide des vibrations de son long filament ou *cil*, développera une énorme quantité de forces physiques.

La quantité d'énergie chimique que possède ce petit être n'est pas moins étonnante. Il représente en lui-même un laboratoire parfait, et va agir et réagir sur l'eau et les matières qu'elle contient, les transformant en composés nouveaux analogues à sa propre substance, et rejetant en même temps d'autres parties de sa propre substance devenues excrémentitielles.

De plus l'Euglène va s'accroître, mais sa croissance est loin d'être illimitée, comme pourrait l'être celle d'un cristal. Après avoir acquis un certain développement, elle se divise, et chacune des parties prend la forme de l'original pour s'accroître et se diviser comme lui.

Ce n'est pas tout. Après s'être ainsi divisés et

subdivisés plusieurs fois, ces petits êtres infimes revêtent une forme tout à fait nouvelle ; ils perdent leurs longues queues, ils s'arrondissent et sécrètent une sorte d'enveloppe, une petite loge où ils s'enferment pendant un certain temps, pour reprendre parfois, directement ou indirectement, leur premier mode d'existence. Or, d'après ce que nous en savons, il n'y a pas de limites naturelles à l'existence de l'Euglène ou d'aucun autre germe vivant. Une fois lancée dans l'existence, l'espèce vivante tend à vivre toujours.

Voyez combien diffère cette particule animée, des atomes sans vie dont s'occupent les physiciens et les chimistes.

La particule d'or tombe au fond du vase, et y entre en repos ; la particule de protéine morte se décompose, disparaît, elle arrive aussi au repos ; mais la particule de protéine vivante ne tend pas à épuiser ses forces, elle ne tend pas à revêtir une forme permanente, et se fait essentiellement reconnaître comme troublant l'équilibre en ce qui concerne la force, comme subissant une métamorphose et un changement constants, quant à la forme.

Ainsi donc, ce qui caractérise cette portion de l'univers qui ne vit pas, domaine du chimiste et du physicien, c'est la tendance à l'équilibre des forces, à la permanence des formes.

Ce qui caractérise le monde vivant, c'est la tendance au trouble de l'équilibre établi, la production de formes qui se succèdent en cycles définis.

Quelle est la cause de cette merveilleuse différence entre la particule morte et la particule vivante d'une matière qui, à tout autre égard, paraît être identique ; de cette différence à laquelle nous donnons le nom de *vie* ?

Quant à moi, je ne puis le dire. Plus tard peut-être les philosophes découvriront des lois supérieures dont les faits vitaux ne seraient que des cas particuliers. Il est très-possible qu'ils arrivent à reconnaître les liens qui unissent, d'une part, les phénomènes physico-chimiques, et les phénomènes vitaux, de l'autre. Pourtant nous ne savons rien encore à cet égard, et nous ferons preuve, je pense, d'une sage humilité en avouant que, pour nous du moins, ce revêtement successif de formes différentes, les conditions extérieures restant les mêmes, cette spontanéité d'action, si je suis autorisé à me servir d'une expression qui implique plus que je ne saurais garantir, cet aspect variable, qui constitue une distinction pratique si vaste et si claire entre les corps vivants et les corps inanimés, est un fait ultime, indiquant, comme tel, qu'il existe, entre ce qui fait l'objet des sciences biologiques et la matière de toutes les autres sciences, une ligne de démarcation bien tranchée.

Je voudrais, en effet, vous faire bien comprendre que l'Euglène, cet être rudimentaire, est le type de tout ce qui a vie, en tant qu'il s'agisse de distinguer la matière vivante de la matière inerte. Ce cycle de changements, qui se manifeste dans l'Euglène par deux ou trois changements successifs, se manifeste aussi clairement dans les nombreux états de développement que traverse le chêne ou l'homme, à partir du germe primitif qui leur a donné naissance. Quelles que soient les formes simples ou complexes que puisse revêtir l'être vivant, il se distingue de ce qui ne vit pas par ces trois phénomènes : la production, l'accroissement, la reproduction.

S'il en est ainsi, il est clair qu'en passant des sciences physico-chimiques aux sciences physiologiques, l'étudiant aborde un ordre de faits tout nouveau; et nous avons maintenant à rechercher jusqu'à quel point ces faits nouveaux impliquent de nouvelles méthodes, ou nécessitent une modification de celles qu'il connaît déjà. Or, on a beaucoup parlé des particularités de méthodes de la science en général, et des méthodes différentes suivies dans les différentes sciences. Les mathématiciens, dit-on, ont une méthode spéciale ; en physique il en faut une autre, il en faut une autre encore en biologie, et ainsi de suite. Pour ma part, j'avoue ne rien comprendre à cette manière de parler.

En tant qu'il m'est possible de bien m'en rendre compte, la science n'est pas, comme quelques-uns semblent le supposer, une modification de la sorcellerie adaptée au goût du dix-neuvième siècle, et ses progrès ne résultent pas surtout de la décadence de l'inquisition.

La science, selon moi, n'est que le sens commun dressé et organisé ; elle en diffère comme un vétéran peut différer d'un jeune conscrit ; ses méthodes ne diffèrent de celles du sens commun que comme les coups d'estoc et de taille du vieux soldat diffèrent des coups de massue portés maladroitement par un sauvage. Dans les deux cas la puissance première est la même, et le sauvage qui n'a pas été dressé au métier des armes, a peut-être le bras le plus vigoureux. L'homme au sabre a comme avantages réels une arme pointue et bien affilée, son œil exercé reconnaît vite le point faible de l'adversaire, sa main est prompte à y porter les coups. Mais après tout, l'exercice du sabre n'est que le développement, le perfectionnement des coups portés à tort et à travers par l'homme au bâton.

Ainsi donc, les grands résultats de la science ne proviennent pas de facultés occultes; les procédés intellectuels qui nous ont acquis ces résultats considérables ne diffèrent pas de ceux dont nous usons tous dans les affaires de la vie les plus humbles, les plus insignifiantes. L'agent de police découvre un coquin à l'empreinte de ses pas, par les procédés intellectuels qui permirent à Cuvier de restaurer des animaux disparus, sur des fragments de leurs os retrouvés à Montmartre. Et quand, à l'aide d'un procédé d'induction et de déduction, une dame qui aperçoit sur sa robe une tache d'une espèce particulière arrive à cette conclusion que quelqu'un y renversé un encrier, son raisonnement ne diffère pas, dans l'espèce, de ceux qui firent découvrir des planètes à Adams et à Leverrier.

Après tout, l'homme de science ne fait qu'employer avec une exactitude scrupuleuse les méthodes dont nous nous servons tous habituellement et à chaque instant d'une façon négligente ou par à peu près; et même l'homme d'affaires, comme celui d'entre nous qui a le plus pâli sur les livres, doit employer les méthodes scientifiques, il sera homme de science au même titre que nous le sommes nous-mêmes, quelque étonné qu'il puisse être de se trouver philosophe, comme l'était bien M. Jourdain en apprenant qu'il avait toute sa vie parlé en prose. Cependant, s'il n'y a pas de différence réelle entre les méthodes scientifiques et celles de la vie habituelle, il paraît bien improbable à première vue qu'il y ait des différences entre les méthodes des différentes sciences ; pourtant à chaque instant on accepte, semblerait-il, comme chose bien certaine, qu'en fait de méthode il y a une différence tranchée entre la physiologie et les autres sciences.

La biologie diffère des sciences physico-chimiques et mathématiques en ce que ce n'est pas une science exacte, dira-t-on en premier lieu, et c'est ce dont je vais m'occuper d'abord, parce que des physiologistes mêmes admettent trop souvent la vérité de cette imputation. Or, quand on parle du défaut d'exactitude, il s'agit soit des méthodes, soit des résultats de la science physiologique.

On ne peut pas dire que les méthodes manquent d'exactitude, car, comme j'espère vous le montrer dans un instant, les méthodes sont identiques dans toutes les sciences, et ce qui est vrai de la méthode physiologique l'est aussi de la méthode physique ou mathématique.

Ce seraient alors les résultats de la science biologique qui manqueraient d'exactitude? Il n'en est rien, je pense. Si je dis que la respiration s'accomplit au moyen des poumons; que la digestion s'effectue dans l'estomac; que l'œil est l'organe de la vue; que les mâchoires d'un vertébré ne s'ouvrent jamais latéralement, mais toujours de haut en bas, tandis que celles d'un annelé ne s'ouvrent jamais de haut en bas et toujours latéralement, j'énonce des propositions aussi exactes que toutes celles de la géométrie. Comment s'est donc produite cette idée de l'inexactitude de la science biologique? A mon avis, elle provient de deux causes : d'abord, de ce que nos prédictions, par rapport à ce qui se passera dans des circonstances données, sont approximatives seulement, la plupart du temps, en raison de la complexité de cette science et de la multitude des conditions qui interviennent dans nos expériences; en second lieu, de ce que, les sciences physiologiques étant encore relativement dans l'enfance, la plupart de leurs lois ne sont pas encore parfaitement élucidées. Mais il faut d'abord distinguer entre ce qui fait l'essence d'une science et les accidents qui l'entourent; et, dans leur essence, les méthodes et les résultats de la physiologie sont aussi exacts que ceux de la physique ou des mathématiques.

On a dit que la méthode physiologique est tout spécialement *comparative* (1), et bien des hommes acceptent favorablement cette manière de voir. Je ne voudrais pas donner à entendre qu'en raisonnant

(1) En établissant ma division rationnelle des trois modes fondamentaux de l'art d'observer, j'ai déjà fait sentir, en général, que le dernier de ces modes, le plus indirect et le plus difficile de tous, la comparaison, était essentiellement destiné, par sa nature, à l'étude des phénomènes les plus particuliers, les plus compliqués et les plus variés, dont il devait constituer la principale ressource. Nous avons d'abord reconnu que les vrais phénomènes astronomiques, nécessairement limités au seul monde dont nous faisons partie, ne pouvaient aucunement comporter, si ce n'est d'une manière tout à fait secondaire, l'application d'un tel procédé d'exploration. Passant ensuite aux divers phénomènes de la physique proprement dite, nous avons également constaté que, quoique leur nature y interdise beaucoup moins une utile introduction de la méthode comparative, c'est néanmoins d'après un tout autre mode fondamental que l'art d'observer doit y être spécialement employé. Enfin, à partir des phénomènes chimiques, nous avons établi que, quoiqu'une telle méthode n'ait jusqu'ici aucun rang déterminé dans le système logique de la philosophie chimique, le caractère des phénomènes commence dès lors à devenir susceptible d'une heureuse et importante combinaison de ce mode avec les deux autres, qui doivent néanmoins y rester prépondérants. Mais c'est seulement dans l'étude, soit statique soit dynamique, des corps vivants, que l'art comparatif proprement dit peut prendre tout le développement philosophique qui le caractérise, de manière à ne pouvoir être convenablement transporté à aucun sujet qu'après avoir été exclusivement emprunté à cette source primitive, suivant le principe logique si fréquemment proclamé et pratiqué dans ce Traité.

(A. Comte, *Cours de Philosophie positive.* 3ᵉ édition, Paris, 1869, t. III p. 239.)

sur la classification scientifique, certains philosophes spéculatifs ont été induits en erreur par le nom accidentel d'une des branches les plus importantes de la biologie, l'anatomie *comparée*, mais je demanderai si la comparaison et ce genre de classification qui en résulte ne sont pas l'essence de toutes les sciences, quelles qu'elles soient? Comment peut-on découvrir une relation de cause à effet, si ce n'est en comparant entre eux une série de cas dans lesquels la cause et l'effet supposés se présentent réunis ou isolés? Il est si peu vrai que la comparaison soit propre aux sciences biologiques, qu'elle constitue selon moi l'essence de toute science.

De même, un de ces philosophes spéculatifs nous dit que les sciences biologiques ont ceci de particulier, que ce sont des sciences d'observation et non des sciences expérimentales (1).

(1. Aussitôt qu'on s'écarte de cet heureux ensemble de caractères, en passant à des phénomènes plus particuliers et plus compliqués, l'usage de l'expérimentation devient nécessairement de moins en moins décisif. Même à l'égard des phénomènes chimiques, nous avons reconnu qu'ils présentent, sous ce rapport, de grandes difficultés fondamentales, et que l'emploi des expériences ne semble y être si étendu que par suite d'une disposition peu philosophique, trop commune aujourd'hui, à confondre l'observation d'un phénomène artificiel avec une véritable expérimentation. Toutefois, l'art expérimental proprement dit offre encore à la chimie une ressource capitale. Mais, dans l'étude des corps vivants, la nature des phénomènes me paraît opposer directement des obstacles presque insurmontables à toute large et féconde application d'un tel procédé; ou du moins, c'est par des moyens d'un autre ordre

Parmi toutes les étranges assertions où la spéculation, sans connaissance pratique du sujet dont on s'occupe, peut entraîner un homme distingué, celle-ci, je pense, est bien la plus étrange. Quoi! la physiologie ne serait pas une science expérimentale! Mais il n'y a pas une seule fonction des organes du corps qui n'ait été déterminée purement et simplement par l'expérimentation. N'est-ce pas par l'expérimentation que Harvey a déterminé la nature de la circulation? N'est-ce pas par l'expérimentation que sir Charles Bell a déterminé les fonctions des racines des nerfs spinaux? Avons-nous un autre moyen de connaître la fonction d'un nerf quel qu'il soit; et même comment pouvons-nous savoir que notre œil est notre appareil de vision à moins de faire l'expérience de le fermer; que l'oreille est notre appareil d'audition à moins de la boucher, et de reconnaître ainsi que nous n'entendons plus?

Vraiment, il serait bien plus exact de dire que parmi toutes les sciences, la physiologie est la science expérimentale par excellence, celle où il y a le moins à apprendre au moyen de l'observation pure, et

---

que doit être surtout poursuivi le perfectionnement essentiel de la science logique.

(A. Comte, *Cours de philosophie positive*, 3ᵉ édition. Paris, 1869, t. III, p. 223.)

Comme cela lui arrive si souvent, M. Comte se contredit deux pages plus loin, mais cette contradiction ne peut guère le décharger de la responsabilité du passage que nous venons e citer.

celle où l'expérimentateur trouve le plus vaste champ pour déployer toutes les facultés qui le caractérisent. Je dois reconnaître que si l'on me demandait un modèle d'application de la logique de l'expérience, je ne pourrais en indiquer un meilleur que l'ouvrage de M. Claude Bernard *sur la fonction du foie considéré comme organe producteur de matière sucrée chez l'homme et chez les animaux*.

Pour ne pas trop donner à ce discours la tournure d'une controverse, je me bornerai à vous signaler une seule autre doctrine professée par un penseur de notre siècle et de notre pays, et dont les opinions méritent tout notre respect. Les sciences biologiques, dit-il, diffèrent de toutes les autres en ce qu'on y établit les classifications par type et non par définition (1).

En deux mots : on a dit qu'en histoire naturelle la

---

(1) Groupes naturels établis par type et non par définition. La classe est fixée solidement sans être limitée d'une façon précise ; elle est donnée sans être circonscrite, ses frontières ne sont pas établies par une ligne qui l'entoure extérieurement, elle est déterminée intérieurement par un point central auquel tout se rapporte ; non par ce qu'elle exclut absolument, mais par ce qu'elle inclut éminemment ; elle est déterminée par un exemple et non par un précepte ; bref, pour nous guider, nous avons ici un type au lieu d'une définition. Un type est un exemple d'une classe quelconque, soit une espèce nous faisant connaître un genre, cette espèce étant considérée comme possédant éminemment les caractères du genre auquel elle appartient. Toutes les espèces qui ont une plus grande affinité avec cette espèce type qu'avec les autres espèces forment le genre et se groupent autour de lui, en s'en écartant plus ou moins en différents sens.

classe ne peut être définie ; que la classe des rosacées par exemple, ou celle des poissons, ne peuvent être définies d'une manière précise et absolue, parce qu'elles présentent des membres qui font exception à toutes les définitions possibles, et que les membres de la classe se trouvent réunis en raison de leur ressemblance à une rose, à un poisson imaginaires, pris comme types, l'emportant sur leur ressemblance à toute autre chose.

Mais ici comme précédemment, la distinction provient, je crois, de ce que l'on a pris une imperfection transitoire pour un caractère essentiel. Tant que nous connaissons les objets d'une façon imparfaite, nous les classons ensemble d'après des ressemblances que nous sentons sans pouvoir les définir ; bref, nous les groupons autour de types. Ainsi demandez au premier venu combien il y a d'espèces de bêtes, il vous répondra : il y a des animaux, des oiseaux, des reptiles, des insectes, etc. Demandez-lui de définir l'animal comme il l'entend, de façon à le différencier du reptile, cela lui sera impossible, et il vous répondra : les bêtes semblables à une vache, à un cheval sont des animaux ; les bêtes semblables à une grenouille à un lézard sont des reptiles. Vous le voyez, il classe par type et non par définition. En quoi cette classification diffère-t-elle de celle du zoologiste ? En quoi le nom scientifique de classe : *mammifères*, diffère-t-il du nom vulgaire : *animaux* ?

La différence provient précisément de ce que le

premier dépend d'une définition et le second d'un type. On définit scientifiquement la classe des mammifères : tous les animaux qui ont une colonne vertébrale et qui allaitent leurs petits. Ici on ne se rapporte pas à un type, mais à une définition assez rigoureuse pour satisfaire un géomètre. Et c'est là le caractère que tout savant naturaliste reconnaît comme celui auquel toutes ses classes doivent atteindre, car il sait bien qu'en classant par type, il prend un moyen temporaire de se tirer d'affaire, et avoue par le fait son ignorance.

Voilà, selon moi, l'argument négatif relatif aux différences des méthodes biologiques comparées aux autres méthodes scientifiques. Ces différences n'existent réellement pas. Ce qui fait l'objet de l'étude en biologie diffère de ce que l'on étudie dans les autres sciences, mais les méthodes sont toujours les mêmes. Ces méthodes les voici :

1° L'observation des faits ; et sous cette indication je comprends ce genre d'observation artificielle auquel on a donné le nom d'*expérimentation*.

2° Le procédé qui consiste à réunir les faits similaires en faisceaux étiquetés et prêts à nous servir, que l'on appelle *comparaison* et *classification*. On appelle *propositions générales* les résultats de ce procédé, les faisceaux étiquetés.

3° La déduction, qui nous ramène des propositions générales aux faits, et nous enseigne pour ainsi dire à prévoir, d'après l'étiquette, ce qui se trouve dans le faisceau.

Enfin

4° La vérification, le procédé au moyen duquel on s'assure que la prévision est conforme au fait prévu.

Une science, quelle qu'elle soit, ne peut avoir d'autre méthode ; mais permettez-moi par un exemple de vous faire voir l'emploi de ces méthodes dans les sciences de la vie, et supposons, comme cas spécial, qu'il s'agisse d'établir la doctrine de la circulation du sang.

Dans ce cas nous connaîtrons à la suite d'une hémorrhagie par exemple, et par l'observation simple, l'existence du sang; accordons même, qu'à la suite d'une blessure accidentelle nous ayons pris connaissance de la localisation de ce sang dans les vaisseaux et dans le cœur. L'observation nous fait encore connaître l'existence du pouls en différents points du corps, et nous apprend la structure du cœur et des vaisseaux.

Ici pourtant s'arrête l'observation simple, et nous devons ensuite recourir à l'expérimentation.

Liez une veine, et vous verrez le sang s'accumuler dans ce vaisseau du côté opposé au cœur. Liez une artère, et vous verrez le sang s'y accumuler du côté du cœur. Ouvrez la poitrine, et vous reconnaîtrez que le cœur se contracte énergiquement, ouvrez les grandes cavités de cet organe, et tout le sang s'écoulera sous vos yeux. Dès lors il n'y aura plus de pression, ni en avant ni en arrière, dans la veine ou dans l'artère liées précédemment.

Or, tous ces faits réunis démontrent de toute évidence que le sang est chassé par le cœur dans les artères, qu'il retourne par les veines, en un mot que le sang circule.

Supposons que nous ayons observé ces phénomènes et expérimenté sur les chevaux; nous réunirons alors les résultats de nos observations et de nos expériences en une proposition générale : Le sang des chevaux circule, et cette proposition sera une étiquette dont nous pourrons nous servir.

Dès lors le cheval porte pour nous une sorte d'indication, une marque qui nous dit où nous trouverons une certaine série de phénomènes appelée *circulation du sang*.

Nous voici donc arrivés à notre proposition générale.

Comment, et à quel moment, pourrons-nous faire un pas en avant, c'est-à-dire en tirer une déduction?

Supposons que notre physiologiste, dont l'expérience se borne aux chevaux, se trouve pour la première fois de sa vie en présence d'un zèbre. Va-t-il supposer que sa proposition générale est valable aussi pour le zèbre?

Ceci dépendra beaucoup de la tournure de son esprit, mais admettons qu'il soit hardi. Il dira : Assurément le zèbre n'est pas un cheval, mais il lui ressemble beaucoup; je suis donc fondé à reconnaître en lui la marque ou l'étiquette de la circulation du sang, et j'en conclus que le sang du zèbre circule.

Voilà une déduction; elle est très-valable, mais on

ne peut nullement la considérer comme scientifiquement certaine. En effet, cette qualité de la certitude ne peut être acquise que par la vérification, c'est-à-dire qu'il faut faire du zèbre un sujet d'expérience, et répéter sur lui toutes celles qui ont été faites sur le cheval. Nous savons bien que, dans ce cas, le procédé de vérification confirmera la déduction, et ce n'est pas seulement une connaissance positive plus étendue qui va en résulter, mais l'expérimentateur acquerra par ce fait une plus grande confiance en la vérité de sa généralisation dans d'autres cas.

Après avoir ainsi réglé la question par rapport au zèbre et au cheval, notre philosophe pourra croire en toute confiance à la circulation du sang de l'âne. Je crois même que la plupart des hommes l'excuseraient, si alors il ne se donnait pas la peine de recommencer toute la série des expériences de vérification ; et il n'y aurait pas lieu de s'étonner si, comme on l'a déjà vu dans l'histoire de l'esprit humain, notre physiologiste imaginaire soutenait maintenant qu'il connaissait *à priori* la circulation de l'âne.

Cependant, pour vous faire bien comprendre combien il faut être prudent, je vous ferai remarquer que, par sa nature même, notre savoir est absolument conditionnel ; il est toujours dangereux de négliger le procédé de vérification ; dès que nos déductions nous entraînent en dehors du terrain qu'il nous a assuré, nous restons suspendus à un fil. Rien ne peut mieux vous faire comprendre cela que l'histoire de ce que nous savions de la circulation du sang dans le règne animal jusqu'en 1824. Dans tout animal pourvu d'un système circulatoire, observé jusqu'à cette époque, on avait vu le courant sanguin prendre une direction déterminée et invariable. Or, dans une certaine classe d'animaux appelés les *Ascidiens*, on trouve un cœur, et le sang circule; jusqu'à l'époque dont je parle personne n'aurait songé à nier la valeur de la déduction que chez ces petits êtres la circulation s'effectue suivant une direction fixe, personne n'aurait pensé qu'il y eût lieu de vérifier ce point. Mais en 1824, M. Von-Hasselt, examinant par hasard un animal transparent de cette classe, vit à sa grande surprise, qu'après un certain nombre de pulsations, le cœur de l'ascidie s'arrête pour battre ensuite en sens inverse, de façon à renverser le sens du courant qui, au bout de peu d'instants, reprend sa direction première.

J'ai observé et compté moi-même les battements du cœur des ascidies, et j'ai remarqué que les périodes d'inversion du courant sanguin sont aussi régulières que possible. Il n'est pas à mon avis de spectacle plus étonnant dans tout le règne animal, d'autant plus que, jusqu'à ce jour, ce fait est unique et propre à cette seule classe d'animaux. En même temps je ne connais pas de cas plus frappant pour prouver la nécessité de la vérification de ces déductions mêmes qui semblent fondées sur les propositions générales les plus larges et les plus certaines.

Telles sont les méthodes biologiques. Elles sont évidemment identiques à celles de toutes les autres sciences et ne peuvent nous servir de base pour établir une distinction entre ces sciences et la biologie (1).

Mais on va me demander tout de suite : Prétendez-vous qu'il n'y ait pas de différence entre les habitudes mentales d'un mathématicien et celles d'un naturaliste? Pensez-vous que, si l'on avait mis Laplace au Jardin des plantes et Cuvier à l'Observatoire, il en serait résulté le même avantage pour le progrès des sciences professées par chacun d'eux?

A ceci je réponds que rien n'est plus éloigné de ma pensée. Mais les habitudes différentes, les tendances spéciales et variées de deux sciences n'impliquent pas des méthodes différentes. Le montagnard et l'homme de la plaine ont des habitudes de locomotion bien différentes, et chacun d'eux serait gêné à la place de l'autre; mais ils se meuvent d'après la même méthode, qui consiste à mettre une jambe devant l'autre. Pour chacun d'eux le pas est la combinaison d'une levée et d'une poussée, mais le montagnard lève plus le pied, l'homme du plat pays pousse le sien davantage. Il me semble que ceci s'applique à la différence des sciences.

Je sais parfaitement que si le mathématicien s'oc-

---

(1) Est-il nécessaire de faire remarquer combien je suis redevable, en ce qui concerne ma manière de comprendre la méthode scientifique, au système de logique de M. Stuart Mill ; que ce témoignage lui soit ici un gage de reconnaissance.

cupe de déductions à tirer de propositions générales. le biologiste s'occupe plus spécialement d'observations, de comparaisons et de tous ces moyens qui nous mènent aux propositions générales. Je ne veux insister que sur un seul point : cette différence ne dépend pas d'une distinction fondamentale existant dans les sciences mêmes ; elle dépend des accidents de l'objet de leur étude, de leur complexité relative, de leur perfection relative, résultant elle-même de ce plus ou moins de complexité.

Le mathématicien ne s'occupe que de deux propriétés des objets : le nombre et l'étendue, et toutes les propositions générales dont il se sert ont été formées et complétées il y a longtemps. Aujourd'hui il n'a plus qu'à déduire et à vérifier.

Le biologiste s'occupe d'un très-grand nombre de propriétés différentes des objets, et il n'arrivera pas, je le crains, à compléter ses propositions générales avant bien longtemps ; mais quand il les aura complétées, il procédera par déduction comme le mathématicien, et sa science sera exacte comme les mathématiques mêmes.

Tel est le rapport qui existe entre la biologie et les sciences relatives aux objets dont les propriétés sont moins nombreuses que celles des objets dont s'occupe la biologie. Mais, comme en abordant l'étude de la biologie, l'étudiant porte les yeux en arrière pour contempler des sciences moins complexes, et par conséquent plus parfaites, de même, portant les yeux en avant, il se trouve en présence de connaissances plus complexes et d'autant moins parfaites. La biologie ne s'occupe des êtres vivants qu'à leur état d'isolement, elle traite de la vie dans l'individu seulement ; mais il y a une branche de la science plus élevée encore ; elle se rapporte aux êtres vivant à l'état d'agrégation ; elle traite des relations des êtres vivant l'un avec l'autre. Cette science s'occupe des hommes ; ses expérimentations se font par les nations entre elles, sur les champs de bataille ; ses propositions générales se formulent dans l'histoire, dans la morale, dans la religion ; ses déductions déterminent notre bonheur ou notre malheur ; et le plus souvent ses vérifications arrivent trop tard et ne servent, comme dit notre vieux poëte, Samuel Johnson, qu'à indiquer une moralité ou à orner un récit. Je parle de la science de la société, ou *sociologie*.

La biologie occupe ainsi parmi les connaissances humaines une position centrale, et c'est surtout ce qui lui donne à nos yeux une grande importance. Les études physiologiques développent l'esprit humain en tous sens. Se rattachant aux sciences abstraites par des liens innombrables, la physiologie est en rapport avec l'humanité de la façon la plus intime, et en nous enseignant que les manifestations les plus étranges, les plus folles de la vie individuelle sont réglées par une loi, par un ordre, par un plan défini de développement, elle prépare l'étudiant à rechercher la fin vers laquelle tend l'humanité lors même qu'elle semble le plus errer à l'aventure, et à croire que l'histoire n'est pas seulement un chaos intéressant, journal tragi-comique d'une marche fatigante et sans but.

Les considérations précédentes serviront, je l'espère, à vous indiquer comment il faut répondre aux deux premières questions posées au début de ce discours, à savoir : Quelle est la portée et la position des sciences physiologiques ; Quelle en est la valeur comme moyen de discipline mentale ?

Ce qui fait l'objet de leur étude constitue une bonne moitié de l'univers. Comme position, elles tiennent le milieu entre les sciences physico-chimiques et les sciences sociales. Leur valeur comme moyen de discipliner l'esprit est en partie celle qu'elles ont en commun avec toutes les autres sciences, servant comme elles à dresser, à fortifier le sens commun ; d'autre part, elles ont une valeur spéciale dépendant du grand exercice qu'elles fournissent aux facultés d'observation et de comparaison, et dépendant encore de l'exactitude des connaissances qu'elles exigent de ceux de leurs adeptes qui travaillent à en étendre les limites.

Si ce que j'ai dit au sujet de la position et de la portée de la biologie est vrai, la valeur pratique, l'utilité immédiate des enseignements de la physiologie, troisième question posée, en découle et peut se passer de réponse.

Si le genre humain méritait le titre de rationnel qu'il s'arroge, il est certain qu'à d'autres égards, les hommes verraient en l'étude qui fait profession de leur faire connaître les conditions d'une existence dont ils font si grand cas, qui leur enseigne à éviter la maladie, à conserver la santé, tant chez eux que chez ceux qui leur sont chers, le genre d'instruction qui leur est le plus nécessaire, ainsi qu'à leurs enfants. Je m'adresse sans doute à des auditeurs ayant reçu de l'éducation, et cependant je crois pouvoir affirmer que parmi ceux qui m'écoutent, à part quelques médecins, personne ne pourrait me dire à quoi sert et ce que signifie un acte que l'on exécute une vingtaine de fois à la minute, et dont la suspension entraînerait immédiatement la mort : je parle de l'*acte respiratoire*. Et qui d'entre vous saurait m'expliquer en termes précis pourquoi un air confiné est nuisible à la santé ?

La valeur pratique des connaissances physiologiques !... Comment se fait-il qu'il y ait aujourd'hui des gens instruits prêts à soutenir qu'un abattoir au milieu d'une grande ville n'est pas chose fâcheuse ? Ne voyons-nous pas des mères s'entêter à exposer au froid la plus grande surface possible du corps de leurs enfants, pour suivre une mode absurde adoptée par elles, et s'étonner ensuite de voir une providence cruelle frapper ces petits enfants, les faisant mourir de bronchite ou de diarrhée ? Ne voyons-nous pas les charlatans courir partout la tête haute ? Il y a peu de temps, un des lieux de réunion les plus considérables de cette grande ville était plein d'auditeurs qui ne sourcillaient pas en écoutant un révérend personnage exposer cette doctrine, que les phénomènes physiologiques simples, connus sous les noms d'*esprits frappeurs*, de *tables tournantes*, de *phréno-magnétisme* et sous tant d'autres appellations baroques et déplacées, se rattachaient à l'action directe et personnelle de Satan.

Tout cela ne dépend-il pas de la complète ignorance où se trouvent nos concitoyens les mieux élevés des lois les plus simples de la vie animale à laquelle ils participent ?

Mais il y a d'autres branches des sciences biologiques que la physiologie proprement dite, dont l'influence pratique, moins palpable, n'est pas moins certaine selon moi. J'ai entendu des gens bien élevés parler des études du naturaliste avec un dédain mal déguisé et demander en haussant les épaules : A quoi bon étudier si soigneusement ces misérables petites bêtes ? en quoi cela peut-il influer sur la vie humaine ?

Je vais tâcher de répondre à cette question. J'admets que vous m'accordiez tous qu'il y a un gouvernement fixe dans cet univers ; vous croyez sans doute que les peines et les plaisirs ne sont pas répandus au hasard, mais distribués selon des lois régulières et fixes, et que l'harmonie qui existe à cet égard entre les différentes parties du monde sensitif s'accorde strictement avec tout ce que nous savons du reste de la création.

Nous sommes alors bien certainement intéressés à connaître le sort des autres créatures animées, tout inférieures qu'elles peuvent être à notre égard ; seules parmi toutes les choses créées, elles partagent avec nous la capacité de jouir et de souffrir.

Celui qui reconnaît les peines et les maux inséparables de la vie, même d'un ver de terre, supportera, je pense, la part qui lui en incombe avec plus de courage et de soumission; en tout cas il devra tenir en suspicion ces petites théories si gentilles du gouvernement divin, d'après lesquelles la souffrance serait une erreur ou un oubli qui ne tarderaient pas à être corrigés. Mais, d'un autre côté, il verra prédominer le bonheur parmi les êtres animés, il verra la beauté qui leur a été accordée à profusion, il reconnaîtra entre elles une harmonie secrète et merveilleuse depuis la plus élevée jusqu'à la plus basse, et ce sera là pour lui une réfutation victorieuse des doctrines du manichéisme moderne qui considère le monde comme une troupe d'esclaves travaillant sans relâche, abreuvés d'amertume et sans autre but que les fins utilitaires.

C'est encore d'une autre façon, j'en suis convaincu, que l'histoire naturelle peut exercer une profonde influence sur notre vie pratique; elle agit sur nos sentiments les plus élevés considérés comme source du plaisir que nous procure la beauté. Je ne prétends pas que la connaissance de l'histoire naturelle puisse par elle-même développer directement notre sentiment des beautés naturelles. Peter Bell ne sentait pas, et comme nous le dit Wordsworth, ce grand poëte de la nature :

<small>La primevère, au bord du ruisseau, était pour lui une petite fleur jaunâtre, et n'était rien que cela.</small>

. Assurément ce pauvre esprit n'eût pas été tiré de son apathie en apprenant que la primevère est une dicotylédonée exogène, à corolle monopétale et à placentation centrale. Mais la connaissance de l'histoire naturelle a ceci de bon, qu'elle nous pousse à rechercher les beautés de la nature, et ce n'est plus le hasard, dès lors, qui nous les met sous les yeux. Pour celui qui ne connaît pas l'histoire naturelle une promenade à travers la campagne ou sur le bord de la mer est une promenade dans une galerie pleine d'œuvres d'art merveilleuses, mais où les neuf dixièmes des beaux tableaux qui s'y trouvent sont tournés contre le mur. Faites-lui connaître un peu d'histoire naturelle, et vous lui mettrez dans les mains un catalogue à l'aide duquel il saura quels sont les tableaux méritant d'être vus, et qu'il faut retourner. Assurément nous n'avons pas à notre disposition, dans cette vie, des plaisirs innocents en si grande abondance que nous puissions mépriser cette source de nobles jouissances, non plus qu'aucune autse de celles qui nous procurent un bonheur digne de nous. En ce cas, notre négligence pourrait bien nous valoir, je le crains, ce cercle de l'enfer où se trouvent, selon le grand poëte florentin, ceux qui pendant la vie pleurèrent quand ils pouvaient être joyeux (1).

Mais j'abuserais de votre bienveillance si je ne

(1) E piange là dov'esser dee giocondo. — *Inferno* Canto 11°, v. 45.

me hâtais pas d'en venir à la dernière question posée : A quel moment faut-il faire entrer la science physiologique dans le programme de l'éducation ?

Il y a une distinction à établir relativement à l'enseignement des faits d'une science, au point de vue de l'instruction, et l'enseignement systématique de cette science au point de vue des connaissances utiles et nécessaires. Il me semble qu'ici, comme en ce qui concerne les autres sciences, les faits communs de la biologie, l'usage des différentes parties du corps, les noms, les habitudes des êtres vivants qui nous entourent, peuvent être avantageusement enseignés aux plus jeunes enfants. Les enfants témoignent habituellement pour ces connaissances une merveilleuse avidité; ils retiennent avec une grande facilité relative tout ce qu'on leur montre en ce genre. Je ne pense pas qu'aucun jouet puisse leur faire autant de plaisir qu'une petite collection d'animaux vivants qui serait établie sur une échelle bien restreinte nécessairement, mais en suivant toutefois le bel ordre méthodique des jardins zoologiques.

D'autre part, ce n'est que quand l'étudiant aura acquis une certaine connaissance de la physique et de la chimie que l'enseignement systématique de la biologie pourra être fructueux pour lui, car si les phénomènes de la vie dépendent des forces vitales et non des forces physiques ou chimiques, les résultats de ces phénomènes sont pourtant des changements physiques et chimiques qu'on ne peut bien comprendre qu'à l'aide des lois de ces deux sciences.

Vous apprécierez comme moi, je l'espère, les conclusions auxquelles je suis arrivé; je les résume ainsi : Quand la biologie demande une place, une place capitale dans un plan d'éducation digne de ce nom, elle n'a pas besoin de défenseur. Biffer les sciences physiologiques du programme des études, c'est lancer l'étudiant dans le monde sans l'avoir façonné, au moyen de la science dont la matière pourrait le mieux développer sa capacité d'observation; il ignorera les faits qui importent le plus à son bien-être et au bien-être des autres; il sera incapable de reconnaître les sources principales de la beauté dans la création divine; il ne pourra pas s'appuyer sur la croyance à une loi vivante, à l'ordre qui se manifeste à travers des changements, des variations sans fin, au milieu desquels il est toujours reconnaissable, croyance qui arrêterait ou modérerait les mouvements du désespoir qui viendra certainement l'assaillir tôt ou tard, s'il s'intéresse d'une façon sérieuse aux problèmes sociaux.

En terminant, un mot par rapport à moi-même. Je n'ai pas hésité à vous parler fortement quand j'ai senti fortement. Les bienséances m'engageaient peut-être à vous parler sur le mode dubitatif et conditionnel, tandis que toutes mes propositions étaient positives, presque impératives pour ainsi dire. Veuillez donc oublier ce qu'il y a de personnel dans ce discours pour ne tenir compte que des vérités ou des erreurs qu'il contient.

VI

SUR L'ÉTUDE DE LA ZOOLOGIE.

On appelle communément *histoire naturelle* l'étude des propriétés des corps naturels désignés sous les noms de *minéraux*, de *plantes* et d'*animaux;* et c'est en opposant les sciences naturelles aux sciences dites *physiques* qu'on appelle *naturelles* celles de ces sciences qui embrassent les connaissances acquises sur ces sujets. On appelle habituellement encore *naturalistes* ceux qui se dévouent à cette étude spéciale.

Linnée était naturaliste dans cette acception étendue, et son système de la Nature (*Systema naturæ*) est un ouvrage sur l'histoire naturelle, dans le sens le plus large du mot. Ce grand esprit méthodique a rassemblé dans ses écrits tout ce que l'on savait à cette époque sur les caractères distinctifs des minéraux, des animaux et des plantes. Mais Linnée a donné une telle impulsion aux recherches de la nature, qu'il ne fut bientôt plus possible à un seul homme d'écrire un livre embrassant comme le sien tout le système de la nature, et il est très-difficile aujourd'hui d'être naturaliste comme l'était Linnée.

Les trois branches scientifiques, autrefois comprises sous ce titre d'*histoire naturelle*, se sont toutes bien développées, mais il est certain que la zoologie et la botanique se sont accrues bien plus que la minéralogie ; et c'est sans doute le motif qui fait que, de plus en plus, on appelle *histoire naturelle* l'étude des divisions les plus marquantes de ce sujet, tant et si bien qu'on en vient à désigner plus spécialement par ce nom de *naturaliste* celui qui étudie la structure et les fonctions des êtres vivants.

Quoi qu'il en soit, les progrès des connaissances ont certainement écarté, de plus en plus, la minéralogie, des sciences qui lui étaient autrefois associées, tout en réunissant par des liens plus intimes la zoologie et la botanique. Aussi, dans ces derniers temps, a-t-on trouvé commode, je dirais même nécessaire, de réunir sous le nom commun de *biologie*, les sciences qui traitent de la vitalité et de tous ses phénomènes, et les biologistes, récusant aujourd'hui leur parenté directe avec les minéralogistes, ne veulent plus voir en ceux-ci que des frères de lait.

Certaines grandes lois s'appliquent au monde animal et au monde végétal, mais le terrain commun à ces deux règnes n'a pas grande étendue, et la multiplicité des détails est si grande, que celui qui étudie les êtres vivants se trouve bientôt dans l'obligation de dévouer exclusivement ses études, soit à l'une soit à l'autre des deux sciences. S'il se décide pour les plantes, à un point de vue quelconque, nous savons bien le nom qu'il faudra lui donner. Il s'appellera *botaniste*, sa science sera la *botanique*. Mais s'il se met à étudier la vie animale, on l'appellera de différents noms, selon le genre différent d'animaux ou les différents phénomènes de la vie animale qui feront l'objet particulier de ses études. S'il s'occupe de l'homme, on l'appellera *anatomiste*, *physiologiste* ou *ethnologiste* ; mais s'il dissèque les animaux, ou s'il cherche à se rendre compte du fonctionnement de leurs organes, il fait de l'*anatomie* ou de la *physiologie comparées*. Il fera de la *paléontologie* s'il s'occupe des animaux fossiles. S'il cherche à donner des descriptions spécifiques, à différencier et à classer les animaux, et à reconnaître leur distribution sur la surface du globe, il fera de la *zoologie proprement dite*, on l'appellera *zoologiste*.

Cependant, en vue de ce que je veux vous faire savoir aujourd'hui, j'emploierai ce dernier terme seulement, comme correspondant à celui de botaniste, et je me servirai du terme *zoologie* pour indiquer toute la doctrine de la *vie animale*, en l'opposant à la *botanique*, qui indique toute la doctrine de la *vie végétale*.

En ce sens la zoologie, comme la botanique, peut se diviser en trois grandes sciences secondaires : la *morphologie*, la *physiologie* et la *distribution des êtres vivants*, et l'on peut pousser très-loin chacune de ces études indépendamment des deux autres.

La *morphologie zoologique* est l'enseignement de la

forme ou de la structure des animaux. L'*anatomie* en est une branche, l'étude du *développement* en est une autre, et la *classification* est l'expression des rapports que présentent entre eux les différents animaux, relativement à leur anatomie et à leur développement.

La *distribution zoologique* est l'étude des animaux par rapport aux conditions terrestres aujourd'hui régnantes, ou qui régnaient à une époque antérieure de l'histoire de cette terre.

Enfin, la *physiologie zoologique* se rapporte aux fonctions ou aux actions des animaux. Elle considère les animaux comme des machines poussées par certaines forces, et accomplissant une somme de travail pouvant s'évaluer par les termes qui nous servent à évaluer les autres forces de la nature. Le but de la physiologie est de déduire les faits morphologiques d'une part, ceux de la distribution de l'autre, d'après les lois des forces moléculaires de la matière.

Telle est la portée de la zoologie. Mais si je m'en tenais à l'énonciation de ces définitions arides, je m'y prendrais mal pour vous faire comprendre la méthode d'enseigner cette branche des sciences physiques que je veux chercher, ce soir, à faire valoir à vos yeux. Abandonnons les définitions abstraites; prenons un exemple concret, un être vivant, l'animal le plus commun de préférence, et voyons comment on arrive inévitablement à toutes ces branches de la science zoologique en appliquant, aux faits patents qu'il présente, le sens commun et la logique du bon sens.

SUR L'ÉTUDE DE LA ZOOLOGIE. 135

J'ai devant moi un homard. Quand je l'examine, quel est le caractère apparent le plus saillant qu'il me présente ? Je vois que cette partie, que nous appelons la queue du homard, se compose de six anneaux distincts et résistants et d'une septième pièce terminale. Si je sépare un des anneaux du milieu, le troisième par exemple, il porte, comme vous voyez, à sa partie inférieure, une paire de membres ou appendices composés chacun d'une tige et de deux pièces terminales. Il est donc facile d'établir le dessin schématique qui représente cette disposition, en section transversale de l'anneau et de ses appendices.

En prenant maintenant le quatrième anneau, je m'aperçois que la structure en est semblable ; le cinquième et le second anneau me présentent encore la même disposition ; ainsi, dans chacune des divisions de la queue, je trouve des parties qui se correspondent : un anneau et des appendices, et, dans chacun des appendices, une tige et deux parties terminales. En langage technique d'anatomie, ces parties correspondantes s'appellent parties *homologues*. L'anneau de la troisième division est l'homologue de l'anneau de la cinquième, et les appendices sont aussi les homologues les uns des autres. Et comme chaque segment nous montre, en des points correspondants, des parties qui se correspondent, nous disons que les divisions sont toutes construites sur le même plan. Mais examinons maintenant la sixième division. Elle est semblable aux autres, bien qu'elle en diffère en même temps. L'anneau ressemble essentiellement à ceux des autres divisions, mais au premier abord les appendices font l'effet d'être tout autres. Que trouvons-nous pourtant en y regardant attentivement : une tige, deux parties terminales, absolument comme dans les autres divisions ; mais ici la tige est très-courte, très-épaisse, les parties terminales sont larges et aplaties, et l'une de celles-ci se subdivise elle-même en deux lames.

Je puis donc dire que le sixième segment est semblable aux autres par son plan, mais qu'il présente des modifications dans les détails.

Le premier segment est semblable aux autres quant à l'anneau, et si les appendices, par la simplicité de leur structure, diffèrent de tous ceux que nous avons examinés jusqu'ici, il est facile d'y reconnaître des parties correspondant à la tige et à une des divisions.

Ainsi donc, la queue du homard semble composée d'une série de segments fondamentalement similaires, bien qu'ils présentent tous, par rapport au plan commun, des modifications qui leur sont propres. Mais en portant les yeux vers la partie antérieure du corps, je ne vois plus qu'une grande coquille en forme de bouclier, appelée en langage technique la *carapace*, terminée antérieurement par une épine fort pointue, à chaque côté de laquelle se trouvent des yeux composés, bien curieux, portés eux-mêmes par des tiges mobiles et fortes. En arrière des yeux, à la partie inférieure du corps se trouvent deux paires de longues palpes, les *antennes* ; puis, plus loin, six paires de mâchoires, se repliant l'une contre l'autre en recouvrant la bouche, et cinq paires de pattes dont les plus antérieures sont les grandes pinces ou griffes du homard.

A première vue, il ne semble pas possible de retrouver dans cette masse compliquée une série d'anneaux portant chacun ses deux appendices, comme je vous l'ai fait voir dans l'abdomen, et pourtant leur existence n'est pas difficile à démontrer. Arrachez les pattes, et vous verrez que chacune de ces paires de membres s'attache à un segment très-nettement défini de la paroi inférieure du corps ; mais, au lieu d'appartenir à des anneaux libres, comme l'étaient ceux de la queue, ces segments sont les parties inférieures d'anneaux réunis et solidement soudés ensemble supérieurement ; et ceci s'applique encore aux mâchoires, aux palpes, aux tiges oculaires, toutes parties disposées par paires, portées chacune sur son segment spécial. Ainsi, peu à peu, nous sommes amenés forcément à conclure que le corps du homard se compose d'autant d'anneaux qu'il y a d'appendices, soit vingt en tout, mais que les six anneaux postérieurs restent libres et mobiles, tandis que les quatorze anneaux antérieurs se soudent solidement ensemble, et forment supérieurement un manteau continu, la carapace.

Unité dans le plan, diversité dans l'exécution, voilà la leçon que nous enseignent les anneaux du corps, et cette leçon, l'étude des appendices nous la répète d'une façon plus frappante encore. Si j'examine la mâchoire la plus extérieure, je m'aperçois qu'elle se compose de trois parties distinctes : une portion interne, une portion moyenne, une portion externe, fixées toutes trois sur une tige commune, et si je compare cette mâchoire aux pattes situées plus en arrière, ou aux mâchoires situées en avant de la première, il m'est facile de voir que c'est la partie de l'appendice correspondant à la division interne qui se modifie dans la patte pour former ce membre, en même temps que disparaît la division moyenne, et que la division externe se cache sous la carapace. Il n'est pas plus difficile de reconnaître que, dans les appendices de la queue, ce sont les divisions moyennes qui se montrent de nouveau, en l'absence des divisions externes, et d'autre part dans la mâchoire antérieure, appelée *mandibule*, il ne reste plus que la division interne. Les parties des palpes et des tiges oculaires s'identifient de la même façon avec celles des pattes et des mâchoires.

Mais où cela nous mène-t-il ? A cette conclusion bien remarquable : Qu'une unité de plan, semblable à celle de la queue ou de l'abdomen, se révèle dans toute l'organisation du squelette du homard. Je puis ainsi reprendre le dessein schématique représentant un des anneaux de la queue, et, en ajoutant une troisième division aux appendices, il me servira de schème pour vous faire comprendre le plan de chacun des anneaux du corps. Je puis donner des noms à chacune des parties de la figure, et alors, en prenant un des segments du corps du homard, je puis vous indiquer exactement les modifications qu'a subies le plan général dans ce segment particulier, quelles sont les parties restées mobiles, celles qui se sont fixées à d'autres parties, ce qui s'est développé à l'excès en se métamorphosant, et ce qui a été supprimé.

Mais vous m'adressez sans doute cette question : Comment s'assurer de tout cela? C'est assurément une façon élégante et ingénieuse de se rendre compte de la structure d'un animal, mais cela va-t-il plus loin? La nature vient-elle corroborer d'une façon plus profonde l'unité de plan ainsi indiquée?

Ces questions impliquent une objection très-valable et fort importante ; et, tant que la morphologie reposait seulement sur la perception d'analogies se présentant dans des parties pleinement développées, elle était bien discutable. Des anatomistes spéculatifs pouvaient donner libre cours à leurs théories ingénieuses, et tirer des mêmes faits bon nombre d'hypothèses contradictoires ; il en résultait des rêves morphologiques sans fin, qui menaçaient de supplanter la théorie scientifique.

Mais heureusement il y a un criterium de la vérité morphologique, une pierre de touche pour reconnaître ce que valent les analogies apparentes. Notre homard n'a pas été toujours tel que nous le voyons ; il a été œuf, petite masse semi-fluide de jaune ou *vitellus*, grosse tout au plus comme une petite tête d'épingle, renfermée dans une membrane transparente, et ne présentant pas la moindre trace des organes qui, chez l'adulte, nous étonnent par leur multiplicité et leur complexité. Mais bientôt il se produit, sur un des côtés du jaune, une petite membrane cellulaire faisant légèrement tache, et c'est cette tache qui est le fondement de tout l'animal, le moule où il va se former. Empiétant peu à peu sur le jaune, elle se subdivise par un cloisonnement transversal en segments, avant-coureurs des anneaux du corps. A la surface ventrale de chacun de ces anneaux ainsi ébauchés, se montre une paire de bourgeons proéminents, rudiments des appendices de l'anneau. A l'origine, tous les appendices se ressemblent, mais en croissant ils ne tardent pas à présenter, pour la plupart, des traces distinctes d'une tige et de deux divisions terminales, auxquelles s'ajoute une troisième division externe dans les parties moyennes du corps, et plus tard seulement, au moyen de la modification ou de la résorption de certaines de ces parties constituantes primitives, les membres acquièrent leurs formes parfaites.

Ainsi donc, l'étude du développement prouve que la doctrine de l'unité de plan n'est pas seulement une vue de l'esprit, un genre d'interprétation des choses, mais que cette doctrine est l'expression même des faits naturels. Par le fait, par la nature des choses, les pattes, les mâchoires du homard sont donc des modifications d'un type commun, et il ne nous est pas loisible d'accepter ou de rejeter cette interprétation, car il fut un moment où la patte et la mâchoire du jeune animal ne pouvaient se reconnaître l'une de l'autre.

Ce sont là des vérités merveilleuses, d'autant plus merveilleuses qu'elles sont pour le zoologiste d'une application universelle. Si nous avions étudié un poulpe, un limaçon, un poisson, un cheval, un homme, nous serions arrivés absolument au même point, mais par une voie plus ardue peut-être. L'unité de plan est cachée partout sous le masque de la diversité de structure, le complexe procède toujours du simple. Tout animal a d'abord la forme d'un œuf, et, pour atteindre son état adulte, chacun d'eux, comme chacune de leurs parties organiques, traverse des conditions qui lui sont communes avec d'autres animaux, d'autres parties, à leur état de complet développement; et ceci m'amène à un autre point. Jusqu'ici je vous ai parlé du homard comme si cet animal était seul au monde, mais je n'ai pas besoin de vous rappeler qu'il y a un nombre immense d'autres organismes animaux. Parmi ceux-ci, il en est, tels que l'homme, le cheval, l'oiseau, le poisson, le limaçon, la limace, l'huître, le corail, l'éponge, qui ne ressemblent pas le moins du monde au homard. En même temps nous trouvons d'autres animaux qui, tout en différant beaucoup du homard, lui ressemblent beaucoup aussi, ou ressemblent à ce qui lui est fort semblable. La langouste, l'écrevisse, la salicoque, la crevette par exemple, malgré toutes les dissemblances, ressemblent tellement au homard cependant, qu'un enfant réunirait tous ces animaux en un seul groupe, pour l'opposer aux limaces et limaçons, et ces derniers formeraient aussi un groupe qu'il opposerait aux bestiaux : vaches, chevaux, moutons.

Mais ce groupement, spontané pour ainsi dire, est le premier essai de classification que fait l'esprit humain cherchant à donner un nom commun aux choses qui se ressemblent, cherchant à les arranger de façon à indiquer la somme de ressemblance ou de dissemblance qu'elles peuvent avoir avec toutes les autres.

Les groupes qui ne présentent pas d'autres subdivisions que celles des sexes ou des différentes races, s'appellent en langage technique des *espèces*. Le homard d'Angleterre constitue une espèce particulière, j'en dis autant de notre écrevisse et de notre salicoque. Dans d'autres pays pourtant, il y a des homards, des écrevisses, des salicoques, ressemblant énormément à nos espèces indigènes, et présentant malgré cela des différences suffisantes pour qu'il y ait lieu de les distinguer. Aussi les naturalistes expriment cette ressemblance et cette diversité en réunissant les espèces distinctes dans un même *genre*. Mais, tout en appartenant à des genres distincts, le homard et l'écrevisse ont bien des caractères communs ; on réunira donc ces genres différents en *familles*. On trouve ensuite entre le homard, la salicoque et le crabe des ressemblances plus éloignées, ce que l'on exprime en les réunissant sous le nom d'*ordre*. Puis on trouve des ressemblances de plus en plus faibles, mais toutefois bien définies, entre le homard, le cloporte, le crabe des Moluques ou limule, la puce d'eau ou daphnie et l'anatife, des caractères communs séparant ces animaux de tous les autres; ils formeront donc un groupe plus considérable, une *classe*, celle des *crustacés*. Mais les crustacés ont bien des traits qui leur sont communs avec les insectes, les araignées et les mille-pieds, on les réunira ainsi en groupe, de plus en plus étendu, pour en former la *subdivision* des *articulés ;* et enfin les rapports de tous ces animaux avec les vers et d'autres animaux inférieurs s'expriment en les réunissant tous en un grand groupe auquel on donne le nom d'*embranchement*, celui des *annelés*.

Si j'avais pris pour point de départ une éponge, au lieu d'un homard, j'aurais vu que l'éponge se rallie par des liens semblables à un bon nombre d'autres animaux pour former l'embranchement des *protozoaires ;* si j'avais choisi un polype d'eau douce, ou un corail, autour de ce type se seraient groupés les membres d'un autre embranchement que les naturalistes anglais et allemands appellent aujourd'hui les *cœlentérés* (Cœlenterata de Frey et Leuckart) (1) ; si j'avais choisi un limaçon, tous les habitants de coquilles univalves ou bivalves, terrestres ou marins, la térébratule, la seiche, la flustre, se seraient rassemblés autour de celui-ci pour former l'embran-

(1) Voyez l'appendice.

chement des *mollusques*; si enfin j'étais parti de l'homme, j'aurais dû le rapprocher du singe, du chat, du cheval, du chien, avec lesquels il aurait formé une grande classe; puis il m'aurait fallu ajouter l'oiseau, le crocodile, la tortue, la grenouille, le poisson pour former ainsi l'embranchement des *vertébrés*.

Et si j'avais poursuivi jusqu'au bout, pour tous les animaux, ces lignes différentes de la classification, j'aurais facilement reconnu que tous les animaux, récents ou fossiles, font partie d'un de ces grands embranchements. En d'autres mots, l'organisation des animaux se rattache à un de ces grands plans d'organisation, dont la réalité rend possibles nos classifications. La structure de chaque animal est si bien définie, marquée d'une façon si précise, que, dans l'état actuel de nos connaissances, aucune forme ne peut être alléguée comme preuve de transition d'un groupe à un autre, des vertébrés aux annelés, des mollusques aux cœlentérés, pas plus aujourd'hui qu'aux époques anciennes dont le géologue étudie les annales. N'allez pas croire pourtant que, si ces formes de transition n'existent pas, les animaux faisant partie des divers embranchements soient sans rapport les uns avec les autres et tout à fait indépendants. Au contraire, à leur premier état, ils se ressemblent tous, et les germes primordiaux de l'homme, du chien, de l'oiseau, du poisson, du hanneton, du limaçon, du polype, ne sont séparés les uns des autres par aucun caractère essentiel de structure.

Envisageant ainsi l'ensemble des choses, on peut dire, en toute vérité, que toutes les formes d'animaux vivants, que toutes les générations éteintes révélées par la géologie se relient entre elles et sont dominées par une unité d'organisation constante, moins facile à reconnaître assurément, mais du même genre que celle qui nous permet de reconnaître un plan unique dans les vingt segments différents du corps d'un homard. C'est avec vérité qu'on a pu dire que, pour celui qui sait voir, le moindre fait dévoile des régions infinies.

Laissons de côté ces considérations purement morphologiques, pour considérer maintenant comment l'étude attentive du homard nous conduit à des recherches nouvelles.

On trouve des homards dans toutes les mers de l'Europe, mais on n'en trouve pas sur les côtes opposées de l'Atlantique, ni dans les mers de l'hémisphère du Sud. Pourtant, les homards y sont représentés par des formes très-rapprochées, quoique distinctes : le *Homarus Americanus* et le *Homarus Capensis* ; ainsi donc, nous pouvons dire qu'en Europe il y a une espèce de homard, qu'il y en a une autre en Amérique, une autre en Afrique, et ainsi nous voyons poindre le fait remarquable de la distribution géographique.

De même, si nous examinons le contenu de la croûte terrestre, nous trouverons, dans les dépôts les plus récents, ces grands cimetières des siècles passés, un grand nombre d'animaux semblables au homard, mais ne ressemblant pas assez au nôtre, cependant, pour permettre aux géologues de les attribuer sûrement au même genre. Si nous remontons plus haut dans le cours du passé, nous découvrirons dans les roches les plus anciennes les restes d'animaux construits sur le même plan général que le homard, et appartenant à ce même grand groupe des crustacés, mais leur structure diffère beaucoup de celle du homard comme de celle de tous les autres crustacés actuellement vivants; ainsi nous reconnaissons les changements successifs de la population animale du globe pendant le cours des siècles, et c'est le plus frappant de tous les faits révélés par la géologie.

Voyez maintenant où nous ont menés nos recherches. Nous avons étudié notre type au point de vue de la morphologie, quand nous recherchions à reconnaître son anatomie et son développement, et quand nous lui avons assigné une place dans un système de classification, en le comparant à cet égard avec d'autres animaux. Si nous examinions de même tous les animaux, nous établirions un système complet de morphologie zoologique.

Nous avons aussi recherché la distribution de notre type dans l'espace et dans le temps, et si tous les animaux avaient été soumis à la même étude, la science de la distribution géographique et géologique aurait atteint ses limites.

Mais observez une chose importante : jusqu'ici nous n'avons pas encore tenu compte de la vie de tous ces organismes divers. Si les animaux, les plantes avaient été une forme particulière de cristaux, ne possédant pas les fonctions qui distinguent d'une façon si remarquable les êtres vivants, nous aurions pu étudier tout aussi bien la morphologie et la distribution. Mais il faut expliquer les faits de la morphologie et ceux de la distribution : la science qui a pour but de les expliquer s'appelle la physiologie.

Revenons encore une fois à notre homard. Si nous l'observions dans son élément naturel, nous le verrions grimper et courir à l'aide de ses fortes pattes parmi les roches submergées dont il fait son séjour de prédilection. Nous le verrions encore nager rapidement par des coups puissants de sa forte queue, dont le sixième anneau est garni d'appendices, en forme d'éventail largement étendu, qui lui servent de propulseur. Saisissez-le, et vous reconnaîtrez que ses grandes pinces ne sont pas des armes offensives à mépriser, et si dans les lieux qu'il habite vous suspendez un morceau de charogne, il le dévorera gloutonnement après avoir arraché la chair au moyen de ses mâchoires multiples.

Si nous n'avions connu jusque-là le homard que comme une masse inerte, un cristal organique, s'il m'est permis d'employer une semblable expression, et que tout à coup nous le voyions exercer toutes ses forces, combien de questions, d'idées nouvelles et merveilleuses surgiraient dans nos esprits!

Voici la grande question nouvelle qui s'imposerait : Comment tout cela se fait-il ? Et, comme idée capitale, il faudrait reconnaître qu'il y a ici adaptation à un but ; que les parties constituantes du corps des animaux ne sont pas indépendantes les unes des autres, mais des organes concourant à une même fin. Examinons encore la queue du homard à ce point de vue. La morphologie nous a démontré qu'elle se compose d'une série de segments dont les parties sont homologues, malgré les différentes modifications que ces parties présentent, et qu'un même plan de formation se reconnaît dans chacune d'elles. Mais si j'examine cette même partie au point de vue physiologique, j'y reconnais un organe de locomotion admirablement construit, à l'aide duquel cet animal peut se mouvoir rapidement en tous sens.

Mais comment ce remarquable appareil de propulsion accomplit-il sa fonction ? Si je tuais subitement un de ces animaux, je verrais qu'après avoir retiré toutes les parties molles, la coque est parfaitement inerte, et n'a pas plus la puissance de se mouvoir que les parties d'un moulin, quand on les a séparées de la machine à vapeur ou de la roue à aube qui les mettait en mouvement. Si je l'ouvrais cependant, et si je me bornais à en retirer les viscères, sans toucher à la chair blanche, je verrais que le homard peut replier sa queue et l'étendre comme précédemment. Si je coupais cette queue, elle ne me présenterait plus de mouvements spontanés ; mais en pinçant la chair en un point, j'y verrais survenir un changement très-curieux : chaque fibre devient plus courte et plus épaisse. Par cette *contraction*, comme on appelle ce phénomène, les parties auxquelles s'attachent les extrémités de chacune de ces fibres se rapprochent nécessairement, et selon les relations de leurs points d'attache aux centres de mouvement des différents anneaux, il en résulte des mouvements de flexion ou d'extension de la queue. L'observation attentive du homard récemment ouvert nous ferait voir bientôt que tous ses mouvements sont dus à la même cause : raccourcissement et épaississement de ces fibres charnues appelées en langage technique des *muscles*.

Voici donc un fait capital. Les mouvements du homard sont dus à la contractilité musculaire. Mais pourquoi un muscle se contracte-t-il à certains moments, et ne se contracte-t-il pas à d'autres ? Pourquoi voyons-nous tout un groupe de muscles se contracter quand le homard désire étendre sa queue, pourquoi un autre groupe se met-il en jeu quand l'animal veut la fléchir ? D'où provient cette puissance motrice ? qu'est-ce qui la dirige et la contrôle ?

L'expérimentation, le grand moyen de reconnaître la vérité en fait de sience physique, nous fournit une réponse à cette question. Dans la tête du homard, on trouve une petite masse d'un tissu spécial que l'on appelle substance nerveuse. Des cordons d'une matière similaire réunissent, directement ou indirectement, ce cerveau du homard avec les muscles. Si l'on coupe ces cordons de communication, le cerveau restant intact, on détruit le pouvoir de produire ce que nous appelons des mouvements volontaires dans les parties situées au-dessous de la section ; et, d'autre part, si l'on détruit la masse cérébrale sans endommager les cordons, la motilité volontaire est également abolie. D'où résulte cette conclusion inévitable : que le pouvoir de produire ces mouvements réside dans le cerveau et se propage le long des cordons nerveux.

On a étudié dans les animaux supérieurs les phénomènes qui accompagnent cette transmission, et l'on a reconnu que l'action qui résulte de l'énergie spéciale résidant dans les nerfs, s'accompagne d'un trouble dans l'état électrique de leurs molécules.

Si nous pouvions évaluer ce trouble d'une façon précise, si nous pouvions obtenir la valeur d'une action donnée de force nerveuse en déterminant la quantité d'électricité ou de chaleur dont cette action est l'équivalent, si nous pouvions reconnaître l'arrangement ou toute autre des conditions des molécules matérielles, d'où dépendent les manifestations de l'énergie nerveuse et musculaire, toutes choses que déterminera certainement la science un jour ou l'autre, les physiologistes auraient atteint, en ce sens, l'ultime limite de leur science ; ils auraient déterminé le rapport de la force motrice des animaux aux autres formes des forces disséminées dans la nature. Si l'on avait mené à bien ces investigations pour toutes les opérations qui s'effectuent dans l'organisme des animaux, pour tous les mouvements extérieurs qu'ils produisent, la physiologie serait parfaite, et l'on pourrait déduire les faits morphologiques et ceux de la distribution géographique, des lois établies par les physiologistes, en les combinant avec celles qui déterminent les conditions de l'univers environnant.

Il n'est point, dans l'organisme de cet animal, un seul fragment dont l'étude ne nous ouvrirait des régions aussi élevées de la pensée, que celles qu'en peu de mots j'ai cherché à vous faire entrevoir, mais j'espère que mes paroles ne vous ont pas seulement mis à même de vous faire une idée de la portée et du but de la zoologie, et qu'elles vous ont encore donné un exemple des voies les plus utiles à suivre pour arriver à connaître la zoologie ou toute autre science physique d'ailleurs. Avant tout, il s'agit de faire que l'enseignement soit réel et pratique, en fixant l'attention de l'étudiant sur les faits particuliers ; mais en même temps il faut rendre cet enseignement large et compréhensif en se reportant sans cesse aux généralisations dont tous les faits particuliers sont des exemples. Le homard nous a servi comme type de tout le règne animal ; son anatomie, sa physiologie nous ont fait reconnaître quelques-unes des plus grandes vérités de la zoologie. Après avoir vu par lui-même les faits que je vous ai décrits, après avoir bien compris les relations qui lui auront été expliquées, l'étudiant aura, dans ces limites, une connaissance de la zoologie vraie et valable, toute restreinte qu'elle peut être, et toutes les connaissances scientifiques qu'il aurait pu acquérir par la simple lecture ne pourraient lui être aussi profitables. D'une part il connaît des faits, de l'autre il ne sait que des on dit.

Si j'avais à vous préparer aux examens pour l'obtention des diplômes ès sciences naturelles, je suivrais une voie absolument semblable, en principe, à celle que j'ai suivie ce soir. Je choisirais une éponge d'eau douce, un polype d'eau douce ou une cyanée, une moule d'eau douce, un homard, une poule, comme types des grands embranchements du règne animal ; je vous expliquerais leur structure dans tous ses détails, et je vous montrerais en quoi chacun d'eux élucide les grands principes zoologiques : après avoir parcouru soigneusement en tous sens ce champ d'étude, qui serait pour vous une base solide sur laquelle je pourrais compter, je vous ferais reconnaître de la même façon, sans entrer pourtant dans les mêmes détails, des types choisis de même, pour représenter les classes ; et puis je dirigerais votre attention aux formes spéciales successivement énumérées comme types, dans ce sommaire, et aux autres faits qui y sont indiqués.

Tel serait, en thèse générale, le plan que je suivrais, mais j'ai entrepris de vous expliquer le meilleur moyen d'acquérir et de transmettre la connaissance de la zoologie, et vous êtes, par cela même, fondés à me demander de vous expliquer, d'une façon précise et détaillée, de quelle façon je me proposerais de vous procurer les connaissances dont je vous parle.

Il me semble que la méthode d'enseignement de l'anatomie, en vigueur dans les écoles de médecine, est le meilleur modèle d'enseignement qu'il soit possible de proposer pour l'enseignement de toutes les sciences physiques. Trois éléments constituent cette méthode : des cours, des démonstrations, des examens.

Le cours a d'abord pour but d'éveiller l'attention et d'exciter l'ardeur de l'étudiant; et j'en suis certain, la parole, l'influence personnelle d'un professeur respecté réussissent bien mieux que tout autre moyen pour atteindre ce but. En second lieu, les cours ont un double avantage, en tant qu'ils mènent l'étudiant au point saillant d'un sujet, et qu'en même temps ils le forcent à porter son attention sur toutes les parties qui le composent, sans le laisser libre de s'attacher seulement aux parties qui ont pour lui de l'attrait. Enfin les cours donnent à l'étudiant l'occasion de demander l'explication des difficultés qui se présentent dans ses études, et qui se présenteront d'autant plus qu'il voudra aller au fond des choses.

Mais, pour que l'étudiant retire d'un cours tout le bénéfice possible, il y a plusieurs précautions à prendre.

Je suis fort porté à croire que mieux vaut le cours au point de vue de l'art oratoire, moins il vaut comme enseignement. La belle élocution entraîne l'auditeur, il oublie le sens précis du sujet. Puis un mot, une phrase lui échappent ; pendant un instant il n'a pas suivi le fil de l'idée, il cherche à le rattraper, et l'orateur parle déjà d'autre chose.

Depuis quelques années voici comment je m'y prends pour faire mes cours aux étudiants. Je condense en quelques propositions toutes sèches ce qui va faire le sujet du cours pendant une heure ; je les lis lentement ; les élèves les écrivent sous ma dictée. Après avoir lu chacune d'elles, je la fais suivre d'un libre commentaire, je la développe et je l'explique par les exemples, j'explique les termes, j'écarte au moyen de dessins schématiques largement faits, et qui doivent se succéder facilement sous la main du professeur, toutes les difficultés qu'il est possible d'écarter ainsi. Jusqu'à un certain point vous vous assurez du moins, par ce moyen, la coopération de l'étudiant. S'il est forcé de prendre des notes, il ne peut pas quitter l'amphithéâtre sans avoir acquis quelque chose, et s'il n'apprend rien après avoir pris des notes qui lui ont été bien expliquées, il faut qu'il soit singulièrement nul et inintelligent.

Quels livres me conseillez-vous de lire ? Voilà une question que l'étudiant pose sans cesse à son professeur. J'ai l'habitude de répondre : Laissez-là les livres; prenez soigneusement vos notes, sans rien omettre, tâchez de bien comprendre, venez me demander l'explication de tout ce que vous ne comprenez pas, et, pour moi, je préfère que vous n'embrouilliez pas vos idées par la lecture.

Si les leçons du professeur sont bien instituées, elles doivent renfermer toute la matière que l'élève peut s'assimiler pendant le temps qu'il passe à les entendre ; et le professeur ne doit jamais oublier qu'il a pour fonction d'alimenter l'intelligence et non de la bourrer. Je crois vraiment que si l'élève prend au cours l'habitude de concentrer son attention sur une série de faits bien limitée, jusqu'à ce qu'il les ait parfaitement compris, il a fait par cela même un progrès dont l'importance ne saurait trop s'évaluer.

Mais, malgré toute l'utilité d'un cours bien fait, malgré toutes les lectures excellentes dont on peut l'appuyer, tout cela n'est qu'accessoire. C'est la démonstration qui est le grand moyen d'enseignement en fait de science. Si j'insiste sans cesse, et je dirai même avec fanatisme, sur l'importance des sciences physiques comme moyen d'éducation, c'est qu'à mon avis, l'étude bien conduite d'une branche quelconque de la science remplit un vide que ne sauraient combler les autres moyens d'éducation. J'ai le plus grand respect, le plus grand amour pour la littérature, et si les connaissances littéraires ne devaient plus occuper une place éminente dans l'éducation, j'en serais désolé ; je voudrais même que l'on tînt bien plus grand compte, qu'on ne l'a fait jusqu'ici, de la valeur des études littéraires comme moyen de discipline mentale ; mais tout cela ne peut m'empêcher de reconnaître qu'il y a une différence énorme entre les hommes dont l'éducation a été purement littéraire, et ceux qui ont acquis des connaissances scientifiques solides.

Si je me demande d'où provient cette différence, je crois en trouver l'explication en ce fait, que dans le monde des lettres il n'y a qu'un genre de savoir, et c'est par les livres que nous l'acquérons ; mais quand il s'agit des sciences proprement dites, comme quand il s'agit de la vie, il y en a deux ; le savoir des livres ne suffit plus, et pour savoir réellement et à fond, ce sont les faits et non les livres qu'il faut étudier.

On peut acquérir tout ce que peut donner la littérature par la lecture et par les exercices pratiques de l'écriture et de la parole, mais je n'exagère pas en disant que les dons supérieurs de la science ne peuvent s'acquérir par ces moyens. Au contraire, soit que l'on considère l'éducation comme moyen de façonner les hommes, soit qu'il s'agisse de leur donner des connaissances directement utiles, l'heureux résultat d'une éducation scientifique dépendra des limites plus ou moins étendues dans lesquelles on aura pu mettre l'intelligence de l'élève en contact direct avec les faits. On aura réussi selon qu'on aura pu d'autant mieux lui enseigner à en appeler directement à la nature, et qu'il aura acquis par les sens des images concrètes des propriétés des choses que le langage humain exprime imparfaitement, qu'il sera toujours incapable de rendre d'une façon adéquate. D'année en année nous voyons la nature sous un aspect différent, et nous en parlons en termes nouveaux, mais un fait une fois vu, une relation de cause à effet une fois comprise par la démonstration, sont choses acquises qui ne changent plus, ne passent point, formant tout au contraire des centres fixes autour desquels se réunissent d'autres vérités par affinité naturelle.

Ainsi donc, le professeur de science a pour premier devoir de graver dans l'esprit de l'étudiant les grands faits fondamentaux et indiscutables de la science qu'il professe. Il ne peut se borner à les énoncer, il faut qu'il les fasse voir, entendre, toucher à son élève, et qu'au moyen des sens, il les lui fasse apprécier d'une façon si complète que tous les termes employés, toute loi énoncée lui rappellent plus tard une vive image des faits particuliers de structure, de rapport, de mouvement, etc., qui serviront à démontrer la loi ou à expliquer le nom des choses.

Tout cela est de majeure importance, et ne peut s'obtenir qu'au moyen de démonstrations incessantes. Ces démonstrations peuvent se donner plus ou moins pendant un cours, mais il faut encore les poursuivre en dehors du cours; il faut alors s'adresser à chacun des étudiants pris en particulier, et le professeur doit s'attacher, non pas à montrer à l'élève ce qu'il expose, mais à faire que celui-ci voie et touche par lui-même.

Quand il s'agit de vraies démonstrations zoologiques, il se présente, je le sais bien, de grandes difficultés pratiques. La dissection des animaux n'est pas une occupation des plus agréables ; il faut y passer beaucoup de temps, et il est souvent difficile de se procurer tous les spécimens dont on peut avoir besoin. Le botaniste est bien plus heureux à cet égard ; il se procure facilement les spécimens qui lui sont nécessaires ; ses fleurs sont propres, saines et peuvent se disséquer dans une maison particulière comme partout ailleurs. C'est pour cela, je pense, que l'enseignement de la botanique se fait mieux que celui de la zoologie, et trouve plus d'adeptes. Mais, facile ou non, la démonstration est indispensable si l'on veut étudier convenablement la zoologie, et il faut par conséquent disséquer. Sans cela, personne ne peut acquérir une connaissance solide de l'organisation des animaux.

Pourtant, sans que l'étudiant dissèque par lui-même, il y a beaucoup à faire au moyen de démonstrations ; et il ne serait sans doute pas bien difficile, si la demande était suffisante, d'organiser, à des prix relativement modérés, des collections d'anatomie zoologique qui suffiraient aux besoins d'un enseignement élémentaire. Sans cela, il y aurait même moyen d'arriver à de très-bons résultats, si les collections zoologiques ouvertes au public étaient disposées selon ce que nous avons appelé le principe des types ; c'est-à-dire, si les spécimens, mis sous les yeux du public, étaient choisis de façon que chacun eût à apprendre quelque chose en les examinant, tandis qu'aujourd'hui leur multiplicité amène la confusion. Ainsi la grande galerie d'ornithologie du Musée britannique contient deux ou trois mille espèces d'oiseaux, et les espèces sont parfois représentées par quatre ou cinq spécimens. Le coup d'œil est charmant, certaines vitrines sont splendides, mais je l'affirme, à part quelques ornithologistes de profession, personne n'y a jamais puisé des connaissances nouvelles de quelque importance. Des milliers de promeneurs parcourent cette galerie, mais, en la quittant, personne assurément n'en sait plus au sujet des particularités essentielles des oiseaux, que lorsqu'il y est entré. Si, au contraire, en un point de cette grande salle, on avait exposé quelques préparations pour montrer les particularités principales de la structure et du mode de développement d'une simple poule, si les types des genres, les grandes modifications du squelette, du plumage selon les âges, de la nidification, etc., parmi les oiseaux, y étaient représentés, cette collection pourrait être, selon moi, un grand moyen d'éducation scientifique, et l'on pourrait bien transporter tous les autres spécimens en un endroit où les hommes de science, qui peuvent seuls en tirer profit, y auraient libre accès.

Parmi les moyens à la disposition du professeur, l'examen est le dernier de ceux dont je vous ai parlé, et ce moyen d'éducation est aujourd'hui si bien compris qu'il n'est guère nécessaire d'entrer dans de longs développements à ce sujet. Je professe que l'examen oral et l'examen écrit sont tous deux nécessaires, et si l'on demande à l'élève de décrire des spécimens, ces descriptions pourront servir de supplément à la démonstration.

Le temps que j'ai à ma disposition ne me permet pas d'entrer dans de plus grands détails pour vous faire connaître les meilleures voies à suivre, en vue d'acquérir et de transmettre des connaissances en zoologie.

Mais il y a une question préalable que l'on peut nous présenter, et de fait, je le sais, plus d'un est disposé à la faire valoir. On demandera : Pourquoi encourager des maîtres d'école à acquérir ces connaissances, comme toutes les connaissances physiques en général ? à quoi bon, dira-t-on, chercher à faire, des sciences physiques, une branche de l'éducation primaire ? En poursuivant de semblables études, les maîtres d'école ne vont-ils pas être détournés de l'étude de connaissances bien plus importantes, mais moins attrayantes ? Et en admettant même qu'ils puissent acquérir quelques connaissances scientifiques, sans faire tort au but d'utilité auquel ils doivent satisfaire, à quoi serviraient les efforts qu'ils feraient pour inculquer ces connaissances à des petits garçons qui ont simplement besoin d'apprendre à lire, à écrire et à compter ?

Voilà des questions que l'on a souvent posées, et qu'on posera encore, car elles proviennent de la profonde ignorance qui infecte l'esprit des classes les mieux élevées et les plus intelligentes de notre société, par rapport à la valeur et à la position réelle des sciences physiques. Mais si je ne savais qu'il est facile d'y répondre d'une façon satisfaisante, que cette réponse a été faite bien des fois, et que bientôt tout homme ayant reçu une éducation libérale rougira de poser ces questions, j'aurais honte d'occuper ce soir la tribune d'où je vous parle. Vous avez pour but bien important d'assurer l'éducation élémentaire ; il est hors de doute que tout ce qui pourrait mettre obstacle à l'accomplissement de cette fonction capitale serait un grand mal ; et si je pensais qu'en acquérant les éléments des sciences physiques, ou en les inculquant à vos élèves, vous agissiez à l'encontre de vos devoirs réels, je serais le premier à protester contre ceux qui vous encourageraient à agir de la sorte.

Mais est-il vrai qu'en acquérant des connaissances du genre de celles qui sont ici proposées, ou qu'en les transmettant à vos élèves, vous agissiez à l'encontre du but utile que vous avez à remplir ? Ne serais-je pas fondé plutôt à demander s'il vous est possible de bien remplir votre but sans cette aide ?

Quel est le but de l'éducation intellectuelle donnée dans les écoles primaires ? Son premier but, selon moi, est de dresser les enfants à se servir des instruments à l'aide desquels les hommes tirent leurs connaissances de la succession sans cesse renouvelée des phénomènes qui passent sous leurs yeux. Puis cette éducation primaire doit leur faire connaître les grandes lois fondamentales qui gouvernent le cours des choses, comme le prouve l'expérience, pour qu'ils n'arrivent pas tout nus dans le monde, qu'ils n'y soient pas sans défense, et la proie d'événements dont ils auraient pu se rendre maîtres.

Un petit garçon apprend à lire sa langue et celle des peuples voisins, pour être à même d'avoir accès à un fonds de connaissances bien plus étendu que celui que pourraient mettre à sa disposition les rapports qu'il aurait par la parole avec ses semblables ; il apprend à écrire pour multiplier indéfiniment ses moyens de communication avec tous les autres hommes, et en même temps pour se trouver à même de noter et de mettre en réserve toutes les connaissances qu'il peut acquérir. On lui enseigne les mathématiques élémentaires pour qu'il puisse comprendre toutes ces relations de nombre et de forme sur lesquelles reposent les transactions des hommes associés en sociétés compliquées, et pour qu'il puisse avoir quelque pratique du raisonnement par déduction.

La lecture, l'écriture et le calcul sont des opérations qui doivent servir de moyens intellectuels, et il est de première importance de les connaître et de les connaître à fond, afin que le jeune homme puisse faire de sa vie ce qu'elle doit être : un progrès continuel en connaissances et en sagesse.

Mais, de plus, l'éducation primaire cherche à munir les enfants d'un certain bagage de connaissances positives. On leur enseigne les grandes lois morales, la religion de leur secte, et ce qu'il faut d'histoire et de géographie pour savoir où sont situés les grands pays du monde, ce qu'ils sont eux-mêmes, et comment ils sont devenus ce qu'ils sont actuellement.

Sans doute, voilà d'excellentes choses à enseigner à un petit garçon, et je ne voudrais rien en retrancher dans un système d'éducation primaire. Dans ses limites, celui-ci est excellent.

Mais si je l'observe attentivement, il fait naître en moi une singulière réflexion. Je me figure qu'il y a quinze cents ans un citoyen de Rome, en bonne position de fortune, faisait apprendre à son fils absolument les mêmes choses. L'enfant apprenait à lire et à écrire en sa langue, en grec aussi peut-être, il apprenait les mathématiques élémentaires, la religion, la morale, l'histoire, la géographie qui avaient cours alors. De plus, je ne crois pas me tromper en affirmant que si un jeune chrétien de l'ancienne Rome, ayant fini son éducation, pouvait être transporté dans une de nos grandes écoles publiques, et qu'on lui fît parcourir toute l'instruction qu'on y donne, il n'y rencontrerait pas une seule ligne de pensée nouvelle pour lui ; parmi tous les faits nouveaux qu'on lui donnerait à étudier, il n'en est pas un qui pourrait l'amener à considérer l'univers d'une façon différente de celle qui avait cours à son époque.

Et pourtant, il y a assurément quelque différence capitale entre la civilisation du quatrième siècle et celle du dix-neuvième, et cette différence est plus marquée encore entre les habitudes intellectuelles et la manière de penser, de cette époque et de la nôtre.

D'où provient cette différence ? Je vous réponds en homme sûr de son fait. Elle provient du développement prodigieux des sciences physiques pendant les deux derniers siècles.

La civilisation moderne repose sur les sciences physiques; retranchez tout ce qu'elles ont donné à notre pays, et demain nous aurons perdu notre position parmi les nations qui dirigent le monde ; ce sont, en effet, les sciences physiques qui seules rendent l'intelligence et l'énergie morales plus puissantes que la force brutale.

La science domine toute la pensée moderne ; elle exerce son influence sur les œuvres de nos meilleurs poëtes, et même celui qui se dévoue exclusivement aux lettres, affectant de l'ignorer et de la mépriser, est à son insu imprégné de son esprit, et doit à ses méthodes ce qu'il a fait de mieux. Je crois que la science détermine en ce moment la plus grande des révolutions intellectuelles que l'humanité ait encore vues. Elle nous enseigne qu'il faut en appeler en dernier ressort à l'observation, à l'expérience, et non à l'autorité; elle nous apprend à connaître ce que vaut l'évidence ; elle doit nous donner une foi ferme et efficace en l'existence de lois morales et physiques immuables auxquelles nous devons une soumission absolue, une obéissance qui constitue le but le plus élevé que puisse se proposer un être intelligent.

Mais notre vieux système stéréotypé d'éducation ne tient pas compte de tout ceci. A chaque instant de sa vie, le plus pauvre enfant va se trouver en présence des sciences physiques, de leurs méthodes, de leurs problèmes, des difficutés qu'elles soulèvent, et pourtant nous l'élevons de telle façon, qu'en entrant dans le monde, il ignorera, comme au jour de sa naissance, les méthodes et les faits scientifiques. Le monde moderne est plein d'artillerie, et nous y lançons nos enfants pour combattre équipés du bouclier et de l'épée des anciens gladiateurs.

Si nous ne portons pas remède à ce déplorable état de choses, la postérité aura droit de nous vouer à la honte, et même, si nous avons encore vingt ans à vivre, la conscience de ce que nous faisons aujourd'hui nous fera rougir alors de confusion.

A tout cela il n'y a qu'un seul remède, j'en ai l'intime conviction : il faut que les éléments des sciences physiques fassent partie intégrante de l'éducation primaire. J'ai cherché à vous faire voir comment on peut y arriver dans la voie scientifique qui fait l'objet de mes occupations, et j'ajoute que le jour où chacun des maîtres d'école de ce pays formerait un centre de connaissances physiques vraies, toutes rudimentaires qu'elles pourraient être, ferait pour moi époque dans l'histoire de notre pays.

Mais je vous en supplie, n'oubliez jamais les quelques mots qu'il me reste à vous dire : comme professeurs, rappelez-vous qu'en fait de sciences physiques le savoir des livres est une fiction, un trompe-l'œil. Si vous ne voulez être des imposteurs, il faut d'abord savoir réellement ce que vous avez à enseigner à vos élèves, et la science, le savoir réel, signifie la connaissance personnelle des faits, soit que vous en connaissiez seulement quelques-uns, soit au contraire que vous en connaissiez beaucoup (1).

(1) Certaines personnes m'ont donné à entendre qu'on pourrait mal interpréter mes paroles, et croire que je veux proscrire toute espèce d'instruction scientifique qui ne ferait pas connaître les faits de première main. Mais tel n'en est pas le sens. Sans doute l'idéal de l'enseignement scientifique est un système au moyen duquel l'élève verrait tous les faits par lui-même, le professeur ne servant qu'à lui donner les explications. Il est bien rare cependant que les circonstances nous permettent de réaliser cet idéal, et il faut savoir se contenter de ce qu'il y a de mieux après cela. Il faudra que l'élève croie souvent sur parole un professeur qui, connaissant les faits pour les avoir vus par lui-même, saura les décrire avec assez de lucidité pour mettre ses auditeurs à même de s'en former des idées exactes. Le système que je repousse est celui qui permet à un professeur sans connaissance pratique et directe des faits capitaux d'une science, de repasser ensuite aux autres ses connaissances de seconde main. Le virus scientifique est semblable à celui de la vaccine ; quand il passe successivement par un trop grand nombre d'organismes, il perd son efficacité, et ne garantit plus la jeunesse contre les épidémies intellectuelles auxquelles elle est exposée.

VII

SUR LA BASE PHYSIQUE DE LA VIE (1).

Pour me faire plus généralement comprendre, j'ai traduit par *base physique de la vie*, titre de cette conférence, le terme *protoplasme*, nom scientifique de la substance dont je vais vous parler. Je suppose que, pour beaucoup d'entre vous, l'idée qu'il existe quelque chose méritant le nom de base physique ou matière de la vie, sera nouvelle, tant il est habituel

(1) Les pages suivantes contiennent en substance ce qui a été dit dans un discours prononcé à Édimbourg le dimanche soir, 8 novembre 1868. J'avais été chargé de faire la première des conférences sur des sujets non théologiques, instituées pour les soirées du dimanche par le révérend J. Cranbrook. Je la publie ici en omettant quelques phrases dont l'intérêt était tout local et transitoire ; au lieu de citer le discours de l'archevêque d'York d'après les comptes rendus des journaux, je cite la brochure « Sur les limites des recherches philosophiques » (*On the Limits of philosophical Inquiry*), publiée plus tard par ce prélat. En divers endroits j'ai cherché à exprimer ce que je voulais dire, d'une façon plus complète et plus claire que je ne l'avais fait tout d'abord, parait-il, à en juger par certaines critiques adressées aux opinions que l'on m'a prêtées gratuitement. Mais comme fond et même comme forme, autant que je puis compter sur ma mémoire, ce que j'écris ici correspond à ce que j'ai dit à Édimbourg.

de concevoir la vie comme quelque chose agissant au moyen de la matière, dont elle serait néanmoins indépendante. Même ceux qui savent que la matière et la vie se relient d'une façon inséparable ne sont pas préparés à admettre cette conclusion, clairement indiquée par mon expression de *Base physique de la vie*, qu'il y a une sorte de matière unique commune à tous les êtres vivants, et qu'une unité physique, aussi bien qu'une unité idéale, réunit leurs diversités infinies. En effet, cette doctrine, à première vue, paraît choquante pour le sens commun.

Que peut-il y avoir de plus clairement dissemblable en vérité, comme facultés, comme forme et comme substance, que les espèces différentes des êtres vivants? Quelle faculté commune peut-il y avoir entre ce lichen aux couleurs chatoyantes qui ressemble si bien à une incrustation minérale des roches dénudées sur lesquelles il pousse, et le peintre pour lequel cette petite plante rayonne de beauté ou le botaniste qui y puise les connaissances qui font sa joie?

Considérez encore un fongus microscopique, particule ovoïde infinitésimale qui trouve dans le corps d'une mouche vivante le temps et l'espace nécessaires pour se multiplier des millions de fois, puis voyez la richesse du feuillage, l'abondance de fleurs et de fruits qui séparent cette maigre ébauche d'une plante et le pin géant de Californie dont la cime s'élève à la hauteur des flèches de nos cathédrales, ou le figuier d'Inde, dont l'ombre épaisse couvre de grandes étendues, et qui dure pendant que des nations et des empires naissent et disparaissent autour de sa vaste circonférence. Ou, vous tournant vers l'autre moitié du monde de la vie, figurez-vous la grande baleine Jubarte, la plus énorme des bêtes actuellement vivantes ou ayant vécu autrefois, promenant sa masse d'os, de muscles, de lard, longue de vingt-cinq ou trente mètres, et la roulant à l'aise, au milieu des tempêtes où les plus puissants navires sombreraient inévitablement, et comparez ce monstre aux animalcules invisibles, petits points gélatineux dont les multitudes peuvent danser en réalité sur la pointe d'une aiguille, comme le pouvaient en imagination les anges entrevus par la scolastique. Après vous être figuré tout cela, vous pouvez bien vous demander : qu'y a-t-il de commun, comme forme et comme structure, entre l'animalcule et la baleine, entre le fongus et le figuier? Et, *à fortiori*, entre les quatre?

Finalement, si nous considérons la substance ou la composition matérielle, quel lien caché peut-il y avoir entre cette fleur qui orne la chevelure d'une jeune fille, et le sang généreux qui coule dans ses veines; qu'y a-t-il de commun entre la masse dense et résistante du chêne, la structure si compacte d'une tortue, et ces larges disques de gelée transparente dont on reconnaît les pulsations sous les eaux d'une mer calme, mais qui s'écoulent en bave dans les mains de celui qui cherche à les retirer de leur élément?

Des objections de ce genre doivent se présenter, je pense, à l'esprit de tous ceux qui réfléchissent pour la première fois sur la conception d'une base physique unique de la vie, sur laquelle reposeraient toutes les diversités d'existence vitale; mais je me propose de vous montrer que, malgré ces difficultés apparentes, une triple unité se manifeste dans toute l'étendue du monde vivant : unité de puissance ou de faculté, unité de forme et unité de composition substantielle.

Nous n'avons pas besoin d'arguments bien abstraits, d'abord, pour prouver que les puissances ou facultés de toutes sortes de la matière vivante, quelle que soit la diversité qu'elle présente en degré, sont substantiellement similaires en espèce.

Gœthe a réuni une vue d'ensemble de toutes les puissances du genre humain dans une épigramme bien connue :

« Pourquoi le peuple se précipite-t-il en criant ? Il veut se nourrir,
« Élever des enfants, et les nourrir le mieux possible.
. . . .
« Aucun homme ne peut aller plus loin malgré tous ses efforts. »

Pour traduire ceci en langage physiologique, nous dirons que les activités multiples et compliquées de l'homme se résument en trois catégories : les actions humaines ont pour but immédiat de maintenir ou de développer le corps; ou bien elles produisent des changements passagers dans les positions relatives des parties du corps; ou enfin elles se rattachent à la propagation de l'espèce. Même ces manifestations de l'intelligence, de la sensibilité, de la volonté, que nous appelons à juste titre les facultés supérieures, sont comprises dans cette classification ; car, mettant à part celui qui en est le sujet, elles ne sont connues aux autres que comme changements transitoires de la position relative des parties du corps. En dernière analyse la parole, le geste et toutes les autres formes d'actions humaines peuvent se réduire en contractions musculaires, et la contraction musculaire n'est qu'un changement transitoire dans la position relative des parties d'un muscle. Mais si cette manière de voir est assez large pour inclure les activités des formes supérieures de la vie, elle embrasse celles de toutes les créatures inférieures. La plante et l'animalcule les plus bas dans l'échelle se nourrissent, s'accroissent et reproduisent leur espèce. De plus, tous les animaux manifestent ces changements transitoires de formes que nous classons sous les titres d'irritabilité et de contractilité ; et il est infiniment probable que, quand nous aurons exploré à fond le monde végétal, nous reconnaîtrons qu'à un moment ou l'autre de leur existence, toutes les plantes possèdent ces mêmes puissances.

Je n'ai pas ici en vue certains phénomènes rares et frappants à la fois, du genre de ceux que nous montrent les folioles de la sensitive, ou les étamines de l'épine-vinette, mais des manifestations de la contractilité végétale bien plus largement répandues, et en même temps plus délicates et plus cachées.

Vous savez tous assurément que l'ortie ordinaire doit sa propriété de piquer à des poils innombrables, raides, en forme d'aiguilles excessivement fines qui en recouvrent toute la surface. Chacun de ces petits aiguillons s'amincit de la base au sommet, et, bien que ces sommets soient arrondis, ils sont d'une finesse microscopique telle qu'ils pénètrent facilement dans la peau et s'y rompent. Tout le poil se compose d'une enveloppe ligneuse extérieure fort délicate; une couche de matière semi-fluide, pleine de granules innombrables d'une petitesse extrême, est intimement appliquée contre la surface interne de l'enveloppe. Cette couche semi-fluide est du protoplasme, qui forme ainsi une sorte de sac plein d'une liqueur limpide, et qui correspond assez régulièrement à l'intérieur du poil qu'il remplit. Quand on examine la couche de protoplasme du poil d'ortie à un grossissement suffisant, on y reconnaît un mouvement continuel. Des contractions locales de toute l'épaisseur de la substance des poils se propagent lentement et graduellement d'une pointe à l'autre, comme des vagues successives, semblables aux ondulations que produit le vent en courbant les uns après les autres les épis d'un champ de blé.

Mais indépendamment de ces mouvements on en reconnaît encore d'autres. Les granules sont poussés en couranss relativement rapides à travers des canaux du protoplasme, et ce mouvement, paraît-il, pertiste d'une façon remarquable. Le plus souvent les courants des parties adjacentes du protoplasme prennent la même direction, et l'on voit sur un des côtés du poil un courant général ascendant et un courant descendant de l'autre côté. Mais ceci n'empêche pas la production de quelques courants partiels prenant des routes différentes ; quelquefois on voit des trains de granules courant rapidement en sens inverses à un ou deux millièmes de millimètre l'un de l'autre. Parfois il se produit des collisions entre courants opposés, et après une lutte plus ou moins longue un des courants l'emporte. Ces courants, semble-t-il, sont causés par des contractions du protoplasme limitant les canaux dans lesquels les courants se produisent, mais les contractions sont si minimes qu'on ne peut les voir à l'aide des meilleurs microscopes qui nous montrent seulement leurs effets.

Le spectacle de ces énergies merveilleuses renfermées dans les limites du poil microscopique d'une plante que nous regardons habituellement comme un organisme purement passif, est une chose que n'oublie pas facilement celui qui l'a observée pendant des heures successives, sans qu'il s'y manifeste aucun signe d'arrêt. On commence alors à entrevoir la complexité possible de beaucoup d'autres formes organiques, aussi simples en apparence que le protoplasme de l'ortie, et l'idée d'un éminent physiologiste qui comparait un protoplasme de ce genre à un corps muni d'une circulation interne, perd beaucoup de son étrangeté. On a observé des courants semblables à ceux des poils de l'ortie dans un grand nombre de plantes très-différentes, et des hommes d'une haute autorité ont émis l'idée qu'ils se produisaient probablement, d'une façon plus ou moins parfaite, dans toutes les jeunes cellules végétales. S'il en est ainsi, le merveilleux silence de midi, dans une forêt des tropiques, dépend seulement de notre faiblesse d'ouïe, et si nos oreilles pouvaient saisir les murmures de ces petits tourbillons qui roulent dans les myriades innombrables de cellules vivantes contenues dans chacun des arbres, nous en serions étourdis comme au bruissement d'une grande ville.

Parmi les plantes inférieures il n'est pas rare, il est même plutôt de règle, que la contractilité se manifeste plus évidemment encore à quelque moment de leur existence. Le protoplasme des algues et des fongus s'échappe complétement ou partiellement, dans bien des circonstances, de son enveloppe ligneuse, et nous montre des mouvements de totalité de sa masse, ou se meut par la contractilité d'un ou de plusieurs prolongements en forme de poils et que l'on appelle des cils vibratiles. Et en tant qu'on a étudié jusqu'ici les conditions de la manifestation des phénomènes de contractilité, ces conditions sont les mêmes pour la plante et pour l'animal. Dans les deux cas, la chaleur et les commotions électriques l'influencent et dans le même sens, quoique cette action puisse différer en degré. Je n'ai nullement l'intention de vous donner à entendre, qu'entre la plante la plus basse et la plante la plus élevée dans l'échelle il n'y a pas de différence de faculté, ou qu'il n'y en a pas entre les plantes et les animaux. Mais ces différences de puissance qui séparent les êtres vivants inférieurs, des supérieurs, sont des différences de degré, non des différences spécifiques, et comme Milne-Edwards l'a si bien indiqué il y a longtemps, elles dépendent de ce que la division du travail se produit à des degrés différents dans l'économie des êtres vivants. Dans les organismes inférieurs toutes les parties peuvent accomplir toutes les fonctions, et la même portion de protoplasme devient successivement organe de nutrition, de mouvement ou de reproduction. Dans les êtres supérieurs, au contraire, un grand nombre de parties se réunissent pour accomplir une fonction, chaque partie accomplissant la part de travail qui lui est assignée d'une manière fort exacte et très-efficace, sans pouvoir cependant servir à aucun autre usage.

D'autre part, malgré toutes les ressemblances fondamentales qui existent entre les puissances du protoplasme dans les plantes et dans les animaux, ces puissances nous offrent une différence frappante (je développerai tout au long ce point un peu plus loin) en ce fait que les plantes peuvent produire du protoplasme nouveau au moyen des composés minéraux, tandis que les animaux doivent se le procurer tout fait, et dépendent ainsi des plantes en fin de compte. Nous ne savons rien actuellement des conditions qui produisent cette différence dans les puissances des deux grandes divisions du monde vivant.

En tenant compte de ce que nous venons de dire, on peut avancer en toute vérité que tous les actes des êtres vivants sont uns, fondamentalement. Peut-on dire que cette unité se révèle aussi dans leurs formes ? Cherchons une réponse à cette question dans les faits faciles à vérifier. Si l'on se procure une goutte de sang par une petite piqûre du doigt, et qu'on l'examine avec les précautions voulues, à un grossissement suffisant, on verra parmi la foule innombrable des corpuscules, petits corps discoïdes qui y flottent et donnent au sang sa couleur, d'autres corpuscules incolores, bien moins nombreux, un peu plus grands et de formes très-irrégulières. Si l'on maintient la goutte de sang à la température du corps, on reconnaîtra dans ces corpuscules incolores une singulière activité ; leurs formes changent rapidement ; il se produit des prolongements en saillie ou en dépression sur la substance de ces petits corps, et ils se meuvent en tous sens comme s'ils étaient des organismes indépendants.

La substance qui manifeste ainsi son activité est une masse de protoplasme, et c'est par les détails, plutôt qu'en principe, que cette activité diffère de celle du protoplasme de l'ortie. Sous l'influence de circonstances variées, le corpuscule meurt, se distend et forme une masse arrondie, au milieu de laquelle on voit un petit corps sphérique qu'on appelle le noyau. Il existait précédemment dans le corpuscule vivant, mais il était alors plus ou moins caché. On trouve, dans la peau, des corpuscules d'une structure essentiellement similaire, on en retrouve encore dans la membrane qui revêt l'intérieur de la bouche; ils sont disséminés dans toute la charpente du corps. Bien plus, au premier moment de l'existence de l'organisme humain, en l'état où l'on commence à le distinguer dans l'œuf qui le produit, cet organisme n'est qu'un assemblage de corpuscules de ce genre, et à un certain moment tous les organes du corps n'ont été qu'un agrégat de même nature.

Ainsi donc, on reconnaît dans une masse de protoplasme munie d'un noyau, ce que l'on peut appeler l'unité de structure du corps humain. De fait, le corps, à son premier état, n'est qu'un multiple d'unités de ce genre; à son état parfait, c'est un multiple des mêmes unités diversement modifiées.

Mais cette formule qui exprime les caractères essentiels de structure des animaux supérieurs, suffit-elle à exprimer la structure des autres, comme nous avons vu que celle qui exprimait les puissances et les facultés s'appliquait à tous les animaux en général ? Peu s'en faut. Les mammifères et les oiseaux, les reptiles et les poissons, les mollusques, les vers et les polypes, sont tous composés d'unités de structure, présentant le même caractère ; ce sont des masses de protoplasme à noyau. Il y a divers animaux très-inférieurs qui ne sont, comme structure, qu'un corpuscule blanc du sang menant une vie indépendante. Mais tout au bas de l'échelle animale, cette simplicité se simplifie encore, et tous les phénomènes de la vie se manifestent dans une particule de protoplasme sans noyau. Ce n'est pas le défaut de complexité qui rend ces organismes insignifiants. Il y a lieu de se demander si la masse du protoplasme de ces formes les plus simples de la vie qui peuplent une immense étendue du fond des mers ne l'emporterait pas en poids sur l'ensemble de tous les êtres vivants supérieurs qui habitent la terre. Et aux temps anciens, comme aujourd'hui même, ces êtres vivants ont été les plus grands constructeurs de rochers.

Ce que j'ai dit du monde animal n'est pas moins vrai des plantes. On trouve un noyau sphérique caché dans le protoplasme de la base du poil de l'ortie. En outre, l'examen attentif de toute la substance de l'ortie fait reconnaître que cette plante se compose d'une répétition de semblables masses de protoplasme à noyau, chacun des noyaux étant contenu dans une petite enveloppe ligneuse dont la forme se modifie pour former tantôt la fibre du bois, tantôt un conduit ou vaisseau spiral, ou encore un grain de pollen ou un ovule. En remontant à son premier état, on voit l'ortie provenir, comme l'homme, d'une particule de protoplasme à noyau. Et dans les plantes les plus basses, comme dans les animaux les plus inférieurs, une seule masse de protoplasme de ce genre peut constituer toute la plante, et même ce protoplasme peut manquer de noyau.

S'il en est ainsi, on pourra bien demander : Comment reconnaîtrez-vous l'une de l'autre de semblables masses de protoplasme sans noyau ? Pourquoi donner à l'une le nom de plante, à l'autre le nom d'animal ?

La seule réponse à faire, c'est que, si l'on tient compte des formes seulement, il n'est pas possible de distinguer les plantes des animaux, et que dans bien des cas c'est une pure convention qui nous fait donner à tel ou tel organisme le nom de plante ou celui d'animal. Il y a un corps vivant, appelé *Æthalium septicum*, que l'on voit paraître sur les substances végétales en décomposition, et que l'on trouve souvent à un de ses états au-dessus des puits à tan. C'est alors, à tous égards, un fongus, et autrefois on le considérait toujours ainsi ; mais les belles recherches de de Bary ont fait voir qu'à un autre état l'Æthalium est un être doué de mouvements de locomotion très-actifs, absorbant des matières solides qui selon toute apparence lui servent d'aliment, et dénotant ainsi un des traits les plus caractéristiques de l'animalité. Est-ce là une plante, est-ce là un animal ? l'Æthalium est-il à la fois plante et animal, ou n'est-il ni l'un ni l'autre ? Quelques-uns se sont décidés en faveur de cette dernière supposition ; on établit ainsi un règne intermédiaire, une sorte de terrain neutre, siége de toutes ces formes douteuses. Mais comme il est impossible, chacun le reconnaît, d'établir une limite bien tranchée entre ce terrain neutre pour le séparer d'une part du monde végétal, et du monde animal de l'autre, il me semble qu'on n'est ainsi arrivé qu'à mettre ici deux difficultés au lieu d'une.

Le protoplasme simple ou à noyau est la base formelle de toute vie. C'est la terre du potier. Faites-la cuire, ornez-la de couleurs, elle reste argile, essentiellement semblable à la brique la plus commune, à la motte séchée au soleil, dont elle ne diffère que par des artifices, et non par sa nature.

Ainsi il devient évident que toutes les puissances de la vie se relient par une étroite parenté, et que toutes les formes vivantes ont fondamentalement un caractère unique. Les recherches du chimiste ont révélé une uniformité non moins frappante dans la composition matérielle de la matière vivante.

Pour parler d'une façon absolument précise, il est vrai que les recherches chimiques ne peuvent rien nous faire connaître, ou peu s'en faut, d'une manière directe, relativement à la composition de la matière vivante, en tant que cette matière doit nécessairement mourir dans l'acte analytique; et en se basant sur cet aperçu bien évident, on a fait des objections qui me semblent assez frivoles, je l'avoue, pour nier la valeur de toute conclusion relative à la composition de la matière actuellement vivante, ces conclusions étant tirées de la matière de la vie après sa mort, seul état où elle nous soit accessible. Mais ceux qui font des objections de ce genre semblent oublier qu'il est tout aussi vrai qu'en précisant de la même façon, nous ne pouvons rien savoir de la composition d'un corps quelconque tel qu'il est réellement. Si l'on dit qu'un cristal de spath d'Islande se compose de carbonate de chaux, cette affirmation est vraie, si l'on entend par là qu'au moyen des procédés convenables, on peut faire résoudre ce corps en acide carbonique et en chaux vive. Si vous faites agir ce même acide carbonique sur la chaux vive qui vient de se produire, vous obtiendrez de nouveau du carbonate de chaux, mais ce ne sera pas du spath, et votre produit n'y ressemblera en aucune sorte. Peut-on dire, par conséquent, que l'analyse chimique ne nous apprend rien relativement à la composition du spath d'Islande? Ce serait absurde, mais ce ne le serait guère plus que tout ce verbiage qui nous arrive parfois aux oreilles sur la vanité des résultats de l'analyse chimique appliquée aux corps vivants qui les ont fournis.

En tout cas, il est un fait que ne sauraient atteindre ces minuties : c'est que toutes les formes du protoplasme examinées jusqu'à cette heure contiennent les quatre éléments : carbone, hydrogène, oxygène et azote, en union fort complexe, et qu'elles se comportent toutes de la même façon en présence de divers réactifs. A cette combinaison complexe, dont la nature n'a jamais été déterminée exactement, on a donné le nom de *protéine*, et si nous employons ce terme avec les réserves que nous impose l'ignorance relative où nous sommes de la chose qu'il représente, nous pouvons dire en toute vérité que tout protoplasme est de nature protéique; ou encore, comme le blanc, ou l'albumine d'un œuf est un des exemples les plus répandus d'une matière protéique à peu près pure, nous pouvons dire que toute matière vivante est plus ou moins albuminoïde.

Nous ne sommes peut-être pas encore bien fondés à dire que toutes les formes du protoplasme sont affectées par l'action directe des commotions électriques; et cependant on voit augmenter chaque jour le nombre de cas où cet agent détermine des contractions du protoplasme.

On ne peut pas non plus affirmer en toute confiance que toutes les formes de protoplasme soient propres à subir, sous l'influence d'une chaleur de 40° à 50° centigrades, cet état particulier de raideur que les Allemands appellent *warme-stasse;* pourtant les belles recherches de Kühne ont prouvé que ce phénomène se produit dans des êtres si divers et si nombreux, que nous sommes autorisés à admettre la valeur universelle de cette loi.

J'en ai sans doute dit assez pour prouver que le protoplasme, base physique de la vie, présente, dans tous les groupes des êtres vivants où on peut l'étudier, le caractère d'une uniformité générale. Mais il faut bien comprendre que cette uniformité n'exclut en aucune façon toutes les modifications spéciales de la substance fondamentale qui peuvent se présenter. Le minéral, carbonate de chaux, présente les caractères les plus divers, et personne ne doute cependant que, sous ces changements protéens, ce soit toujours la même chose.

Et maintenant quelle est la destinée ultime de la matière de la vie ? quelle en est l'origine ?

Est-elle répandue, comme le supposaient quelques-uns des plus anciens naturalistes, dans toute l'étendue de l'univers, en molécules indestructibles et immuables par leur nature même, mais qui dans leurs transmigrations continuelles revêtent mille aspects divers et produisent ainsi toutes les diverses formes vitales que nous connaissons ? Ou bien la matière de la vie se compose-t-elle de la matière ordinaire, n'en différant que par l'agrégation spéciale de ses atomes ? Est-elle construite de matière ordinaire, qui doit se résoudre en matière ordinaire quand elle aura accompli son travail ?

Entre ces deux alternatives la science moderne n'hésite pas un seul instant. La physiologie a inscrit au fronton de la vie :

Debemur morti nos nostraque,

en un sens plus profond que celui du poëte latin qui a écrit ce vers mélancolique. Sous tous les masques qui le cachent, chêne ou moisissure, homme ou vermisseau, le protoplasme vivant finit toujours par mourir et se résoudre en ses constituants minéraux inanimés ; mais de plus il meurt sans cesse, et tout étrange que puisse vous sembler ce paradoxe, il ne peut vivre que par sa mort.

Dans l'étrange histoire de la *Peau de chagrin*, le personnage principal est mis en possession d'une peau magique d'âne sauvage qui lui donne le moyen de satisfaire tous ses désirs. Mais l'étendue de cette peau représente la durée de la vie de son propriétaire ; à chaque désir satisfait la peau se rétrécit en raison de la jouissance éprouvée, jusqu'au moment où la vie de son possesseur et le dernier petit morceau de peau de chagrin disparaissent par un dernier désir satisfait.

Les études de Balzac lui avaient fait parcourir un vaste champ de recherches et de pensées spéculatives, et dans cette singulière histoire il avait peut-être l'intention d'indiquer une vérité physiologique. En tout cas, la matière de la vie est une véritable peau de chagrin que fait rétrécir chacune des actions vitales. Tout travail implique usure, et le travail de la vie a pour résultat direct ou indirect l'usure du protoplasme.

Chacune des paroles d'un orateur représente pour lui une perte physique, et dans le sens le plus strict il brûle pour éclairer les autres ; tant d'éloquence, tant de son corps réduit en acide carbonique, en eau et en urée. Il est clair que cette dépense ne pourrait se continuer indéfiniment. Mais heureusement la peau de chagrin du protoplasme diffère de celle de Balzac, en ce qu'elle peut se réparer, et qu'après nous en être servis, nous pouvons lui rendre ses dimensions premières. Ainsi, par exemple, quelle que soit pour vous la valeur intellectuelle des paroles que j'émets en ce moment, elles représentent pour moi une certaine valeur physique, pouvant idéalement s'exprimer par le poids du protoplasme et d'autres substances corporelles que j'use pour maintenir mes actions vitales pendant que je vous parle. On pourra reconnaître que ma peau de chagrin se sera notablement rétrécie lorsque j'aurai fini cette conférence, et qu'elle n'aura plus alors les dimensions qu'elle avait d'abord. Tout à l'heure, afin de l'étirer et de la ramener à la longueur qu'elle avait auparavant, j'aurai probablement recours à la substance vulgairement appelée *côtelette*. Or, cette côtelette était autrefois le protoplasme plus ou moins modifié d'un autre animal, un mouton. Quand je la mangerai, ce sera la même matière altérée par la mort en premier lieu, puis ensuite, par diverses opérations artificielles du ressort de l'art culinaire.

Mais les changements ainsi déterminés, quelle qu'en soit l'étendue, n'arrivent pas à rendre cette substance incapable de reprendre sa fonction antérieure comme matière de la vie. Je possède en moi un singulier laboratoire à l'aide duquel je dissoudrai une certaine portion de protoplasme modifié; la solution ainsi formée passera dans mes veines, et l'influence subtile à laquelle elle sera soumise convertira le protoplasme mort en protoplasme vivant, et opérera la transsubstantiation du mouton en homme.

Ce n'est pas tout ; s'il était permis de traiter la digestion à la légère, je pourrais manger du homard pour mon souper, et la matière de la vie d'un crustacé subirait la même métamorphose merveilleuse et deviendrait humanité. Puis, si je devais rentrer chez moi par mer, et si je faisais naufrage, le crustacé pourrait bien me rendre la pareille, et démontrerait notre commune nature, en transformant mon protoplasme en homard vivant. Ou encore, si je ne trouvais rien de mieux à ma disposition, je pourrais satisfaire à mes besoins avec du pain sec, et je reconnaîtrais que le protoplasme d'un grain de blé peut se convertir en homme aussi facilement que celui du mouton, et bien plus facilement, à mon avis, que celui du homard.

Il paraît donc qu'il n'est pas fort important de demander le protoplasme dont nous avons besoin à telle plante, à tel animal, plutôt qu'à d'autres, et ce fait en dit bien long pour prouver l'identité générale de cette substance dans tous les êtres vivants. Je partage cette catholicité d'assimilation avec d'autres animaux qui pourraient tous, d'après ce que nous en savons, s'alimenter parfaitement du protoplasme de leurs voisins ou de celui des plantes; mais ici cesse le pouvoir assimilateur des animaux. Une solution aqueuse de sels volatils qui contiendrait une proportion infinitésimale de quelques autres matières salines, renfermerait tous les corps élémentaires qui composent le protoplasme; mais, je n'ai pas besoin de vous le dire, un tonneau plein de ce liquide n'empêcherait pas un homme affamé de mourir d'inanition, et ne sauverait aucun animal du même sort. Un animal ne peut pas faire du protoplasme, il faut qu'il le prenne tout fait à un autre animal ou aux plantes, la chimie créatrice de l'animal n'arrivant pas plus haut qu'à convertir le protoplasme mort en la matière vivante spéciale à sa vie.

Ainsi donc nous sommes contraints de nous tourner vers le monde végétal pour trouver l'origine du protoplasme. Le liquide contenant de l'acide carbonique, de l'eau et de l'ammoniaque, vrai festin des Barmécides pour les animaux, est une table bien servie pour une foule de plantes ; avec ces seuls matériaux en abondance, plus d'une plante se maintiendra vigoureuse, poussera même, et multipliera un million de fois, et bien plus encore, la quantité de protoplasme qu'elle possédait d'abord, fabriquant ainsi la matière de la vie en quantité indéfinie avec la matière commune de l'univers.

Ainsi, l'animal peut seulement élever la substance complexe du protoplasme mort, à ce que nous pouvons appeler la puissance supérieure de protoplasme vivant, tandis que la plante peut élever les substances moins complexes : acide carbonique, eau, ammoniaque, à ce même état de protoplasme vivant, sinon au même niveau. Mais les capacités des plantes ont aussi leurs limites. Certains fongus, par exemple, semblent demander, à leur origine, des composés plus élevés, et aucune plante connue ne peut vivre des éléments dissociés du protoplasme. Une plante à laquelle on donnerait à leur état de pureté du carbone, de l'hydrogène, de l'oxygène, de l'azote, du phosphore, du soufre et d'autres corps semblables périrait infailliblement, comme l'animal dans son bain de sels volatils, malgré l'abondance des constituants du protoplasme dont elle serait entourée. La simplification de l'aliment végétal n'a même pas besoin d'être poussée si loin pour nous faire arriver aux limites de la thaumaturgie des plantes. Donnez à une plante ordinaire l'eau, l'acide carbonique et les autres éléments nécessaires, en la privant de tout sel ammoniacal, et elle ne pourra plus fabriquer du protoplasme.

Ainsi donc, la matière de la vie, toute celle que nous avons pu étudier, du moins, et nous n'avons le droit de parler que de celle-là, se décompose en raison de cette mort continuelle, condition des manifestations de sa vitalité, pour former de l'acide carbonique, de l'eau et de l'ammoniaque, qui ne possèdent certainement pas d'autres propriétés que celles de la matière ordinaire. Et c'est au moyen de ces formes de la matière ordinaire, aucune forme plus simple ne pouvant lui servir pour cela, que le monde végétal fabrique tout le protoplasme qui maintient la vie dans le monde animal. Les végétaux sont les grands accumulateurs de la puissance que les animaux distribuent et dispersent.

Mais on remarquera que l'existence de la matière de la vie dépend de la préexistence de certains composés, à savoir : l'acide carbonique, l'eau et l'ammoniaque. Retirez du monde un de ces trois corps, et tous les phénomènes vitaux cesseront. Ces corps sont au protoplasme de la plante ce que le protoplasme de la plante est à celui de l'animal. Le carbone, l'hydrogène, l'oxygène et l'azote sont tous des corps inanimés. Ce carbone s'unit à l'oxygène en certaines proportions, dans des conditions données, pour produire l'acide carbonique; l'hydrogène et l'oxygène donnent naissance à l'eau, et l'azote et l'hydrogène à l'ammoniaque. Ces composés nouveaux, comme les corps élémentaires qui les constituent, sont inanimés. Mais quand on les réunit dans de certaines conditions, ils donnent naissance au corps encore plus compliqué, le protoplasme, et ce protoplasme manifeste les phénomènes de la vie.

Je ne vois pas d'interruption dans cette série de degrés en complication moléculaire, et je ne suis pas capable de comprendre pourquoi le langage applicable à un des termes de la série ne le serait pas aux autres. Nous croyons devoir appeler différentes sortes de matière : carbone, oxygène, hydrogène et azote, et nous trouvons convenable de parler des puissances et activités diverses de ces substances comme de propriétés de la matière qui les compose.

Quand on fait passer une étincelle électrique à travers le mélange d'une proportion définie d'hydrogène et d'oxygène, ces corps disparaissent, et l'on trouve à leur place une quantité d'eau égale en poids à la somme du poids des deux gaz. Il n'y a pas la moindre parité entre les puissances passives et actives de l'eau, et celles de l'oxygène et de l'hydrogène qui lui ont donné naissance. A 0° centigrade et à des températures bien inférieures, l'oxygène et l'hydrogène sont des corps gazeux élastiques, dont les particules tendent fortement à s'écarter l'une de l'autre. A cette même température, l'eau est un solide résistant, quoique fragile, dont les particules tendent à adhérer et à se grouper en formes géométriques définies, pour fabriquer parfois les imitations glacées des formes les plus compliquées du feuillage végétal.

Pourtant nous appelons tout cela, et bien d'autres phénomènes curieux, les propriétés de l'eau, et nous n'hésitons pas à croire que d'une façon ou de l'autre toutes ces choses résultent des propriétés des éléments constitutifs de l'eau. Nous n'établissons pas l'hypothèse d'une certaine *aquosité* qui entrerait dans l'oxyde d'hydrogène au moment de sa formation, qui en prendrait possession et conduirait ensuite les particules aqueuses aux places qu'elles doivent occuper sur les facettes du cristal, ou parmi les dentelles du givre. Nous vivons au contraire dans l'espérance et dans la foi que, par les progrès de la physique moléculaire, nous arriverons à reconnaître comment les éléments constitutifs de l'eau en déterminent les propriétés, comme nous sommes aujourd'hui capables de déduire les opérations d'une montre des formes et de l'arrangement des parties qui la composent.

Le cas change-t-il aucunement quand disparaissent l'acide carbonique, l'eau et l'ammoniaque, et qu'on voit se produire en place, sous l'influence d'un protoplasme vivant préexistant, un poids équivalent de la matière de la vie ?

Il n'y a aucune sorte de parité, il est vrai, entre les propriétés des composants et celles de leur résultante, mais cette parité n'existait pas non plus quand il s'agissait de l'eau. Il est encore vrai qu'en vous parlant de l'influence d'une matière vivante préexistante, je vous indique une chose dont il est impossible de se rendre compte; mais quelqu'un comprend-il parfaitement la manière d'agir d'une étincelle électrique traversant un mélange d'oxygène et d'hydrogène ?

Comment justifier alors l'hypothèse d'une entité qui existerait dans la matière vivante, sans que rien ne la représentât dans la matière inanimée qui lui a donné naissance, et sans que rien n'y correspondît. En présence d'une saine philosophie la vitalité peut-elle avoir plus de valeur que l'aquosité. Cette hypothèse transcendante peut-elle avoir un autre sort que tout le transcendantalisme qui s'est effondré le jour où Martinus Scriblerus a expliqué l'opération du tourne-broche par une certaine qualité carno-rôtissante qui lui serait inhérente, méprisant le matérialisme de ceux qui expliquaient la rotation de la broche par un mécanisme particulier que mettrait en jeu le tirage de la cheminée.

Si nous sommes tenus de donner un sens précis et constant au langage scientifique dont nous nous servons, la logique, à mon avis, nous impose d'appliquer au protoplasme, base physique de la vie, toutes les conceptions tenues pour légitimes ailleurs. Si les phénomènes manifestés par l'eau sont ses propriétés, les phénomènes que présente le protoplasme, mort ou vivant, sont les propriétés du protoplasme.

Si nous sommes autorisés à dire que les propriétés de l'eau résultent de la nature et de la disposition de ses molécules constitutives, je ne vois pas de raison intelligible pour se refuser à admettre que les propriétés du protoplasme résultent de la nature et de la disposition de ses molécules.

Mais je vous en préviens, et faites-y bien attention : en acceptant ces conclusions vous mettez le pied sur le premier échelon d'une échelle qui, d'après l'avis de bien des gens, vous mènera, au rebours de celle de Jacob, dans les régions situées aux antipodes du ciel. Il peut sembler fort peu important d'admettre que les actions vitales si obscures d'un fongus ou d'un foraminifère soient les propriétés de leur protoplasme et le résultat direct de la nature de la matière qui les compose. Mais si, comme j'ai cherché à vous le démontrer, leur protoplasme est essentiellement identique avec celui de tout autre animal, pouvant facilement se transformer d'un être vivant en l'autre, je ne vois pas de point d'arrêt logique où nous puissions nous raccrocher, dès que nous avons admis ceci comme vrai, pour nous refuser à concéder ensuite que toute action vitale peut aussi bien être dite le résultat des forces moléculaires du protoplasme qui la manifeste. Et, s'il en est ainsi, il est vrai nécessairement, au même sens et dans les mêmes limites, que les pensées formulées par moi en ce moment, comme celles qu'elles déterminent chez vous, sont l'expression de changements moléculaires dans cette matière de la vie, source de tous nos autres phénomènes vitaux.

Je puis être bien certain, pour en avoir déjà fait l'expérience, qu'aussitôt que les propositions que je viens de développer devant vous seront livrées aux commentaires et à la critique du public, certaines personnes zélées les condamneront ; elles seront aussi condamnées peut-être par des sages et des penseurs. Je n'aurais pas lieu de m'étonner si d'un certain côté elles étaient traitées de matérialisme grossier et brutal, la plus modérée des épithètes dont elles seront gratifiées. Il est parfaitement clair d'ailleurs que, dans les termes, mes propositions sont manifestement matérialistes. Pourtant deux choses sont certaines : la première, que je maintiens la vérité substantielle de mes affirmations ; la seconde, que je ne suis pas matérialiste ; bien au contraire, le matérialisme est pour moi une grave erreur philosophique.

Avec quelques-uns des plus profonds penseurs que je connaisse, j'unis la terminologie matérialiste à la négation du matérialisme en philosophie. Quand j'ai accepté de vous faire cette conférence, il m'a semblé que j'y trouverais une excellente occasion d'expliquer comment, en bonne logique, cette union est non-seulement possible, mais même nécessaire. Je voulais vous faire traverser le royaume des phénomènes vitaux qui vous a menés au bourbier matérialiste où vous voilà plongés, pour vous indiquer ensuite le seul sentier qui, selon moi, puisse vous en faire sortir.

Une circonstance que j'ignorais jusqu'au moment de mon arrivée ici, hier soir, donne une opportunité toute particulière à l'ensemble de mon argumentation. J'ai trouvé dans vos journaux l'éloquent discours (*On the Limits of philosophical inquiry*) qu'un éminent prélat de l'Église d'Angleterre adressait la veille aux membres de l'Institut philosophique. Ce sont aussi les limites des recherches philosophiques qui font l'objet de mon argumentation en ce moment, et je ne puis mieux vous faire comprendre ma manière de voir, qu'en l'opposant aux opinions formulées si clairement, et le plus souvent avec impartialité, par l'archevêque d'York.

Mais il me sera permis de faire une remarque préliminaire sur un point qui m'a fort étonné. Appliquant le nom de *philosophie nouvelle* à ce que comportent les recherches philosophiques dans les limites que je crois devoir leur assigner en commun avec bien d'autres hommes de science, l'archevêque commence son discours en identifiant cette philosophie nouvelle avec la *philosophie positive* de M. A. Comte (1) ; il parle de M. A. Comte comme s'il était le fondateur de notre philosophie nouvelle, puis il attaque vigoureusement ce philosophe et ses doctrines.

Or, pour ce qui me concerne, le révérend prélat peut bien mettre dialectiquement en pièces M. Comte et faire de lui un Agag moderne, sans que je cherche à l'en empêcher. En tant que mes études m'ont mis à même de reconnaître ce qui caractérise spécialement la philosophie positive, je lui trouve peu de valeur scientifique, pour ne pas dire qu'elle en est entièrement dépourvue, et j'y trouve bien des choses aussi contraires à l'essence même de la science que tout ce que renferme le catholicisme ultramontain. En effet, on peut donner une définition pratique de la philosophie de M. A. Comte et la résumer en disant que c'est du catholicisme sans christianisme.

Mais quel rapport y a-t-il entre le positivisme de M. A. Comte et la philosophie nouvelle, telle que l'archevêque la définit dans le passage suivant ?

« Permettez-moi de vous rappeler en peu de mots
« les principes essentiels de cette nouvelle philoso-
« phie.

« Toute connaissance est l'expérience des faits
« acquise au moyen des sens. Les traditions des
« philosophies antérieures ont obscurci notre expé-
« rience en y ajoutant bien des choses que les sens

---

(1) Voyez Aug. Comte, *Cours de Philosophie positive*, 3ᵉ édition. Paris, 1869.

« ne peuvent observer, et tant que nous n'aurons
« pas rejeté toutes ces additions, nos connaissances
« en resteront souillées. Ainsi la métaphysique nous
« enseigne qu'un fait que nous observons est une
« cause, et qu'un autre fait est l'effet de cette cause ;
« mais une analyse sévère nous fait reconnaître que
« les sens ne nous font rien observer comme cause
« ou comme effet ; ils observent en premier lieu
« qu'un fait succède à un autre fait, puis, les occa-
« sions favorables se présentant, que tel fait ne
« manque jamais d'en suivre un autre, et qu'au
« principe de causalité nous devrions substituer la
« succession invariable. Une philosophie plus an-
« cienne nous enseigne à définir un objet par la dis-
« tinction de ses qualités essentielles et de ses qua-
« lités accidentelles, mais l'expérience ne connaît
« ni l'essence ni l'accident ; elle voit seulement que
« certaines marques s'attachent à un sujet, puis,
« après de nombreuses observations, que certaines
« de ces marques ne lui font jamais défaut, tandis
« que d'autres peuvent manquer parfois.....

« Comme toute connaissance est relative, la no-
« tion de la nécessité d'une chose doit être bannie
« avec d'autres traditions (1). »

Il y a dans ce passage bien des choses qui expriment l'esprit de la philosophie nouvelle, si par ces paroles on entend l'esprit de la science moderne, mais je m'étonne fort qu'en entendant déclarer que Comte

---

(1) *The limits of philosophical Inquiry*, p. 4-5.

était le fondateur de ces doctrines, une société où étaient assemblées toute la sagesse et toute la science d'Edimbourg n'ait témoigné aucun signe de dissentiment. Personne n'accusera les Écossais d'avoir l'habitude d'oublier leurs grands compatriotes ; mais cela devait suffire pour faire tressaillir David Hume dans sa tombe qu'ici, à portée de voix de sa maison, un auditoire instruit ait pu entendre sans murmures attribuer ses doctrines les plus caractéristiques à un écrivain français plus jeune de cinquante ans, et dont les écrits ternes et verbeux ne présentent ni la vigueur de pensée ni l'exquise lucidité de style de celui que j'appelle hardiment le penseur le plus pénétrant du dix-huitième siècle, bien que ce siècle ait produit Kant.

Mais je ne suis pas venu en Écosse pour faire ressortir l'honneur méconnu d'un des plus grands hommes qu'elle ait produits. J'ai à vous indiquer que le seul moyen qui nous permettra d'échapper au triste matérialisme où nous venons de nous embourber est d'adopter, de poursuivre jusqu'à leurs extrêmes limites, ces mêmes principes sur lesquels l'archevêque appelle votre réprobation.

Supposons que nos connaissances soient absolues et non relatives, et par conséquent que notre conception de la matière représente ce qui existe réellement. Supposons, en outre, que dans la cause et l'effet nous puissions connaître autre chose qu'un certain ordre fixe dans la succession des faits, et que nous ayons la connaissance de la nécessité de cette succession, la connaissance de *lois nécessaires* par conséquent, et je ne vois plus moyen d'échapper au matérialisme, au fatalisme le plus absolu. Car il est clair que notre connaissance de ce que nous appelons le monde matériel est, en premier lieu, au moins aussi certaine et aussi définie que notre connaissance du monde spirituel, et que nous nous sommes rendu compte de l'existence d'une loi, depuis aussi longtemps que nous croyons à la spontanéité. En outre, on peut démontrer, selon moi, qu'il est complétement impossible de prouver qu'une chose quelconque peut ne pas être l'effet d'une cause matérielle et nécessaire, et que la logique humaine est tout aussi incapable de prouver qu'un acte est réellement spontané. Un acte réellement spontané serait, par l'hypothèse, un acte sans cause ; chercher à prouver une proposition négative de ce genre est, à première vue, une absurdité. Et, tandis qu'il y a ainsi impossibilité philosophique à démontrer qu'un phénomène donné n'est pas l'effet d'une cause matérielle, tous ceux qui connaissent l'histoire de la science admettront que ses progrès ont toujours signifié, et signifient de nos jours, plus qu'à aucune autre époque, le développement du domaine de ce que nous appelons la matière et le déterminisme, tandis que s'effacent concurremment, dans toutes les régions de la pensée humaine, ce que nous appelons l'esprit et la spontanéité.

Dans la première partie de ce discours j'ai cherché à vous faire comprendre la direction que suit le progrès de la physiologie moderne. Autrefois on considérait la vie comme une archée gouvernant et dirigeant la matière aveugle, à l'intérieur de tous les corps vivants; pour nous elle est le résultat d'une disposition particulière des molécules matérielles. Eh bien ! je vous demanderai en quoi ces deux conceptions diffèrent ? C'est qu'ici comme ailleurs la matière et la loi ont dévoré l'esprit et la spontanéité. Et comme c'est toujours le passé et le présent qui produisent le futur, il est aussi certain que la physiologie de l'avenir étendra graduellement le domaine de la matière et de la loi jusqu'au moment où elle y aura fait entrer toutes nos connaissances, nos sentiments, nos actions.

Cette grande vérité pèse comme un cauchemar, je pense, sur bon nombre des meilleurs esprits modernes qui en comprennent la valeur. Ils voient ce qu'ils se figurent être les progrès du matérialisme, avec cette frayeur, cette colère impuissante qu'éprouve un sauvage pendant une éclipse, tant que la grande ombre s'avance sur la surface du soleil. Le flot montant de la matière menace de submerger leur âme, la loi qui les étreint de plus en plus fait obstacle à leur liberté; ils craignent que les progrès du savoir ne souillent la nature morale de l'homme.

Si la philosophie nouvelle méritait tous les reproches qu'on lui adresse, les craintes qu'elle occasionne me sembleraient bien fondées, je l'avoue. Mais au contraire, si les trembleurs pouvaient consulter David Hume, leur émoi le ferait sans doute sourire, et il les blâmerait d'agir comme les païens qui se prosternent en tremblant devant d'affreuses idoles élevées par leurs mains.

Car, après tout, que pouvons-nous savoir relativement à cette matière qui épouvante, si ce n'est que c'est un mot pour exprimer la cause inconnue et hypothétique de divers états de notre propre conscience? Que savons-nous relativement à cet esprit que menace d'annihiler la matière, et dont la ruine redoutée fait surgir une grande lamentation, comme celle que l'on entendit à la mort du dieu Pan, si ce n'est que c'est encore là un mot pour indiquer la cause inconnue et hypothétique, ou la condition d'états de la conscience? En d'autres termes, la matière et l'esprit ne sont que les noms du substratum imaginaire de certains groupes de phénomènes naturels.

Et qu'est-ce donc que cette affreuse nécessité, cette loi de fer, sous laquelle gémissent les hommes? Un épouvantail, voilà tout; une pure invention, en vérité. S'il existe une loi de fer, c'est, à mon avis, la loi de la gravitation; je ne connais pas de nécessité physique plus absolue que celle de la chute d'une pierre privée de son point d'appui. Mais à quoi se réduit toute notre connaissance réelle et tout ce que nous pouvons savoir par rapport à ce dernier phénomène? Tout bonnement à ceci : c'est que, dans ces conditions, l'expérience humaine a toujours vu les pierres tomber à terre;

que nous n'avons pas la moindre raison de croire qu'en pareil cas une pierre ne tombera pas toujours à terre, et que nous avons au contraire toute raison de croire à sa chute. Il est très-commode, légitime même, d'indiquer que toutes les conditions qui nous permettent de croire sont satisfaites dans ce cas, en appelant l'énonciation de la chute des pierres, privées de leur point d'appui, une loi de la nature. Mais nous ne nous en tenons pas là le plus souvent ; au lieu de dire : cela sera, nous disons : cela doit être, et nous introduisons ainsi un concept de nécessité qui ne se trouve assurément pas dans l'observation des faits, et pour lequel je ne puis découvrir aucune garantie en dehors d'eux. Pour ma part, je repousse de toutes mes forces et j'anathématise cet intrus. Je connais le fait, je connais la loi ; mais qu'est donc cette nécessité, hormis une ombre vaine qu'introduit ici ma seule pensée ?

Pourtant s'il est certain que nous ne puissions connaître ni la nature de la matière ni celle de l'esprit, et que la notion de la nécessité soit quelque chose d'illégitime que nous introduisons dans la conception parfaitement légitime de la loi, l'affirmation matérialiste d'après laquelle le monde ne contiendrait autre chose que la matière, la force et la nécessité, est aussi dépourvue de valeur et aussi peu justifiable que le moins fondé de tous les dogmes théologiques. Les doctrines fondamentales du matérialisme, comme celles du spiritualisme, ou de la plupart de nos systèmes qui riment en *isme*, sont en dehors des limites de la recherche philosophique, et le grand service que David Hume a rendu à l'humanité, c'est d'avoir démontré d'une façon désormais inattaquable en quoi consistent ces limites. Hume s'appelait lui-même sceptique ; on ne peut donc blâmer ceux qui lui appliquent cette épithète, mais cependant il est de fait que ce nom, avec tout ce qu'il implique actuellement, lui fait injure.

Si un homme me demande quelle est la politique des habitants de la lune et si je lui réponds : je n'en sais rien ; ni moi ni d'autres n'avons le moyen de la connaître, et puisqu'il en est ainsi je refuse de m'inquiéter en rien d'un pareil sujet, cet homme n'a pas le droit, je pense, de m'appeler sceptique. En lui répondant ainsi, au contraire, je m'imagine être simplement honnête et vrai, et témoigner tout le compte que je fais de l'économie du temps. De même la pensée puissante et lucide de Hume soulève bien des problèmes qui nous intéressent naturellement, et il nous montre que ces questions sont essentiellement de politique lunaire, sans solution possible par leur essence même, ne méritant pas par conséquent l'attention des hommes qui ont du travail à faire en ce monde. Et c'est ainsi qu'il termine un de ses essais :

« Si nous prenons en main un volume de théologie ou de métaphysique scolastique par exemple, demandons-nous : ce livre contient-il des raisonnements abstraits relatifs à la quantité ou au nombre ?

Non. Contient-il quelque raisonnement expérimental relatif aux faits observés et à l'existence ? Non. Jetez-le donc au feu; il ne contient que sophismes et illusions (1). »

Permettez-moi d'appeler toute votre attention sur cet avis si sage. Pourquoi perdre votre temps et vos soins à des objets qui restent, malgré toute leur importance, en dehors de la portée de nos connaissances ? Nous vivons dans un monde plein de misère et d'ignorance, et tous, tant que nous sommes, nous avons pour devoir évident d'appliquer nos efforts à faire que le petit coin sur lequel nous pouvons agir soit un peu moins misérable et un peu moins ignorant qu'au moment où nous y sommes arrivés. Pour faire cela avec efficacité, il est nécessaire de posséder deux croyances seulement : il faut croire d'abord qu'au moyen de nos facultés, nous pouvons reconnaître l'ordre de la nature dans une étendue pratiquement illimitée, puis il faut croire que notre volonté n'est pas dépourvue de toute valeur comme condition du cours des événements.

Nous pouvons vérifier expérimentalement ces deux croyances aussi souvent que bon nous semble. Chacune d'elles repose donc sur les bases les plus solides sur lesquelles on puisse asseoir une croyance, et forme une de nos vérités les plus élevées. Si nous trouvons qu'en employant telle terminologie ou telle

---

(1) *Hume's Essay : Of the Academical or Sceptical Philosophy*, in *the Inquiry concerning the Human Understanding.*

série de symboles plutôt que toute autre, nous arrivons plus facilement à vérifier l'ordre de la nature, nous avons pour devoir certain d'employer les signes et les termes les plus favorables, et il ne peut en résulter aucun mal tant que nous n'oublierons pas que ce sont seulement des termes et des symboles.

Il est de peu d'importance intrinsèque d'exprimer les phénomènes de la matière en termes de l'esprit, ou d'exprimer les phénomènes de l'esprit en termes de la matière ; on peut considérer la matière comme une forme de l'esprit ; l'esprit peut être considéré comme une propriété de la matière ; chacune de ces affirmations a sa vérité relative. Mais, pour faire progresser la science, la terminologie matérialiste est préférable à tous égards. Elle relie en effet la pensée à tous les autres phénomènes de l'univers, et nous pousse à rechercher la nature des conditions physiques concomitantes de la pensée qui nous sont plus ou moins accessibles, et dont la connaissance nous aidera plus tard à exercer sur le monde de l'esprit un contrôle du même genre que celui que nous possédons déjà par rapport au monde matériel, tandis que la terminologie opposée, celle du spiritualisme, est absolument inféconde, et ne nous mène qu'à l'obscurité et à la confusion des idées.

Ainsi, nous ne saurions en douter, plus les sciences seront en progrès, plus on exprimera en formules et en symboles matérialistes les phénomènes de la nature, et plus nos signes et nos termes représenteront mieux la chose signifiée.

Mais quand l'homme de science, oubliant les limites de la recherche physiologique, glisse des formules et des symboles à ce que l'on entend communément par matérialisme, il me fait l'effet de se placer au niveau d'un mathématicien qui prendrait les x et les y dont il se sert dans ses problèmes pour des entités réelles. Dans le cas du mathématicien la faute est sans conséquence pratique, mais ici il en est autrement, car les erreurs du matérialisme systématique suffisent à paralyser l'énergie de la vie et en détruisent toute la beauté.

VIII

DU POSITIVISME DANS SES RAPPORTS AVEC LA SCIENCE.

Il y a maintenant seize ou dix-sept ans que j'ai pris connaissance du *Cours de Philosophie positive*, du *Discours sur l'ensemble du positivisme* et de la *Politique positive* d'Auguste Comte. J'avais été conduit à étudier ces ouvrages, d'abord parce que M. Mill y fait allusion dans sa *Logique;* puis un théologien distingué me les avait recommandés; enfin un ami dont je faisais le plus grand cas, feu M. le professeur Henfrey, qui considérait les gros volumes de M. Comte comme une mine de sagesse, m'excitait à les lire, et il me les prêta pour me mettre à même d'y puiser et de m'enrichir. Après les avoir parcourus avec tout le soin qu'ils méritent, je trouvais bien que la mine était profonde et obscure, mais elle ne me faisait pas l'effet d'être bien riche. Les filons du métal précieux me semblaient maigres et rares, et la roche qui les contenait avait si grande tendance à se transformer en boue que le travailleur était menacé de s'y embourber intellectuellement. Pourtant, comme j'étais heureux de le reconnaître, je rencontrais, par-ci par-là, quelques fragments d'or natif, non pas cependant, en tant que mon expérience me permettait d'en juger, dans les discussions relatives à la philosophie des sciences physiques, mais dans les chapitres qui se rapportent à la sociologie spéculative et pratique. J'y trouvais en effet bien des choses de nature à intéresser vivement tous ceux qui, comme moi, voient s'éclipser les anciennes croyances du monde et attendent impatiemment le jour nouveau. Rien ne pouvait être plus intéressant pour un biologiste que de voir établir l'étude de sa science comme partie essentielle des prolégomènes d'une interprétation nouvelle des phénomènes sociaux. Rien ne pouvait mieux satisfaire un adorateur de l'austère véracité scientifique que cette tentative de se passer de toutes croyances, sauf celles qui pouvaient braver la lumière, celles qui, loin de craindre la critique, la recherchaient; et d'autre part un homme qui aime le courage et le parler net devait être profondément touché en voyant, à la première page du *Discours sur l'ensemble du positivisme*, l'auteur annoncer avec calme qu'il se proposait de « réorganiser sans Dieu ni roi, par le culte systématique de l'humanité, » la charpente ébranlée de la société moderne.

A cette époque, je savais assez bien mon *Faust*, et en lisant cette puissante parole je me sentais la velléité de répéter les vers connus du chœur des anges :

> Malheur! Malheur!
> La belle terre !

> Elle tombe, elle périclite !
> Nous portons
> Ses débris dans le néant !
> Toi, puissant
> Parmi les fils de la terre !
> Toi, superbe,
> Rebâtis-la !
> Dans ton cœur, bâtis-la de nouveau !

Cependant, en suivant les progrès de ce puissant fils de la terre dans son œuvre de reconstruction, je me sentais bien perplexe pour ne pas dire désappointé. Dieu, sans doute, avait disparu ; mais à sa place régnait le nouveau Grand Être suprême, fétiche gigantesque sorti tout frais émoulu des mains de M. Comte. Il n'était pas plus question du roi, mais à sa place je trouvais une organisation sociale minutieusement définie qui exercerait, le jour où elle serait mise en pratique, une autorité despotique à faire pâlir celle du plus despote des sultans, et que ne saurait surpasser aucun presbytère puritain dans toute sa puissance. Supposant M. Comte établi dans la chaire de saint Pierre, et les noms de la plupart des saints changés, je ne pouvais reconnaître, dans mon aveuglement, en quoi le culte systématique de l'humanité diffère de l'absolutisme papal. Pour citer *Faust* encore une fois, je me prenais à répéter avec Marguerite :

> Le curé nous dit à peu près cela,
> Mais en des termes tant soit peu différents.

A tort ou à raison, telle était l'impression que l'étude des œuvres de M. Comte avait laissée dans mon esprit ; mais en même temps ce philosophe m'avait convaincu, ce dont je lui serai toujours reconnaissant, qu'il est non-seulement possible d'organiser la société sur une base nouvelle et purement scientifique, mais même que c'est là le seul but valable auquel doivent tendre tous nos débats et toutes nos luttes politiques.

Comme je l'ai dit, cette partie des écrits de M. Comte qui traite de la philosophie des sciences physiques me semblait avoir une valeur singulièrement restreinte, et prouver qu'en ce qui concerne la science comme on l'entend habituellement, la connaissance qu'il avait de la plupart des branches qui la constituent était des plus superficielles et purement de seconde main. Je n'entends pas seulement dire ainsi que Comte n'était pas au niveau des connaissances actuelles, ou qu'il ne savait pas les détails scientifiques connus de son temps. Il ne serait pas juste de reprocher de semblables défauts à un philosophe, à un écrivain de la génération passée. Voici ce qui me frappait : Comte n'a pas su saisir les grands traits de la science ; il se trompe étrangement à l'égard du mérite de ses contemporains scientifiques, et ses idées erronées au sujet du rôle que devait jouer dans l'avenir quelques-unes des doctrines scientifiques qui avaient cours de son temps, nous font sourire. Personne ne sera étonné de m'entendre dire qu'avec de semblables impressions dans l'esprit, j'ai été périodiquement irrité, depuis seize ans, en voyant représenter si souvent

M. Comte comme le porte-drapeau de la pensée scientifique, et de voir certains écrivains publics étiqueter *comtiste* ou *positivistes* d'autres écrivains dont la philosophie ne dérive que d'eux-mêmes ou de celle de Hume, et cela malgré des protestations énergiques. Combien d'efforts n'a-t-il pas fallu à M. Mill pour se débarrasser de cette étiquette? J'observe aussi M. Spencer, comme on regarde un homme de bien luttant contre l'adversité, chercher encore à se dépêtrer de cet écriteau qu'on lui a accolé, tout disposé à s'arracher la peau et le reste plutôt que de conserver semblable marque. Puis viendrait peut-être mon tour; aussi, voyant, il y a peu de jours, un prélat éminent autoriser cette confusion populaire et lui donner cours, je profitais d'une occasion qui se présentait pour revendiquer ce qui appartient à Hume dans cette philosophie dite *nouvelle*, et en même temps pour répudier le positivisme en ce qui me concerne (1).

(1) M. Congreve m'a fait l'honneur de me critiquer dans le numéro d'avril 1869 de la Revue bi-mensuelle (*Fortnightly Review*), et je suis heureux de remarquer qu'il ne se hasarde pas à mettre en doute la justice de mes réclamations en faveur de Hume. Il se borne à donner à entendre que je n'ai pas été parfaitement loyal en me taisant sur la haute estime de Comte pour Hume. Après y avoir bien réfléchi, je n'arrive pas à reconnaître mon tort. Si j'avais donné à entendre que Comte avait fait des emprunts à Hume sans les avouer, ou si, au lieu de chercher à exprimer ce que je pense du mérite de Hume, avec la modestie d'un écrivain sans autorité en matière philosophique, j'avais affirmé que personne n'avait jusque-là bien compris la valeur du grand philosophe écossais, les re-

DANS SES RAPPORTS AVEC LA SCIENCE. 211

Dans mon intention, les quelques lignes de mon article sur la *Base physique de la vie* (1), qui se rapportent aux doctrines de Comte, n'avaient absolument pas d'autre motif. Mais il semble que les partisans de M. Comte en Angleterre, pour quelques-uns desquels, soit dit en passant, j'ai le plus sincère respect, ont pris ombrage de mes paroles plus que je ne l'aurais voulu, et l'article récent de M. Congreve est l'expression du mécontentement que j'ai excité parmi les adeptes du positivisme.

Dans une péroraison qui me semble viser à l'effet,

marques de M. Congreve seraient justes ; mais comme je ne suis coupable ni de l'une ni de l'autre de ces fautes, son observation ne porte pas pour ne pas dire qu'elle est injustifiable. Et même, s'il m'était venu à l'esprit de citer les expressions de M. Comte par rapport à Hume, je m'en serais peut-être bien abstenu. En effet, M. Comte, comme il nous en donne lui-même la preuve, est parfois fort tranchant dans sa manière de parler d'écrivains dont il n'a pas lu une seule ligne. Ainsi (*) il écrit : « Le plus grand des métaphysiciens modernes, l'illustre Kant, a noblement mérité une éternelle admiration, en tentant, le premier, d'échapper directement à l'absolu philosophique par sa célèbre conception de la double réalité, à la fois objective et subjective, qui indique un si juste sentiment de la saine philosophie. »

Mais ailleurs (**), M. Comte nous dit : « Je n'ai jamais lu, en aucune langue, ni Vico, ni Kant, ni Herder, ni Hegel, etc., je ne connais leurs divers ouvrages que d'après quelques relations indirectes et certains extraits fort insuffisants. »

Qui peut savoir si Hume n'est pas compris dans cet *etc.* ? Et, s'il en est ainsi, que signifient les louanges que peut lui adresser M. Comte ?

(1) Voyez p. 195.

(*) Comte, *Cours de Philosophie positive*, tome VI, p. 619.
(**) Comte, Préface personnelle, même volume, p. 35.

M. Congreve, indigné en raison de l'admiration qu'il professe pour la vie de M. Comte, me met au défi de nier le caractère de grandeur qui s'y dénote, et il a recours à un langage violent parce que je ne montre pas de signe de vénération pour son idole. Je ne me soucie pas, je l'avoue, de passer mon temps à dénigrer un homme méritant bien en somme qu'on parle de lui avec respect. Je ne spécifierai donc pas les raisons qui me décident à accepter sans hésiter le défi de M. Congreve, et à me refuser de reconnaître, en M. Comte, rien qui mérite le nom de grandeur de caractère, si ce n'est son arrogance qui est assurément sublime. Tout ce que je me bornerai à faire observer, c'est que M. Congreve a raison en disant que je parle de son père spirituel en termes tant soit peu dédaigneux ; mais si j'ai parlé de lui sur ce ton, c'est qu'au moment où j'écrivais les pages précédentes, je venais de parcourir un livre qu'il connaît bien sans doute, celui de M. Littré sur *Auguste Comte et la phisosophie positive*.

Bien qu'il y ait une mesure généralement admise et assez précise pour reconnaître ce qui est bien ou mal, et même ce qui est généreux ou mesquin, on peut dire que la beauté ou la grandeur d'une vie est plus ou moins une affaire de goût, et comme les idées de M. Congreve par rapport à l'excellence littéraire sont si différentes des miennes, il est fort possible que notre manière de comprendre la beauté ou la laideur morale soit tout aussi divergente. Ainsi donc, tout en conservant ma manière de voir je ne me permettrai pas de chercher querelle à la sienne. Mais quand M. Congreve établit tout un échafaudage d'insinuations habilement accumulées pour chercher à faire croire au public que j'ai péché contre l'honnêteté littéraire en critiquant Comte sans l'avoir lu, il me sera permis de lui rappeler qu'il a négligé la maxime bien connue d'un des sages de la diplomatie : Si vous voulez faire du tort à un homme, il faut dire ce qui est probable, aussi bien que ce qui est vrai.

Et quand M. Congreve dit que je me suis assuré un avantage sur lui, en faisant intervenir le christianisme dans le débat, au moyen de cette phrase (1) : « On peut résumer pratiquement la philosophie de M. Comte en disant que c'est du catholicisme sans christianisme, » donnant à entendre que par ces paroles je faisais appel aux passions religieuses (*odium theologicum*), il s'expose à une réponse fort désagréable.

Ne serais-je pas en droit d'insinuer que M. Congreve n'a pas lu les œuvres de Comte, qu'il prouve du moins ne pas connaître la *Philosophie positive* par cette phrase de son article : « Le contexte nous montre que M. Huxley n'a de l'œuvre complète qu'une vue d'ensemble toute superficielle. Quand il fait mention du catholicisme, ceci devient évident. » Mais si je faisais cette insinuation, elle serait à la fois très-injuste et inconvenante, je la re-

(1) Voyez p. 195.

pousse donc. Et pourtant il est de fait que ma petite épigramme, qui a si fort irrité M. Congreve, ne fait que résumer en quelques mots le passage suivant du cinquième volume de la *Philosophie positive*, p. 344 (1) :

« La seule solution possible de ce grand problème
« historique, qui n'a jamais pu être philosophique-
« ment posé jusqu'ici, consiste à concevoir, en sens
« radicalement inverse des notions habituelles, *que
« ce qui devait nécessairement périr ainsi, dans le ca-
« tholicisme, c'était la doctrine, et non l'organisation,*
« qui n'a été passagèrement ruinée que par suite
« de son inévitable adhérence élémentaire à la phi-
« losophie théologique, destinée à succomber gra-
« duellement sous l'irrésistible émancipation de la
« raison humaine ; *tandis qu'une telle constitution
« convenablement reconstruite sur des bases intellectuel-
« les, à la fois plus étendues et plus stables, devra fina-
« lement présider à l'indispensable réorganisation spi-
« rituelle des sociétés modernes, sauf les différences
« essentielles spontanément correspondantes à l'extrême
« diversité des doctrines fondamentales ;* à moins de
« supposer, ce qui serait certainement contradic-
« toire à l'ensemble des lois de notre nature, que
« les immenses efforts de tant de grands hommes,
« secondés par la persévérante sollicitude des na-
« tions civilisées, dans la fondation séculaire de ce
« chef-d'œuvre politique de la sagesse humaine,

(1) Je cite ici comme ailleurs la 3ᵉ édition du *Cours de Philosophie positive*, augmentée d'une préface de Littré.

« doivent être enfin irrévocablement perdus pour
« l'élite de l'humanité, sauf les résultats capitaux
« mais provisoires qui s'y rapportaient immédia-
« tement. Cette explication générale, déjà évidem-
« ment motivée par la suite des considérations
« propres à ce chapitre, sera de plus en plus confir-
« mée par tout le reste de notre opération histori-
« que, *dont elle constituera spontanément la principale
« conclusion politique.* »

Rien ne saurait être plus clair. L'idéal de Comte, comme il l'exprime lui-même, c'est l'organisation catholique sans la doctrine du catholicisme, ou en d'autres termes le catholicisme sans christianisme. Assurément on n'a pas le droit de m'imputer des motifs mesquins, quand je me borne à établir les doctrines d'un homme en me servant de ses propres paroles autant que faire se peut.

Si je poursuivais davantage cette discussion avec M. Congreve, je craindrais de fatiguer mes lecteurs. Je ne me trouve pas non plus obligé de me prononcer sur le mérite ou les défauts de M. Comte en ce qui concerne la sociologie. M. Mill, dont M. Congreve lui-même ne récusera pas sans doute la compétence, s'est prononcé, à cet égard, sur la philosophie de M. Comte avec une vigueur et une autorité à laquelle je ne puis nullement prétendre, et aussi avec une sévérité assez souvent voisine du mépris, et que je ne voudrais pas surpasser, quand même cela me serait possible. Je n'en suis qu'à l'étude de toutes ces questions, je m'en tiens au jugement de M. Mill jusqu'à ce qu'on m'ait fait voir où il pèche, et je ne veux pas accepter une discussion que je n'ai pas provoquée.

La seule obligation qui m'incombe, c'est de justifier ce qui ne l'est pas encore dans ce que j'ai écrit au sujet du positivisme, à savoir, l'opinion exprimée dans le passage suivant : « En tant que mes études m'ont mis à même de reconnaître ce qui caractérise spécialement la philosophie positive, je lui trouve peu de valeur scientifique, pour ne pas dire qu'elle en est entièrement dépourvue, et j'y trouve bien des choses aussi contraires à l'essence même de la science que tout ce que renferme le catholicisme ultramontain (1). »

Il y a ici deux propositions. La première, c'est que le positivisme est sans valeur scientifique, ou peu s'en faut. La seconde, que son esprit est anti-scientifique. Je vais chercher à rendre bien évidentes ces deux affirmations.

1° Celui qui a la moindre connaissance superficielle des sciences physiques ne peut manquer de reconnaître, en lisant les leçons de Comte, que l'auteur est singulièrement dépourvu de connaissances réelles en ces matières, et aussi qu'il joue vraiment de malheur. Que penser d'un contemporain de Young et de Fresnel qui ne manque jamais une occasion de traiter avec dédain l'hypothèse d'un éther base fondamentale de la théorie des ondes lumineuses et de tant d'autres choses en physique moderne, et qui respecte si peu la valeur intellectuelle de quelques-uns des hommes les plus éminents de son époque, qu'il pense réfuter la théorie des ondes en indiquant simplement l'existence de la nuit(1). Il nous donne une étrange mesure de sa propre valeur comme critique scientifique, cet homme qui nous enseigne que la phrénologie est une grande science et la psychologie une chimère, que Gall est un des grands hommes de son siècle, que *Cuvier est brillant, mais superficiel* (2). Ne joue-t-il pas de malheur aux yeux de tous, ce raisonneur spéculatif si hardi, qui, peu d'instants avant l'aube de l'histologie moderne, cette pure application du microscope à l'anatomie, réprouve ce qu'il appelle *l'abus des recherches microscopiques et la valeur exagérée qu'on leur a attribuée*. On allait démontrer l'uniformité morphologique des tissus de la grande majorité des plantes et des animaux, et Comte tournait en ridicule ceux qui cherchaient à rapporter tous les tissus à *un tissu générateur, formé par le chimérique et inintelligible assemblage d'une sorte de monades organiques qui seraient dès lors les vrais éléments primordiaux de tout corps vivant* (3). C'est Comte enfin qui nous dit que toutes les objections faites contre l'arrangement des espèces vivantes en série linéaire, sont essentiellement absurdes, que l'ordre de la série animale est nécessairement linéaire (4), tandis que le contraire est précisément une

(1) Comte, *Phil. pos.*, t. II, p. 440.
(2) Id., *ibid.*, t. VI, p. 383.
(3) Id., *ibid.*, t. III, p. 369.
(4) Id., *ibid.*, p. 387.

des vérités les mieux établies et les plus importantes de la zoologie. Demandez aux mathématiciens, aux astronomes, aux physiciens, aux chimistes, aux biologistes ce qu'ils pensent de la *Philosophie positive*, et ils seront tous d'accord pour certifier que, quel que soit le mérite de M. Comte à d'autres égards, il n'a répandu aucune lumière sur la philosophie de leurs études particulières.

Pour être juste cependant, il faut reconnaître que même les plus ardents disciples de M. Comte se taisent judicieusement au sujet de ses connaissances scientifiques, ou de sa manière d'apprécier les sciences, et préfèrent baser les droits que peut avoir leur maître à l'autorité scientifique sur sa *loi des trois états* et sur sa *classification des sciences*. Mais ici encore, je me trouve aussi complétement en opposition avec eux que d'autres l'ont été avant moi, et notamment M. Herbert Spencer. Un examen critique de ce que M. Comte veut nous enseigner sur la loi des trois états n'aboutit qu'à une série d'affirmations plus ou moins contradictoires, pour formuler une vérité imparfaitement comprise ; et sa classification des sciences, soit au point de vue de l'histoire, soit au point de vue de la logique, est à mon sens absolument sans valeur.

Considérons la loi des trois états, telle qu'elle nous est présentée au commencement de la première leçon de la *Philosophie positive :* « En étudiant
« ainsi le développement total de l'intelligence
« humaine dans ses diverses sphères d'activité, de

« puis son premier essor le plus simple jusqu'à nos
« jours, je crois avoir découvert une grand loi fon-
« damentale, à laquelle il est assujetti par une
« nécessité invariable, et qui me semble pouvoir
« être solidement établie, soit sur les preuves ra-
« tionnelles fournies par la connaissance de notre
« organisation, soit sur les vérifications historiques
« résultant d'un examen attentif du passé. Cette
« loi consiste en ce que chacune de nos concep-
« tions principales, chaque branche de nos connais-
« sances, passe successivement par trois états
« théoriques différents : l'état théologique ou fictif ;
« l'état métaphysique ou abstrait ; l'état scientifique
« ou positif. En d'autres termes, l'esprit humain,
« par sa nature, emploie successivement dans cha-
« cune de ses recherches trois méthodes de philo-
« sopher, *dont le caractère est essentiellement différent
« et même radicalement opposé :* d'abord la méthode
« théologique, ensuite la méthode métaphysique,
« et enfin la méthode positive. De là, trois sortes de
« philosophie, ou de systèmes généraux de concep-
« tions sur l'ensemble des phénomènes *qui s'excluent
« mutuellement ;* la première est le point de départ
« nécessaire de l'intelligence humaine ; la troisième,
« son état fixe et définitif ; la seconde est unique-
« ment destinée à servir de transition. »

Rien ne saurait être plus précis que ces affirmations ; on peut les formuler par les propositions
suivantes :

a. L'intelligence humaine est soumise à la loi par

une nécessité invariable, ce que démontrent *à priori* la nature et la constitution de l'intelligence ; et en même temps nous pouvons constater historiquement que l'intelligence humaine a toujours été soumise à cette loi.

b. Toutes les branches des connaissances humaines traversent les trois états, en commençant nécessairement par le premier.

c. Les trois états s'excluent mutuellement, en tant qu'essentiellement différents, et même radicalement opposés.

Deux questions se présentent. M. Comte ne se mettra-t-il pas plus tard en contradiction avec lui-même ? Les faits ne le contrediront-ils pas ? Je réponds affirmativement à ces deux questions ; et par rapport à la première, je prends comme témoignage un passage remarquable qui se trouve à la page 491 du quatrième volume de la *Philosophie positive*, alors que M. Comte avait eu le temps de réfléchir plus complétement aux idées qu'il expose dans toute leur simplicité au début de son premier volume :

« A proprement parler, la philosophie théologi-
« que, même dans notre première enfance, indivi-
« duelle ou sociale, n'a jamais pu être rigoureuse-
« ment universelle, c'est-à-dire que, pour les ordres
« quelconques de phénomènes, *les faits les plus
« simples et les plus communs ont toujours été regardés
« comme essentiellement assujettis à des lois naturelles,
« au lieu d'être attribués à l'arbitraire volonté des
« agents surnaturels*. L'illustre Adam Smith a, par

« exemple, très-heureusement remarqué dans ses
« essais philosophiques qu'on ne trouvait, en au-
« cun temps ni en aucun pays, un Dieu pour la
« pesanteur. *Il en est ainsi, en général, même à l'égard*
« *des sujets les plus compliqués, envers tous les phéno-*
« *mènes assez élémentaires et assez familiers pour que*
« *la parfaite invariabilité de leurs relations effectives*
« *ait toujours dû frapper spontanément l'observateur*
« *le moins préparé.* Dans l'ordre moral et social,
« qu'une vaine opposition voudrait aujourd'hui
« systématiquement interdire à la philosophie posi-
« tive, il y a eu nécessairement, en tout temps, la
« pensée des lois naturelles, relativement aux plus
« simples phénomènes de la vie journalière, comme
« l'exige évidemment la conduite générale de notre
« existence réelle, individuelle ou sociale, qui n'au-
« rait pu jamais comporter aucune prévoyance
« quelconque, si tous les phénomènes humains
« avaient été rigoureusement attribués à des agents
« surnaturels, puisque dès lors la prière aurait
« logiquement constitué la seule ressource imagi-
« nable pour influer sur le cours habituel des actions
« humaines. *On doit même remarquer, à ce sujet, que*
« *c'est, au contraire, l'ébauche spontanée des premières*
« *lois naturelles propres aux actes individuels ou so-*
« *ciaux qui, fictivement transportée à tous les phéno-*
« *mènes du monde extérieur, a d'abord fourni, d'après*
« *nos explications précédentes, le vrai principe fon-*
« *damental de la philosophie théologique. Ainsi, le*
« *germe élémentaire de la philosophie positive est cer-*

« *tainement tout aussi primitif au fond que celui de la*
« *philosophie théologique elle-même, quoiqu'il n'ait*
« *pu se développer que beaucoup plus tard.* Une telle
« notion importe extrêmement à la parfaite ratio-
« nalité de notre théorie sociologique, puisque, la
« vie humaine ne pouvant jamais offrir aucune
« véritable création quelconque, mais toujours une
« simple évolution graduelle, l'essor final de l'esprit
« positif deviendrait scientifiquement incompré-
« hensible, si, dès l'origine, on n'en concevait, à
« tous égards, les premiers rudiments nécessaires.
« Depuis cette situation primitive, à mesure que
« nos observations se sont spontanément étendues
« et généralisées, cet essor, d'abord à peine apprécia-
« ble, a constamment suivi, sans cesser longtemps
« d'être subalterne, une progression très-lente, mais
« continue, la philosophie théologique restant tou-
« jours réservée pour les phénomènes, de moins
« en moins nombreux, dont les lois naturelles ne
« pouvaient encore être aucunement connues. »

Comparez les propositions implicitement énon-
cées ici avec celles que nous avons remarquées dans
le premier volume.

a. Il est de fait que l'intelligence humaine n'a pas
été invariablement soumise à la loi des trois états,
et par conséquent la nécessité de la loi ne peut être
démontrée *à priori*.

b. Bon nombre de nos connaissances de toutes
sortes ne sont pas passées par les trois états,
et plus particulièrement par le premier, comme

M. Comte a soin de nous le faire remarquer.

c. L'état positif a coexisté plus ou moins avec l'état théologique dès les premières lueurs de l'intelligence humaine.

Et pour compléter cette série de contradictions, l'assertion que les trois états sont essentiellement différents et même radicalement opposés vient se heurter un peu plus bas, sur la même page, à l'affirmation que l'état métaphysique est tout simplement, en somme, une modification générale du premier. D'ailleurs, dans la quarantième leçon, comme dans un de ses premiers essais, fort intéressant, intitulé : *Considérations philosophiques sur les sciences et les savants* (1825), les trois états se réduisent pratiquement à deux : « Le véritable esprit général de toute
« philosophie théologique ou métaphysique con-
« siste à prendre pour principe, dans l'explication
« des phénomènes du monde extérieur, notre sen-
« timent immédiat des phénomènes humains;
« tandis que, au contraire, la philosophie positive
« est toujours caractérisée non moins profondément
« par la subordination nécessaire et rationnelle de
« la conception de l'homme à celle du monde ? »

Je laisse aux disciples de M. Comte le soin de décider quelle est celle de ces affirmations contradictoires qui exprime ce que leur maître voulait nous dire réellement. Qu'il me soit permis, seulement, de faire remarquer que les hommes de science n'ont pas l'habitude d'attacher grande importance à des lois formulées de cette façon.

Les affirmations ultérieures sont assurément bien plus logiques et mieux d'accord avec les faits que les premières ; mais elles ne donnent pas cependant une explication juste et suffisante du développement de l'intelligence, qu'il s'agisse de l'individu ou de l'espèce humaine. Tous ceux qui voudront observer attentivement le développement de l'intelligence chez un enfant reconnaîtront que, dès ses premières manifestations, sa pensée reflète la nature de deux façons différentes. D'abord l'enfant accumule des sensations, et il échafaude des associations, tout en se formant une conception des choses et de leurs relations qui est plus positive en réalité, et moins embrouillée d'hypothèses de toutes sortes, que ne le sera, à aucune époque de sa vie, sa façon de concevoir le monde et de se concevoir lui-même. Aucun enfant n'a recours à des personnifications imaginaires pour expliquer les propriétés ordinaires d'objets inanimés, ou ne représentant pas des êtres vivants. Il n'imagine pas un dieu de la douceur pour expliquer le goût du sucre, ou un esprit du saut pour expliquer le rebondissement de sa balle. De semblables phénomènes, qui forment la base d'une très-grande part de ses idées, sont acceptés par lui tout simplement et comme faits ultimes, ne présentant pas de difficulté et ne demandant pas d'explication. En tout ce qui concerne ces phénomènes importants, tout ordinaires qu'ils soient, l'esprit de l'enfant est dans cet état que M. Comte appellerait l'*état positif*.

Mais, à côté de cette condition mentale, il s'en

produit une autre. L'enfant arrive à se connaître comme cause d'action, et comme sujet passif et pensant. Les actes qui résultent de ses désirs font partie des événements les plus intéressants, les plus marquants qui l'entourent; et de plus ces actes proviennent évidemment d'affections déterminées en lui par ce qui l'entoure, ou par d'autres changements effectués en sa personne. Parmi ces objets environnants ceux qui l'intéressent et lui importent le plus sont : la mère et le père, les frères et sœurs, les bonnes qui le soignent. Bientôt, l'esprit de l'enfant est forcé de supposer que ces êtres si remarquables pour lui sont d'une nature semblable à la sienne, et cette première conception anthropomorphique devient pour lui une hypothèse des plus heureuses, et dont chaque instant amènera la justification. Il n'est donc pas étonnant qu'il l'étende à d'autres objets l'intéressant de même, dès que ceux-ci ne sont pas par trop dissemblables aux premiers, qu'il l'étende, disons-nous, au chien, au chat, aux animaux domestiques, aussi bien qu'à la poupée, aux jouets, au livre d'images, qui pour lui seront tous doués de volonté, d'affections et de la capacité d'être *sages* ou d'être *méchants*. Mais ce serait évidemment une simple perversion de langage que d'appeler cet état intellectuel un état théologique, soit que l'on prenne ce mot en son sens réel, soit qu'on le prenne en l'opposant à l'idée du scientifique ou du positif. L'enfant n'adore ni son père, ni sa mère, ni un chien, ni une poupée. Au contraire, rien n'est plus curieux que le manque absolu de vénération, de respect même, qu'il me soit permis de le faire observer, d'un jeune enfant entouré de soins et d'amour ; rien n'est plus frappant que sa tendance à croire en lui comme centre de l'univers, et sa disposition à exercer une tyrannie despotique sur ceux qui l'écraseraient du bout du doigt.

Il serait encore moins juste de dire que cet anthropomorphisme de la première enfance n'est pas scientifique, ou qu'il est opposé à l'esprit de la science. L'enfant reconnaît que bien des phénomènes résultent de ses propres affections ; il ne tardera pas à acquérir d'excellentes raisons pour croire que bon nombre d'autres phénomènes résultent des affections d'êtres qui diffèrent de lui, tout en lui ressemblant plus ou moins. Ainsi muni de bonnes preuves pour croire que bien des événements des plus intéressants pour lui s'expliquent par l'hypothèse qu'ils sont l'œuvre d'intelligences semblables à la sienne, pourquoi l'enfant qui a découvert la cause vraie d'un grand nombre de phénomènes restreindrait-il l'application d'une hypothèse si fructueuse ? Le chien a comme le chat une manière d'intelligence ; pourquoi la poupée et le livre d'images n'en auraient-ils pas leur part, en rapport avec leur ressemblance aux êtres intelligents ?

Dans cette voie, la seule limite qui se présente est précisément celle qui doit se présenter en se plaçant au point de vue scientifique, c'est-à-dire que l'enfant appliquera son interprétation anthropomorphique aux seuls phénomènes qui ressembleront par leur nature générale, ou leurs caprices apparents, à ceux dont l'enfant reconnaît la cause en lui-même ou en d'autres êtres qui lui ressemblent. Pour lui, tout le reste de la nature se compose de choses qui s'expliquent d'elles-mêmes, ou qui sont inexplicables.

Ce n'est qu'à un état ultérieur de son développement que l'intelligence de l'homme arrive à reconnaître le conflit apparent de son interprétation anthropomorphique de la nature et l'interprétation que j'appellerai *physique* (1). A ce moment, il cherche à étendre sur toute la nature son interprétation anthropomorphique, ce qui est la tendance de la théologie, ou bien il donne la même prédominance exclusive à son interprétation physique, ce qui est la tendance de la science, ou enfin il adopte un juste milieu, et prenant à l'interprétation anthropomorphique sa tendance à personnifier, à l'interprétation physique sa tendance à exclure la volonté et les affections, il aboutit à ce que M. Comte appelle

(1) Le mot *positif* est à rejeter ici, en quelque sens qu'on veuille le prendre, soit qu'il indique cette qualité mentale fort développée assurément chez M. Comte, mais, de toutes celles d'un philosophe, la qualité dont il peut le mieux se passer; soit qu'appliqué à un système qui a pour point de départ d'énormes négations, il faille pour le moins considérer comme malheureuse la qualification de positif; soit enfin qu'en s'en tenant au sens philosophique spécial du mot impliquant un système de la pensée dans lequel on ne suppose rien au delà du contenu des faits observés, il signifie ce qui n'a jamais existé et n'existera jamais.

l'*état métaphysique*, ce mot étant dans ses écrits un terme de mépris pour indiquer ce qui lui déplaît.

Ce qui est vrai du développement intellectuel de l'individu l'est aussi, *mutatis mutandis*, de celui de l'espèce. Il est absurde de dire que toutes les conceptions d'hommes à la période de barbarie primitive soient à l'état théologique. Ces conceptions sont alors, neuf fois sur dix, éminemment réalistes et aussi positives que peuvent les rendre l'ignorance et l'étroitesse d'esprit. Il ne vient pas plus à la pensée d'un sauvage qu'à celui d'un enfant, de demander le pourquoi des événements journaliers et ordinaires qui forment la majeure partie de sa vie mentale. Mais par rapport aux événements plus frappants, insolites et qui l'obligent à faire des raisonnements spéculatifs, il est éminemment anthropomorphiste, et son anthropomorphisme, comparé à celui de l'enfant, se complique de l'impression profonde que fait sur lui, chose bien naturelle d'ailleurs, la mort de ceux de son espèce. Le guerrier plein d'énergie féroce qui était peut-être le chef despotique de sa tribu est frappé à mort. Le voilà gisant, et un enfant peut dès lors insulter cet homme si terrible l'instant d'auparavant; une mouche même se pose sur ces lèvres d'où partaient les ordres redoutés, sans que rien ne la dérange. Pourtant l'aspect extérieur du mort ne semble guère plus changé que pendant le sommeil, et ce sommeil, est-ce donc autre chose, comme celui qui l'observe l'a reconnu par lui-même, qu'un abandon momentané du corps pour aller errer au pays des songes? La violence commise sur ce chef tombé à terre n'aurait-elle pas forcé ce quelque chose qui fait l'essence de l'homme à errer ainsi? Et si dès lors l'esprit n'est plus capable de reprendre son enveloppe, s'il a oublié les moyens d'y rentrer, ne conserverait-il pas cependant quelques-unes des puissances dont il était en possession pendant la vie? Ne pourra-t-il pas nous venir en aide si nous savons lui plaire, ou bien ne pourra-t-il pas nous nuire si nous le fâchons, et c'est cette dernière impression qui semble de beaucoup la plus générale. Ne sera-t-il pas bon de faire pour l'esprit tout ce qui aurait pu faire plaisir à l'homme pendant sa vie, tout ce qui aurait pu apaiser sa colère. Il n'est pas possible d'étudier les écrits dignes de foi qui nous font connaître la manière de penser des sauvages, sans constater qu'au fond de leurs croyances spéculatives il se trouve toujours un enchaînement d'idées de ce genre.

Il y a des sauvages sans dieux, en donnant à ce mot quelque sens légitime qu'il soit permis de lui attribuer, mais il n'y en a pas sans esprits, sans revenants. Le fétichisme, le culte des ancêtres ou des héros, la démonologie des sauvages primitifs sont, à mon avis, leurs façons différentes d'exprimer la croyance aux esprits et leur interprétation anthropomorphique des événements insolites qui l'accompagnent. La sorcellerie, la magie, traduisent ces croyances dans la pratique, et sont à notre façon d'entendre le culte religieux, ce qu'est à la théologie, l'anthropomorphisme naïf des enfants ou des sauvages.

Dans les progrès que fait l'espèce pour passer de l'état sauvage à une civilisation avancée, l'anthropomorphisme, en se développant, devient théologie, tandis que l'interprétation physique de la nature, le *physicisme* (si ce néologisme m'est permis) devient science ; mais les deux tendances subissent à la fois un développement simultané, et non successif. Pendant longtemps elles s'exercent l'une et l'autre dans un domaine spécial et où la tendance opposée n'a pas prise ; en même temps, il y a entre ces deux tendances un terrain ouvert de part et d'autre à leurs incursions. Ici règnent les entités métaphysiques, espèces bâtardes qui doivent au physicisme leur aspect extérieur, à l'anthropomorphisme leur substance, et qui font tout particulièrement l'objet de l'antipathie de M. Comte.

Mais avec le cours des siècles, les limites du physicisme s'étendent. Tout le domaine des entités bâtardes est annexé à la science ; et même la théologie, dans ses formes les plus pures, cesse d'être anthropomorphique, quoi qu'elle en dise. L'anthropomorphisme s'est réfugié dans sa dernière forteresse, l'homme même. Pourtant la science investit de près la place ; les philosophes se préparent à la lutte, et s'attaquent au plus grand des problèmes spéculatifs, le problème ultime : La nature humaine possède-t-elle un élément de liberté, un libre arbitre de ses volontés, élément vraiment anthropomorphique; ou faut-il ne voir en elle que le plus curieux et le plus compliqué des mécanismes de l'univers? Certaines gens, à l'avis desquels je me range, pensent que c'est là une bataille qui durera toujours, et, au point de vue des besoins de la vie, la prolongation de la lutte équivaut pratiquement au triomphe de l'anthropomorphisme.

La classification des sciences qui donnerait droit à M. Comte de réclamer, d'après ses adhérents, la dignité de philosophe scientifique, à laquelle lui donnait droit déjà la loi des trois états, me semble exposée précisément aux objections que nous avons fait valoir contre cette loi. Elle se contredit elle-même; les faits la contredisent également. Examinons successivement les points principaux de cette classification.

« Il faut distinguer, par rapport à tous les ordres
« des phénomènes, deux genres de sciences natu-
« relles; les unes abstraites, générales, ont pour
« objet la découverte des lois qui régissent les di-
« verses classes de phénomènes, en considérant tous
« les cas qu'on peut concevoir; les autres concrè-
« tes, particulières descriptives, et qu'on désigne
« quelquefois sous le nom de *sciences naturelles*
« *proprement dites*, consistent dans l'application
« de ces lois à l'histoire effective des différents êtres
« existants (1). »

Plus loin, l'auteur énumère les sciences abstraites.

(1) Comte, *Phil. pos.*, t. I, p. 56.

Ce sont : les *mathématiques*, l'*astronomie*, la *physique*, la *chimie*, la *physiologie* et la *physique sociale*, les titres de ces deux dernières sciences étant changés postérieurement en ceux de *biologie* et de *sociologie*. M. Comte explique dans les termes suivants la distinction qu'il établit entre les sciences abstraites et les sciences concrètes :

« On pourra d'abord apercevoir très-nettement
« cette distinction en comparant, d'une part, la
« physiologie générale, et d'une autre part la zoolo-
« gie et la botanique proprement dites. Ce sont évi-
« demment, en effet, deux travaux d'un caractère
« fort distinct, que d'étudier, en général, les lois de
« la vie, ou de déterminer le mode d'existence de
« chaque corps vivant, en particulier. *Cette seconde*
« *étude, en outre, est nécessairement fondée sur la pre-*
« *mière.* »

M. Comte nous fait voir dans le passage que j'ai souligné tout ce qu'il y a de faux et d'insuffisant dans ses connaissances relatives aux sciences physiques, purement dérivées de la lecture des livres et non de l'étude de la nature. L'étude spéciale des êtres vivants est nécessairement fondée sur l'étude générale des lois de la vie !... Le peu que j'en sais me conduit à penser que si M. Comte avait eu la moindre connaissance pratique des sciences biologiques, il aurait renversé sa phrase, après avoir constaté que nous ne pouvons connaître les lois générales de la vie qu'en les fondant sur l'étude des êtres vivants individuels.

L'exemple qu'il prend pour expliquer sa distinction est assurément mal choisi ; mais les expressions dont il se sert pour définir ce qu'il entend par sciences abstraites ne me semblent pas moins critiquables. Est-il permis de dire que l'astronomie, la physique, la chimie, la biologie considèrent *tous les cas qu'on peut concevoir* dans le domaine de chacune de ces sciences respectives ? L'astronome s'occupe-t-il d'un autre système de l'univers que celui qui se dévoile à ses yeux ? Raisonne-t-il sur les mouvements possibles des corps qui s'attireraient en raison inverse, disons, par exemple, du cube de leurs distances? La biologie, abstraite ou concrète, traite-t-elle d'autres formes de la vie que de celles qui existent actuellement ou qui ont existé autrefois? Et si les sciences abstraites embrassent tous les cas concevables de l'opération des lois qui les concernent, n'embrassent-elles pas nécessairement le sujet des sciences concrètes qui doit être concevable puisqu'il existe ? De fait, une distinction du genre de celle qu'établit M. Comte ne peut se soutenir, et tout d'abord cette classification s'écroule par défaut de construction.

Mais accordons à M. Comte ses six sciences abstraites. Il les arrange ensuite selon ce qu'il appelle leur *ordre naturel* ou leur *hiérarchie*, la place des sciences étant déterminée dans cette hiérarchie par le degré de généralité et de simplicité des conceptions dont elles traitent. Les mathématiques occupent la première place ; puis viennent successivement l'astronomie, la physique, la chimie, la biologie et enfin la sociologie, dernière science de la série. Pour faire valoir cette classification M. Comte s'appuie d'abord sur « sa conformité essentielle avec la coordination en quelque sorte spontanée qui se trouve en effet implicitement admise par les savants livrés à l'étude des diverses branches de la philosophie naturelle. »

Mais je nie absolument cette conformité. Si une chose est claire, par rapport au progrès de la science moderne, c'est sa tendance à réduire tous les problèmes scientifiques, hormis les problèmes purement mathématiques, à des questions de physique moléculaire c'est-à-dire aux attractions, aux répulsions, aux mouvements des particules ultimes de la matière, et à la coordination de ces particules entre elles. Les phénomènes sociaux sont le résultat de l'action réciproque des hommes, parties composantes de la société, les uns sur les autres et sur l'univers environnant. Mais dans le langage des sciences physiques, nécessairement matérialiste par la nature même des choses, les actions des hommes, en tant que la science peut les étudier, sont le résultat de changements moléculaires dans la matière qui les compose, et en fin de compte elles finissent par rentrer dans l'étude des sciences physiques. *A fortiori*, les phénomènes biologiques et chimiques sont, en dernière analyse, des questions de physique moléculaire. Aussi tous les chimistes, tous les biologistes qui regardent au delà de ce qui fait l'objet immédiat de leurs occupations, reconnaissent ce fait. Il faut encore remarquer que les phénomènes biologiques sont en rapport avec la physique moléculaire d'une façon aussi directe, aussi immédiate que ceux de la chimie. La physique ordinaire, la chimie, la biologie ne sont pas trois échelons successifs dans l'échelle des connaissances, comme M. Comte voudrait nous le faire croire, mais trois branches d'un tronc commun, la physique moléculaire.

Quant à l'astronomie, je ne m'explique pas qu'avec un moment d'attention pour se rendre compte de la nature de cette science, on n'arrive pas à voir qu'elle se compose de deux parties. En premier lieu, c'est une description des phénomènes, méritant le nom d'histoire naturelle au même titre que la zoologie descriptive ou la botanique. Puis elle comprend une explication de ces phénomènes, qui nous est fournie par les lois d'une force, la gravitation, dont l'étude fait aussi bien partie de la physique, que celle de la chaleur ou de l'électricité. Il serait aussi rationnel de faire de l'étude de la chaleur solaire une science préliminaire du calorique, que de placer l'étude de l'attraction des corps qui composent l'univers en général, avant celle des corps terrestres particuliers, que nous pouvons seule connaître expérimentalement. C'est parce qu'il est possible d'exprimer en formules mathématiques la très-grande majorité des phénomènes astronomiques que l'astronomie est arrivée à une si grande perfection, et encore parce qu'on peut expliquer la plupart de ses phénomènes par l'application de lois physiques fort simples.

Il faut remarquer, en premier lieu, qu'en ce qui concerne les mathématiques, M. Comte réunit sous cette dénomination les relations pures de l'espace et de la quantité, comprises régulièrement sous ce nom, avec la mécanique rationnelle et la statique, développements mathématiques des notions de force et de mouvement, les plus générales des conceptions physiques. Si nous reportons celles-ci à la place qu'elles doivent occuper en physique il nous reste les mathématiques pures, et il n'est pas plus possible de les mettre au commencement qu'à la fin d'une hiérarchie des sciences. En effet, les mathématiques comme la logique doivent intervenir également dans toutes les sciences, bien que la complexité des phénomènes naturels établisse une difficulté pratique si considérable à l'application actuelle des mathématiques dans ce cas, qu'elle y reste à peu près nulle.

Sur ce sujet des mathématiques, M. Comte se livre d'ailleurs à des affirmations qu'explique seule sa complète ignorance pratique des sciences physiques. Il dit par exemple :

« C'est donc par l'étude des mathématiques, et
« *seulement par elle*, que l'on peut se faire une idée
« juste et approfondie de ce que c'est qu'une science.
« C'est là *uniquement* que l'on doit chercher à con-
« naître avec précision *la méthode générale que l'esprit*
« *humain emploie constamment dans toutes ses recher-*

« *ches positives*, parce que nulle part ailleurs les
« questions ne sont résolues d'une manière aussi
« complète et les déductions prolongées aussi loin
« avec une sévérité rigoureuse. C'est là également
« que notre entendement a donné les plus grandes
« preuves de sa force, parce que les idées qu'il y
« considère sont du plus haut degré d'abstraction
« possible dans l'ordre positif. *Toute éducation scienti-*
« *fique qui ne commence point par une telle étude pèche*
« *donc nécessairement par sa base* (1). »

Ainsi donc, l'étude qui peut seule nous procurer une idée juste et approfondie de ce que c'est qu'une science, et nous fournir en même temps une conception exacte de la méthode générale des recherches scientifiques, est celle qui ne sait rien ni de l'observation, ni de l'expérimentation, ni de l'induction, ni du déterminisme. De plus, l'éducation dont tout le secret consiste à procéder du facile au difficile, du concret à l'abstrait, doit être renversée et passer de l'abstrait au concret.

M. Comte allègue un second argument en faveur de sa hiérarchie des sciences. Je cite textuellement :

« Un second caractère très-essentiel de notre clas-
« sification, c'est d'être nécessairement conforme à
« l'ordre effectif de développement de la philosophie
« naturelle. C'est ce que vérifie tout ce qu'on sait de
« l'histoire des sciences (2). »

(1) Comte, *Phil. pos.*, t. I, p. 99.
(2) Id., *ibid.*, t. I, p. 77.

Mais M. Spencer a si bien et si complétement démontré (1) que le développement historique des sciences ne correspond en rien à leur position dans la hiérarchie de Comte, que je ne perdrai pas mon temps à reproduire sa réfutation.

Voici une troisième proposition de M. Comte pour faire valoir sa classification des sciences :

« En troisième lieu, cette classification présente la « propriété très-remarquable de marquer exacte- « ment la perfection relative des différentes scien- « ces, laquelle consiste essentiellement dans le degré « de précision des connaissances et dans leur coor- « dination plus ou moins intime (2). »

Il m'est tout à fait impossible de comprendre la distinction que M. Comte cherche à établir dans ce passage, malgré les amplifications qu'il donne un peu plus loin. Chaque science doit se composer de connaissances précises, et ces connaissances se coordonner en propositions générales, faute de quoi elles ne constitueraient plus une science. Quand M. Comte nous dit, pour expliquer les affirmations citées ci-dessus, que «les phénomènes organiques ne comportent qu'une étude à la fois moins exacte et moins systématique que les phénomènes des corps bruts,» je n'arrive pas à me rendre compte de ce que cela signifie. Quand j'affirme que par l'excitation d'un nerf moteur le muscle auquel il se rend devient à la

---

(1) Spencer, *Essai sur la Genèse de la science.*
(2) Comte, *Phil. pos.*, t. I, p. 78.

fois plus court et plus gros sans changer de volume, cette affirmation ne me semble pas seulement aussi vraie, mais en même temps aussi précise ou exacte que celle du physicien qui nous enseigne qu'en chauffant une barre de fer, la barre devient à la fois plus longue et plus grosse en prenant un volume plus considérable ; et en fait de précision je ne vois pas de différence entre l'énonciation de cette loi morphologique : les animaux qui allaitent leurs petits ont deux condyles occipitaux, et celle de cette loi physique : l'eau soumise à l'électrolyse se décompose en oxygène et hydrogène dont le poids total est égal au poids de l'eau décomposée. Quant à dire que les recherches anatomiques ou physiologiques sont moins systématiques que celles du physicien ou du chimiste, c'est là une assertion vraiment inconcevable. Les méthodes des sciences physiques sont toujours les mêmes en principe, et le physiologiste dont les recherches ne seraient pas systématiques échouerait dans son étude plus vite encore que celui qui s'occupe de sujets plus simples.

Ainsi donc la classification des sciences de M. Comte me semble complétement défectueuse à tous égards. Dans cet article déjà bien long, il est impossible de rechercher comment on pourrait y substituer une classification meilleure, et cela est d'autant moins nécessaire que M. Spencer vient de publier une seconde édition de son essai remarquable sur ce même sujet.

2° La seconde affirmation que je me suis cru en

droit de faire dans l'article auquel je suis forcé de me reporter si souvent, c'est que la philosophie positive contient bien des choses aussi contraires à l'essence même de la science, que tout ce que renferme le catholicisme ultramontain.

Ces paroles se rapportent d'une part au dogmatisme et à l'esprit étroit qui règnent si souvent chez M. Comte quand il discute des doctrines qui lui déplaisent, et qui réduisent l'expression de ses opinions à de simples puérilités passionnées. C'est ce qui a lieu, par exemple, dans toute son argumentation contre la théorie d'un éther, et quand il s'élève contre la psychologie ou l'économie politique, son langage n'est pas digne d'un savant. D'autre part, je faisais allusion à cet esprit tracassier de systématisation, de réglementation qui remplit la *Philosophie positive* et se montre dans les derniers volumes de cet ouvrage, de façon à bien nous faire prévoir les monstruosités antiscientifiques des derniers écrits de Comte.

Ceux qui veulent établir une ligne de démarcation entre l'esprit de la *Philosophie positive* et celui de la *Politique* et des œuvres subséquentes, me semblent (si je puis exprimer mon opinion formée d'après une étude incomplète de ces derniers ouvrages) n'avoir pas pris garde à ce que Comte cherche à prouver, et prouve même fort effectivement, dans l'appendice général de la *Politique positive*. « Dès « mon début, dit-il, je tentai de fonder le nouveau « pouvoir spirituel que j'institue aujourd'hui. »

« Ma politique, loin d'être aucunement opposée à
« ma philosophie, en constitue tellement la suite
« naturelle, que celle-ci fut directement instituée
« pour servir de base à celle-là, comme le prouve
« cet appendice (1). »

Ceci est parfaitement exacte. Dans son essai remarquable ayant pour titre : *Considérations sur le pouvoir spirituel*, publié en mars 1826, Comte propose l'établissement d'un pouvoir spirituel moderne, qui pourrait dans ses prévisions, exercer sur les affaires temporelles une influence plus grande que celle du clergé catholique au douzième siècle, époque de toute son indépendance et de sa plus grande puissance. Ce pouvoir spirituel doit en effet, d'après l'auteur, gouverner l'opinion et exercer sur l'éducation un contrôle suprême dans toutes les nations de l'Occident ; de plus les pouvoirs spirituels des différents peuples européens doivent être associés et soumis à une direction commune ou *souveraineté spirituelle*.

Ainsi donc, quatre ans avant la publication du premier volume de la *Philosophie positive*, M. Comte avait déjà complétement organisé dans son esprit un système de *catholicisme sans christianisme* et naturellement l'esprit pontifical se montre dans le dernier ouvrage non pas seulement comme je viens de l'indiquer, mais d'une façon plus notoire encore par une attaque contre la liberté de conscience qui éclate dans le quatrième volume :

---

(1) Comte, *loc. cit.*, préface spéciale, pp. I, II.

» Il n'y a point de liberté de conscience en astro-
« nomie, en physique, en chimie, en philosophie
« même, en ce sens que chacun trouverait absurde
« de ne pas croire de confiance aux principes établis
« dans les sciences par les hommes compétents. »

L'ultramontanisme n'a rien, d'après moi, de plus complétement sacerdotal, de plus contraire à l'esprit scientifique, que ce que je viens de citer. Tous les grands progrès scientifiques sont dus justement à des hommes qui n'ont pas hésité à douter des principes établis dans les sciences par *les hommes compétents;* et le grand enseignement de la science, sa grande utilité comme moyen de discipline mentale, c'est qu'elle nous inculque cette maxime, que le seul droit d'une affirmation à la croyance dépend de l'impossibilité d'une réfutation.

Ainsi sans dépasser les limites de la *Philosophie positive*, nous voyons que son auteur a en vue l'établissement d'un système social dans lequel un pouvoir spirituel organisé doit dominer et diriger le pouvoir temporel aussi absolument que les Innocent et les Grégoire ont cherché à gouverner l'Europe du moyen âge, et de ce système est proscrite la liberté de conscience qui s'exercerait à l'encontre des hommes compétents dont doit être composé le nouveau clergé du positivisme. M. Congreve avait-il oublié tout cela, comme d'autres parties de la *Philosophie positive*, à ce qu'il semble, lorsqu'il a écrit qu'en se tenant soigneusement au sens précis des mots, « il n'est pas permis à un homme de bonne foi de dire que la *Philosophie positive* contient bien des choses aussi contraires à la science que saurait l'être le système catholique (1). »

Ainsi donc, comme on peut le remarquer, M. Comte veut conserver toute l'organisation catholique, et le résultat logique de cette partie de sa doctrine dans la pratique serait l'établissement d'une institution qui correspondrait à cette institution éminemment catholique, mais assez contraire à l'esprit scientifique, de l'aveu de tous, le saint-office.

J'espère en avoir dit assez pour démontrer que dans le peu de lignes écrites par moi au sujet de M. Comte et de sa philosophie, je ne parlais pas à la légère, sans renseignements suffisants, et moins encore par méchanceté. Après avoir aujourd'hui développé ma pensée, je ne voudrais pas donner à croire que pour moi les œuvres de M. Comte sont sans valeur. Je respecte de tout mon cœur ceux qui poussés par lui ont réfléchi profondément aux problèmes sociaux, et luttent en gens de cœur pour régénérer la société. Ceux-là ont toute ma sympathie, et c'est cette impulsion donnée par lui qui sauvera de l'oubli le nom et la réputation d'Auguste Comte. Quant à sa philosophie, je la quitte en citant ses propres paroles, qui m'ont été rapportées par un ex-positiviste, actuellement un des hommes les plus

---

(1) J'avais dit à l'*essence de la science*, pour indiquer que j'avais en vue l'esprit scientifique, et non les détails ; mais M. Congreve a trouvé bon de laisser de côté ce mot important.

éminents de l'Institut de France, M. Charles Robin :

« La philosophie est une tentative incessante de l'esprit humain pour arriver au repos ; mais elle se trouve incessamment aussi, dérangée par les progrès continus de la science. De là vient pour le philosophe l'obligation de refaire chaque soir la synthèse de ses conceptions ; et un jour viendra où l'homme raisonnable ne fera plus d'autre prière du soir. »

IX

SUR UN MORCEAU DE CRAIE. — CONFÉRENCE FAITE A DES OUVRIERS.

Si l'on creusait un puits à nos pieds, ici même, au milieu de la ville de Norwich, les travailleurs rencontreraient bientôt cette substance blanche, si tendre qu'on ne peut guère l'appeler une roche, et que nous connaissons tous sous le nom de *craie*.

Sur toute l'étendue du comté de Norfolk, tout aussi bien qu'ici, le puisatier pourrait forer à des centaines de mètres de profondeur sans rencontrer la fin de la craie; et sur la côte où les vagues ont rongé les rivages qui leur sont opposés, les faces escarpées des hautes falaises sont souvent entièrement constituées par de la craie. Au nord, on peut suivre la craie jusqu'au comté d'York; sur la côte du sud de l'Angleterre, elle se montre tout à coup dans les baies occidentales si pittoresques du comté de Dorset; puis elle se disloque pour former les aiguilles de l'île de Wight, tandis que sur les côtes de Kent elle forme cette longue ligne de falaises blanches qui ont valu à l'Angleterre son nom d'*Albion*.

Si l'on pouvait enlever la couche peu épaisse du

sol qui la recouvre, on verrait une bande incurvée de craie blanche, ici plus large, plus étroite ailleurs, s'étendre en diagonale à travers l'Angleterre, depuis Lulworth en Dorset, jusqu'au cap Flamborough dans le pays d'York, sur une distance d'une centaine de lieues à vol d'oiseau.

Depuis cette bande jusqu'à la mer du Nord à l'est, et la Manche au sud, la craie est profondément cachée sous d'autres dépôts; mais, si ce n'est dans les terrains wealdiens de Kent et de Sussex, elle fait partie des fondations de tous les comtés du sud-est.

En certains endroits, la craie anglaise est profonde de trois à quatre cents mètres; c'est donc là une masse énorme, et pourtant elle ne recouvre qu'une bien petite partie de la surface que représente sur le globe la formation de la craie, dont les caractères généraux sont partout les mêmes, et que l'on rencontre en îlots détachés, parfois plus grands, parfois plus petits que celui de la craie anglaise.

On trouve la craie au nord-ouest de l'Irlande; elle s'étend sur une grande partie de la superficie de la France; celle que l'on trouve au-dessous de Paris n'est qu'un prolongement direct de la craie du bassin de Londres; elle traverse le Danemark et l'Europe centrale; au sud elle s'étend jusqu'à l'Afrique septentrionale, à l'est elle se montre en Crimée et en Syrie, et on peut la suivre jusqu'aux rivages de la mer d'Aral dans l'Asie centrale.

Si l'on circonscrivait tous ces points où l'on trouve la craie véritable, on tracerait sur le globe un ovale irrégulier dont le grand diamètre aurait onze à douze cents lieues de longueur ; sa superficie serait aussi grande que celle de l'Europe et excéderait de beaucoup celle de la Méditerranée, la plus grande des mers intérieures.

Ainsi donc, la craie est un des éléments importants de la croûte terrestre, et elle donne aux paysages des contrées où elle se présente un cachet particulier, variant selon les conditions auxquelles elle est exposée. Les pâturages onduleux, les combes arrondies des pays crayeux à l'intérieur de l'Angleterre, tout recouverts de gras herbages, ont un charme paisible et domestique, et nous font penser aux beaux troupeaux, à leurs viandes succulentes ; mais par lui-même ce pays n'est pas beau à proprement parler, du moins est-il sans grandeur. Sur les côtes du sud, cependant, les falaises abruptes, qui ont parfois une centaine de mètres de hauteur et projettent sur la mer leurs aiguilles et leurs pitons dont les escarpements solitaires et inhospitaliers servent de perchoirs aux cormorans craintifs, confèrent à nos rivages crayeux une grandeur, une beauté merveilleuses. Et en Orient la craie prend part à la formation de quelques chaînes de montagnes des plus vénérables, le Liban, par exemple.

Qu'est-ce donc que cette substance constituant une si grande partie de la surface de la terre, et d'où provient-elle ?

Vous croirez peut-être que nos recherches ne peuvent guère fournir une réponse bien satisfaisante à ces questions, et qu'en cherchant à résoudre de semblables problèmes, le seul résultat auquel on puisse arriver, c'est de s'embrouiller dans de vagues spéculations, qu'il n'est pas plus possible de réfuter que de vérifier.

S'il en était ainsi réellement, je n'aurais pas choisi un morceau de craie pour sujet de ma conférence. Mais, tout au contraire, après y avoir bien réfléchi, je n'ai pas pu trouver un sujet me mettant mieux à même de vous faire voir combien sont solides les fondements sur lequels reposent quelques-unes des conclusions les plus imprévues des sciences physiques.

Un grand chapitre de l'histoire du monde est écrit dans la craie. Dans l'histoire de l'homme on trouve rarement une masse aussi imposante de preuves directes ou indirectes pour en confirmer les différents passages, que celle qui nous témoigne la vérité de ce fragment de l'histoire du globe, que j'espère vous mettre à même de lire ce soir par vos propres yeux.

Permettez-moi d'ajouter que dans l'histoire humaine bien peu de chapitres ont une plus profonde signification pour nous. Je pèse bien mes mots en vous affirmant que l'homme qui connaîtrait l'histoire vraie du bout de craie que tout charpentier porte en poche, qui ignorerait toute autre histoire, mais serait capable de creuser cette connaissance pour en tirer toutes ses conséquences, pourrait avoir, en le voulant bien, une conception plus vraie, et meilleure par conséquent, de ce merveilleux univers et des rapports de l'homme avec ce qui l'entoure, que celui qui a étudié le plus profondément et avec le plus de soin les annales humaines, et ignore celles de la nature.

Le langage de la craie n'est pas difficile à comprendre, et s'il s'agit seulement de saisir les grands traits de l'histoire qu'elle raconte, sa langue n'est pas à beaucoup près aussi difficile que le latin. Je vous propose donc de nous mettre à l'œuvre, et je vais chercher à vous faire épeler cette histoire.

Nous savons tous qu'en faisant brûler la craie il en résulte de la chaux vive. La craie, en effet, est un composé de gaz acide carbonique et de chaux, et quand vous portez cette substance à une très-haute température, l'acide carbonique s'échappe et la chaux reste.

Par cette façon de procéder nous voyons la chaux, mais nous ne voyons pas l'acide carbonique. Si, d'autre part, on réduit en poudre un peu de craie, et si on verse cette poudre dans une certaine quantité de vinaigre bien fort, il se produira un grand bouillonnement, puis le liquide s'éclaircira et la craie y aura disparu. Ici vous voyez l'acide carbonique par le bouillonnement; la chaux dissoute dans le vinaigre n'est plus visible. Il y a bien d'autres manières de faire voir que la craie se compose essentiellement des deux substances, acide carbonique et chaux vive. Les chimistes énoncent le résultat des expériences qu'ils font pour le prouver, en disant que la craie se compose presque entièrement de carbonate de chaux.

Il nous sera utile de prendre pour point de départ la connaissance de ce fait, bien qu'il ne semble pas devoir nous mener loin dans nos recherches. En effet, le carbonate de chaux est fort répandu, et on le rencontre sous des conditions très-diverses. Toutes les pierres à chaux se composent de carbonate de chaux plus ou moins pur. En filtrant à travers des roches calcaires, les eaux déposent souvent des encroûtements de formes particulières et appelées *stalagmites* et *stalactites*, et qui sont du carbonate de chaux. Ou, pour prendre un exemple plus familier, le dépôt formé à l'intérieur d'une bouilloire est du carbonate de chaux, et la chimie est impuissante à démontrer que la craie n'est pas un dépôt du même genre, qui se serait formé de la même façon sur le fond de l'immense bouilloire représentée par la terre, recevant effectivement par sa partie profonde une quantité de chaleur assez notable.

Cherchons un autre moyen de nous faire dire par la craie sa propre histoire. A l'œil nu la craie fait l'effet d'une espèce de pierre tendre et poreuse. Mais il est possible d'user à la meule, ou autrement, une tranche de craie jusqu'à ce qu'elle soit assez fine pour être translucide, et nous permettre alors de l'examiner au microscope avec tel grossissement que l'on jugera convenable. On pourrait amincir de la même façon une petite tranche de la croûte d'une bouilloire, et en l'examinant au microscope, on y verrait seulement qu'elle se compose d'une substance minérale en stratification plus ou moins distincte.

Mais la tranche de craie examinée au microscope présente un aspect totalement différent. Toute la masse se compose en général de granulations très-petites; puis enterrés dans cette gangue, on voit des corps innombrables, les uns plus grands, les autres plus petits, et ne presentant guère plus de deux à trois dixièmes de millimètres de diamètre en moyenne. La forme et la structure de ces petits corps sont bien définies, et certains échantillons de craie peuvent en contenir dix mille et plus par centimètre cube, agglomérés avec de nombreux millions de granulations.

En examinant ainsi une tranche transparente de craie, on se fait une bonne idée des proportions relatives de tous ces corps et de leur disposition les uns par rapport aux autres.

Mais si l'on frotte sous l'eau un peu de craie avec une brosse, et que l'on décante le liquide laiteux, on pourra se procurer des sédiments à différents degrés de finesse, et séparer assez bien les uns des autres les corps arrondis et les granulations pour les soumettre à l'examen microscopique, soit comme objets opaques, soit comme objets transparents. En réunissant le résultat de toutes les observations faites par ces méthodes différentes, on peut démontrer que tous les corps arrondis sont d'admirables constructions calcaires, se composant de loges nombreuses communiquant librement les unes avec les autres. Ces corps cloisonnés affectent des formes variées. Une des plus communes rappelle une framboise irrégulièrement développée ; elle se compose de loges à peu près globulaires, de dimensions irrégulières et réunies ensemble en assez grand nombre. C'est ce qu'on appelle la *globigérine*, et quelques échantillons de craie sont constitués presque exclusivement par des globigérines et des granulations.

Examinons attentivement la globigérine ; c'est la clef de l'énigme que nous cherchons à déchiffrer. Si nous pouvons apprendre ce que c'est, et quelles sont les conditions de son existence, nous arriverons par ce moyen à connaître l'origine et l'histoire du passé de la craie.

On pourrait croire tout naturellement que ces corps si curieux résultent de l'agrégation naturelle du carbonate de chaux ; ainsi, pendant l'hiver, le givre simule sur les vitres les feuillages les plus délicats et les plus élégants. Si ce minéral, l'eau, peut, dans de certaines conditions, prendre l'aspect extérieur des corps organiques, pourquoi cet autre minéral, le carbonate de chaux, caché dans les entrailles de la terre, ne prendrait-il pas cette forme de corps cloisonnés ? Je n'élève pas ici une objection imaginaire et sans réalité. Autrefois des hommes fort savants ont cru qu'il en était ainsi de tous ces objets dénotant les formes de la vie, et que l'on trouve dans les roches, et si l'on n'accorde plus aujourd'hui la moindre valeur à cette idée, cela provient de ce qu'une expérience longue et variée nous a fait reconnaître que la matière minérale ne prend jamais la forme et la structure que l'on reconnaît dans les fossiles. Si l'on voulait vous persuader qu'une écaille d'huître, aussi composée presque exclusivement de carbonate de chaux, est une cristallisation provenant de l'eau de mer, cette absurdité vous ferait rire assurément. Vous auriez raison de rire en effet, car toute notre expérience tend à prouver que cette écaille provient de l'huître, et ne se forme jamais autrement. Et si nous n'avions pas de meilleures preuves, nous serions en droit de croire, en nous fondant sur de semblables raisons, que la globigérine provient de la seule activité vitale.

Mais par bonheur, nous allons voir surgir de plus pressantes raisons que l'analogie, pour nous démontrer la nature organique des globigérines. De tout petits êtres vivants forment en effet, actuellement, des squelettes calcaires, en tout semblables à ceux des globigérines de la craie, et littéralement plus nombreux que les grains de sable du bord de la mer, ils foisonnent sur une grande étendue de la surface de la terre recouverte par l'Océan.

L'histoire de la découverte de ces globigérines vivantes, et de leur rôle dans la construction des roches, est bien singulière. Comme tant d'autres découvertes d'aussi grande importance scientifique, celle-ci provient incidemment de recherches destinées à satisfaire des intérêts fort différents et des plus pratiques.

Quand les hommes commencèrent à naviguer en mer, ils apprirent bientôt à s'inquiéter des récifs et des rochers, et plus augmentait la charge des navires, plus la nécessité de reconnaître avec précision la profondeur des eaux où l'on naviguait s'imposait aux matelots. Cette nécessité produisit l'emploi de la ligne de sonde et de son plomb, et fut plus tard l'origine de la géographie marine, consistant à noter sur des cartes la forme des côtes et la profondeur de l'eau, reconnues au moyen de la sonde.

En même temps on reconnut la nécessité de s'assurer de la nature du fond de la mer et de l'indiquer, car c'est là surtout ce qui fait que l'ancre tient ou non. Un matelot ingénieux, dont le nom méritait mieux que l'oubli où il est tombé, réussit à atteindre ce but, en armant le bas du plomb de sonde d'un morceau de graisse. Selon le cas, du sable, des coquilles brisées adhéraient à la graisse, et étaient ainsi amenés à la surface. Mais si un semblable appareil suffisait aux premiers besoins de la navigation, le plomb armé ne pouvait satisfaire à la précision des besoins scientifiques, et pour en corriger les défauts, quand il s'agit surtout du sondage des grandes profondeurs, le lieutenant Brooke de la marine américaine inventa, il y a quelques années, un instrument des plus ingénieux, à l'aide duquel on peut ramasser une quantité considérable de la couche superficielle du fond, et l'amener à la surface de l'eau, quelle que soit la profondeur à laquelle descende le plomb de sonde.

En 1853, le lieutenant Brooke se procura de la boue prise au fond de l'Atlantique septentrional, entre Terre-Neuve et les Açores, à plus de trois mille mètres de profondeur, au moyen de son appareil. Les échantillons furent envoyés à Ehrenberg, de Berlin, et à Bailey, de West-Point, et, après les avoir examinés, ces habiles micrographes reconnurent que la boue des mers profondes était composée à peu près exclusivement de squelettes d'organismes vivants, ressemblant tout à fait pour la plupart aux globigérines dont la présence était déjà connue dans la craie.

Jusque-là on n'avait travaillé que dans l'intérêt de la science, mais quand on entreprit de poser un câble télégraphique entre l'Angleterre et les États-Unis, les moyens de sondage du lieutenant Brooke acquirent une grande valeur financière. Il fut dès lors fort important de connaître la profondeur de la mer sur toute la ligne où l'on voulait poser le câble, et, de plus, il fallut connaître la nature exacte du fond, pour chercher à éviter que cette corde de grand prix ne se coupât ou que le revêtement n'en fût déchiré. L'Amirauté donna donc l'ordre à mon ami et ancien camarade de bord le capitaine Dayman, de reconnaître la profondeur sur toute la ligne du câble, et de rapporter des échantillons du fond. Au temps passé, un ordre de ce genre aurait fait l'effet des impossibilités que doit accomplir le jeune prince des contes de fées pour obtenir la main d'une belle princesse. Mon ami n'a pas été récompensé de cette façon, que je sache, mais cependant, dans les mois de juin et de juillet 1857, il put accomplir rapidement et avec grande précision la tâche qui lui avait été imposée. Les échantillons de boue qu'il rapporta du fond de l'Atlantique me furent envoyés, et je fus chargé de les examiner et de faire un rapport sur ce sujet.

A la suite de toutes ces recherches nous sommes arrivés à connaître les contours et la nature de la surface du sol que recouvre l'Atlantique septentrional, sur une distance de près de 700 lieues de l'est à l'ouest, aussi bien que nous connaissons aucune partie de la terre ferme.

C'est une plaine immense, une des plus larges et des plus unies du monde. Si la mer se desséchait, on pourrait conduire un chariot de Valentia, sur la côte occidentale d'Irlande, au golfe de la Trinité dans l'île de Terre-Neuve, et si ce n'est sur une pente rapide à moins de cent lieues de Valentia, je ne crois pas qu'il serait jamais nécessaire de mettre les sabots aux roues de la voiture, tant sont douces les montées et les descentes sur cette longue route. En partant de Valentia, il y aurait une descente de 80 lieues environ qui nous mènerait au point où la profondeur est de 1,900 brasses. Puis viendrait la plaine centrale, large de plus de

400 lieues, dont on reconnaîtrait à peine les inégalités en surface, bien que la profondeur des eaux
qui la recouvrent maintenant varie entre 4,000 et
5,000 mètres, de sorte qu'en certains points le mont
Blanc y disparaîtrait sans montrer son sommet au-
dessus des flots. Puis la montée du côté américain,
longue de 120 à 150 lieues, commence et aboutit
enfin aux rivages de Terre-Neuve.

Presque tout le fond de cette plaine centrale, qui
s'étend à plusieurs centaines de lieues, nord et sud,
de la ligne du câble, est recouvert d'une boue fine
qui se dessèche quand on l'expose à l'air libre, et
forme une substance friable d'un blanc grisâtre,
avec laquelle on pourrait marquer sur le tableau
noir. A l'œil, cette substance ainsi desséchée
ressemble à de la craie un peu grise ; quand on
l'examine chimiquement, on reconnaît qu'elle est
presque entièrement composée de carbonate de
chaux, et quand on en façonne des tranches trans-
parentes comme on l'avait fait pour la craie, elle
présente à l'examen microscopique d'innombrables
globigérines ensevelies dans une gangue granuleuse.

Ainsi donc, cette boue des mers profondes est essentiellement de la craie ; je dis essentiellement, car
elle présente bon nombre de différences secondaires,
mais comme ces différences sont sans importance
relativement à la question qui nous occupe, à savoir :
la nature des globigérines de la craie, il n'est pas
nécessaire d'en parler.

On trouve réunies dans la boue de l'Atlantique des

globigérines de toutes dimensions, depuis les plus petites jusqu'aux plus grosses, et les loges de ces globigérines sont souvent occupées par une matière animale molle. Cette matière molle provient du petit être auquel la coquille, ou mieux le squelette de la globigérine, doit l'existence, et c'est un animal aussi simple que possible. C'est en effet une simple particule de gelée vivante, sans parties définies d'aucune sorte, sans bouche, sans nerfs, sans muscles, sans organes distincts, et qui ne manifeste sa vitalité à l'observation simple qu'en faisant sortir de tous les points de sa surface de longs appendices filamenteux servant de membres, ou en les rétractant. Pourtant cette particule amorphe, dépourvue de tout ce que nous appelons organes chez les animaux supérieurs, est capable de se nourrir, de s'accroître et de se reproduire ; elle sait tirer de l'Océan la petite quantité de carbonate de chaux dissoute dans l'eau de mer, et s'en fabriquer un squelette, selon un modèle que ne saurait imiter aucun agent connu.

Les idées que nous nous faisons habituellement par rapport aux conditions de la vie animale ne s'accordent pas fort bien avec cette notion que des animaux peuvent vivre et prospérer dans la mer, aux grandes profondeurs d'où semblent avoir été tirées des globigérines vivantes; d'ailleurs il n'est pas absolument impossible, comme on pourrait le croire à première vue, que les globigérines du fond de l'Atlantique ne vivent et ne meurent pas où on les trouve.

Comme je l'ai dit, les sondages effectués sur la grande plaine atlantique ne donnent guère que des globigérines avec les granulations indiquées ci-dessus, et quelques autres coquilles calcaires ; mais une petite portion de cette boue crayeuse, soit au plus cinq pour cent de la masse totale, est d'une nature différente et consiste en coquillages et en squelettes d'une nature purement siliceuse. Ces corps siliceux appartiennent en partie aux organismes végétaux inférieurs que l'on appelle *Diatomacéés*, et aussi à ces petits animaux extrêmement simples, les *Radiolaires*. Il est bien certain que ces êtres ne vivent pas au fond de l'Océan, mais à sa surface, où l'on peut se les procurer en nombre prodigieux au moyen d'un filet construit pour cela. Il en résulte que ces organismes siliceux, bien qu'ils ne soient pas plus lourds que la poussière la plus légère, sont tombés à travers cinq mille mètres d'eau avant de parvenir jusqu'au fond de l'Océan, leur dernière demeure. Et si l'on tient compte de l'étendue de la surface de ces corps relativement à leur poids, ils doivent mettre un temps énorme à accomplir leur trajet funèbre du niveau de l'Atlantique jusqu'au fond.

Mais si des couches superficielles de l'eau où ils passent leur vie, les radiolaires et les diatomacées pleuvent ainsi sur le fond de la mer, il est certainement possible qu'il en soit de même pour les globigérines, et l'on peut alors comprendre bien mieux comment ces animalcules se procurent la nourriture qui leur est nécessaire. Pourtant toute l'évidence des raisons positives ou négatives est en faveur de l'hypothèse contraire. Les squelettes entièrement développés des grandes globigérines tirés des mers profondes, sont si solides, si lourds relativement à leur surface, qu'il ne semble guère possible que ces animaux puissent flotter, et de plus, il est de fait qu'on ne les trouve pas avec les diatomacées et les radiolaires dans les couches superficielles de la haute mer (1).

On a encore remarqué que la quantité des globigérines, par rapport aux autres organismes de semblable nature, augmente avec la profondeur de la mer, et que les globigérines des eaux profondes sont plus grosses que celles qui vivent dans les eaux de moindre profondeur, et de semblables faits sont contraires à la supposition d'après laquelle ces organismes seraient entraînés par les courants des parties hautes, vers les parties basses du fond de l'Atlantique.

Il n'est donc guère possible de douter que la vie et la mort de ces êtres étranges s'effectuent à l'endroit même où on les trouve dans les profondeurs marines (2).

---

(1) Les recherches récentes des naturalistes de l'expédition du *Challenger* ont prouvé qu'il y a, à la surface des mers, d'énormes quantités de globigérines vivantes; mais il est néanmoins possible que ces êtres vivent aussi dans les grandes profondeurs (janvier 1876).

(2) En 1860, pendant l'expédition du navire de la marine royale anglaise le *Bull-Dog* commandé par sir Leopold Mc Clin-

Quoi qu'il en soit, ce qui nous importe, c'est que les globigérines vivantes sont exclusivement des animaux marins dont les squelettes abondent au fond des mers profondes, et que nous n'avons pas la moindre raison de croire que les habitudes des globigérines de la craie différaient en rien de celles des espèces existant actuellement. Mais si cela est vrai, il en résulte une conclusion inévitable : La craie ne serait autre chose que la boue desséchée d'une ancienne mer profonde.

En étudiant les échantillons du fond de la mer recueillis par le capitaine Dayman, je fus bien étonné de reconnaître qu'un bon nombre de ces petits corps, dont je viens de vous parler sous le nom de granulations, n'étaient pas, comme on serait porté à le croire tout d'abord, le simple détritus des globigérines, mais que ces granulations avaient des formes et des dimensions définies. Je leur donnai le nom de coccolithes, révoquant en doute

---

tock, on amena à bord des étoiles de mer attachées à la partie inférieure de la sonde, d'une profondeur de 1400 brasses, à moitié chemin entre le cap Farewell au Groënland et les bancs de Rockall. Le docteur Wallich reconnut qu'en ce point le fond de la mer était composé de la boue ordinaire de globigérines, et que l'estomac des étoiles de mer était plein de ces animalcules. Cette découverte répond aux objections faites pour nier la présence des globigérines vivantes au fond des mers profondes, si ces objections se fondent sur la difficulté supposée du maintien de la vie animale dans de semblables conditions ; et dès lors c'est à ceux qui nient que les globigérines vivent et meurent dans les points même où on les trouve, qu'il appartient de fournir leurs preuves.

15.

leur nature organique. Le D. Wallich vérifia mon observation et fit une autre découverte intéressante ; il reconnut que, bien souvent, des corps semblables à ces coccolithes s'agrégent et forment des sphéroïdes auxquels il donna le nom de coccosphères. Ces corps dont la nature est extrêmement embarrassante et problématique étaient, d'après les résultats de toutes nos recherches, propres aux sondages de l'Atlantique.

Mais il y a quelques années, M. Sorby examinant soigneusement de la craie en tranches minces et autrement, reconnut, comme Ehrenberg l'avait fait avant lui, qu'une proportion considérable de sa base granulaire présente une forme définie. Comparant ces particules de formes spéciales avec celles qui provenaient du fond de l'Atlantique, il reconnut leur identité, et prouva que la craie, comme la boue marine, contient ces coccolithes et ces coccosphères mystérieux. Nous avions ainsi une nouvelle confirmation des plus intéressantes de l'identité essentielle de la craie et de cette boue qu'on trouve actuellement dans les profondeurs de la mer, fournie directement par la composition même de ces substances. On reconnaît donc que les globigérines, les coccolithes et les coccosphères sont les principaux éléments de l'une et de l'autre, et ces corps prouvent que la boue et la craie ont été formées dans les mêmes conditions générales.

Si la façon, la disposition, la superposition, des pierres des Pyramides prouvent que ces édifices ont été bâtis par les hommes, cette évidence n'a pas plus de poids que celle qui nous porte à croire que la craie a été bâtie par les globigérines, et la croyance que les anciens constructeurs des Pyramides étaient des êtres terrestres et respirant l'air comme nous, n'est pas mieux fondée que la conviction d'après laquelle nous affirmons que les constructeurs de la craie vivaient dans la mer.

Mais comme notre croyance que les Pyramides ont été construites par des hommes ne se fonde pas seulement sur l'évidence tirée directement des parties de ces édifices, et acquiert plus de valeur par de nombreuses preuves collatérales; comme le défaut absolu de toute raison pour croire le contraire vient encore la corroborer, de même, l'évidence fournie par les globigérines pour nous faire croire que la craie est un ancien fond de mer se renforce par de nombreuses séries de preuves indépendantes les unes des autres. Enfin ce fait qu'aucune autre hypothèse n'a le moindre fondement, est en quelque sorte la justification négative de celle-ci, et confirme une conclusion à laquelle nous avaient amenés déjà tous les témoignages positifs.

Il sera utile d'examiner rapidement quelques-unes de ces preuves collatérales qui nous permettent de croire que la craie a été déposée au fond de la mer.

Comme nous l'avons vu, la masse crétacée se compose surtout de squelettes de globigérines et d'autres organismes simples, ensevelis dans une matière granuleuse. Çà et là, pourtant, cette boue desséchée des mers anciennes nous montre les restes d'animaux supérieurs, qui, à leur mort, ont laissé leurs parties dures dans la boue ; comme les huîtres meurent et laissent leurs coquilles dans la boue des mers actuelles.

Il existe en ce moment certains groupes d'animaux que l'on n'a jamais rencontrés dans les eaux douces, et qui ne peuvent vivre nulle part ailleurs que dans l'eau de mer. Tels sont les coraux, les bryozoaires, les mollusques à coquilles, les térébratules, la Nautile perlée et tous les animaux qui lui sont alliés, et de plus toutes les formes d'oursins et d'étoiles de mer.

Tous ces êtres vivent aujourd'hui exclusivement dans l'eau salée, et d'ailleurs, tout ce que nous pouvons savoir du passé nous prouve que les conditions de leur existence ont toujours été les mêmes ; il en résulte donc que, quand on les trouve dans un dépôt, c'est la meilleure preuve qu'il nous soit possible d'acquérir pour démontrer que ce dépôt s'est formé dans la mer. Or, les restes des animaux de toutes sortes, énumérés ci-dessus, se rencontrent dans la craie, en plus ou moins grande abondance, et en même temps, on n'y a jamais rencontré aucune des coquilles caractéristiques des eaux douces.

Quand on considère que l'on a découvert parmi les fossiles de la craie plus de trois mille espèces distinctes d'ainmaux aquatiques, en grande majorité semblables par les formes aux espèces exclusivement marines aujourd'hui, et qu'aucune raison ne nous permet de penser qu'aucune de ces espèce ait jamais vécu dans l'eau douce, cette preuve collatérale d'après laquelle nous pouvons affirmer que la craie représente un ancien fond de mer, acquiert une force aussi grande que celle qui résulte de la nature même de la craie. Je n'exagérais donc pas, vous me l'accorderez je l'espère, en affirmant que nous sommes aussi bien fondés à voir dans cette vaste étendue de terre ferme occupée actuellement par la craie, un ancien fond de mer, que nous sommes autorisés à croire à aucun autre fait historique, tandis que rien n'autorise une croyance contraire.

Il n'est pas moins certain que la période de temps pendant laquelle les pays constituant en ce moment le sud-est de l'Angleterre, la France, l'Allemagne, la Pologne, la Russie, l'Égypte, l'Arabie, la Syrie, étaient plus ou moins recouverts par la mer, a eu une durée fort longue.

Nous avons vu déjà qu'en certains points la craie a trois ou quatre cents mètres d'épaisseur. Si des squelettes d'animalcules mesurant deux à trois dixièmes de millimètre en diamètre ont produit une semblable accumulation, vous me croirez sans doute si j'avance qu'il a fallu pour cela bien du temps. Je vous ai dit encore qu'on trouve dans toute l'épaisseur de la craie les restes disséminés de différents animaux. Ces restes présentent souvent l'état de conservation le plus parfait. Les valves des animaux à coquilles sont communément adhérentes, les longues épines de certains oursins, que détacherait le moindre choc, restent souvent en place. En un mot, il est certain que ces animaux vivaient et sont morts au moment où la place qu'ils occupent maintenant était à la surface de ce qui avait été déposé de craie jusqu'alors, et qu'ils ont tous été recouverts par les couches de boue de globigérine sur lesquelles les animaux ensevelis plus haut vivaient et sont morts de même. Mais quelques-uns de ces restes démontrent la présence d'énormes reptiles dans les mers crétacées. Ceux-ci ont vécu leur temps, ils avaient des ancêtres, ils ont eu des descendants, ce qui implique de la durée, car les reptiles grandissent lentement.

Il y a même de plus curieuses preuves encore pour démontrer que cet ensevelissement par dépôt de squelettes de globigérines ne marchait pas très-vite. On peut faire voir que le squelette d'un animal de la mer crétacée a pu, après sa mort, rester à découvert sur le fond de la mer, assez longtemps pour perdre par putréfaction toutes ses enveloppes extérieures et ses appendices, et qu'après cela un autre animal a pu s'attacher à ce squelette dénudé, s'accroître, se développer complétement et mourir à son tour, avant que la boue calcaire n'ait enseveli le tout.

Sir Charles Lyell a décrit admirablement certains cas de ce genre. Il nous dit que les géologues rencontrent fort souvent dans la craie un oursin fossile auquel est attachée la valve inférieure d'une *Cranie*. La Cranie est une espèce de mollusque à coquille bivalve comme l'huître, une des valves se fixant et l'autre restant libre.

« La valve supérieure fait presque toujours défaut, « mais on la trouve assez souvent à peu de distance, « et parfaitement conservée, dans la craie blanche « environnante. En ce cas nous voyons clairement « que l'oursin, après avoir vécu, s'être développé « et être mort, a perdu ses épines qui ont été « dispersées. Puis la jeune Cranie s'est fixée sur le test « dénudé; elle a grandi, elle a péri à son tour, « après quoi la valve supérieure s'est détachée de « l'inférieure avant que l'Echinoderme ait été enve-« loppé de boue crétacée (1). »

Un échantillon du Musée de géologie pratique à Londres prolonge encore davantage la période écoulée entre la mort d'un oursin et son ensevelissement par les globigérines. La face supérieure d'une valve de Cranie, fixée sur un oursin (*Micraster*), est elle-même recouverte par un bryozoaire qui l'encroûte et s'étend ensuite plus ou moins sur la surface de l'oursin. Il en résulte qu'après la chute de la valve supérieure de la Cranie, la surface de la valve attachée est restée exposée pendant un temps nécessairement suffisant pour que ce bryozoaire ait pu se développer, car les bryozoaires ne vivent pas sous la boue.

Les progrès des connaissances nous permettront

---

(1) Sir Charles Lyell, *Elements of Geology*, p. 23.

peut-être un jour de déduire de faits de ce genre la rapidité maximum de l'accumulation de la craie, et d'arriver ainsi à la durée minimum de cette période géologique. Supposez la valve de Cranie, sur laquelle s'est fixé, comme je viens de vous l'indiquer, un bryozoaire, attachée sur l'oursin, de telle sorte qu'aucune de ses parties ne dépasse de trois centimètres la surface sur laquelle repose l'oursin. Comme le bryozoaire n'aurait pu se fixer si la Cranie avait été recouverte de boue crétacée, et n'aurait pu vivre lui-même s'il en avait été recouvert, il s'ensuit que trois centimètres de boue crétacée ne peuvent s'accumuler pendant le temps qui s'écoule entre la mort et la décomposition des parties molles de l'oursin et le complet développement auquel le bryozoaire a atteint. Si la décomposition des parties molles de l'oursin, la fixation, le complet développement et la décomposition de la Cranie, la fixation postérieure et le développement du bryozoaire mettent un an à s'effectuer (et c'est là assurément une évaluation bien modérée), il a fallu plus d'un an à l'accumulation de trois centimètres de craie, et le dépôt de trois cent soixante mètres de cette substance aurait duré plus de douze mille ans.

Ce calcul se fonde nécessairement sur la connaissance du temps que mettent la Cranie et le bryozoaire à atteindre leur complet développement, et cette connaissance précise nous manque actuellement. Mais, d'autre part, certaines circonstances tendent à prouver que trois centimètres de craie en hauteur sont loin de s'accumuler pendant la vie d'une Cranie, et, quelle que soit la durée probable de sa vie, la période de la craie doit avoir une durée bien plus longue que celle qui lui a été ainsi assignée approximativement.

Il est donc bien certain que la craie représente la boue du fond d'une ancienne mer, et il n'est pas moins certain que la mer crétacée a duré pendant une période de temps extrêmement longue, bien que nous ne soyons pas à même d'évaluer exactement en années la durée de cette période. La durée relative est bien claire, c'est la durée absolue qu'il n'est pas possible de délimiter. Quand on cherche à fixer la date précise du moment où la mer de craie a commencé ou a cessé d'exister, on se trouve en présence de difficultés du même genre. Mais l'âge relatif de l'époque crétacée peut être déterminé aussi facilement et avec autant de certitude que sa longue durée.

Vous avez sans doute entendu parler de l'intéressante découverte, récemment faite en différentes parties de l'Europe occidentale, d'instruments de silex évidemment travaillés et façonnés avec intention par des hommes ; de plus, on les a trouvés dans des circonstances montrant incontestablement que l'homme est un fort ancien habitant de ces régions.

On a prouvé que les anciennes populations de l'Europe, dont l'existence nous a été ainsi révélée, se composaient de sauvages fort comparables aux Esquimaux actuels. Dans ce pays qui est actuellement la France, ces hommes chassaient le renne, et ils connaissaient les allures du mammouth et du bison. La géographie physique de la France différait bien à cette époque de ce qu'elle est aujourd'hui ; la Somme, par exemple, a creusé son lit à un niveau plus profond de trente-cinq mètres environ, que celui qu'elle occupait alors, et le climat du pays devait ressembler plutôt à celui du Canada ou de la Sibérie qu'à celui de l'Europe occidentale.

Les traditions des nations historiques les plus anciennes ont oublié l'existence de ces peuples. Leurs noms, leurs hauts faits avaient disparu; il y a peu d'années seulement que leur existence nous a été révélée, et les changements physiques qui se sont produits depuis leur époque sont tels, que si les siècles écoulés reculent dans un lointain vénérable quelques-unes des nations historiques, les anciens tailleurs de silex d'Hoxne et d'Amiens étaient éloignés des premiers peuples historiquement connus, comme ceux-ci sont éloignés de nous.

Mais si nous assignons à ces anciennes reliques de générations humaines depuis longtemps disparues la plus grande antiquité qu'il soit possible de leur attribuer, elles ne sont pas aussi vieilles que le drift ou que l'argile des blocs erratiques, dépôts tout récents cependant relativement à la craie. Pour vous en convaincre, il ne vous sera pas nécessaire de dépasser les confins de nos rivages. Sur un des points les plus charmants de la côte de Norfolk, à Cromer, vous verrez l'argile des blocs erratiques former une masse énorme qui repose sur la craie, et qui s'est donc produite postérieurement à celle-ci. D'énormes blocs erratiques de craie sont en effet renfermés dans l'argile, et de toute évidence ont été amenés aux positions qu'ils occupent par l'action des mêmes causes qui ont entraîné jusqu'à côté d'eux des blocs de siénite venus de la Norwége.

La craie est donc certainement plus ancienne que l'argile des blocs erratiques. Si vous me demandez de combien elle est plus ancienne, je vous ramènerai au même point de nos côtes pour y trouver une réponse certaine. Je vous ai dit que l'argile des blocs erratiques et toutes les alluvions anciennes y reposent sur la craie. Ceci n'est pas précisément exact, car entre la craie et le drift on trouve une couche relativement insignifiante qui contient de la matière végétale. Mais cette couche nous raconte des merveilles. Elle est pleine de troncs d'arbres occupant encore la position dans laquelle ils ont poussé. Il y a là des pins avec leurs cônes, des buissons de coudriers avec leurs noisettes, on y trouve des pieds de chênes, d'ifs, de hêtres et d'aunes. C'est pour cela que cette couche a été appelée la couche forestière (*forest bed*).

Évidemment il a fallu que la craie fût soulevée et transformée en terre sèche avant que des arbres de haute futaie aient pu y pousser. Comme certains troncs de ces arbres mesurent jusqu'à un mètre de diamètre, il n'est pas moins clair que la terre sèche ainsi formée est restée longtemps au-dessus du niveau de l'eau. Ce ne sont pas seulement les belles dimensions des chênes et des pins qui nous indiquent la durée de cet état de choses; les restes abondants d'éléphants, de rhinocéros, d'hippopotames et d'autres grands animaux sauvages, retrouvés grâces aux recherches du Révérend M. Gunn et de savants géologues aussi zélés que lui, nous apportent une nouvelle preuve de cette durée.

En examinant ces collections, il suffit de se rappeler que ce sont bien là des ossements réels qui ont vécu, que ces molaires énormes ont réellement broyé la verdure dans les bois sombres dont cette couche est aujourd'hui le seul vestige, pour y reconnaître la preuve de cette durée, preuve aussi évidente que celle des couches ligneuses annuelles encore lisibles sur la section des troncs d'arbres.

Un chapitre de l'histoire du globe est donc écrit aux flancs des falaises de Cromer, et y est exposé aux regards du passant. Cette inscription, dont l'autorité ne peut être attaquée, nous raconte que l'ancien fond de la mer crétacée a été soulevé, et a été terre sèche assez longtemps pour se couvrir de forêts pleines de ces grands animaux dont les dépouilles font la joie de nos géologues. Combien de temps cela a-t-il duré? Personne n'en sait rien ; mais les tourbillons du temps amènent des revanches certaines, et les mutations du sort se sont produites alors comme nous les voyons encore se produire. Cette terre sèche, contenant les os et les dents de bien des générations d'éléphants, dont la vie est longue cependant, ensevelis sous les racines noueuses et les feuillages desséchés de ces arbres antiques, s'est enfoncée peu à peu sous la mer glaciaire qui l'a recouverte d'énormes masses de drift, d'argile et de blocs erratiques.

Des animaux marins, le morse par exemple, qui ne s'écartent pas aujourd'hui de l'extrême Nord, pataugèrent où les oiseaux avaient sautillé sur les hautes branches des pins. Cela dura-t-il longtemps? Nous n'en savons rien encore, mais cet état de choses arriva cependant à prendre fin. La boue glacée se souleva, durcit et forma le sol actuel du pays de Norfolk. De nouvelles forêts surgirent, le loup et le castor remplacèrent le renne et l'éléphant, puis commença à poindre ce que nous appelons l'histoire de l'Angleterre.

Vous avez ainsi, dans les limites de votre propre pays, des preuves pour démontrer que l'antiquité de la craie l'emporte de beaucoup sur les traces physiques les plus anciennes du genre humain. Mais nous pouvons aller plus loin, et démontrer, en nous appuyant sur cette autorité qui témoigne de l'existence du père des hommes, que la craie est bien plus vieille qu'Adam lui-même.

Le livre de la Genèse nous apprend qu'après la création d'Adam et avant celle d'Ève, le premier homme fut immédiatement placé dans le jardin d'Éden, le paradis terrestre. La position géographique de cet Éden est un problème qui a fait le tourment des savants en ces matières, mais il est un point sur lequel aucun commentateur, que je sache, n'a jamais élevé de doutes. Des quatre rivières qui sortaient du paradis terrestre, l'Euphrate et l'Hiddekel sont certainement les rivières connues actuellement sous le nom d'Euphrate et de Tigre.

Mais tout le pays dans lequel ces grandes rivières prennent leur source, ou celui qu'elles arrosent, se compose de roches du même âge que la craie, ou plus récentes encore. Ainsi donc, avant que le plus petit des ruisseaux qui alimentent le courant rapide du grand fleuve de Babylone n'ait commencé à couler, non-seulement la craie était déjà formée, mais de plus il s'était passé, après sa formation, le temps nécessaire au dépôt de ces roches postérieures et à leur soulèvement pour former une terre sèche.

Il n'est pas nécessaire d'insister davantage, mais si j'en avais le temps je pourrais vous faire connaître bien d'autres faits pour appuyer mon dire. Quoiqu'il en soit, on ne peut renverser les arguments qui vous forcent de croire que, depuis l'époque crétacée jusqu'au moment présent, la terre a été le théâtre de changements aussi vastes en étendue que lents à s'effectuer. Ce point où nous sommes à présent a d'abord été sous l'eau, puis il est devenu terre ferme ; quatre fois son état a ainsi varié, et chaque fois il est resté dans les mêmes conditions pendant un temps fort considérable.

Ce n'est pas sur un seul coin de l'Angleterre que se sont produites ces merveilleuses transformations de mer en terre et de terre en mer. Pendant la période de la craie, ou époque crétacée, aucun des grands traits physiques que nous voyons aujourd'hui sur le globe, n'existait encore. Nos grandes chaînes de montagnes, les Pyrénées, les Alpes, l'Hymalaya, les Andes, ont toutes été soulevées depuis que la craie s'est déposée, et la mer crétacée recouvrait les sites du Sinaï et de l'Ararat.

Tout cela est certain, car des roches crétacées, et même des roches postérieures à celles-ci ont participé aux mouvements d'élévation qui ont donné naissance à ces chaînes de montagnes, et on les trouve parfois perchées à plus d'un millier de mètres sur les flancs de ces monts. Des raisons tout aussi probantes démontrent que si, en Norfolk, la couche forestière repose directement sur la craie, cela ne provient pas de ce que l'époque pendant laquelle poussait la forêt, a suivi immédiatement celle de la formation de la craie, mais de ce qu'une immense étendue de temps, représentée ailleurs par des roches d'un millier de mètres de profondeur et plus encore, n'est pas représentée à Cromer.

Nous avons des preuves tout aussi concluantes, vous pouvez m'en croire sur parole, pour affirmer qu'une succession encore plus prolongée de changements semblables a précédé le dépôt de la craie. De plus, aucun fait ne nous permet d'affirmer que le premier terme de cette série de changements nous soit connu. Les fonds de mer les plus anciens que nous puissions reconnaître se composent de sable, de boue, de cailloux roulés, résultant de la dislocation et de l'usure des roches formées dans de plus anciens Océans.

Mais, quelque grands que soient ces changements physiques du monde, ils ont été accompagnés d'une série de modifications non moins frappantes dans ses habitants vivants.

Toutes les grandes classes d'animaux terrestres et marins florissaient sur le globe depuis bien des siècles quand la craie se déposa. Il n'en est guère cependant, parmi ces formes anciennes de la vie animale, qui furent identiques à celles de notre époque; nous pourrions même dire qu'il n'y en a pas. Les espèces des animaux supérieurs étaient certainement différentes de toutes les nôtres. Les *bêtes des champs*, aux époques antérieures à la craie, n'étaient pas celles que nous connaissons, et *les oiseaux de l'air* n'étaient pas de ceux que l'homme a jamais vus voler, à moins que son antiquité ne remonte infiniment plus haut que nous n'avons lieu de le croire. Si nous pouvions être transportés à ces temps reculés, nous serions comme un homme que l'on aurait soudainement déposé en Australie avant la colonisation de ce pays. Nous verrions des mammifères, des oiseaux, des reptiles, des poissons, des insectes, des limaçons, d'autres bêtes encore, toutes reconnaissables en leur genre, et pourtant tous ces animaux ne seraient pas précisément ceux que nous connaissons, et beaucoup d'entre eux seraient extrêmement différents des nôtres.

Depuis cette époque jusqu'à ce jour, la population du monde a subi des changements lents et graduels, mais incessants. Il n'y a pas eu de catastrophe grandiose, un destructeur n'a pas balayé les formes vivantes d'une période pour les remplacer par une création totalement différente, mais une espèce a disparu, une autre l'a remplacée, des êtres présentant un certain type de structure ont diminué, d'autres présentant un type différent ont augmenté avec le cours du temps. Aussi, si nous confrontons les êtres vivants de l'époque antérieure à la craie et ceux du moment présent, leurs différences nous paraissent étonnantes, tandis que, si nous suivons le cours de la nature dans toute la série du résidu de ses opérations que nous retrouvons aujourd'hui, nous sommes conduits d'une forme à une autre par une progression graduelle des plus manifestes.

C'est en effet par la population des mers crétacées que se relient le mieux les anciens habitants du monde aux animaux actuels. On voit à cette époque fleurir côte à côte les groupes qui s'éteignent et ceux qui constituent aujourd'hui les formes dominantes de la vie.

Ainsi la craie contient les restes de ces étranges reptiles volants ou nageurs, le ptérodactyle, l'ichthyosaure, et le plésiosaure que l'on ne rencontre plus dans les dépôts plus récents, mais qui abondaient aux époques précédentes. Les coquillages cloisonnés que l'on appelle ammonites et bélemnites, si caractéristiques de l'époque antérieure à la craie, disparaissent aussi avec elle.

Mais parmi ces témoins ultimes d'un état de choses antérieur, on rencontre certaines formes vitales toutes modernes qui nous font là l'effet d'intrus. On voit paraître des crocodiles de type moderne ; des poissons osseux, ressemblant beaucoup, dans bien des cas, aux espèces actuelles, tendent à supplanter les formes de poissons qui prédominaient dans les anciennes mers, et de nombreux mollusques vivant aujourd'hui se montrent pour la première fois dans la craie. La végétation prend un aspect moderne. Certains animaux actuellement vivants ne peuvent même pas se reconnaître comme espèces distinctes de ceux qui existaient à cette époque éloignée. La globigérine du temps présent ne diffère pas spécifiquement de celle de la craie, et l'on peut en dire autant de bon nombre d'autres foraminifères. Un examen critique exempt de préjugés fera voir, je pense, que bien d'autres espèces d'animaux supérieurs ont eu une semblable longévité, mais en ce moment je ne puis vous en citer avec certitude qu'un seul exemple, c'est une térébratule (*Terebratulina caput serpentis*) qui abonde dans la craie et qui vit aujourd'hui dans les mers de l'Angleterre (*Terebratulina striata* des auteurs).

La généalogie humaine la plus orgueilleuse de son antiquité doit s'incliner humblement devant celle de ce coquillage insignifiant. Nous autres Anglais sommes fiers d'avoir eu un ancêtre présent à la bataille de Hastings. Les ancêtres de cette térébratule ont assisté sans doute à une bataille d'Ichthyosaures qui s'est livrée en ce point, lorsque la mer crétacée recouvrait encore les champs de Hastings. Tout a changé autour d'elle, mais de générations en générations cette térébratule propageait paisiblement son espèce, et aujourd'hui elle s'offre à nos yeux pour témoigner la continuité de l'histoire actuelle du globe avec son histoire passée.

Jusqu'à cette heure je crois ne vous avoir dit que des faits bien certains et les conclusions qu'ils imposent à l'esprit.

Mais l'esprit est constitué de telle sorte qu'il ne s'en tient pas volontiers aux faits et à leurs causes prochaines, et cherche toujours à remonter dans l'enchaînement causal.

Étant donnés comme certains les nombreux changements d'un point quelconque de la surface terrestre, tantôt à nu, tantôt recouvert par les eaux, nous ne pouvons nous empêcher de demander d'où proviennent ces changements. Et quand nous les avons expliqués, comme ils doivent l'être, par des mouvements d'élévation et d'affaissement alternant lentement pour modifier la croûte terrestre, nous allons plus loin, et demandons : Pourquoi ces mouvements ?

Je ne sais si quelqu'un est capable de donner à cette question une réponse satisfaisante. Quant à moi, cela m'est impossible. La seule chose certaine que je puisse vous dire, c'est que des mouvements de ce genre font partie du cours ordinaire de la nature, car ils se produisent en ce moment. Certaines parties des terres de l'hémisphère septentrional se soulèvent insensiblement aujourd'hui, d'autres s'affaissent d'une façon tout aussi insensible, on peut en donner des preuves directes, et nous avons des preuves indirectes, des plus concluantes cependant, pour démontrer que sur une énorme étendue le fond de l'océan Pacifique s'est déprimé d'un millier de mètres peut-être, depuis l'apparition du monde vivant qui le peuple actuellement.

Ainsi, il n'y a pas la moindre raison de croire que les changements du globe effectués dans le passé proviennent de causes différant en rien des causes naturelles.

Avons-nous lieu de croire que les modifications concomitantes qui se sont produites dans les formes des habitants vivants de la terre ont été déterminées d'une façon différente ? Avant de chercher à résoudre cette question, essayons de nous représenter bien clairement ce qui est arrivé dans un cas spécial.

Les crocodiles sont, comme groupe, des animaux d'une très-grande antiquité. Ils abondaient bien des siècles avant le dépôt de la craie, aujourd'hui ils pullulent dans les rivières des pays chauds. Entre les crocodiles actuels et les crocodiles antérieurs à la craie, il y a une différence dans la forme des articulations de l'épine dorsale, il y en a encore d'autres de moindre importance, mais comme je l'ai dit déjà, à l'époque de la craie les crocodiles avaient pris le type moderne de leur structure. Cependant les crocodiles de la craie ne sont pas identiques à ceux qui vivaient pendant la formation des terrains tertiaires les plus anciens, immédiatement postérieurs aux terrains crétacés ; les crocodiles des terrains tertiaires anciens ne sont pas identiques à ceux des tertiaires récents, et ces derniers ne sont pas identiques aux crocodiles actuels. On peut se demander si des espèces spéciales ont pu se continuer d'époque en époque, mais je laisse cette question de côté. Chaque époque a eu ses crocodiles spéciaux, mais depuis la craie, ils ont tous appartenu au type moderne, et ne diffèrent entre eux que par leurs dimensions ou par des particularités de structure qu'un œil exercé peut seul reconnaître.

Comment rendre compte de l'existence de cette longue succession de différentes espèces de crocodiles ?

Deux suppositions seulement me semblent possibles : chaque espèce de crocodiles représente une création spéciale, ou bien elle provient, par opération des causes naturelles, d'une forme préexistante.

Choisissez l'hypothèse qui vous convient, j'ai choisi la mienne. Je ne vois aucune raison de croire à la création spéciale d'une vingtaine d'espèces de crocodiles qui se succèdent pendant le cours d'un nombre incalculable de siècles. La science ne saurait admettre de semblables billevesées, et le commentateur le plus ingénieux ne saurait, malgré toute la mauvaise foi dont il peut être capable, attribuer cette signification aux paroles si simples dont se sert l'écrivain de la Genèse pour raconter l'œuvre des cinquième et sixième jours de la création.

D'autre part, je ne vois pas sur quoi on peut s'appuyer pour douter de l'alternative nécessaire, que toutes ces espèces différentes proviennent d'une forme saurienne préexistante, évolution déterminée par l'action de causes qui font aussi absolument partie de l'ordre habituel de la nature, que celles qui ont déterminé les changements du monde inorganique.

Peu d'hommes osent affirmer aujourd'hui que le raisonnement applicable aux crocodiles est sans valeur quand il s'agit d'autres animaux ou des plantes. Si une série d'espèces s'est produite par l'action de causes naturelles, il semble absurde de nier que toutes les autres aient pu se produire de même.

Un petit début nous a menés à de grandes conclusions. Si je mettais ce bout de craie que je vous montrais en commençant, dans une flamme d'hydrogène, si brûlante malgré son obscurité, il resplendirait bientôt comme le soleil. Ce changement physique représente assez bien, je pense, le résultat de ce que nous avons fait en soumettant cette craie à l'ardeur d'une pensée dépourvue d'éclat cependant. La craie est devenue lumineuse, et sa clarté traversant l'abîme d'un lointain reculé nous a fait voir des passages successifs de l'évolution de la terre. De plus, en examinant les changements lents mais incessants de la terre et de la mer, comme l'infinie variation des formes que revêtent les êtres vivants, nous n'avons trouvé que le produit naturel des forces originelles propres à la substance de l'univers.

X

DE LA CONTEMPORANÉITÉ GÉOLOGIQUE, ET DES TYPES PERSISTANTS DE LA VIE.

De temps en temps le négociant doit faire son inventaire, besogne utile, mais laborieuse, et qui n'est pas toujours bien satisfaisante. Après les entraînements de la spéculation, les plaisirs du gain et les chagrins des pertes, il se décide à envisager les faits, et à se rendre compte de la quantité et de la qualité précise de son avoir réel.

L'homme de science a lieu, parfois, d'en faire autant, et négligeant alors la valeur de ses petits *acquêts*, il doit examiner à nouveau tout ce qu'il y a sur le marché, de façon à s'assurer que le *stock* de numéraire en cave, sur la foi duquel on fait circuler tant de papier, se compose bien réellement de l'or solide de la vérité.

La réunion anniversaire de la Société géologique me semble une occasion des plus opportunes pour une entreprise de ce genre, c'est-à-dire, pour chercher à nous rendre compte de la nature et de la valeur des résultats actuels des recherches paléontologiques, d'autant plus que tous ceux qui ont suivi de près toutes les discussions récentes dans lesquelles la paléontologie s'est trouvée impliquée, doivent avoir reconnu l'urgente nécessité d'un semblable examen.

Il faut indiquer tout d'abord l'impulsion et la grande extension données à la botanique, à la zoologie et à l'anatomie comparée, par l'étude des restes fossiles, de tous les résultats de la paléontologie le mieux défini et le moins discutable. La masse des faits biologiques s'est accrue en effet de telle sorte, la portée des interprétations biologiques s'est tellement étendue par les recherches du géologue et du paléontologiste, que les naturalistes du jour vont considérer la géologie, il y a lieu de le craindre, comme Brindley comprenait les rivières. Les rivières, disait le grand ingénieur, ont été faites pour alimenter les canaux; et certains savants ont l'air de penser que la géologie a pour seul but les progrès de l'anatomie comparée.

S'il était possible de justifier une semblable pensée, ce n'est pas dans cette assemblée qu'elle pourrait être reçue favorablement; mais elle ne peut se justifier. La science que vous cultivez a un grand but, indépendant de celui des autres sciences. Ses fervents disciples, en lui consacrant leurs efforts, ont en vue ses seuls progrès il est vrai, mais si dans leur moisson ils trouvent de quoi répandre des dons magnifiques parmi les sciences voisines, il faut se rappeler que cette charité est du genre de celles qui n'appauvrissent pas, mais retombent en bénédictions sur celui qui donne et sur celui qui reçoit.

Quoi qu'il en soit cependant, les faits subsistent. Les recherches paléontologiques ont ajouté près de quarante mille espèces d'animaux et de plantes au système de la nature. C'est une population vivante équivalant en nombre à celle d'un nouveau continent, à celle d'un nouvel hémisphère, si nous tenons compte du petit nombre d'insectes fossiles reconnus jusqu'ici, des grandes dimensions et de l'organisation toute spéciale d'un bon nombre de vertébrés.

Mais à part cela je n'exagère pas en disant que si les nécessités de l'interprétation des faits paléontologiques ne s'étaient pas présentées, les lois de la distribution n'eussent sans doute pas été étudiées avec les mêmes soins; et d'autre part, parmi les hommes qui s'occupent d'anatomie comparée, peu d'entre eux, et des moins marquants, eussent été poussés par l'amour du détail à étudier les minuties ostéologiques, si ces minuties ne nous donnaient la clef des énigmes les plus intéressantes du monde animal éteint.

Voilà assurément de grands résultats. Si on peut faire remonter la paléontologie à une époque antérieure à celle de Cuvier, c'est à partir de ce grand homme seulement qu'elle prend son rang légitime, et si cette branche, jusque-là secondaire, de la biologie a doublé en un demi-siècle la valeur et l'intérêt du groupe scientifique auquel elle appartient, nous avons lieu de nous en féliciter grandement.

Mais ce n'est pas tout. Unie à la géologie, la paléontologie a établi deux lois d'une importance

capitale. La première, c'est [...] e même superficie de la surface terrestre a [...] successivement
occupée par des espèces vivan[...] fort différentes;
la seconde, que l'ordre de su[...] sion établi pour
une localité est approximativ[...] nt valable pour
toutes.

La première de ces lois est uni[...] selle et absolue;
la seconde est une induction q[...] confirment des
observations en grand nombre, n[...] is elle peut pro-
senter et présentera même [...] bablement des
exceptions. De cette seconde lo[...] l résulte qu'il y
a souvent une relation spéciale [...] tre des séries de
couches fossilifères, dans les différentes localités.
Ce n'est pas seulement en vertu de la ressemblance
générale des restes organiques reconnus dans deux
séries, qu'elles se ressemblent; c'est aussi en vertu
d'une similarité dans l'ordre et dans le caractère de
la succession sérielle de ces couches. L'arrangement
est semblable; aussi la correspondance se dénote
dans les termes séparés de chaque série, comme
dans les séries entières.

La succession implique le temps. Les couches inférieures d'une série de roches sédimentaires sont
certainement plus vieilles que les couches supérieures; et quand on a fait intervenir l'idée de l'âge
comme équivalant à l'idée de succession, il est tout
naturel de considérer une correspondance de succession comme une correspondance d'âge, ou contemporanéité. Et en vérité, s'il ne s'agit que de l'âge
relatif, une correspondance de succession revient ef-

fectivement à une correspondance d'âge; c'est une contemporanéité relative.

Mais il eût été bien préférable d'exclure de la terminologie géologique cette expression vague et ambiguë de *contemporain*. Il eût fallu la remplacer par un terme exprimant la similarité de relation sérielle; ce terme, négligeant la notion du temps, n'eût été employé que pour indiquer une correspondance de position dans deux, ou dans un plus grand nombre de séries de couches.

En anatomie, il faut indiquer à chaque instant une semblable correspondance de position; elle s'exprime par le mot *homologie* et ses dérivés. En géologie, science qui n'est après tout que l'anatomie et la physiologie de la terre, il y aurait lieu d'inventer un mot simple de ce genre, *homotaxis* (similarité d'ordre), par exemple, pour exprimer une idée essentiellement semblable. On ne l'a pas fait cependant, et l'on va me demander sans doute : Pourquoi surcharger la science d'un mot nouveau et étranger, quand nous avons déjà un vieux mot familier faisant partie de notre langage usuel ?

Cette utilité se manifestera de plus en plus à mesure que nous pousserons plus loin l'examen des résultats de la paléontologie.

En effet, ceux qui s'occupent spécialement de l'étude des œuvres des paléontologistes savent très bien que si l'on voulait borner cette partie de la biologie dont ils s'occupent à l'énoncé des résultats indiqués ci-dessus, la plupart des paléontologistes le trouveraient insuffisant.

Nos grands traités classiques de paléontologie font profession de nous enseigner des choses bien plus élevées. Ils prétendent nous découvrir toute la succession des formes qui ont vécu sur la surface du globe; ils veulent nous faire connaître une distribution totalement différente des conditions climatériques aux temps anciens, nous révéler les caractères des premières manifestations de la vie, et nous tracer la loi du progrès effectué depuis ces premiers êtres vivants jusqu'à nous.

Si c'est là ce que prétend nous enseigner la paléontologie, il sera fort utile, peut-être, de soumettre ce qu'elle fait profession de nous apprendre, à un examen plus sévère qu'on ne l'a fait jusqu'ici, pour reconnaître si ces enseignements reposent sur une base bien établie, ou si, après tout, les paléontologistes ne feraient pas bien d'apprendre et de cultiver l'« *ars artium* » scientifique, l'art de dire : Je ne sais pas. Dans ce but, définissons d'une façon plus exacte la portée de ces prétentions de la paléontologie.

Chacun sait que le livre du professeur Bronn (1) et le *Traité de Paléontologie*, du professeur Pictet (2) sont des œuvres capitales, de première autorité, et que

---

(1) *Untersuchungen uber die Gestaltungs Gesetze der Naturkorper*. Stuttgart, 1858. *Lois de la distribution des corps organisés fossiles dans les différents terrains sédimentaires, suivant l'ordre de leur superposition*. Paris, 1861, in-4°.

(2) Pictet, *Traité de paléontologie*.

consulte journellement tout paléontologiste militant. Il faut parler de ces ouvrages excellents et de leurs auteurs distingués, avec le plus grand respect, en s'écartant le plus possible du ton de la critique tranchante, et vraiment, si j'en parle ici, c'est simplement pour justifier l'assertion que les propositions suivantes, implicitement ou explicitement contenues dans ces ouvrages, expriment, pour la plupart des paléontologistes et des géologues anglais ou étrangers, quelques-uns des résultats les plus certains de la paléontologie. Ainsi donc, on dira :

Les animaux et les plantes ont commencé à vivre en même temps, peu après le commencement du dépôt des premières roches sédimentaires. Puis ils se sont succédé, de telle sorte que des faunes et des flores totalement différentes occupèrent toute la surface de la terre, l'une après l'autre, et pendant des époques distinctes.

Une formation géologique est l'ensemble de toutes les couches déposées sur toute la surface de la terre pendant une de ces époques. Une faune ou une flore géologique est l'ensemble de toutes les espèces d'animaux ou de plantes qui occupèrent toute la surface du globe pendant une de ces époques.

A l'origine, toute la population de la surface terrestre était à peu près la même partout ; c'est seulement à partir du milieu de l'époque tertiaire qu'elle commença à se distribuer en zones distinctes.

La constitution de la population originelle et les proportions numériques de ses représentants indiquent un climat plus chaud que le nôtre, un climat tropical en tous lieux, et à température assez constante pendant tout le cours de l'année. La distribution ultérieure des êtres vivants en zones provient d'un abaissement graduel de la température générale, qui s'est d'abord fait sentir aux pôles.

Je n'ai pas l'intention de rechercher en ce moment si ces doctrines sont vraies ou fausses, mais je veux appeler votre attention sur une question préliminaire bien plus simple et fort essentielle cependant. Quelle est leur base logique? Quels sont les axiomes postulés dont ils dépendent logiquement? Sur quelle évidence ces propositions fondamentales ont-elles droit à notre assentiment.

Ces axiomes sont au nombre de deux. Le premier, c'est que dès ses premières manifestations sur la terre, la vie y a laissé ses traces. Le second, que la contemporanéité géologique est constituée par un synchronisme réel. Sans le premier postulat, il n'y a rien à affirmer par rapport à l'origine de la vie; sans le second, toutes les autres affirmations citées plus haut, impliquant toutes une connaissance des différentes parties de la terre à un même moment donné, ne seront pas non plus susceptibles de démonstrations.

Il est vrai que le premier axiome repose entièrement sur des preuves négatives. C'est nécessairement le seul genre d'évidence dont on puisse se servir pour établir le commencement d'une série de phénomènes; mais en même temps il ne faut pas perdre de vue que la valeur d'une preuve négative dépend entièrement de l'ensemble des faits positifs qui viennent la corroborer. Quand un homme veut prouver son absence d'un lieu quelconque, il lui est inutile d'amener mille témoins prêts à jurer qu'ils ne l'ont pas vu en cet endroit, si ces témoins ne peuvent prouver qu'ils auraient nécessairement constaté sa présence dans le cas où il s'y serait trouvé. Quand on veut établir que la vie animale commence avec les roches stratifiées, dites *couches à lingules*, on se trouve précisément en présence de preuves négatives de ce genre, insuffisantes et sans confirmation positive. Les terrains Cambriens appelés en témoignage disent sous serment : Nous n'avons vu personne ; et aussitôt l'avocat de la partie adverse présente trois ou quatre mille mètres de grès Dévoniens prêts à jurer qu'ils n'ont jamais vu un poisson ou un mollusque, quand chacun sait parfaitement qu'il y en avait abondamment à leur époque.

Mais alors on allègue que si les roches Devoniennes d'une partie du monde sont sans fossiles, elles en contiennent ailleurs, tandis que les roches Cambriennes inférieures n'ont de fossiles nulle part ; d'où l'on peut conclure qu'aucun être vivant n'existait à leur époque.

A ceci il y a deux réponses à faire : D'abord les observations permettant d'affirmer que les roches inférieures ne présentent de fossiles nulle part, sont bien restreintes, car on n'a encore étudié à fond qu'une bien petite partie de la terre; puis il faut dire, en second lieu, que l'argument est sans valeur si ces roches sans fossiles ne sont pas seulement contemporaines au sens géologique, mais réellement synchrones. Pour reprendre un exemple analogue au précédent, si un homme veut prouver qu'il n'était ni en A ni en B un jour donné, ses témoins pour chacun des deux endroits doivent pouvoir répondre du jour entier. S'ils peuvent prouver seulement qu'il n'était pas en A au matin ni en B au soir, la preuve de son absence est nulle, car il aurait pu être en B au matin et en A au soir.

Ainsi donc tout dépend de la valeur du second postulat, et nous devons maintenant rechercher le sens réel du mot *contemporain*, comme l'emploient les géologues. Prenons pour cela un fait concret.

Le Lias d'Angleterre et le Lias d'Allemagne, les roches crétacées de la Grande Bretagne et les roches crétacées des Indes méridionales sont appelés par les géologues des formations contemporaines; mais demandez à un géologue réfléchi s'il entend dire par là que ces terrains furent déposés simultanément, il vous répondra : Non, j'entends dire seulement qu'ils se sont déposés dans le cours d'une même grande époque. Et si, poursuivant vos questions, vous lui demandez la valeur de temps approximative d'une grande époque, si cela signifie cent ans ou mille ans, un million ou dix millions d'années, il vous répondra : Je n'en sais rien.

Quand on recherche en outre si la géologie physique possède une méthode pour reconnaître que deux dépôts éloignés se sont déposés simultanément, ou au contraire à des moments fort séparés, on ne trouve rien de ce genre. Les autorités les plus compétentes admettent, en effet, que la similitude de composition minérale ou de caractère physique, ou même la continuité directe de couches ne sont pas des preuves absolues de synchronisme pour des couches sédimentaires même très-rapprochées, et quand il s'agit de dépôts éloignés, il ne semble pas qu'il soit possible d'atteindre à une évidence physique propre à démontrer que ces dépôts ont été formés simultanément, ou qu'il y a entre eux une différence d'antiquité évaluable. En nous reportant à notre dernier exemple, tous les hommes compétents reconnaîtront probablement que la géologie physique ne nous permet pas de répondre à la question suivante : Les roches crétacées d'Angleterre se déposaient-elles au même moment que celles de l'Inde ; leurs sont-elles antérieures ou postérieures d'un million d'années ?

La géographie physique nous faisant ici défaut, la paléontologie est-elle capable de résoudre ces questions ? Les paléontologistes qui font autorité le prétendent, comme nous l'avons vu. Pour eux, il serait certain que des dépôts contenant des restes organiques semblables sont synchrones, si l'on ne prend pas du moins ce mot dans un sens trop restreint. Pourtant ceux qui voudront étudier les onzième et douzième chapitres du bel ouvrage de sir

Henry de la Beche (1), publié il y a une quarantaine d'années, et suivront dans toutes leurs conséquences logiques, les arguments qui y sont exposés d'une façon si lucide, arriveront facilement à se convaincre que l'identité la plus absolue des contenus organiques des dépôts n'est pas une preuve de leur synchronisme, tandis que d'autre part la diversité la plus absolue de ces fossiles ne prouve pas une différence de date des dépôts où on les trouve. Sir Henry de la Beche va même plus loin, et nous donne de bonnes preuves pour démontrer que les différentes parties d'une seule et même couche, présentant partout la même composition, les mêmes restes organiques, les mêmes couches au-dessus et au-dessous d'elle, peuvent s'être formées cependant à des époques indéfiniment éloignées l'une de l'autre.

Edward Forbes avait l'habitude d'affirmer que la similitude des contenus organiques de formations éloignées, prouvait, à première vue, non une similitude, mais une différence d'âge de ces couches. Il soutenait la doctrine des centres uniques de formation des espèces, et cette théorie étant admise, sa conclusion était tout aussi légitime qu'une autre, car, des deux points examinés, l'un avait été occupé par migration provenant de l'autre, ou bien leur population provenait d'un point intermédiaire, et dans ce dernier cas toutes les chances sont contraires

---

(1) *Researches in Theoretical Geology*. London, 1834. — Traduit en français par H. de Collegno. Paris, 1838.

à une migration et à un ensevelissement simultanés.

Quoi qu'il en soit, et que l'on admette ou non l'hypothèse des centres spécifiques uniques ou multiples, il est de fait que la similitude des contenus organiques ne peut prouver en rien le synchronisme des dépôts où on les trouve. Tout au contraire, on peut démontrer que cette similitude est compatible avec des différences d'âge infinies et l'interposition de changements énormes des mondes organique et inorganique, dans l'intervalle des époques de formation de ces dépôts.

Quel est le degré de similitude des faunes sur lequel on a établi la doctrine de la contemporanéité des terrains Siluriens Européens avec ceux de l'Amérique septentrionale ? Sir Charles Lyell affirme (1) sur l'autorité d'un ancien président de cette société, Daniel Sharpe, que sur cent espèces de mollusques Siluriens, trente ou quarante espèces sont communes aux deux côtés de l'Atlantique. Pour tenir compte des découvertes que l'on pourra faire encore, doublons le chiffre moindre, et supposons que soixante pour cent des espèces soient communes aux terrains Siluriens de l'Amérique du Nord et de la Grande-Bretagne. Soixante espèces en commun, sur cent, suffiraient alors à établir la contemporanéité de deux terrains.

Or, supposons que dans un ou deux millions d'années, quand l'Angleterre après s'être encore une

---

(1) Dernière édition de sa *Géologie élémentaire*.

fois engloutie au fond des mers, aura surgi de nouveau, un géologue applique cette doctrine en comparant les couches mises à sec par le soulèvement du fond du canal de Saint-George, par exemple, avec ce qui restera du Crag de Suffolk. En raisonnant ainsi il pourra affirmer tout d'abord que le Crag de Suffolk et les couches du canal de Saint-George sont des formations contemporaines, et nous savons cependant qu'il y a entre elles une période de temps énorme, même au sens géologique, et des changements physiques pour ainsi dire sans précédents par leur étendue.

Mais si l'on peut démontrer que des couches relativement voisines et contenant un pour-cent de plus de soixante ou soixante-dix espèces mollusques en commun, peuvent cependant être séparées par une étendue de temps géologique assez grande pour permettre les plus grands changements physiques dont le monde ait été témoin, que devient alors ce genre de contemporanéité qui se montre seulement par une similitude d'aspect ou par l'identité d'une demi-douzaine d'espèces, ou encore par celle d'un plus grand nombre de genres.

Et pourtant, tous ceux qui adoptent les hypothèses d'une faune et d'une flore universelles, d'un climat général uniforme et d'un refroidissement sensible du globe ne peuvent établir sur de meilleures preuves la contemporanéité qu'ils postulent.

On est donc réduit, semble-t-il, à admettre que ni la géologie physique, ni la paléontologie ne possèdent une méthode à l'aide de laquelle on puisse démontrer le synchronisme absolu de deux couches. Tout ce que la géologie peut démontrer, c'est l'ordre local de succession. Il est mathématiquement certain qu'en observant, sur une ligne verticale, la section d'une série de dépôts sédimentaires qui n'ont pas encore été remués, les couches inférieures sont les plus anciennes. Dans une autre section verticale de la même série, des couches correspondantes se présenteront nécessairement dans le même ordre de haut en bas, mais, malgré toutes les probabilités favorables, personne ne peut dire avec une certitude absolue que les couches de ces deux sections se sont déposées simultanément. S'il s'agit de petites étendues, il ne peut résulter assurément rien de fâcheux en pratique, quand on affirme que des couches correspondantes sont synchrones ou strictement contemporaines ; il y a de plus une foule de considérations accessoires pour justifier amplement l'hypothèse de ce synchronisme. Mais dès que le géologue s'occupe de grandes étendues, de dépôts complétement séparés, s'il confond, sous le même nom de contemporanéité, l'*homotaxis*, cette similarité d'arrangement dont on peut donner les preuves, avec le synchronisme ou identité de date que l'on ne peut étayer d'aucune raison valable, il en résulte les conséquences les plus fâcheuses, et cette confusion sera l'origine constante d'interprétations toutes gratuites.

La géologie, la paléontologie ne sauraient établir

qu'une faune, qu'une flore Dévoniennes ne coïncidaient pas dans les îles Britanniques avec la vie Silurienne dans l'Amérique du Nord, avec la faune et la flore de l'époque carbonifère en Afrique. A l'époque paléozoïque il yavait peut-être des provinces et des zones géographiques aussi tranchées qu'elles le sont actuellement, et ces productions, soudaines en apparence, d'espèces et de genres nouveaux que nous rapportons à de nouvelles créations, peuvent être tout simplement le résultat de migrations.

Il peut en être ainsi, il peut en être autrement. Dans l'état actuel de nos connaissances et de nos méthodes, nous devons opposer à toutes les hypothèses grandioses qu'établit le paléontologiste pour expliquer la succession des manifestations vitales sur la terre, une conclusion constante : Tout cela n'est pas démontré, tout cela n'est pas démontrable. L'ordre et la nature de la vie sur la terre sont, dans leur ensemble, des questions pendantes. Au point de vue topographique la géologie nous fournit aujourd'hui des renseignements de la plus grande valeur, mais elle ne peut les synthétiser pour en faire l'histoire universelle du globe. Cette histoire universelle est-elle donc impossible ? Les problèmes majeurs, et les plus intéressants qui puissent se présenter au géologue sont-ils donc insolubles par leur nature même, et comme Tantale, sommes-nous condamnés à ne pouvoir atteindre l'objet de nos désirs ? Espérons le contraire, car il n'est peut-être pas impossible d'indiquer d'où nous viendra le secours.

En débutant, je vous ai signalé les grands services rendus au naturaliste, par le paléontologiste et le géologue. Il viendra un temps assurément où ces services seront payés au centuple. Le naturaliste nous fournira le fil conducteur qui nous sauvera de ce dédale de l'histoire ancienne du monde, où sont actuellement perdus le géologue et le paléontologiste qui n'ont d'autre guide pour s'en tirer que leur science pure.

Tous ceux qui ont autorité pour se prononcer sur ce sujet s'accordent aujourd'hui à reconnaître que les nombreuses variétés des formes animales et végétales ne sont pas le résultat du hasard, ni des effets capricieux d'un pouvoir créateur, mais qu'ils se sont produits selon un ordre défini ; les hommes de science appellent *loi naturelle* la formule qui exprime cet ordre. Que cette loi soit l'expression du mode d'opération des forces naturelles, ou une simple manière d'indiquer de quelle façon une puissance surnaturelle a cru devoir agir, c'est là une question secondaire, pourvu que l'on admette l'existence de la loi et la possibilité de sa découverte par l'intelligence humaine. Mais ce serait un philosophe de peu de cœur que celui qui croirait à cette possibilité, et, après avoir observé les progrès gigantesques des sciences physiologiques pendant les vingt dernières années, douterait que la science ne parvînt tôt ou tard à faire ce dernier pas qui la mettra en possession de la loi d'évolution des formes organiques, de l'ordre invariable de ce grand enchaînement de causes et d'effets, dont toutes les formes organiques anciennes et modernes sont les chaînons. Et si jamais nous devons être à même de discuter avec profit les questions relatives aux origines de la vie et à la nature des populations successives du globe, que quelques-uns considèrent déjà comme résolues, c'est alors que nous pourrons commencer de le faire utilement.

Je ne prétends pas que les arguments précédents soient absolument nouveaux; en effet, depuis trente ans ils ont été présents à l'esprit des géologues d'une façon plus ou moins distincte, et si j'ai cru devoir leur donner aujourd'hui une forme plus précise et plus systématique, c'est que la paléontologie prend chaque jour une plus grande importance, et doit reposer maintenant sur une base bien établie. Parmi ses conceptions fondamentales elle ne doit pas confondre ce qui est certain et ce qui est plus ou moins probable (1). Mais en attendant l'établissement de fondations plus solides que celles sur lesquelles repose en ce moment la paléontologie, il peut être instructif, en admettant même pour l'occasion que l'hypothèse de la contemporanéité géologique, telle qu'on la comprend généralement, soit vraie dans son ensemble, de rechercher si les conclusions habituellement déduites de l'ensemble des faits paléontologiques sont justifiables.

L'évidence sur laquelle ces conclusions reposent,

(1) « Le plus grand service qu'on puisse rendre à la science est d'y faire place nette avant d'y rien construire. » Cuvier.

est négative, ou d'autre part elle est positive. Je laisse de côté ce qui a trait à l'évidence négative pour m'étendre de préférence sur celle que nous fournissent les faits positifs de la paléontologie. Voyons donc ce que ces faits nous enseignent.

Nous avons tous l'habitude de parler du grand nombre et de l'étendue des changements opérés dans la population vivante du globe, pendant les temps géologiques, comme d'une chose énorme. Ces changements sont énormes, en effet, si nous envisageons les différences négatives qui séparent les roches les plus anciennes des roches modernes, et si nous considérons comme de grands changements ceux qui se produisent dans le genre et dans l'espèce. Ces derniers sont considérables à un certain point de vue assurément, mais si on laisse de côté les différences négatives pour ne tenir compte que des données positives fournies par le monde fossile, alors, à un point de vue plus élevé, celui de l'anatomie comparée, l'étude des modifications majeures de la forme animale, une surprise d'un autre genre vient se présenter à l'esprit, et sous cet aspect nouveau la petitesse du changement total devient aussi étonnante que ce changement était d'abord frappant par sa grandeur.

Les ordres connus des plantes sont au nombre de deux cents, et pas un de ces ordres n'existe, que l'on sache, exclusivement à l'état fossile. Toute l'étendue des temps géologiques n'a pas encore fourni au monde végétal un seul type d'ordre nouveau (1).

Quand on compare le monde animal récent à l'ancien, on se trouve en présence d'un changement réel plus grand, mais singulièrement restreint cependant. Aucun animal fossile ne se différencie des animaux actuels au point de nécessiter pour lui une classe différente de celles qui suffisent à grouper les formes existantes. Il faut descendre aux ordres que l'on peut évaluer approximativement au chiffre de 130, avant de rencontrer des animaux fossiles assez différents de ceux qui existent maintenant pour qu'il y ait lieu de faire pour eux des ordres distincts, et au plus, il n'y a pas lieu d'en établir plus de treize ou quatorze.

Parmi les protozoaires on ne saurait montrer la disparition d'aucun ordre ; parmi les cœlentérés (*Cœlenterata*) un ordre a disparu : celui des coraux rugueux; il n'en manque pas parmi les mollusques ; parmi les échinodernes il en manque trois : les Cystidés, les Blastoïdés et les Edrioastérides, et deux chez les Crustacés, les Trilobites et les Euryptères soit cinq en tout pour le grand embranchement des annelés. Dans l'embranchement des vertébrés aucun poisson fossile ne nécessite l'établissement d'un ordre nouveau ; un seul ordre d'amphibies a disparu, celui des Labyrinthodontes, mais parmi les reptiles il en manque au moins quatre ; les Icthyosaures, les

---

(1) Voyez Hooker, *Introductory Essay to the Flora of Tasmania*, p. 23.

Plésiosaures, les Ptérodactyles, les Dinosaures et peut-être un ou deux autres ordres. Chez les oiseaux aucun ordre n'a disparu, et l'on ne peut établir qu'il en soit autrement pour les mammifères, car il est douteux que l'ordre des Toxodontes présente des différences de caractère qui suffisent à en faire un ordre à part.

Il se présente ici une objection évidente : On dira, qu'en somme, des affirmations si générales reposent en majeure partie sur des preuves négatives, mais cette objection a moins de valeur qu'on ne serait porté à le supposer à première vue. En effet, comme on pouvait s'y attendre d'après les circonstances spéciales, nous retrouvons les mollusques marins et les poissons en plus grande abondance que toutes les autres formes de la vie animale; ils ne nous offrent cependant, dans toute l'étendue des temps géologiques, aucune espèce nécessitant l'établissement d'un ordre distinct de ceux qui réunissent les espèces actuelles, et cependant la classe bien moins nombreuse des Echinodermes nous en présente trois, les crustacés deux, bien qu'aucun de ces ordres ne subsiste après l'époque paléozoïque. En dernier lieu les reptiles nous présentent ce fait exceptionnel et extraordinaire : Si l'on compare les ordres disparus aux ordres subsistant actuellement, on trouve que le nombre des premiers est égal à celui des seconds, s'il ne lui est pas supérieur, les ordres éteints indiqués précédemment ayant existé depuis le Lias jusqu'à la craie inclusivement.

Il y a quelques années un de vos secrétaires indiquait un autre genre d'évidence paléontologique positive tendant à la même conclusion, en ce qu'il appelait les *types persistants* de la vie animale et végétale (1). En s'appuyant sur l'autorité du docteur Hooker, il disait que certaines plantes de l'époque de la houille semblent être du même genre que certaines plantes actuelles. Ainsi il ne serait guère possible de distinguer le cône de l'*Araucaria* oolithique de celui d'une espèce actuelle ; on trouve dans les terrains de Purbeck un véritable pin, un noyer dans la craie, et dans les sables de Bagshot, une Banksie dont le bois ne peut se différencier de celui d'une espèce existant actuellement en Australie.

Envisageant le monde animal, il affirmait que les Madréporaires tabulés (2) des roches siluriennes ressemblaient singulièrement à ceux de notre époque, tandis que les familles des Madréporaires apores (3) étaient toutes représentées dans les roches Mésozoïques.

De semblables faits étaient indiqués dans la classe des mollusques. Remarquez que les genres *Avicula, Mytilus, Chiton, Natica, Patella, Trochus, Discina, Orbicula, Lingula, Rhynchonella* et *Nautile*, qui existent tous actuellement, sont tous donnés comme genres

(1) Voir les extraits d'une conférence : *sur les types persistants de la vie animale*, in *Notices of the Meetings of the Royal Institution of Great Britain*, june 3, 1859, vol. III, p. 151.

(2) Voyez Milne-Edwards et Haime, *Hist. naturelle des coralliaires*, t. III, p. 223.

(3) Voyez Milne-Edwards et Haime, t. II, p. 5.

siluriens avérés dans la dernière édition de la faune silurienne (1) de Sir R. Murchison, tandis que les formes les plus développées des Céphalopodes supérieurs sont représentés dans le Lias par le genre *Belemnoteuthis* extrêmement voisin des Calmars actuels.

Les deux groupes supérieurs des annelés, les insectes et les arachnides sont réprésentés dans les houilles, soit par des genres actuels, soit par des formes ne différant de ceux-ci qu'en des particularités de fort minime importance.

Chez les vertébrés le seul poisson Elasmobranche paléozoïque dont nous ayons une connaissance complète est le *Pleuracanthus* des terrains Dévoniens et houillers, qui ne diffère pas plus de nos requins que ceux-ci ne diffèrent entre eux.

De même, bien que le nombre des poissons fossiles certainement Ganoïdes soit fort grand, et qu'ils aient duré pendant un temps énorme, on a réuni récemment des preuves nombreuses pour faire voir que tous ceux que nous connaissons suffisamment appartiennent aux mêmes groupes sous-ordinaux que le Lepidosteus, le Polypterus et l'Esturgeon actuels; en outre, il y a une relation singulière entre les poissons plus anciens et les plus récents : les premiers, les Ganoïdes Dévoniens, appartenant presque tous au même sous-ordre que le Polypterus, et les Ganoïdes Mésozoïques étant pour la plupart alliés de même au Lepidosteus (2).

(1) *Siluria*. London.
(2) « *Memoirs of the Geological Survey of the United King-*

En outre, rien n'est plus remarquable que cette constance singulière de structure qui se maintient si longtemps dans la famille des Pycnodontes et dans celle des Cœlacanthes vrais ; la première dure depuis les terrains houillers jusqu'aux roches tertiaires inclusivement, et ne présente que des modifications insignifiantes ; la seconde persiste avec des changements encore moindres depuis les roches carbonifères jusqu'à la craie inclusivement encore.

Parmi les reptiles, le groupe le plus élevé que nous ayons, celui des crocodiles, est représenté au début de l'époque Mésozoïque par des espèces dont les caractères organiques essentiels sont identiques à ceux des espèces actuelles ; de telle sorte que les espèces anciennes et les espèces modernes ne diffèrent qu'en des points de détail, tels que la forme des faces articulaires des corps vertébraux, l'étendue de la voûte palatine osseuse, les proportions des membres.

Et même, en ce qui concerne les mammifères, les restes rares des espèces triassiques et oolithiques ne permettent pas de supposer que l'organisation des formes les plus anciennes différait de quelques-unes de celles qui existent actuellement, à beaucoup près autant que celles-ci diffèrent entre elles.

Il est inutile d'accumuler ces exemples ; j'en ai dit assez pour justifier mon affirmation que si l'on tient

dom. Decade X. Preliminary Essay upon the Systematic Arrangement of the Devonian Epoch. »

compte de l'immense diversité des formes animales et végétales connues, de l'énorme laps de temps indiqué par l'accumulation des couches fossilifères, la seule chose dont il y ait lieu de s'étonner n'est pas l'étendue, mais bien au contraire le peu d'importance des changements des formes de la vie, changements que nous révèle l'évidence directe.

Mais, quoi qu'il en soit, grands ou petits, il serait bon de chercher à les évaluer. Pour cela, prenons l'une après l'autre toutes les grandes divisions du monde animal, et quand nous pourrons démontrer qu'une famille ou qu'un ordre a subsisté longtemps, cherchons à reconnaître jusqu'à quel point les derniers représentants de ces groupes diffèrent des plus anciens. Si ces derniers représentants nous présentent toujours, ou même dans la plupart des cas, des modifications notables, ce fait prouvera d'autant en faveur d'une loi générale de changement, et la rapidité de ce changement pourra s'évaluer approximativement par la somme des modifications reconnues. D'autre part, il ne faut pas oublier que si l'absence de modifications laisse sans preuves positives la doctrine d'une loi de changement, cela ne renverse pas toutes les formes de cette doctrine, tout en fournissant des éléments suffisant à la réfutation de quelques-unes d'entre elles.

Protozoaires. — Les protozoaires sont représentés dans toute l'étendue des séries géologiques, depuis les formations Siluriennes inférieures jusqu'à l'époque actuelle. Les formes les plus anciennes qu'Ehrenberg a récemment décrites ressemblent extrêmement aux formes actuelles. Personne n'a jamais prétendu que les différences des foraminifères anciens et modernes fussent autres que des différences de genre. Les foraminifères les plus anciens ne sont pas plus simples, plus embryonnaires et mieux différenciés que les nôtres.

Cœlentérés. — Les Madréporaires tabulés ont existé depuis l'époque Silurienne jusqu'au jour présent, mais les Héliolites anciens ne présentent en rien, que je sache, la marque d'un état plus embryonnaire et moins différencié, ou d'une organisation moins parfaite que les Héliopores modernes. Quant aux Madréporaires apores en quoi le Palœocyclus Silurien est-il moins bien organisé et plus embryonnaire que la Fongie moderne ? et la même remarque s'applique aux Madréporaires apores, du Lias comparés aux membres actuels de la même famille.

Mollusques. — En quel sens la *Waldheimia* actuelle est-elle moins embryonnaire ou douée de caractères spécifiques plus tranchés que les spirifères paléozoïques ; ou les genres actuels *Rhynchonella*, *Crania*, *Discina*, *Lingula*, que les espèces Siluriennes des mêmes genres ? En quoi les genres *Loligo*, ou *Spirula* sont-ils mieux spécialisés, moins embryonnaires que les Bélemnites ; les espèces modernes des Lamellibranches ou des différents genres de Gastéropodes, que les espèces Siluriennes des mêmes genres ?

Annelés. — Les insectes et les arachnides de la

houille ne sont pas moins spécialisés ni plus embryonnaires que les espèces vivantes, on peut en dire autant des Cirripèdes du Lias et des Macroures ; en même temps plusieurs Brachyoures qui se montrent dans la craie appartiennent à des genres actuels, et aucun d'eux ne présente des caractères intermédiaires ou embryonnaires.

Vertébrés. — Parmi les poissons j'ai indiqué les Cœlacanthinés (comprenant les genres *Cœlacanthus*, *Holophagus*, *Undina* et *Macropoma*) comme exemple de types persistants ; et le peu d'importance des modifications qu'ils présentent, portant au plus sur les proportions du corps et des nageoires, les caractères et la forme des écailles, pendant une énorme étendue de temps, est un fait bien remarquable. Dans toutes les particularités essentielles de sa structure si singulière, le *Macropoma* de la craie est semblable au *Cœlacanthus* de la houille. Remarquez encore le genre *Lepidotus* qui persiste sans modification notable depuis le Lias jusqu'aux terrains Eocènes inclusivement.

Et parmi les Téléostés (1) en quoi le *Beryx* de la craie serait-il plus embryonnaire ou moins différencié que le *Beryx lineatus* que l'on trouve à l'ouest de l'Australie, dans le détroit du Roi George ?

(1) Teleostei (de τέλειος, parfait, ὀστέον, os), nom donné par Müller aux poissons dont le squelette est complétement ossifié. — Les *Téléostés* comprennent les *Osséoptérygiens* de Cuvier avec les deux petits ordres des *Lophobranches* et des *Plectognathes*, ou, suivant la nomenclature d'Agassiz, les Cténoïdes et les Cycloïdes.

Ou pour parler des vertébrés supérieurs, en quoi les Chéloniens du Lias sont-ils inférieurs à ceux qui existent maintenant? Les Ichthyosaures, les Plésiosaures, les Ptérodactyles de l'époque crétacée appartiennent-ils à des espèces moins embryonnaires et mieux différenciées que ceux du Lias?

Et enfin, sur quoi se fondera-t-on pour dire que le *Phascolotherium* est plus embryonnaire, d'un type plus généralisé, que la sarigue moderne ou un *Lophiodon*, un *Palæotherium* que le Tapir ou le Daman de notre époque?

On pourrait multiplier ces exemples pour ainsi dire indéfiniment, mais ils suffiront sans doute à démontrer que les preuves positives, seul témoignage certain et indiscutable sur lequel nous puissions compter, sont insuffisantes à établir une modification progressive quelconque des animaux vers un type moins embryonnaire, moins généralisé, dans un grand nombre de groupes d'une longue durée géologique.

Dans ces groupes, de nombreuses variations se manifestent d'une façon fort évidente, la progression comme on l'entend généralement ne se révèle nulle part, et si ce que la géologie nous enseigne du passé de ce monde doit être considéré comme un fragment fort considérable de son histoire, on ne conçoit pas qu'il soit possible d'établir une théorie d'un développement progressif nécessaire, car les familles et les ordres nombreux que je viens d'indiquer n'en présentent pas la moindre trace.

Mais voici un fait fort remarquable. Tandis que les groupes dont je vous ai parlé, et ce ne sont pas les seuls d'ailleurs, ne nous montrent pas les signes d'une modification progressive, il y en a d'autres qui ont coexisté avec les premiers, et dans les mêmes conditions que ceux-ci, chez lesquels on découvre des indications plus ou moins distinctes d'un semblable changement. Comme indication de ce genre je vous rappellerai que les Gastéropodes Holostomes prédominent dans les roches les plus anciennes, tandis que les Gastéropodes Siphonostomes se montrent surtout dans les roches plus récentes. Mais si l'on peut dire ici que la preuve est négative, je vous citerai les Céphalopodes Tétrabranchiaux, dont les coquilles présentent dans leurs formes générales, comme dans les sutures de leurs cloisons, une complication qui va en augmentant des genres anciens aux genres nouveaux. Et cependant, voilà qu'aux deux extrémités de la série nous rencontrons d'une part les Orthoceras, et de l'autre les Baculites; de plus, un des genres les plus simples de céphalopodes est le Nautile qui existe actuellement.

Les Crinoïdes semblent nous offrir un bon exemple de transition d'un état plus embryonnaire vers un état plus parfait, par l'abondance des formes pédicellées communes dans les terrains anciens, tandis qu'elles sont relativement rares aujourd'hui. Mais, en examinant plus soigneusement les faits, une objection se présente : le pédicule, le calice et les tentacules d'une Crinoïde paléozoïque diffèrent énormément des organes correspondants chez une larve de Comatule, et l'on serait parfaitement en droit de dire que l'*Actinocrinus* et l'*Eucalyptocrinus*, par exemple, s'écartent tout autant, en un sens, de l'embryon pédicellé d'une Comatule, que celle-ci s'en écarte elle-même dans l'autre.

De même, on cite bien souvent les Echinides comme présentant la transformation graduelle d'un type plus généralisé, en un état où tout tend à se spécialiser davantage, car les *Spatangoïdes* allongés ou ovalaires se montrent après les *Cidarides* de forme sphéroïdale. Mais ici on pourrait opposer que les Cidarides arrondis s'écartent plus en réalité du plan général et des formes embryonnaires, que ne le font les Spatangoïdes allongés, et que l'appareil masticatoire spécial et les piquants des premiers sont des marques de différenciation pour le moins aussi grandes que les ambulacres pétaloïdes et les bandes mamelonnées qui portent des épines spéciales, des derniers.

Ou encore, dans ce même ordre des Crustacés les Podophthalmes Macroures l'emportent tout d'abord sur les Brachyoures, et cette prédominance semble prouver en faveur d'une modification progressive. Cependant l'étude attentive des faits est ici contraire à l'hypothèse, car les Macroures s'écartent autant, en un sens, du type commun des Podophthalmes, ou d'un état embryonnaire quelconque des Brachyoures, que ces Brachyoures s'en écartent eux-mêmes dans un autre sens ; et en outre les Anomoures, qui établissent le passage entre les Macroures et les Brachyoures, ne sont guère mieux représentés dans les roches Mésozoïques les plus anciennes que ne le sont les Brachyoures.

Tous les autres cas de modification progressive que l'on cite parmi les Invertébrés me semblent aussi discutables que les précédents, et s'il en est ainsi, aucun penseur prudent ne voudra baser ses opinions sur des faits aussi douteux. Pourtant, chez les Vertébrés, on trouve quelques exemples qui n'offrent pas la même prise aux objections.

En effet, chez plusieurs groupes de Vertébrés qui ont persisté pendant un espace de temps fort considérable, l'endosquelette, ou plus particulièrement la colonne vertébrale, des genres les plus anciens est moins ossifié et par cela même présente des caractères différentiels moins tranchés que ceux des genres plus récents.

Ainsi les Ganoïdes Dévoniens, bien qu'ils appartiennent pour la plupart au même sous-ordre que le *Polypterus*, et présentent de nombreuses ressemblances importantes avec le genre actuel qui a des vertèbres bi-concaves, sont eux-mêmes, pour la plupart, entièrement privés de centres vertébraux ossifiés. De même, les Lépidostés mésozoïques ont au plus des vertèbres bi-concaves, tandis que le *Lepidosteus* actuel a des vertèbres analogues à celles de la Salamandre présentant une concavité postérieure et une convexité antérieure. Ainsi aucun des requins paléozoïques ne présente de vertèbres ossifiées, et celles de la plupart des requins modernes le sont, au contraire. Ou encore, les Crocodiliens et les Lacertiens les plus anciens ont des vertèbres dont les corps vertébraux présentent des faces articulaires aplaties ou bi-concaves, tandis que chez les espèces modernes on trouve une concavité antérieure et une convexité postérieure. Mais les exemples les plus frappants de modification progressive de la colonne vertébrale, suivant l'âge géologique, nous sont fournis par les Pycnodontes parmi les poissons et par les Labyrinthodontes parmi les Amphibies.

Heckel, ichthyologiste de mérite mort récemment, a fait voir que les Pycnodontes, qui n'ont jamais un corps vertébral réel, diffèrent entre eux par les dimensions et la portée des extrémités des arcs osseux de leurs vertèbres sur l'enveloppe de la notocorde ; chez les espèces de la houille cette expansion osseuse est rudimentaire, dans les genres mésozoïques elle se développe de plus en plus, et enfin, dans les formes trouvées dans les terrains tertiaires, les extrémités allongées de l'arc se rejoignent, s'engrènent par une suture et forment une espèce de fausse vertèbre. Et encore, Hermann von Meyer, aux belles recherches duquel nous devons de connaître si bien l'organisation des plus anciens Labyrinthodontes, a prouvé que l'*Archegosaurus* de la houille a des centres vertébraux très-imparfaitement développés, tandis que ces parties sont complétement ossifiées chez le *Mastodonsaurus* des terrains triassiques (1).

On a encore cité comme preuve à l'appui d'une loi de développement progressif la régularité et le niveau uniforme du système dentaire chez l'*Anoplotherium* comparativement à celui des artiodactyles actuels, et l'on a dit que par ce côté certains carnivores anciens se rapprochent davantage du type hypothétique de l'arrangement des dents, mais d'ailleurs je ne vois pas d'autres preuves fondées sur des faits positifs, qui méritent d'être citées.

Que prouve donc l'examen impartial des vérités paléontologiques positivement reconnues, relativement aux doctrines généralement admises, d'après lesquelles on suppose que cette modification s'est produite par le passage nécessaire d'un état embryonnaire à un état de développement plus complet, d'un type généralisé à un type qui se spécialise de plus en plus, passage effectué pendant la période que représentent les roches fossilifères.

L'examen est contraire à ces doctrines, car il ne nous fournit pas les preuves de modifications de ce genre, ou nous démontre qu'elles ont été bien légères ; et par rapport à leur nature, cet examen ne prouve nullement que les premiers représentants

---

(1) Ces pages étaient déjà à l'imprimerie (7 mars 1862) quand on m'a transmis des preuves certaines de l'existence d'un nouveau Labyrinthodonte (*Pholidogaster*) provenant des terrains houillers d'Édimbourg, et cependant ses centres vertébraux sont bien ossifiés.

d'un groupe de longue durée présentent les indices d'une structure plus généralisée que celle des derniers. Jusqu'à un certain point on est fondé à dire, il est vrai, que l'ossification incomplète de la colonne vertébrale est un caractère embryonnaire, mais, d'autre part, on se tromperait grandement en supposant que la colonne vertébrale des plus anciens vertébrés est aucunement embryonnaire par l'ensemble de sa structure.

Il est évident que si le moment du dépôt des roches fossilifères les plus anciennes a coïncidé avec les premières manifestations de la vie, et si le contenu de ces roches nous donne une connaissance précise de la nature et de l'étendue des faunes et des flores primitives, le peu d'importance des modifications que l'on peut établir dans un groupe quelconque d'animaux ou de plantes est absolument incompatible avec l'hypothèse d'après laquelle toutes les formes vivantes seraient le résultat d'un processus nécessaire de développement progressif entièrement compris dans le temps que représentent les roches fossilifères.

D'autre part, pour qu'une hypothèse de modification progressive puisse être admise, il faut qu'elle soit compatible avec la persistance possible d'un type qui ne progresserait pas pendant des périodes indéfinies. Et si l'on arrive jamais à prouver la vérité d'une hypothèse de ce genre, de la seule façon qu'il soit possible de la démontrer, c'est-à-dire par des observations, des expérimentations portant sur des formes existantes de la vie, on reconnaîtra comme conclusion inévitable que les faunes et les flores paléozoïques, mésozoïques et caïnozoïques réunies sont en quelque sorte, pour l'ensemble des êtres vivants qui ont occupé le globe, ce que sont pour elles la faune et la flore actuelle.

C'est ainsi que je comprends, et cela depuis plusieurs années, les résultats de la paléontologie. Cette étude n'est qu'une des applications des grandes sciences biologiques, et il est bon de chercher à lui donner des fondements aussi solides que ceux de toutes les autres branches des connaissances physiques. Si mes arguments sont valables, vous croirez en tenant compte de l'état présent de l'opinion, qu'il y avait lieu de les développer.

XI

DE LA RÉFORME GÉOLOGIQUE.

« Il semble nécessaire aujourd'hui d'opérer une grande réforme dans la spéculation géologique. »

« Il est bien certain qu'on a commis une grosse erreur: la géologie qui a cours actuellement en Angleterre est en opposition directe avec les principes de la philosophie naturelle (1). »

En prenant le fauteuil de président de la société géologique de Londres, j'avais pour devoir de vous adresser un discours. J'ai donc passé en revue les idées nouvelles qui se sont produites pendant l'année écoulée, pour rechercher les sujets sur lesquels il pouvait être utile d'appeler votre attention. Les deux sentences assez inquiétantes que je viens de vous lire, et qui se trouvent dans un essai remarquable et des plus intéressants d'un grand physicien, se sont alors imposées à mon esprit avec tant de puissance qu'elles éclipsaient tout le reste.

Voici les géologues d'Angleterre, dont les œuvres ont cours assurément, en ce qui concerne quelques-

---

(1) *On Geological Time*. By sir W. Thomson. LLD. *Transactions of the Geological Society of Glasgow*, vol. III.

uns d'entre eux, assemblés en grande séance annuelle, et c'est pour eux une affaire des plus importantes de rechercher s'ils méritent réellement le jugement sévère que porte sur eux sir W. Thomson, ou s'ils ne sont pas innocents, et en droit d'interjeter appel à la cour suprême de l'opinion scientifique qui exerce sur nous tous sa haute juridiction.

Mes fonctions font de moi aujourd'hui votre avocat, et j'ai cru devoir étudier la cause pour vous éclairer de mes conseils. L'accusation, il est vrai, comporte des considérations qui s'écartent de l'objet de mes occupations ordinaires ; mais neuf fois sur dix l'avocat en est là, et il arrive cependant à gagner sa cause à force d'esprit naturel et de bon sens auxquels l'éducation acquise par d'autres exercices intellectuels vient prêter son secours.

Ces précédents m'encouragent ; je vais donc vous exposer mon plaidoyer.

En premier lieu, je me propose de rechercher ce qu'entend Sir W. Thomson quand il parle de *spéculation géologique*, et de *la géologie qui a cours en Angleterre*.

Je rencontre trois systèmes spéculatifs d'interprétation géologique plus ou moins contradictoires, et que l'on peut tous considérer comme ayant cours en Angleterre. J'appellerai le premier, le système des *catastrophes*, le second, celui de l'*uniformité*, le troisième, celui de l'*évolution*, et je vais chercher à vous résumer en peu de mots les caractères de chacun d'eux pour vous mettre à même d'apprécier si ma classification n'omet rien.

Par *système des catastrophes*, j'entends toutes les formes d'interprétation géologique qui expliquent les phénomènes par l'opération hypothétique de forces différant soit par leur nature, soit par leur puissance incommensurablement plus grande, de toutes celles que nous voyons agir actuellement dans l'univers.

En ce sens, la cosmogonie Mosaïque se rattache au système des catastrophes, parce qu'elle suppose l'opération d'une puissance surnaturelle. La doctrine des soulèvements violents, des débâcles et des cataclysmes en général, fait partie du même système, car elle suppose aussi que ces grands mouvements ont été produits par des causes sans équivalents actuels. Ce système des catastrophes avait éminemment droit autrefois au titre de géologie ayant cours en Angleterre ; il est certain que bien des hommes l'acceptent encore aujourd'hui, et que plusieurs des membres les plus distingués de cette société en sont toujours partisans.

Par *système de l'uniformité* j'entends spécialement l'enseignement de Hutton et de Lyell.

Bien que la *théorie de la terre*, de Hutton, ne soit pas une œuvre complète, je n'en trouve pas de plus remarquable dans les annales de la science géologique. En ce qui concerne le monde inanimé, l'uniformité comme système géologique n'y est pas seulement indiquée, elle y est toute développée et complète.

Si l'on demande comment il se fait que Hutton ait pu se trouver tellement en avance sur les idées de son époque, à certains égards, tandis qu'à d'autres, ses interprétations semblent des plus restreintes, la réponse me semble bien facile.

Hutton était en avance sur les interprétations géologiques de son temps, d'abord parce qu'il avait amassé une connaissance énorme des faits de la géologie, par ses observations personnelles dans des voyages considérables, et puis, en second lieu, parce qu'il connaissait parfaitement ce que l'on savait alors de physique et de chimie. Il possédait donc, autant qu'on pouvait la posséder à cette époque, la connaissance nécessaire pour bien interpréter les phénomènes géologiques, avec les habitudes mentales qui mettent l'homme à même de faire de bonnes recherches scientifiques.

Cette éducation scientifique complète est, à mon avis, la cause du refus ferme et constant de Hutton, de rechercher l'explication des phénomènes géologiques en des causes différant de celles qui agissent actuellement.

Ainsi, il écrit : « Je ne prétends pas décrire le « commencement des choses, comme M. de Luc dans « sa théorie. Je prends les choses comme je les « trouve en ce moment, et je raisonne sur ce qui « est, pour en déduire ce qui a dû être (1). »

Et plus loin : « Une théorie de la terre, qui a

(1) *The Theory of the Earth*, vol. I, p. 173.

« pour but la vérité, ne peut se reporter à ce qui a
« précédé l'ordre actuel. En effet, nous n'avons à
« raisonner que sur l'ordre qui existe, et quand on
« veut raisonner sans données suffisantes, on ne
« peut aboutir qu'à l'erreur. Ainsi donc, une théo-
« rie qui se borne à la constitution actuelle de cette
« terre ne peut faire un pas au delà de l'ordre de
« choses présent (1). »

Et pour lui il est si clair qu'aucune autre cause
que celles qui agissent maintenant n'est nécessaire
pour expliquer les caractères et la disposition de la
croûte terrestre, qu'il dit hardiment et sans am-
bages : « Il n'y a pas une seule partie de la terre qui
« n'ait eu la même origine, en tant que cette origine
« consiste en ce que la terre s'est amassée au fond
« de la mer, et que, plus tard, par l'action des causes
« minérales, elle a été mise à nu, mélangée à des
« substances en fusion (2). »

Mais à part l'influence qu'exerçaient sur Hutton
la nature logique de son esprit et sa bonne éducation scientifique, d'autres causes agissaient encore
sur lui, et si l'on ne tient compte de celles-ci, il ne
me semble pas possible d'expliquer la tournure
toute spéciale de ses interprétations géologiques. A
la fin du siècle dernier on tenait pour probants les
arguments des astronomes et des mathématiciens
français, pour démontrer l'existence d'une disposi-

(1) *The Theory of the Earth*, p. 371.
(2) *Ibid.*, p. 281.

tion compensatrice dans les corps célestes, par laquelle chacune des perturbations se réduisait dans le cas particulier à des oscillations de chaque côté d'une position moyenne, assurant ainsi la stabilité du système solaire. Il est évident que ces arguments avaient fait grande impression sur l'esprit de Hutton.

Son style étrange a rebuté bien des lecteurs, mais si ses ouvrages manquent de charme, je trouve à Hutton cette éloquence qui provient de la parfaite connaissance qu'il avait de son sujet, quand il dit : « Nous voici au bout de notre raisonnement ;
« nous n'avons plus de données ; ce qui existe ac-
« tuellement ne nous permet plus de faire des con-
« clusions immédiates. Mais, ceci nous suffit ; nous
« avons la satisfaction de voir que, dans la nature,
« il y a sagesse, système et concordance. En effet,
« dans l'histoire naturelle de cette terre, nous avons
« reconnu une succession de mondes, et ceci nous
« permet de conclure qu'il y a système dans la na-
« ture, de même qu'en reconnaissant les révolutions
« des planètes on a pu conclure qu'il existe un sys-
« tème en vue duquel la continuation de leurs révo-
« lutions est prescrite. Mais si la succession des
« mondes est établie dans le système de la nature,
« il est vain de vouloir remonter au delà pour recher-
« cher l'origine de la terre. Par conséquent, comme
« résultat de notre recherche physique, nous ne
« trouvons pas de vestiges d'un commencement, ni
« d'indications d'une fin (1). »

(1) *The Theory of the Earth*, vol. 1, p. 200.

Une autre influence agissait puissamment sur Hutton. Comme la plupart des philosophes de son époque, il avait quelque tendresse pour les causes finales que l'on a appelées les vierges stériles de la philosophie, qui en seraient plutôt les hétaïres, car elles ont toujours mené les hommes dans la fausse voie. La production de la vie et de l'intelligence est, pour Hutton, la cause finale de l'existence du monde.

« Nous venons de considérer ce globe terrestre
« comme une machine construite d'après certains
« principes, tant chimiques que mécaniques, par
« lesquels ses différentes parties, dans leur forme,
« dans leur qualité, dans leur quantité, sont toutes
« adaptées à un certain but; ce but est atteint avec
« certitude ou réalité, et dans les moyens employés
« nous pouvons reconnaître la sagesse que ce but
« nous révèle.

« Mais faut-il voir en ce monde une simple ma-
« chine dont la durée ne persistera qu'autant que ses
« parties conserveront leurs positions actuelles, leurs
« formes et leurs qualités propres? Ou bien ne pou-
« vons-nous le considérer comme un corps organisé
« dont la constitution est telle que l'usure nécessaire
« de la machine se trouve réparée naturellement
« par l'action même des forces productrices qui l'ont
« formée tout d'abord.

« C'est à ce point de vue maintenant que nous
« devons examiner le globe. Nous allons rechercher
« s'il y a dans la constitution de ce monde une opé-

« ration de reproduction capable de réparer une
« constitution ruinée et d'assurer ainsi la durée ou
« la stabilité à la machine, considérée comme monde
« destiné à porter des plantes et des animaux (1). »

Kirwan et d'autres faux savants de l'époque, aussi fats que méchants, accusaient Hutton d'enseigner implicitement par sa théorie que le monde n'avait jamais eu de commencement et dans ces conditions n'avait jamais différé de l'état présent. C'était une injustice flagrante, car notre auteur se met en garde précisément contre toute conclusion de ce genre, dans le passage suivant :

« Mais en suivant ainsi dans le passé les opérations
« naturelles qui se sont succédé et nous marquent
« le cours de ce qui a été, nous arrivons à un mo-
« ment au delà duquel nous ne pouvons plus voir.
« Ce n'est pas là pourtant le commencement des opé-
« rations qui se sont succédé dans le temps et
« selon la sage économie du monde ; nous n'établis-
« sons pas non plus de cette façon l'origine de ce
« qui n'a pas de commencement selon le cours du
« temps ; c'est seulement la limite de notre vue
« rétrospective cherchant à embrasser celles de ces
« opérations qui se sont produites dans le temps, et
« qu'une intelligence suprême a dirigées (2). »

Je vous ai parlé de la doctrine de l'uniformité comme étant celle de Hutton et de Lyell. Si je vous ai cité l'auteur le plus ancien de préférence à l'autre,

(1) *The Theory of the Earth*, p. 16, 17.
(2) *Id.*, p. 223.

c'est parce que les œuvres du premier sont peu connues, que l'on oublie trop souvent ses droits à notre vénération, et non pour chercher à obscurcir la gloire de son éminent successeur. Peu des géologues de notre génération ont lu les « *Illustrations* » de Playfair, et ceux qui ont lu l'ouvrage original de Hutton, la *Théorie de la terre*, sont encore plus rares. C'est regrettable ; mais parmi nous qui n'a pas retourné chacune des pages des *Principes de Géologie*, de Lyell ? Je crois que celui qui voudrait écrire l'histoire des progrès de sa pensée en géologie, en rendant aux maîtres ce qu'il leur doit, se trouverait dans l'impossibilité de distinguer ce dont il est redevable à Hutton de ce qu'il tient de Lyell, et l'histoire des progrès de chaque géologue est l'histoire même de la géologie.

Personne ne niera que la doctrine de l'uniformité ait exercé une influence considérable et des plus favorables, à tout prendre, sur les progrès de la saine géologie.

Il n'est pas moins certain que ce système peut s'appeler, encore mieux que celui des catastrophes, le système géologique admis parmi nous, ou, si vous voulez, la géologie qui a cours en Angleterre. Cette doctrine, en effet, est éminemment anglaise et n'est pas acceptée sur le continent européen, comme elle l'est ici. Cependant il me semble qu'à un certain égard elle prête le flanc à une critique fort grave.

Je vous ai fait voir combien il était injuste d'insinuer que Hutton niait que le monde ait eu un commencement. Mais il ne serait pas injuste de dire qu'en pratique il s'est toujours refusé à prendre en considération l'existence de cet état de choses antérieur et différent qu'il admettait en théorie, et Lyell l'imite dans cette aversion à regarder derrière le voile des roches stratifiées.

Hutton et Lyell s'accordent à ne pas vouloir que leurs interprétations fassent un pas au delà de la période marquée par les couches les plus anciennes qu'il nous soit possible d'observer par les sections dans la croûte terrestre. Pour Hutton, c'est « le « point au delà duquel nous ne pouvons plus voir, » et, de son côté, Lyell nous dit :

« L'astronome peut trouver de bonnes raisons
« pour attribuer la forme de la terre à la fluidité
« originelle de sa masse, bien avant la première appa-
« rition des êtres vivants sur la planète, mais le géo-
« logue doit se contenter de considérer les monu-
« ments les plus anciens, et qu'il lui incombe
« d'interpréter, comme se rapportant à une époque
« où la croûte avait acquis déjà une solidité et une
« épaisseur fort notables, et probablement aussi
« grandes que celles qu'elle possède aujourd'hui,
« alors que des roches volcaniques, ne différant pas
« essentiellement des roches de même nature qui se
« produisent maintenant, se formaient de temps en
« temps, et que l'intensité de la chaleur volcanique
« n'était ni plus grande ni moindre qu'elle ne l'est
« en ce moment (1). »

(1) *Principles of Geology*, vol. II, p. 211.

Et plus loin : « La géologie nous enseigne que ce
« n'est pas seulement l'état actuel du globe qui ait
« été propre à entretenir la vie d'une infinité d'êtres
« vivants, mais que bien des états antérieurs ont pu
« satisfaire à l'organisation et aux habitudes des
« races qui ont vécu avant nous. La disposition des
« mers, des continents et des îles a changé comme
« les climats ; les espèces aussi se sont modifiées, et
« pourtant elles ont été façonnées sur des types ana-
« logues à ceux des plantes et des animaux actuels,
« tellement que nous reconnaissons dans tout cet
« ensemble une parfaite harmonie de dessein, une
« complète unité d'intention. Supposer que le com-
« mencement ou la fin d'un plan si vaste puisse se
« dévoiler au moyen de nos recherches philosophi-
« ques, ou même de nos spéculations, me semble in-
« compatible avec une juste estimation des rela-
« tions qui subsistent entre les capacités limitées de
« l'homme et les attributs d'un être infini et éter-
« nel (1). »

Les restrictions impliquées dans ces passages me
semblent constituer le point faible et le défaut logique du système de l'uniformité. En présence de
l'état bien imparfait alors des sciences physiques,
qui expliquent seules les énigmes de la géologie,
Hutton a cru qu'il était pratiquement sage de s'en
tenir, dans sa théorie, à un essai d'interprétation de
l'ordre actuel des choses, et l'on aurait tort de lui

(1) *Principles of Geology*, vol. II, p. 613.

reprocher cette réserve ; mais pourquoi le géologue se contenterait-il à tout jamais de considérer les roches fossilifères les plus anciennes comme l'extrême limite de sa science ? Je n'en vois pas la raison. En quoi l'hypothèse qu'il nous sera possible d'acquérir quelques données relativement au commencement ou à la fin du point de l'espace que nous appelons la terre est-elle incompatible avec une juste estimation des relations de l'esprit fini avec l'esprit infini ? L'esprit fini est certainement capable de reconnaître dans l'œuf le développement de la poule ; et je ne vois pas sur quoi on se base pour prétendre qu'il est plus difficile de débrouiller le problème complexe du développement de la terre. De fait, comme Kant le remarque si bien, le processus cosmique est réellement plus simple que le processus biologique. « On « ne s'étonnera donc pas si j'ose dire que la forma-« tion de tous les corps célestes, la cause de leur « mouvement, bref, l'origine de tout l'état actuel du « monde puisse être plus facilement entrevue que « ne peut être clairement expliquée la création, par « des moyens mécaniques, d'une seule plante, du « moindre insecte (1). »

C'est parce que la doctrine de l'uniformité a voulu limiter ainsi à un certain point la marche du raisonnement par induction et par déduction, procédant de ce qui est à ce qui a dû être, c'est parce que cette doctrine n'a pas eu foi en sa propre logique,

---

(1) Kant, *Œuvres complètes*, vol. I, p. 220.

qu'elle a perdu, selon moi, la place qu'elle aurait pu conserver comme forme permanente de la spéculation géologique.

Il me reste à vous exposer ce qui est pour moi la troisième phase de l'interprétation géologique, le *système de l'évolution*.

Pour être bien clair, permettez-moi de m'écarter un instant, en apparence du moins, du fil de mon discours, et de vous indiquer quel est, à mon sens, la portée de la géologie. Pour moi, la géologie est l'histoire de la terre, dans le même sens absolument que la biologie est l'histoire des corps vivants, et si je découvre entre ces deux histoires une intime analogie, veuillez croire que je n'y suis pas entraîné par les études qui m'occupent principalement.

Quand j'étudie un être vivant, comment se classent les connaissances qu'il me procure ? Je puis apprendre sa structure, ce que nous appelons son *anatomie*; j'étudie son *développement*, la série des changements qu'il traverse pour acquérir sa structure complète. Puis je vois que l'être vivant possède certaines puissances qui résultent de sa propre activité et des réactions qui s'établissent entre cette activité et celle des autres choses, cette connaissance s'appelle la *physiologie*. Nous reconnaissons que l'être vivant occupe une place dans l'espace et dans le temps, c'est sa *distribution*. Toutes ces études forment l'ensemble de faits vérifiables constituant l'état, le *statu quo*, de l'être vivant. Mais tous ces faits ont leurs causes, et l'*étiologie* a pour objet d'établir ces causes.

Si nous recherchons ce que nous pouvons savoir à propos de la terre, nous verrons que cette connaissance de la terre, pour traduire le mot *géologie*, rentre dans les mêmes catégories.

Ce que nous appelons la *géologie stratigraphique* est simplement l'anatomie de la terre ; l'histoire de la *succession des formations* est l'histoire d'une succession d'anatomies semblables, ou correspond au développement en tant que distinct de la génération.

La chaleur centrale de la terre, l'élévation et l'affaissement de sa croûte, ses émissions de vapeurs, de cendres, de laves, sont ses activités, en un sens aussi strict que la chaleur, les mouvements, les produits respiratoires sont les activités d'un animal. Les phénomènes des saisons, des vents alizés, du Gulf-stream, sont tout autant le résultat des réactions qui s'établissent entre ces activités internes et les forces extérieures que le bourgeonnement des feuilles au printemps, leur chute à l'automne, sont le résultat de l'action de la lumière et de la chaleur solaire sur l'organisation de la plante. Et comme l'étude des activités de l'être vivant s'appelle la physiologie, ces phénomènes font l'objet d'une étude analogue, la physiologie tellurique, que nous appelons parfois *météorologie*, en d'autres circonstances *géographie physique*, d'autres fois encore *géologie*.

De même, la terre occupe une place dans l'espace et dans le temps, et, à ce double point de vue, elle est en rapport avec d'autres corps ; c'est sa distribution. Ce sujet est habituellement abandonné aux astronomes, mais la connaissance de ses grands traits me semble devoir faire essentiellement partie de l'ensemble des idées géologiques.

Tout ce que l'on peut reconnaître concernant la structure de la terre, ses conditions successives, ses actions et sa position dans l'espace, constitue la matière de son histoire naturelle. Mais, comme en biologie, il nous reste à remonter, par le raisonnement, de ces faits à leurs causes ; dans les deux cas il y a science et ici peut-être plus qu'en biologie. Cette science est l'*étiologie géologique.*

En tenant compte de ce plan d'ensemble des connaissances et de la pensée géologiques, il est évident que la spéculation peut être anatomique, comme elle peut être une interprétation spéculative de développement, en tant qu'elle se rapporte à des points d'arrangement stratigraphique hors de la portée de l'observation directe; ou bien ce sera une spéculation physiologique si elle se rapporte à des problèmes indéterminés relatifs aux activités de la terre; ou ce sera une spéculation qui se rapportera à la distribution, si elle traite des modifications du lieu qu'occupe la terre dans l'espace, ou finalement cette spéculation sera étiologique si elle cherche à déduire l'histoire du monde pris dans son ensemble, des propriétés connues de la matière terrestre dans les conditions où la terre a été placée.

Pour l'instant, qu'il me suffise de parler de la spéculation géologique prise exclusivement dans ce dernier sens.

Or, le système de l'uniformité, comme nous l'avons vu, semble vouloir ignorer la spéculation géologique ainsi comprise.

Quand cette société fut fondée, les partisans de ces deux systèmes s'entendirent sur un point, c'était de ne pas s'occuper de cette question. Et si vous faites quelques recherches dans nos annales, vous y verrez que nos prédécesseurs vénérés se targuaient beaucoup du bon sens et de la sagesse pratique dont ils croyaient avoir ainsi fait preuve. Comme mesure temporaire, elle était sage assurément, je suis loin de vouloir le nier, mais dans tous les corps organisés il arrive que des dispositions temporaires produisent des effets permanents; et comme depuis lors le temps s'est écoulé, changeant toutes les conditions qui avaient rendu utile cette mortification disciplinaire de la science, je ne sais si l'effet de la douche d'eau froide, dont on a sans cesse aspergé la spéculation géologique dans cette enceinte, a eu des résultats bien favorables.

Le genre de spéculation géologique dont je parle, l'étiologie géologique en un mot, fut fondée comme science par ce grand philosophe Emmanuel Kant, lorsqu'il écrivit, en 1755, son livre intitulé : « *Histoire naturelle générale et théorie des corps célestes, ou Essai d'explication de la constitution et de l'origine mécanique de l'univers d'après les principes de Newton.* »

Dans ce traité fort remarquable, mais qui semble peu connu (1), Kant expose une cosmogonie complète

(1) Grant, dans son *Histoire d'astronomie physique*, ne parle de Kant qu'en peu de mots et fort à la légère.

sous forme d'une théorie des causes qui ont amené le développement de l'univers partant d'atomes matériels répandus dans l'espace et doués de simples forces d'attraction et de répulsion.

Donnez-moi la matière, dit Kant, et je bâtirai le monde ; puis il déduit des simples données qu'il a prises pour point de départ une théorie semblable par tous les points essentiels à la doctrine bien connue de Laplace, l'*hypothèse des nébuleuses*. Il explique le rapport des masses et des densités des planètes à leurs distances solaires, les excentricités de leurs orbites, leurs rotations, leurs satellites, l'accord général de la direction de la rotation parmi les corps célestes, l'anneau de Saturne et la lumière du zodiaque. Dans chaque système des mondes, il trouve des indications pour faire voir que la force attractive de la masse centrale finira par détruire son organisation, en concentrant sur elle-même la matière de tout le système ; mais, comme résultat de cette concentration, il prétend démontrer le développement d'une somme de chaleur qui dissipera encore une fois la masse, et la fera retourner au chaos moléculaire qui a été son point de départ.

Kant se figure l'univers comme ayant été une fois une expansion infinie de matière informe et diffuse. En un point il suppose l'établissement d'un centre unique d'attraction, et par de rigoureuses déductions des principes dynamiques admis, il montre qu'il doit en résulter le développement d'un prodigieux corps central, entouré de systèmes de mondes solaires et planétaires à tous les états de développement. Il dépeint en un langage animé le grand tourbillon des mondes, élargissant l'orbite de son mouvement prodigieux durant la marche lente de siècles incalculables, empiétant graduellement et de plus en plus sur ce désert de molécules et convertissant *Chaos* en *Cosmos*. Mais ce qui est gagné à la circonférence est perdu au centre : les attractions des systèmes centraux rassemblent leurs constituants, et la chaleur que détermine leur réunion les transforme encore une fois en chaos moléculaire. Ainsi, les mondes qui sont reposent entre les ruines des mondes qui ont été, et les matériaux indéterminés des mondes qui seront ; et, malgré toute usure, toute destruction, *Cosmos* étend son empire aux dépens de *Chaos*.

Les autres applications que Kant a faites de ses théories, à la terre, se trouvent dans son *Traité de géographie physique*, expression qui comprenait la science alors inconnue de la géologie. Il avait étudié son sujet fort soigneusement, et pendant plusieurs années, il fit un cours sur ces matières. La quatrième section de la première partie de ce traité est intitulée : « *Histoire des grands changements que la terre a subis autrefois, et qu'elle subit encore,* » et, de fait, c'est un court essai gros de tous les principes de la géologie. Kant rend compte d'abord des changements graduels qui se produisent actuellement, en les groupant en classes différentes autour de ceux que déterminent les tremblements de terre, la pluie et les rivières, la mer, les vents et la gelée, et finalement les opérations de l'homme.

La seconde partie traite des « *Marques des changements que la terre a subis dans une antiquité reculée.* Il les énumère ainsi : A. *Preuves pour établir que la mer a couvert autrefois toute la terre.* B. *Preuves démontrant qu'un même lieu a été alternativement mer et terre ferme.* C. *Discussions des différentes théories de la terre proposées par Scheuchzer, Moro, Bonnet, Woodward, White, Leibnitz, Linnée et Buffon :* »

La troisième partie contient un *Essai pour chercher à établir une explication valable de l'ancienne histoire de la terre.* »

Il serait fort facile sans doute de trouver bien des erreurs de détail soit cosmologiques, soit spécialement telluriques, dans l'application que Kant a faite de ses pensées spéculatives. Mais, malgré cela, c'est lui qui le premier, à mon avis, a tracé un système complet d'interprétation géologique, en fondant la doctrine de l'évolution.

Kant pouvait dire avec autant de vérité que Hutton : « Je prends les choses comme je les trouve en « ce moment, et je raisonne sur ce que je vois pour « en déduire ce qui a dû être. » Comme Hutton, il ne cesse d'indiquer que dans la nature il y a sagesse, système et concordance. Comme il est le précurseur de Hutton relativement à ces grands principes, il l'est encore dans la croyance que le cosmos est doué d'une puissance active de reproduction capable de réparer une constitution ruinée ; et, d'autre part, Kant est toujours fidèle à la science. Pour lui la spéculation géologique n'a d'autres bornes que les limites de l'intelligence. Sa raison le fait remonter à l'origine de l'état de choses actuel, et il admet la possibilité d'une fin.

Je vous l'ai dit déjà : on considère habituellement comme contradictoires les trois systèmes d'interprétation géologique que j'ai appelés systèmes des catastrophes, de l'uniformité, de l'évolution, et il sera sans doute bien clair pour vous maintenant, qu'à mon avis le système de l'évolution finira par supplanter les deux autres. Mais il est juste de remarquer que chacun de ces derniers a maintenu la tradition de vérités bien importantes.

Le système des catastrophes a soutenu qu'il existe une réserve de force pratiquement inépuisable à laquelle nous pouvons toujours nous adresser pour établir toutes nos théories. Ce système a cultivé avec amour l'idée que le point de départ du développement de la terre était un état dans lequel sa forme, et les forces dont elle était douée, étaient bien différentes de ce que nous connaissons actuellement. Que cette différence de forme et de puissance ait existé autrefois, c'est là une partie nécessaire de la doctrine de l'évolution.

D'un autre côté, le système de l'uniformité a insisté avec tout autant de raison sur une réserve de temps, aussi inépuisable que la première, et capable de satisfaire à toutes les hypothèses qui y auraient recours. Ce système nous a empêché de perdre de vue le pouvoir qu'acquiert l'infiniment petit, quand on lui accorde le temps, et nous force à épuiser les causes connues avant de recourir à l'inconnu.

Je ne vois pas qu'il y ait lieu d'établir un antagonisme nécessaire entre les théories des catastrophes et de l'uniformité. Au contraire, on conçoit parfaitement que les catastrophes fassent tout naturellement partie intégrante de l'autre système. Permettez-moi de m'expliquer par une comparaison. Le travail d'une horloge est un modèle d'action uniforme. Sa marche précise et exempte de toute variation n'est même autre chose que cette uniformité de mouvement. Mais la sonnerie des heures est essentiellement une catastrophe ; le marteau pourrait tout aussi bien faire éclater un tonneau de poudre ou donner libre cours à un déluge d'eau, et par une disposition convenable on pourrait faire que l'horloge, au lieu de marquer les heures, sonnât à toutes sortes de périodes irrégulières, ne reproduisant jamais les mêmes intervalles de temps, la même force ou le même nombre de coups. Pourtant toutes ces catastrophes, sans régularité ni loi apparentes, seraient le résultat d'une action absolument uniforme et l'on pourrait établir deux théories de l'horloge selon que l'on étudierait les mouvements du marteau ou ceux du pendule.

Il est encore bien moins nécessaire d'établir un antagonisme entre le système de l'évolution et chacun des deux autres. Le système de l'évolution accepte tout ce qu'il y a de bon dans le système des catastrophes, comme dans le système de l'uniformité, tout en repoussant les hypothèses arbitraires du premier et les restrictions non moins arbitraires du second. Il ne faut pas d'ailleurs que la doctrine de l'évolution perde de sa valeur aux yeux du penseur philosophe, parce qu'elle applique la même méthode au monde vivant et au monde inanimé, et embrasse, dans une analogie qui étonne tout d'abord, le développement d'un système solaire partant du chaos moléculaire, la formation de la terre qui traverse, après l'état nébuleux de sa jeunesse, des changements innombrables, des siècles incalculables pour acquérir sa forme présente, et le développement d'un être vivant à partir de la masse informe de protoplasme que nous appelons un germe.

La doctrine de l'évolution n'est pas assez généralement admise parmi nous pour pouvoir être appelée la géologie qui a cours en Angleterre ; mais cependant elle est assurément présente, d'une façon plus ou moins vague, à l'esprit de la plupart des géologues.

Telles étant les trois phases de la spéculation géologique, nous sommes maintenant en position de rechercher quel est celui de ces systèmes d'interprétation que sir William Thomson voudrait voir réformer, comme il nous le dit dans les passages que je viens de citer.

Il s'agit évidemment du système de l'uniformité qui représente pour le savant physicien la spéculation géologique en général. Ainsi une première issue nous est ouverte, car bien des hommes, et parmi nos jeunes géologues ce ne sont pas les moins distingués, n'acceptent pas la doctrine uniformitaire dans toute sa rigueur, comme forme finale de l'interprétation géologique.

Si Hutton et Playfair ont déclaré que le cours du monde a toujours été le même, nous serons les premiers à demander que leur erreur soit exposée au plus tôt ; mais, en la dévoilant, il ne faut pas croire établir par cela même que la géologie moderne est en opposition avec la philosophie naturelle. Je ne pense pas qu'il y ait aujourd'hui un géologue prêt à soutenir l'uniformité absolue, et disposé à nier la diminution possible de la rapidité du mouvement de rotation terrestre, ou qu'il puisse se faire que le soleil perde peu à peu de ses feux, que la terre elle-même subisse un refroidissement lent. Mais, en général, nous sommes à cet égard fort indifférents et ne nous inquiétons guère de cela, pensant, qu'en tout cas, ces modifications possibles n'ont rien changé pratiquement sur la terre, pendant le laps de temps représenté par les dépôts stratifiés.

Quand on nous accuse de nous être mis en opposition avec les principes de la philosophie naturelle, cette imputation est donc mal fondée. La seule question qui puisse se poser est de savoir si nous avons fait tacitement des hypothèses contraires à certaines conclusions qui peuvent se déduire de ces principes. Et cette question se subdivise elle-même en deux autres ; la première : avons-nous réellement contredit ces conclusions ? la seconde : si nous les avons niées, ces conclusions sont-elles si solidement établies qu'il ne soit pas possible de les repousser ? Je réponds négativement à chacune de ces questions, et je vais vous en donner mes raisons. Sir William Thomson croit pouvoir prouver par des raisonnements tirés de la physique, « que « l'état de choses existant sur la terre, la vie terres- « tre (toute l'histoire géologique démontrant la con- « tinuité de la vie) doit être comprise dans quelque « période de temps telle que cent millions d'années « (1). »

La première question qui se présente est évidemment celle-ci : A-t-on jamais nié que cette période de temps puisse satisfaire aux besoins de l'interprétation géologique ?

Quelque période de temps, telle que cent millions d'années..., voilà qui est bien vague, et une limite ainsi indiquée plutôt que définie, embarrasse beaucoup la discussion ! Qu'est-ce à dire ? Cette durée a-t-elle pu être de deux, trois ou quatre cent millions d'années, ce qui changerait beaucoup la question (2).

Si nous prenons 30,000 mètres comme épaisseur totale des roches statifiées qui contiennent des tra-

---

(1) Sir W. Thomson, *loc. cit.*, p. 25.
(2) Pour sir W. Thomson (*loc. cit.*, p. 16), la durée précise du temps est ici sans conséquence, « le principe est le même, » dit-il ; mais comme le principe est admis, toute la discussion retombe sur les résultats qu'il entraîne.

ces de la vie, nous serons certainement plutôt au-dessus qu'au-dessous de la vérité ; 30,000 divisé par 100,000,000 = 0,0003. Ainsi donc si 30,000 mètres de roches stratifiées se sont déposés en 100,000,000 d'années, c'est que le dépôt s'est accumulé à raison de 3 dixièmes de millimètre par an.

Eh bien, je ne pense pas que personne soit prêt à soutenir qu'en accordant même les conditions les plus favorables, les roches stratifiées n'ont pu se former en moyenne à raison de 3 dixièmes de millimètre par an. Si l'on pouvait prouver que c'est là le taux de croissance du monde, nous pourrions sans doute nous contenter de ce chiffre, sans avoir à constater une révolution dans nos spéculations. Mais en fin de compte, l'approximation indiquée si vaguement n'exige peut-être pas l'hypothèse d'un dépôt de 3 dixièmes de millimètre ; en doublant, triplant ou quadruplant le nombre d'années, l'épaisseur annuelle se réduit de moitié, du tiers, du quart, ce qui nous met encore bien mieux à l'aise.

Mais on pourra dire que c'est la biologie, et non la géologie, qui exige ces longs laps de temps, que la succession de la vie demande de grandes durées ; et ceci me fait l'effet d'un cercle vicieux. La biologie suit les indications de temps que lui fournit la géologie. La seule raison de croire à la lenteur des changements dans les formes vivantes provient de ce que ces formes persistent dans une série de dépôts dont la formation a duré fort longtemps d'après ce que nous enseigne la géologie. Si les géologues se trompent dans leurs évaluations de temps, les naturalistes n'auront qu'à modifier leurs notions de la rapidité des changements, en raison des nouvelles évaluations qui leur seront fournies. De plus, je me permets de vous faire remarquer que, quand on nous dit qu'il faut réformer toutes nos interprétations géologiques parce qu'on a fixé à cent, deux cent, trois cent millions d'années le temps écoulé depuis l'apparition des êtres vivants sur cette planète, c'est à ceux qui proclament cette nécessité qu'il appartient de nous la démontrer, car jusqu'ici ils n'en ont pas donné la moindre preuve.

Ainsi donc, si nous acceptons les évaluations de temps qui nous sont proposées par Sir W. Thomson, il n'est nullement évident, tout d'abord, qu'il nous faudra changer ou réformer d'une façon appréciable notre manière d'interpréter les faits géologiques. Nous pouvons donc nous demander, pleins de calme et d'indifférence même quant au résultat, si les arguments mis en avant pour la défendre justifient cette évaluation.

Ces arguments sont au nombre de trois :

I. Le premier se fonde sur le fait avéré que les marées tendent à retarder la vitesse de rotation de la terre sur son axe. Ceci est évident, si l'on considère, *grosso modo*, que les marées résultent de l'attraction qu'exercent sur la mer, le soleil et la lune; de sorte que la mer agit comme un frein sur le mouvement de rotation de la masse solide de la terre.

Kant qui n'était pas seulement un grand métaphysicien, mais qui était aussi bon mathématicien et fort au courant des sciences physiques telles qu'on les connaissait de son temps, ne s'est pas borné à nous prouver cette cause de retard dans un essai d'une exquise clarté des plus faciles à comprendre et qui date de plus de cent ans (1) ; il en a encore déduit quelques-unes des conséquences les plus importantes, celle-ci par exemple, que c'est toujours la même face de la lune qui est tournée vers la terre.

Mais s'il est facile de démontrer une tendance, il y a encore bien du chemin à parcourir avant d'en avoir estimé la valeur pratique, la seule chose qui nous importe en ce moment. A cet égard je crois pouvoir résumer ainsi les faits :

C'est un fait d'observation, que depuis trois mille ans le mouvement moyen de la lune s'accélère relativement à la rotation terrestre. Ceci peut résulter évidemment d'une de ces deux causes : ou la lune se meut de plus en plus rapidement sur son orbite, ou bien la terre tourne de plus en plus lentement sur son axe.

Laplace croyait avoir expliqué ce phénomène en démontrant que l'excentricité de l'orbite terrestre a diminué graduellement pendant le laps de trois mille ans. Ceci doit produire une diminution de l'attrac-

(1) *Étude des changements possibles dans la vitesse de rotation de la terre autour de son axe, et de la production du jour et de la nuit. Œuvres complètes.*

tion moyenne du soleil sur la lune, ou en d'autres termes une augmentation de l'attraction de la terre sur la lune, et par conséquent une rapidité plus grande dans le mouvement orbitaire de ce satellite. Laplace attribuait donc à la lune cette accélération, et s'il a raison, la somme totale du retard par les marées doit être insignifiante ou contre-balancée par d'autres agents.

Il semble pourtant que notre grand astronome, Adams, a trouvé à redire aux calculs de Laplace, et qu'il a démontré que la moitié seulement du retard observé pouvait s'expliquer par les calculs de Laplace. Il reste donc à rendre compte de l'autre moitié de ce retard, et ici, en l'absence de toute connaissance positive, on a proposé trois formes différentes d'explications hypothétiques.

a. M. Delaunay propose d'attribuer la différence à la terre en raison du retard dû à l'action des marées. MM. Adams, Thomson et Tait développent cette idée, et en établissant, d'après certaines hypothèses, le retard proportionnel qui est dû au soleil d'une part, à la lune de l'autre, ils trouvent que cette cause peut faire perdre à la terre 22 secondes par siècle (1).

b. Mais M. Dufour propose d'attribuer, soit en partie, soit en totalité, le retard de la terre, qui n'est établie en somme que sur des hypothèses, à l'augmentation du moment d'inertie de la terre par les

---

(1) Sir W. Thomson, *loc. cit.*, p. 14.

météores qui tombent sur sa surface. Sir W. Thomson accepte entièrement cette idée, et démontre que le reste du retard s'expliquerait par l'accumulation de la poussière météorique à raison de 33 centimètres en 4,000 ans (1).

c. En troisième lieu Sir W. Thomson propose une hypothèse qui lui est propre, pour expliquer ce retard hypothétique de la rotation terrestre.

« Supposons, dit-il, que dans les régions polaires
« (à 20 degrés autour de chaque pôle, par exemple),
« une épaisseur de 33 centimètres de glace fonde de
« façon à se transformer en eau dont la profon-
« deur serait sur le même espace de 33 centimètres
« 3 millimètres, ou de 2 centimètres, si cette eau
« était répandue sur toute la surface du globe, ce
« qui n'élèverait le niveau des mers que de 2 1/2 à
« 3 centimètres, quantité pratiquement inapprécia-
« ble. Voilà ce qui pourrait arriver une année quel-
« conque, croyons-nous, comme aussi le contraire
« pourrait se produire, et dans les deux cas on ne
« pourrait le reconnaître sans établir la hauteur
« moyenne du niveau de la mer, au moyen d'ob-
« servations et de calculs bien plus précis que tou-
« tes les observations et tous les calculs faits jus-
« qu'ici. Dans ces deux cas la vitesse du mouvement
« de rotation terrestre serait diminuée ou augmen-
« tée relativement aux montres d'un dixième de
« seconde par an (2). »

(1) Sir W. Thomson, *loc. cit.*, p. 27.
(2) *Ibid.*

Je ne me permettrais pas de révoquer en doute l'exactitude d'aucun des calculs qui proviennent de mathématiciens aussi distingués que ceux que je viens de citer. Pour mon argument, au contraire, il m'est nécessaire de supposer l'exactitude parfaite de ces calculs. Mais je voudrais vous faire comprendre que nous sommes ici, selon moi, en présence d'un de ces cas nombreux où la précision reconnue des procédés mathématiques nous fait accorder une autorité illusoire et inadmissible aux résultats qui en dérivent. On peut comparer les mathématiques à un moulin d'un travail admirable, capable de moudre à tous les degrés de finesse; mais cependant ce qu'on en tire dépend de ce qu'on y a mis, et comme le plus parfait moulin du monde ne peut donner de la farine de froment si on n'y met que des cosses de pois, de même, des pages de formules ne tireront pas un résultat défini d'une donnée insuffisante.

Dans le cas qui nous occupe il est admis paraît-il :

1° Qu'il n'est pas absolument certain, après tout, qu'il y ait accélération dans le mouvement moyen de la lune, ou retard dans la rotation terrestre (1). Pourtant c'est ici le nœud de la question.

2° Si la rapidité de rotation terrestre diminue, on ne peut établir avec certitude la part du retard qui appartient au frottement des marées, aux météores,

---

(1) Qu'il soit bien compris que je ne veux nullement nier la possibilité de ce retard.

à la production de glaces polaires en excès sur leur fonte, pendant la période d'observation qui remonte tout au plus à 2,600 ans.

3° On ne semble pas avoir tenu compte de l'effet d'une distribution différente de la terre et de l'eau, pouvant modifier le retard occasionné par le frottement des marées, et le réduire en quelques cas à un minimum;

4° Pendant l'époque miocène, la glace polaire était certainement moins épaisse de quelques mètres qu'elle ne l'a été pendant la période glaciaire, et depuis lors, Sir. W. Thomson nous dit que l'accumulation de 30 ou 40 centimètres de glace autour des pôles, ce qui implique un abaissement de 3 ou 4 centimètres de toute la surface des mers, ferait tourner la terre plus vite d'un dixième de seconde par an. Il semblerait donc que pendant tout le temps qui s'est écoulé depuis le commencement de la période glaciaire jusqu'au moment présent, la rotation de la terre a pu être plus rapide d'une ou de plusieurs secondes par an, qu'elle ne l'était pendant l'époque miocène.

Mais, selon les calculs de Sir. W. Thomson, le retard provoqué par les marées ne rend compte que de 22″ de retard par siècle, soit 0″,22 ou, en chiffre rond, 1/5 de seconde par an.

Ainsi donc, en supposant que, depuis l'époque miocène, les glaces accumulées autour des pôles n'ont pu produire que dix fois l'effet d'une couche de glace de 33 centimètres d'épaisseur, nous aurons une cause d'accélération qui couvrira toute la perte provenant de l'action des marées, et nous laisse un surplus de 4/5 de seconde d'accélération par an.

Si le retard occasionné par les marées peut être contre-balancé, inversé même, par d'autres conditions temporaires, que devient cette affirmation formelle, basée sur l'uniformité hypothétique d'un retard occasionné par les marées, qu'il y a dix milliards d'années la terre tournait sur son axe deux fois plus vite qu'à présent, que, par conséquent, nous sommes, nous les géologues, en opposition directe avec les principes de la philosophie naturelle, quand nous appliquons nos principes géologiques à tout ce qui s'est passé pendant ce laps de temps.

II. Sir W. Thomson expose ainsi le second argument : « En mars 1862, j'ai publié (1) un article sur
« l'âge de la chaleur solaire, et j'y expliquais les
« résultats de différentes recherches pour rendre
« compte de la quantité possible de chaleur du so-
« leil ; j'étudiais cet astre comme on étudierait une
« pierre ou toute autre substance matérielle, ne te-
« nant compte que de ses dimensions, et je démon-
« trais ainsi qu'il est possible que le soleil éclaire la
« terre depuis cent millions d'années déjà, et qu'en
« même temps il est à peu près certain qu'il n'éclaire
« pas la terre depuis cinq cent millions d'années.
« Ces estimations sont bien vagues nécessairement,
« mais il n'est pas possible, que je sache, de dire

---

(1) « *In Macmillan's Magazine.* »

« d'après une estimation raisonnable fondée sur les
« propriétés connues de la matière, qu'il nous soit
« permis de croire que le soleil éclaire la terre de-
« puis cinq cent millions d'années (1). »

Il y a quinze ans, sir W. Thomson comprenait différemment l'origine de la chaleur du soleil ; il croyait alors que sa déperdition annuelle de calorique par radiation était annuellement rendue à cet astre, doctrine que Hutton eût acceptée parfaitement, mais il est inutile de chercher à mettre ainsi ce savant mathématicien en contradiction avec lui-même. Pourtant, quand un physicien si éminent soutient aujourd'hui une thèse contraire à celle qu'il soutenait il y a peu d'années, et reconnaît lui-même que ses estimations sont *bien vagues*, nous serions en droit de n'en pas tenir compte si de notre côté nous avions des faits bien avérés à lui opposer. Je n'en connais pas cependant, et comme je vous l'ai déjà dit, cent, deux cent, trois cent millions d'années satisferaient amplement, d'après moi, aux besoins de nos interprétations géologiques.

III. La troisième série d'arguments se base sur la température de l'intérieur de la terre. Sir W. Thomson se reporte à des recherches qui prouvent que l'état thermométrique actuel de l'intérieur de la terre implique, soit que la terre a été plus chaude de 55° centigrades au moins à une époque qui ne remonte pas au delà de 20,000 ans, ou qu'à une

(1) Sir W. Thomson, *loc. cit.*, p 20.

époque plus reculée toute sa surface présentait une différence de température encore plus grande, puis il ajoute :

« Or, les géologues sont-ils disposés à admettre
« qu'à une époque comprise dans les 20,000 derniè-
« res années il y a eu une température aussi élevée
« sur toute la surface de la terre? Je ne le pense
« pas ; aucun géologue, parmi les modernes du
« moins, ne saurait admettre cette hypothèse, que
« l'état actuel de la chaleur centrale est dû à l'é-
« chauffement de la surface terrestre depuis une
« époque aussi peu reculée. Si l'on n'admet pas
« cela, nous en sommes réduits à supposer une
« température plus élevée, il y a plus de 20,000 ans.
« Un échauffement de plus de 55° centigrades sur
« toute la surface terrestre ferait périr assurément
« la plupart des plantes et des animaux ; les géolo-
« gues modernes peuvent-ils établir qu'il y a 50,000,
« 100,000 ou 200,000 ans toute vie a été détruite
« sur la terre ? Plus on recule l'époque des hautes
« températures à la surface de la terre, plus cela est
« favorable à la théorie de l'uniformité, mais plus
« on recule cette époque de grande chaleur, plus
« cette chaleur a dû être intense. Ceux qui, pour
« établir leur théorie, sont obligés de se reporter à
« des époques fort éloignées reculeront d'autant
« plus le moment des hautes températures, et
« on arrive ainsi à la théorie d'une température
« suffisant à faire fondre la masse. Mais, même
« dans ce cas, il faudrait admettre une limite

« telle que 50, 100, 200 ou 300 millions d'an-
« nées. Ce terme, nous ne pouvons le dépasser (1). »

La limite est encore ici des plus vagues puisqu'elle s'étend de 50 à 300 millions d'années. Encore une fois nous pouvons répondre que, malgré tous les arguments contraires, le plus décidé partisan des doctrines de l'uniformité professée par Hutton peut s'accommoder parfaitement de 100 ou 200 millions d'années.

Mais, d'autre part, si ces longs laps de temps ne suffisent pas à nos interprétations géologiques, il nous reste à critiquer, en elle-même, la méthode à l'aide de laquelle cette limite a été établie. L'argument qui l'établit est bien simple. Considérant la terre comme masse en état de refroidissement et supposant que le taux de refroidissement ait été uniforme, la quantité de chaleur perdue par an, multipliée par un nombre donné d'années, nous fera connaître le minimum de température qui régnait à une époque reculée du même nombre d'années.

Mais la terre est-elle simplement une masse en état de refroidissement, comparable à une bouillotte, ou à un globe de grès, et son refroidissement a-t-il été uniforme ? Il faudrait pouvoir faire à ces deux questions une réponse affirmative pour établir la valeur des calculs sur lesquels Sir W. Thomson compte si bien.

On peut dire cependant que des réponses affir-

(1) Sir W. Thomson, *loc. cit.*, p. 21.

matives de ce genre sont purement hypothétiques et que bien d'autres suppositions seraient tout aussi admissibles.

Ainsi, n'est-il pas possible qu'à l'énorme température qui existe à 150 ou 200 kilomètres de profondeur, toutes les bases métalliques se comportent comme le mercure à la chaleur rouge, température à laquelle son oxyde se décompose ; et plus près de la surface, à une température plus basse par conséquent, ces combinaisons oxygénées peuvent s'effectuer (comme s'effectue celle de l'oxygène avec le mercure à quelques degrés au-dessous de son point d'ébullition) produisant ainsi une quantité de chaleur totalement distincte de celle que possèdent ces métaux comme corps en refroidissement? Des études récentes n'ont-elles pas prouvé aussi que la qualité de l'atmosphère a une action considérable sur sa perméabilité au calorique, ce qui doit par conséquent modifier profondément le taux du refroidissement du globe pris en masse.

On ne saurait nier, je pense, que des conditions de ce genre ne puissent exister et exercer une si grande influence sur la quantité de chaleur absorbée ou perdue par la terre, qu'elles n'arrivent à détruire la valeur de tout calcul qui n'en tiendrait pas compte.

Je m'étais constitué votre avocat, et me voici au bout de ma tâche ; mais l'avocat n'est pas toujours aussi sincère que moi quand il déclare que la partie adverse a perdu sa cause. Du dehors on nous crie qu'il faut nous réformer, clameurs inutiles, car ici, dans nos domaines, nous avons établi le plus vite possible toutes les réformes dont l'utilité nous a été démontrée. De plus, en faisant porter notre examen critique sur les motifs qui ont servi à établir contre nous la charge fort grave d'opposition aux principes de la philosophie naturelle, nous avons reconnu plutôt que nous avions fait preuve de discernement et d'une juste appréciation de la valeur des choses, en refusant jusqu'à plus ample informé de rien déranger aux fondements de notre science.

XII

L'ORIGINE DES ESPÈCES.

La haute position scientifique, si bien acquise et si bien établie, qu'occupe M. Darwin, le rend insensible sans doute à ce genre de notoriété publique qu'on appelle le succès, mais si le calme de l'esprit philosophique n'a pas encore entièrement remplacé chez lui l'ambition et la vanité de l'homme charnel qui réside en chacun de nous, il doit être satisfait des résultats de la publication de son livre *l'Origine des espèces*. La question de l'espèce est sortie des bornes étroites des cercles purement scientifiques, et occupe l'attention de la société en général à l'égal des plus graves questions politiques. Tout le monde a lu le livre de M. Darwin, ou du moins tout le monde a formulé une opinion relativement à ses mérites ou à ses défauts. Des gens fort pieux soit laïques, soit ecclésiastiques, l'ont mielleusement décrié, sans lui ménager toutefois leurs petits traits d'ironie benoîte et charitable ; des bigots ignorants lui ont lancé leurs invectives ; les vieilles femmes des deux sexes le considèrent comme un livre des plus dangereux, et même des savants, à court de boue pour l'asperger, se sont mis à citer des écrivains surannés pour démontrer que l'auteur lui-même ne valait guère mieux qu'un singe. D'autre part, tout esprit philosophique saluait la venue de ce livre comme celle d'un puissant auxiliaire du libéralisme, et tous les naturalistes, tous les physiologistes compétents reconnaissaient, malgré leurs opinions différentes quant aux destinées ultimes des doctrines qu'il professe, que cet ouvrage nous apporte de nouveaux éléments de connaissance des mieux établis, et inaugure une ère nouvelle en histoire naturelle.

La discussion de ce sujet n'est pas restée confinée dans les limites de la conversation. Quand le public prend une chose au sérieux et s'y intéresse, les revues périodiques sont là pour satisfaire à ses demandes, et le pur littérateur a si bien l'habitude d'acquérir ses connaissances en les tirant du livre qu'il est appelé à juger, comme les Abyssiniens, dit-on, se procurent de la viande en en prenant au bœuf qui leur sert de monture, que quand l'écrivain de revues manque des données scientifiques préliminaires dont il aurait besoin pour établir sa critique d'un livre de haute science, il ne s'arrête pas pour si peu ; en même temps, plusieurs savants qui approuvent la nouvelle manière de voir, comme d'autres qui en nient la valeur, ont naturellement cherché les occasions de faire savoir ce qu'ils en pensaient. Il n'est donc pas étonnant que la plupart des journaux de critique aient consacré à l'ouvrage de M. Darwin des articles plus ou moins étendus, et depuis les maigres produits d'une ignorance trop souvent stimulée par le préjugé, jusqu'aux essais consciencieux et réfléchis de ceux qui étudient la nature en toute sincérité, on a vu paraître tant de dissertations, qu'aujourd'hui il peut bien sembler impossible de dire sur cette question quelque chose de nouveau.

On peut se demander cependant si le savoir et la finesse d'opposants scientifiques, mais dont l'opinion était faite d'avance, ou si la subtilité des avocats attitrés de l'orthodoxie ont produit déjà toute leur action pour détourner les conclusions inévitables de la grande controverse ainsi soulevée, et dont la génération présente ne verra probablement pas la fin. Il peut donc être utile maintenant, à la onzième heure, et sans éléments nouveaux à fournir dans cette discussion, d'exposer encore une fois les vérités de la nouvelle doctrine, et de donner aux propositions fondamentales de M. Darwin une forme telle, que ceux dont les études spéciales sont dirigées dans une autre voie puissent les saisir. Cela sera d'autant plus utile que, malgré son grand mérite, et en partie, à cause de ce mérite même, l'*Origine des espèces* n'est nullement un livre dont la lecture soit facile, si ce mot de lecture implique une pleine compréhension de la pensée de l'auteur.

Sans vouloir dire une chose plaisante, je remarque qu'il est, en un certain sens, fâcheux pour M. Darwin, qu'il connaisse mieux que personne au monde la question dont il s'occupe. Il a acquis directement des connaissances pratiques étendues en zoologie, en anatomie fine, en géologie; il n'a pas étudié la distribution géographique sur les cartes et dans les musées seulement; il l'a étudiée dans de longs voyages pendant lesquels il amassait laborieusement ses matériaux. Après avoir fait progresser beaucoup chacune de ces branches de la science, après avoir passé de longues années à rassembler et à trier les éléments de son présent ouvrage, l'auteur de l'*Origine des espèces* s'est trouvé en possession d'une prodigieuse mine de faits bien classés, où il n'a plus eu qu'à puiser.

Mais cette richesse même a dû souvent embarrasser un écrivain qui, pour l'instant, ne peut exposer qu'un résumé de sa manière de voir; et c'est sans doute pour cela que, malgré la clarté du style, ceux qui cherchent à se rendre parfaitement compte de ce livre y trouvent, pour ainsi dire, un aliment intellectuel par trop substantiel, des faits accumulés, condensés et réunis suivant un ordre dont on ne saisit pas tout d'abord les liens logiques. Ces liens se reconnaissent assurément quand on étudie consciencieusement l'ouvrage, mais il est souvent difficile de les saisir.

De même, en raison de la concision du livre, il faut accepter comme prouvées bien des choses qu'il eût été facile de démontrer, et par ce motif, si l'adepte, à même de trouver dans ses propres connaissances l'enchaînement d'une évidence qui n'est indiquée que par ses points saillants, reconnaît de plus en plus, chaque fois qu'il relit les pages fécondes de M. Darwin, combien l'auteur a toujours tenu compte de toutes les difficultés, combien il a évité toutes les suppositions qu'il ne pouvait justifier, le biologiste novice est disposé à se plaindre du grand nombre d'hypothèses qui lui semblent gratuites.

Ainsi donc, si nous sommes autorisés à penser que d'ici à quelques années, personne problablement ne sera à même de juger en toute connaissance de cause les solutions données par M. Darwin, il y a de la besogne toute prête pour celui qui se propose une tâche plus humble mais tout aussi utile, peut-être, celle de faire comprendre au public l'*Origine des espèces*, en cherchant à expliquer la nature des problèmes qui y sont discutés, à distinguer les faits avérés et les interprétations théoriques qui y sont exposés, et à montrer enfin jusqu'à quel point les explications contenues dans ce livre satisfont aux besoins de la logique scientifique. En tout cas, c'est ce que je me propose de faire maintenant.

Mes lecteurs se rendent compte assurément de la nature des objets auxquels s'applique le mot d'*espèce*, mais sans doute la plupart d'entre eux, en y comprenant même les naturalistes de profession, n'ont pas remarqué que ce mot, dans son acception habituelle, a un double sens, et dénote deux ordres de relations très-différents. Quand nous disons d'un groupe d'animaux ou de plantes qu'il constitue *une espèce*, nous pouvons vouloir indiquer par ce terme, soit que toutes ces plantes ou tous ces animaux ont en commun certaines particularités de forme ou de structure, ou bien nous pouvons vouloir dire qu'ils possèdent un caractère fonctionnel commun. Cette partie de la science biologique qui traite de la forme ou de la structure s'appelle la morphologie ; celle qui s'occupe des fonctions s'appelle la physiologie. Nous pouvons donc parler de l'espèce, en lui donnant pour les besoins du discours, et pour rendre compte de ces deux aspects les noms d'*espèce morphologique* ou d'*espèce physiologique*. Au point de vue de la morphologie, l'espèce est simplement un groupe d'animaux ou de plantes, pouvant se distinguer de tous les autres par certaines particularités morphologiques constantes et indépendantes des différences de sexes. Ainsi les chevaux forment une espèce, parce que le groupe d'animaux auquel on applique ce nom se distingue des autres par les caractères suivants constamment associés. Ils ont : 1° une colonne vertébrale ; 2° des mamelles ; 3° une gestation placentaire ; 4° quatre jambes ; 5° une phalange unguéale unique et bien développée à chaque pied qui est garni d'un sabot ; 6° une queue fournie ; 7° des callosités à la partie interne des membres antérieurs et postérieurs. De même, les ânes forment une espèce distincte, parce que s'ils présentent les cinq premiers caractères spécifiques, ils ont tous une queue à touffe terminale et des callosités à la partie interne des membres antérieurs seulement. Si l'on découvrait des animaux présentant les caractères généraux du cheval, mais n'ayant parfois des callosités qu'aux membres antérieurs et une queue plus ou moins dégarnie dans toute sa hauteur; ou encore des animaux présentant les caractères généraux de l'âne, mais avec une queue plus ou moins fournie et parfois des callosités sur les deux paires de membres, sans parler d'autres caractères intermédiaires qui pourraient encore se présenter, il faudrait réunir les deux espèces en une seule. Au point de vue de la morphologie, on ne pourrait plus les considérer comme espèces distinctes, car il ne serait plus possible de les définir distinctement l'une de l'autre.

Si cette définition de l'espèce paraît bien maigre et bien simple, nous faisons appel en toute confiance à tous les naturalistes pratiques, zoologistes, botanistes ou paléontologistes, pour qu'ils nous disent si, dans la plupart des cas, ils en savent davantage que ce que je viens d'indiquer, quand ils attribuent le nom d'*espèce* à un groupe de plantes ou d'animaux, ou s'ils veulent affirmer autre chose relativement à ce groupe. C'est ce qu'admettent même les partisans les plus absolus des doctrines reçues en ce qui concerne l'espèce.

« Il me semble, dit le professeur Owen, qu'au-
« jourd'hui la plupart des naturalistes, en proposant
« un nom pour désigner une espèce nouvelle qu'ils
« viennent de décrire, ne se servent plus de ce mot
« d'espèce pour indiquer ce que l'on entendait par
« là il y a vingt ou trente ans, c'est-à-dire un groupe

« d'êtres remontant à une création originellement
« distincte, et qui a maintenu sa distinction primi-
« tive par des particularités génératrices telles,
« qu'elles empêchaient la production de caractères
« différents. Maintenant celui qui nous propose
« une nouvelle espèce ne veut plus affirmer que ce
« dont il a une connaissance certaine, ainsi par
« exemple, que les différences sur lesquelles il fonde
« les caractères spécifiques ont été constants dans
« les individus des deux sexes partout où l'observa-
« tion a pu atteindre, que ces caractères ne sont pas
« le résultat de la domestication, et n'ont pas été
« produits artificiellement par des circonstances
« extérieures, par aucune influence étrangère à lui
« connue, que cette espèce est sauvage, et paraît
« telle qu'elle est naturellement (1). »

Si l'on considère, en effet, que la plupart des espèces actuelles classées nous sont connues seulement par l'étude de leurs peaux, de leurs os ou par d'autres reliquats de la vie ; qu'à part certaines particularités physiologiques qui peuvent se déduire de leur structure, ou se dénotent à un examen superficiel, leurs fonctions nous sont à peu près inconnues, et que nous ne pouvons espérer en savoir davantage relativement à ces formes éteintes de la vie qui constituent actuellement une fort notable proportion de la flore ou de la faune connues du monde, il est dès lors

---

(1) *On the Osteology of the Chimpanzees and Orangs*; *Transactions of the zoological Society*, 1858.

certain que la définition des espèces sera toujours purement structurale ou morphologique. Si les naturalistes n'avaient pas si souvent perdu de vue les bornes fatales de notre connaissance, ils auraient évité, sans doute, de confondre bien des idées. Mais si l'on peut admettre en toute sécurité que les caractères morphologiques de la plupart des espèces nous sont seuls connus, les particularités fonctionnelles ou physiologiques de quelques-unes de ces espèces ont été étudiées, et les résultats de cette étude forment une portion considérable et fort intéressante de la physiologie de la reproduction.

Quand on étudie la nature, on admire d'autant plus, on s'étonne d'autant moins, qu'on arrive à mieux connaître ses opérations ; mais parmi tous ses miracles incessamment répétés, il n'en est peut-être pas de plus admirable que le développement de l'embryon d'une plante ou d'un animal. Examinez l'œuf récemment pondu d'un animal bien commun, une salamandre aquatique ou triton, par exemple. C'est un petit sphéroïde où les plus puissants microscopes ne font reconnaître qu'un sac sans structure définissable, renfermant un fluide glaireux dans lequel des granulations sont suspendues. D'étranges possibilités cependant sont latentes dans ce globule semi-fluide. Qu'un rayon de soleil vienne un peu réchauffer l'eau où il repose, la matière plastique va subir des changements si rapides, si uniformes pourtant, et indiquant si bien une intention qui présiderait à leur succession, qu'on les compare involontairement à ceux que produit un sculpteur habile sur une masse informe de glaise. Comme sous un ébauchoir invisible, on voit la masse se diviser et se subdiviser en portions de plus en plus petites, jusqu'à ce qu'elle soit réduite à une aggrégation de granulations assez ténues pour fabriquer les tissus les plus fins de l'organisme naissant. Puis, comme sous l'action d'un doigt délicat, la ligne que va occuper la colonne vertébrale se marque ; le contour du corps se trace ; d'un côté la tête se renfle, la queue s'allonge de l'autre, les flancs, les membres se façonnent et prennent si bien les proportions voulues du corps des salamandres, tout cela s'opère d'une façon si artistique, qu'après avoir observé ce processus pendant des heures, on en vient à se demander si des instruments plus puissants que le microscope ne nous feraient pas voir l'artiste caché, travaillant avec son plan devant lui pour perfectionner son travail par ses habiles manipulations.

Un peu plus tard le jeune amphibie parcourra les eaux, et sera la terreur de tous les insectes du voisinage ; cette proie va lui procurer les particules alibiles qu'il ajoutera à sa structure pour assurer sa croissance ; ces particules alibiles iront toutes se déposer à l'endroit convenable et dans les proportions relatives voulues pour reproduire la forme, la couleur, les dimensions qui caractérisent les animaux dont il procède ; de plus cette même tendance directrice contrôle la merveilleuse capacité que possèdent ces animaux de reproduire une partie perdue. Coupez les pattes, la queue, les mâchoires séparément ou toutes ensemble, et, comme l'a fait voir Spallanzani il y a longtemps, toutes ces parties repoussent, et en outre le membre réintégré se reforme sur le type du membre perdu. La nouvelle mâchoire, la nouvelle patte sont bien patte ou mâchoire de triton et ne ressemblent jamais à celles d'une grenouille. Ce qui est vrai du triton l'est aussi de tout animal et de toute plante : le gland de chêne tend à s'élever, à se transformer en ce géant des forêts de la branche duquel il est tombé ; le spore du plus humble lichen reproduit l'incrustation verte ou brune qui lui a donné naissance, et à l'autre extrémité de l'échelle vitale, l'enfant qui n'aurait pas de traits de ressemblance avec ses parents, ni du côté paternel, ni du côté maternel, serait regardé comme une espèce de monstre.

Ainsi donc, le but unique vers lequel tend l'impulsion formatrice dans tous les êtres vivants, le plan que l'*Archée* des anciens philosophes cherche à effectuer, consiste, semble-t-il, à mouler le rejeton sur l'image de son procréateur. Telle est la première grande loi de la reproduction : Le descendant tend à ressembler à celui ou à ceux qui lui ont donné naissance, plus qu'à toute autre chose.

La science nous fera voir un jour ou l'autre comment il se fait que cette loi soit une conséquence nécessaire des lois plus générales qui gouvernent la matière ; pour le moment, contentons-nous de remarquer qu'elle semble être en harmonie avec ces dernières, nous ne pouvons guère en dire davantage. Nous savons que les phénomènes vitaux ne font qu'un avec les autres phénomènes physiques, loin d'en être nettement séparés; et d'ailleurs la matière et la force sont deux noms pour indiquer un même artiste qui façonne tout ce qui vit, comme tout ce qui est inanimé. Les corps vivants doivent donc obéir aux mêmes grandes lois que tout le reste de la matière ; or, dans la nature, il n'y en a pas d'une plus large application que celle-ci : un corps poussé par deux forces prend la direction de leur résultante. Mais les corps vivants peuvent être considérés simplement comme un faisceau extrêmement complexe de forces rassemblées dans une masse matérielle, comme les forces complexes de l'aimant sont maintenues dans l'acier par sa force coercible. Puisque les différences sexuelles sont relativement minimes, ou, en d'autres termes, comme les forces totales du mâle et de la femelle ont une tendance fort semblable, il faut nous attendre à voir leur résultante, le rejeton, dévier fort peu d'une voie parallèle à celle que parcourt un de ses deux ascendants, ou de celles qu'ils parcourent tous deux ensemble, pour ainsi dire parallèlement.

Qu'on se représente la raison de la loi par telle métaphore physique ou par telle analogie que l'on voudra, ce qu'il y a d'important cependant est d'en reconnaître l'existence, et de saisir la portée des conséquences qui peuvent s'en déduire. En effet, les choses qui ressemblent au même, se ressemblent entre elles, et si dans une grande série de générations chaque descendant ressemble à son ascendant, il en résulte que toute la descendance et tous les procréateurs doivent se ressembler entre eux. Ainsi donc, étant donnée une réunion originelle de procréateurs ayant toute liberté pour se reproduire et multiplier, la loi en question amène forcément, au bout d'un certain temps, la production d'un groupe indéfiniment grand, dont tous les membres se ressembleront beaucoup, et seront alliés par le sang, provenant tous du même ascendant ou du même couple d'ascendants. La preuve que tous les membres d'un groupe donné d'animaux ou de plantes présentent cette filiation serait généralement considérée comme suffisante pour faire de ce groupe une espèce physiologique, car la plupart des physiologistes donnent pour définition de l'espèce : La descendance d'une souche primitive unique.

Il est parfaitement vrai que tous les groupes auxquels nous donnons le nom d'*espèce* peuvent provenir d'une souche unique, selon les lois connues de la reproduction, et il est même fort probable qu'ils ont été produits ainsi ; mais cette conclusion repose pourtant sur une déduction, et on ne peut guère espérer l'établir sur une base d'observation. Dire que la souche unique ainsi supposée est primitive, et c'est là après tout le point essentiel, c'est faire une hypothèse, et de plus cette hypothèse est absolument sans fondement, si l'on entend dire ainsi que ces êtres primitifs sont indépendants d'aucun autre être vivant. Quand une hypothèse qui ne s'appuie sur rien fait partie essentielle d'une définition scientifique, cette définition porte en elle-même sa condamnation ; mais en supposant même que la définition soit soutenable dans la forme, le physiologiste qui voudrait l'appliquer dans la nature ne tarderait pas à se trouver embarrassé dans des difficultés considérables, en admettant même qu'il lui soit possible de s'en tirer. Comme nous l'avons dit, il est indubitable que les descendants tendent à reproduire l'organisme de leurs ascendants, mais il est également vrai qu'il n'y a jamais alors reproduction d'identité, soit comme forme, soit comme structure. Il y a toujours une certaine déviation ; si le procréateur est unique, ses caractères précis ne sont pas reproduits, et quand les sexes sont séparés, comme cela a lieu dans la plupart des animaux et dans un bon nombre de plantes, le produit ne représente pas la moyenne exacte de ses deux ascendants. D'après les principes généraux cette petite déviation se comprend, d'ailleurs, aussi bien que la similarité générale, si l'on réfléchit à la complexité du faisceau de forces qui agissent concurremment, et de plus il est bien improbable, dans un cas donné, que leur résultante réelle puisse coïncider avec la moyenne des caractères les plus apparents des deux procréateurs. Mais quelle que soit cependant la cause de cette déviation, la coexistence de ces deux tendances aux variations et à la similarité générale est d'une fort grande importance par sa portée sur la question de l'origine de l'espèce.

Comme règle générale, un descendant diffère peu de son procréateur; mais parfois la différence est bien plus marquée, et dès lors cette descendance divergente reçoit le nom de *variété*. Il y a un nombre considérable de variétés que nous avons tout lieu de croire produites de cette façon; mais le plus souvent leur origine n'a pas été notée et inscrite d'une façon précise. Parmi les cas dûment établis nous en choisirons deux qui montrent bien et d'une façon toute spéciale les traits principaux de cette variabilité. Le premier est celui de la race des moutons Ancons dont le colonel David Humphreys, membre de la Société royale, a donné un compte rendu fort bien fait dans une lettre adressée à sir Joseph Banks, et ultérieurement publié dans les *Transactions philosophiques* de l'année 1813. Il rapporte qu'un certain Seth Wright, propriétaire d'une ferme sur les bords de la rivière Charles, dans l'État de Massachusetts, possédait un troupeau de quinze brebis et d'un bélier de l'espèce ordinaire. En 1791 une des brebis mit bas un agneau mâle, et, sans qu'on puisse en reconnaître la raison, cet agneau différait du père et de la mère par la longueur relative de son corps et par ses jambes courtes et incurvées en dehors. Cet agneau ne pouvait donc rivaliser avec les autres moutons du troupeau quand ils prenaient leurs ébats à sauter, au grand ennui du bon fermier, par-dessus les haies des voisins.

Réaumur, je vous cite comme vous le voyez une autorité considérable, nous donne les détails du second cas (1). Un couple maltais du nom de Kelleia, dont les mains et les pieds ressemblaient aux mains et aux pieds de tout le monde, eut un fils, Gratio, possédant six doigts parfaitement mobiles à chaque main, et à chaque pied six orteils qui n'étaient pas tout à fait aussi bien formés. Aucune cause n'expliquait la production de cette singulière variété de l'espèce humaine.

Deux circonstances méritent d'être soigneusement notées dans ces deux cas. Dans chacun d'eux la variété semble s'être produite en pleine force, et pour ainsi dire, *per saltum*. Une différence tranchée et bien considérable se montre tout d'un coup entre le bélier Ancon et les moutons communs, entre Gratio Kelleia aux six doigts et aux six orteils et les hommes ordinaires. Dans un cas comme dans l'autre, aucune cause évidente n'explique la production de la variété. Ces phénomènes ont eu assurément leur cause déterminante, comme tous les autres phénomènes, mais ici la cause ne se montre pas, et, nous pouvons croire, en toute confiance, que ce que l'on désigne ordinairement sous le nom de *changements dans les conditions physiques*, tels que climat, nourriture, etc., n'avait pas eu lieu, et n'intervenait en rien. Ce ne sont pas des cas de ce que l'on appelle communément l'*adaptation aux circonstances*, mais,

---

(1) Voyez : *Art de faire éclore des oiseaux*. Paris, 1749.

pour me servir d'une expression commode, bien qu'elle soit erronée, ces variations se produisirent *spontanément*. La recherche infructueuse des causes finales mène bien loin leurs investigateurs, mais même ces téléologistes courageux, toujours prêts à sauter à pieds joints sur toutes les lois physiques, quand ils poursuivent le fantôme dont ils sont épris, seraient bien embarrassés de découvrir le but auquel pouvaient correspondre les jambes trop courtes du bélier de Seth Wright, ou les membres hexadactyles de Gratio Kelleia.

Les variétés se produisent donc sans que nous sachions pourquoi, et il est infiniment probable que la plupart des variétés se sont produites de cette façon spontanée ; mais nous sommes loin, bien assurément, de nier qu'en certains cas, il soit possible de remonter aux influences externes bien manifestes qui les ont déterminées. Ces influences sont certainement capables de modifier l'enveloppe tégumentaire, d'en changer la couleur, d'augmenter ou de diminuer les dimensions des muscles, et parmi les plantes d'occasionner la métamorphose des étamines en pétales, etc. Mais, quelle que soit la cause d'où proviennent ces changements, ce qui nous intéresse spécialement pour l'instant, c'est d'observer qu'une fois produites les variétés obéissent à la loi fondamentale qui veut que le semblable tende à reproduire son semblable, et leurs rejetons nous en fournissent un exemple, par leur tendance à dévier, dans le même sens, de la souche originelle, que les

procréateurs de ceux-ci en déviaient eux-mêmes.
Mais, en outre, il y aurait, semble-t-il, dans bien des
cas, une influence dominante dans une variété nouvellement produite, et qui lui donnerait un certain
avantage sur les descendants normaux de la même
souche. Ceci se dénote d'une façon frappante dans
le cas de Gratio Kelleia qui se maria avec une femme
dont les extrémités étaient normales. Il en eut quatre
enfants, Salvator, George, André et Marie. L'aîné
de ces enfants, un garçon, Salvator, avait six doigts
et six orteils comme son père ; le second et le troisième enfants, deux garçons, avaient cinq doigts et
cinq orteils comme leur mère, mais les mains et les
pieds de George étaient un peu difformes ; le dernier
enfant, une fille, avait cinq doigts et cinq orteils,
mais ses pouces étaient difformes aussi. La variété
se produisait ainsi dans toute sa pureté chez l'aîné,
le type normal se produisait pur chez le troisième
enfant et presque pur chez le second et le dernier ;
il semblerait donc tout d'abord que le type normal
avait été jusqu'ici plus puissant que la variété. Mais
tous ces enfants grandirent et se marièrent ; les femmes
des garçons, le mari de la fille étaient normalement
constitués, et remarquez ce qui se produisit alors :
Salvator eut quatre enfants, trois de ceux-ci présentaient les membres hexadactyles de leur grand-père
et de leur père, le plus jeune était pentadactyle
comme la mère et la grand'mère ; ainsi donc cette
fois, malgré une double dilution de sang pentadactyle,
la variété hexadactyle l'emportait. Cette variété l'em-

portait d'une façon plus marquée encore dans la descendance de deux autres de ces enfants, Marie et George. Marie dont les pouces seulement étaient difformes donna naissance à un fils qui avait six orteils, et à trois autres enfants normalement constitués; mais George qui n'était pas pentadactyle tout à fait aussi pur que sa sœur, eut d'abord deux filles qui avaient l'une et l'autre six doigts et six orteils ; puis il eut une fille qui avait six doigts à chaque main et six orteils au pied droit, mais elle n'en avait que cinq au pied gauche ; il eut enfin un garçon qui n'avait que cinq doigts à chaque main et à chaque pied. Dans tous ces cas, la variété semble donc avoir sauté pour ainsi dire au-dessus d'une génération pour se reproduire dans toute sa force à la génération suivante. Finalement, André pentadactyle pur fut père de nombreux enfants, dont aucun ne s'écartait du type normal.

Si une variation, qui se rapproche des monstruosités par sa nature même, tend ainsi puissamment à se reproduire, il n'est pas étonnant que des modifications moins marquées tendent à se perpétuer encore plus, et l'histoire des moutons Ancons est à cet égard particulièrement instructive. Les Américains sont gens avisés. Les voisins du fermier de Massachusetts reconnurent donc bien vite que ce serait pour eux une excellente affaire si tous ses moutons avaient les tendances casanières que possédait, par le fait même de sa constitution, le petit agneau nouveau-né, et ils conseillèrent à Wright de tuer son vieux bélier et de le remplacer par le nouveau venu. Leur sagacité prévoyante se trouva justifiée, et il se produisit alors, ou peu s'en faut, ce que nous avons vu se produire dans la descendance de Gratio Kelleia. Les jeunes agneaux étaient presque toujours des Ancons purs, ou des moutons de pure race commune (1). Mais quand on eut obtenu un nombre de moutons Ancons suffisant pour les entrecroiser, leurs produits furent presque toujours des Ancons purs. Le colonel nous dit même qu'il ne connaît qu'un seul cas douteux de nature mixte. Voici donc un exemple remarquable et bien établi d'une race fort distincte qui se produit *per saltum ;* en outre, cette race se propage du premier coup dans toute sa pureté, et ne présente pas de formes mixtes, même quand on la croise avec une autre.

En ayant soin de choisir des Ancons des deux sexes, comme reproducteurs, il fut donc facile d'établir une race des plus tranchées, et si bien marquée

(1) Les affirmations du colonel Humphreys sont des plus explicites sur ce point : « Quand une brebis Ancon est couverte par un bélier ordinaire, le produit ressemble entièrement, soit à la brebis, soit au bélier. Le produit de la brebis ordinaire couverte par un bélier Ancon ressemble complétement aussi, soit au père, soit à la mère, sans réunir les particularités essentielles qui les distinguent. On a souvent vu des brebis ordinaires couvertes par des béliers Ancons avoir deux agneaux jumeaux, et alors il arrivait parfois que l'un des deux agneaux ressemblait entièrement à la brebis, l'autre au bélier. Ce contraste était bien frappant quand on voyait un agneau à jambes courtes, et un agneau à jambes longues, tous deux d'une même portée, téter en même temps la brebis. » *Philosophical Transactions,* 1813, Pt. I, pp. 89, 90.

que lorsqu'on réunissait ces moutons aux troupeaux de moutons ordinaires, on remarquait que les Ancons se tenaient ensemble. Il y a toute raison de croire qu'on aurait pu conserver indéfiniment cette race, mais elle fut négligée quand on eut introduit en Amérique le mouton mérinos, tout aussi tranquille, tout aussi docile que l'Ancon, et produisant une laine et une viande bien supérieures, de sorte qu'en 1813 le colonel Humphreys eut beaucoup de peine à se procurer le spécimen dont il envoya le squelette à sir Joseph Banks. Nous croyons que depuis bien des années il n'existe plus aux États-Unis un seul représentant de la race des Ancons.

Gratio Kelleia ne fut pas père d'une race d'hommes à six doigts comme le bélier de Seth Wright produisit une tribu de moutons Ancons, bien que la variété semble avoir eu tout autant de tendance à se perpétuer dans un cas que dans l'autre. Il ne faut pas chercher bien loin pour en trouver la raison. Seth Wright, pour ne pas affaiblir le sang Ancon, eut bien soin de n'allier ses brebis Ancons qu'avec des mâles de la même variété ; mais les fils de Gratio Kelleia étaient trop loin de l'époque des patriarches pour se marier avec leurs sœurs, et les petits-enfants ne semblent pas avoir eu, entre cousins et cousines hexadactyles, grand attrait les uns pour les autres. En un mot, dans un cas une race s'était produite parce qu'on avait eu soin pendant plusieurs générations d'opérer une sélection de producteurs choisis parmi les animaux qui dénotaient une tendance à varier dans la même direction, mais dans l'autre cas une race ne se produisit pas parce qu'on ne fit pas une semblable sélection pour l'obtenir. Une race est une variété propagée, et comme les rejetons tendent à revêtir, d'après les lois mêmes de la reproduction, les formes de leurs procréateurs, si ceux-ci présentent tous deux une même variation, il est plus probable que leur produit la propagera que si l'un des deux procréateurs en est seul doué.

Tous les organes du corps peuvent varier, il n'en est pas qui ne s'écarte parfois plus ou moins du type normal, et il n'y a pas de modification qui ne puisse se transmettre et devenir l'origine d'une race, quand cette modification est transmise par sélection. Les philosophes ont oublié souvent cette grande vérité, bien connue depuis longtemps aux agriculteurs et aux éleveurs pratiques, et c'est sur elle que reposent toutes les méthodes d'amélioration des races d'animaux domestiques, suivies avec tant de succès depuis un siècle en Angleterre. La couleur, la forme, la texture du poil ou de la laine, les proportions des différentes parties, la force ou la faiblesse de la constitution, la tendance à produire de la graisse ou à rester maigre, à donner beaucoup ou peu de lait, la rapidité, la force, la docilité, l'intelligence sont autant de traits caractéristiques que savent assurer à leurs produits, avec un succès journalier, les éleveurs de bestiaux, les fermiers, les marchands de chevaux, les amateurs de chiens et de volaille.

De plus, un éminent physiologiste, le docteur

Brown-Séquard communiquait tout récemment à la Société royale une découverte qu'il venait de faire : L'épilepsie artificiellement produite chez les cochons d'Inde, par un procédé dont il est l'auteur, se transmet à leurs petits.

Mais une race une fois produite n'est pas plus une entité fixe et immuable que la souche dont elle sort; des variations se produisent parmi ses membres, et ces variations se transmettent comme toutes les autres ; de nouvelles races peuvent sortir des races préexistantes et se développer à l'infini, ou du moins ne peut-on pas pour le moment assigner de limites à cette variation. Étant donnés un temps suffisant et une sélection suffisamment bien dirigée, la multitude de races qui peuvent provenir d'une souche commune est aussi étonnante que les différences extrêmes de structure qu'elles peuvent présenter. M. Darwin a démontré, selon moi d'une façon satisfaisante, que le pigeon de roche ou biset est la souche originelle de tous nos pigeons domestiques dont il y a certainement une centaine de races bien tranchées; et nous trouvons chez ces oiseaux un exemple remarquable de ce que j'avançais. Les quatre races les plus intéressantes sont celles que les amateurs connaissent sous les noms de *culbutant*, *grosse-gorge*, *voyageur* et *paon*. Comme taille, comme couleur, comme habitudes, ces oiseaux diffèrent entre eux d'une façon singulière, mais ils présentent des différences bien plus notables dans la forme du bec et du crâne, dans les proportions de ces parties, dans le nombre des plumes de la queue, dans la grandeur absolue et relative des pieds, dans la présence, ou dans l'absence de la glande sébacée du croupion, dans le nombre des vertèbres du dos; bref, précisément dans tous ces caractères par lesquels les espèces et les genres des oiseaux diffèrent entre eux.

Tout cela est fort remarquable et d'une observation d'autant plus instructive qu'il n'est pas possible de démontrer qu'aucune de ces races ait été produite par l'action de changements dans les conditions extérieures agissant sur le biset commun. Au contraire, les amateurs ont toujours traité leurs pigeons d'après des méthodes essentiellement semblables : on les a toujours logés, nourris, protégés et soignés à peu près de la même façon dans tous les colombiers. Rien ne prouve mieux, en effet, que le cas des pigeons, l'erreur de la doctrine qui affirme, en s'appuyant sur de hautes autorités, que les seuls caractères résultant du développement de saillies osseuses pour l'insertion des muscles sont capables de variations. Les recherches de M. Darwin prouvent précisément le contraire de cette assertion hâtive ; il a établi que chez les pigeons domestiques le squelette des ailes n'a presque pas varié de ce qu'il était dans le type sauvage, et d'autre part c'est dans la longueur du bec relativement à celle du crâne, le nombre des vertèbres et le nombre des plumes de la queue, c'est-à-dire dans toutes les particularités sur lesquelles l'action musculaire ne peut avoir aucune influence importante, que la variation s'est surtout manifestée.

Nous avons dit que l'étude des propriétés que présentent les espèces physiologiques nous conduirait à des difficultés, et ces difficultés commencent ici à se manifester, car si la progéniture d'une souche commune peut se diviser, sous l'influence de la variation spontanée et de la reproduction par sélection, en groupes qui se distinguent les uns des autres par des caractères morphologiques constants et indépendants des différences de sexes, la définition physiologique de l'espèce est évidemment menacée de se trouver en opposition avec la définition morphologique. Si l'on trouvait à l'état fossile un pigeon grosse-gorge et un culbutant, personne n'hésiterait à les décrire comme espèces distinctes : il en serait de même si on nous apportait leur téguments et leurs squelettes, comme on nous apporte la dépouille de bien des oiseaux exotiques. Il est hors de doute que si l'on considère le pigeon grosse-gorge et le culbutant en se bornant à étudier leur structure seulement, ils représentent deux espèces morphologiques distinctes et bien valables; mais d'autre part ce ne sont pas des espèces physiologiques, car ils proviennent d'une même souche commune, le pigeon biset.

Puisqu'il est admis de toute part que des races se produisent naturellement, comment savoir alors si des animaux distincts à toute apparence constituent ou non des espèces physiologiques différentes, la somme des différences morphologiques ne nous fournissant pas une indication suffisante. Y a-t-il un moyen de reconnaître une espèce physiologique ? Les physiologistes répondent affirmativement le plus souvent. Les phénomènes de l'hybridation nous fourniraient une pierre de touche par la comparaison des résultats du croisement des races avec ceux du croisement des espèces.

Dans les limites actuelles de notre expérience, les individus des races connues d'une façon certaine comme ayant été simplement produites par sélection, toutes distinctes qu'elles puissent paraître, s'accouplent facilement ensemble, et de plus les descendants de ces races croisées sont seuls parfaitement féconds entre eux. Ainsi, l'épagneul et le lévrier, le cheval percheron et le cheval arabe, le pigeon grosse-gorge et le culbutant s'accouplent très-facilement ensemble, et leurs métis, quand on les accouple avec d'autres métis de même sorte, sont également féconds.

D'autre part, il est certain que les individus d'un bon nombre d'espèces naturelles sont souvent absolument stériles quand on les croise avec des individus d'espèces différentes, et quand ils produisent des hybrides, ces hybrides accouplés entre eux sont stériles. Ainsi l'accouplement du cheval et de l'âne produit le mulet, et il n'y a pas un seul exemple évident de fécondation entre mule et mulet. L'union du biset et de la tourterelle semble également stérile. Les physiologistes disent donc que nous avons ainsi un moyen de reconnaître si deux individus appartiennent à des espèces distinctes, ou s'ils représentent de simples variétés de la même espèce. Quand une femelle et un mâle choisis dans les deux groupes donnent un produit, quand ce produit est fécond avec d'autres produits de même origine, ces groupes sont des races et non des espèces. Si, au contraire, l'union est stérile, ou si les produits sont stériles avec d'autres de même origine, ils constituent des espèces physiologiques vraies. Il n'y aurait rien à redire à ce moyen de s'assurer de la validité de l'espèce si, en premier lieu, il était toujours applicable en pratique, et si d'autre part les résultats pouvaient toujours s'interpréter d'une façon précise. Mais par malheur c'est une pierre de touche dont il est le plus souvent impossible de se servir.

La constitution d'un bon nombre d'animaux sauvages est tellement altérée par la claustration que leur accouplement avec des femelles de leur espèce reste stérile, de sorte que les résultats négatifs d'un croisement ne prouvent rien. De même les animaux sauvages d'espèces différentes témoignent les uns pour les autres une si grande antipathie, cette antipathie se manifeste encore le plus souvent, d'une façon si marquée entre l'espèce à l'état sauvage et ses représentants à l'état domestique, qu'il est inutile de rechercher de semblables unions dans la nature. L'hermaphrodisme de la plupart des plantes, la difficulté d'assurer l'action utile d'un pollen étranger et d'éviter la présence du leur, sont des obstacles aussi considérables, lorsqu'il s'agit de leur appliquer ce moyen d'élucider une question d'espèce. Il se présente en outre une autre difficulté, tant chez les animaux que chez les plantes ; la durée même de l'expérience est fort longue, quand il s'agit de reconnaître la fécondité de rejetons métis ou hybrides, après s'être assuré de la fécondité d'un premier croisement dont ils proviennent.

A part ces grandes difficultés pratiques, il arrive encore que quand on veut appliquer aux espèces, dans les cas possibles, ce moyen de les reconnaître, les réponses de l'oracle sont quelquefois plus obscures que celles de Delphes. M. Darwin cite par exemple certaines plantes plus fécondes avec le pollen d'une autre espèce qu'elles ne le sont avec le leur ; il y en a d'autres, comme certains fucus dont l'élément mâle féconde l'ovule d'une plante d'une espèce distincte, tandis que les éléments mâles de ces dernières espèces sont sans action sur l'ovule du fucus. Ainsi, dans ce dernier cas, un physiologiste qui croiserait les deux espèces en un sens serait en droit de déclarer qu'elles constituent des espèces vraies, et un autre physiologiste qui les croiserait dans l'autre sens serait également en droit de déclarer qu'il y a là simplement deux races d'une même espèce. Il y a tout lieu de croire que certaines plantes dont les croisements sont à peu près stériles ne sont que de simples variétés ; en même temps des animaux et des plantes que les naturalistes ont toujours considérés comme appartenant à des espèces distinctes se montrent parfaitement féconds entre eux quand on leur applique ce moyen d'investigation. Enfin, la stérilité ou la fécondité des croisements ne semble pas dépendre des ressemblances ou des différences de structure que peuvent présenter deux individus pris dans des groupes différents.

M. Darwin a discuté admirablement cette question et avec autant de circonspection que de compétence. Il résume ainsi ses conclusions :

« Les premiers croisements entre formes suffi« samment distinctes pour être classées comme « espèces différentes, et l'accouplement de leurs « hybrides sont stériles le plus souvent, mais non « d'une façon absolue. La stérilité se dénote à tous « les degrés, et parfois elle est si peu marquée que « les deux expérimentateurs les plus habiles qui « aient jamais vécu sont arrivés à des conclusions « diamétralement opposées en se servant de ce moyen « pour classer des formes. La stérilité varie congé« nitalement chez les individus de la même espèce, « et subit d'une façon frappante l'influence des « conditions favorables et défavorables. Le degré de « stérilité n'est pas strictement en rapport avec « l'affinité des systèmes organiques, mais se trouve « sous la dépendance de différentes lois curieuses « et très-complexes. Il diffère habituellement, et « parfois d'une façon fort tranchée, dans les croise« ments réciproques entre deux mêmes espèces. La « stérilité n'est pas toujours à un degré égal dans un

« premier croisement et dans l'accouplement des
« hybrides qui en résultent.

« Quand on greffe des arbres, la capacité que pos-
« sède une espèce ou une variété, de prendre sur
« une autre, dépend de différences généralement in-
« connues dans leurs systèmes végétatifs; de même,
« quand on produit des croisements, le plus ou
« moins de facilité d'une espèce à s'unir avec une
« autre dépend de différences inconnues dans leurs
« systèmes de reproduction. Il n'y a pas plus de raison
« de penser que les espèces ont été douées spéciale-
« ment de différents degrés de stérilité pour éviter
« dans la nature leur croisement et une reproduc-
« tion bâtarde, qu'il n'y a lieu de croire que tous les
« arbres présentent différents degrés de difficultés,
« analogues en un certain sens, à se greffer les uns
« sur les autres, pour empêcher qu'ils se marient
« tous entre eux dans nos forêts.

« La stérilité des premiers croisements entre es-
« pèces pures, dont les systèmes de reproduction
« sont à l'état parfait, semblent dépendre de diverses
« circonstances; dans quelques cas elle provient sur-
« tout de la mort rapide de l'embryon. La stérilité
« des hybrides dont le système de reproduction est
« imparfait, et chez lesquels ce système est troublé
« en même temps que toute l'organisation, parce que
« ces êtres sont un composé de deux espèces dis-
« tinctes, semble se rapprocher beaucoup de la sté-
« rilité dont sont atteintes si souvent les espèces
« pures, quand on dérange les conditions de la vie

« qui leur sont naturelles. Une analogie différente
« vient appuyer cette manière de voir : Le croise-
« ment des formes dont les différences sont minimes
« est favorable à la vigueur et à la fécondité du re-
« jeton, et des changements minimes dans la ma-
« nière de vivre semblent de même favorables à la
« vigueur et à la fécondité de tous les êtres organi-
« ques. Il n'est pas étonnant que le degré de diffi-
« culté dans l'union de deux espèces corresponde
« en général au degré de stérilité de leur produit
« hybride, bien qu'il provienne de causes distinctes ;
« en effet, la difficulté de l'union dépend, comme la
« stérilité, de la quantité quelconque dont diffèrent
« les espèces accouplées. Il n'est pas étonnant non
« plus que la facilité de déterminer un premier
« croisement, la fécondité des hybrides qui en ré-
« sultent, et la capacité de se greffer ensemble (bien
« que cette dernière capacité dépende évidemment
« de circonstances fort différentes) présentent un
« certain parallélisme avec l'affinité des systèmes
« organiques des formes soumises à l'expérience.
« C'est que l'affinité des systèmes organiques tend
« à exprimer tous les genres de ressemblances que
« présentent entre elles les espèces.

« Les premiers croisements entre formes connues
« comme variétés d'une même espèce, ou assez
« semblables pour qu'il soit permis de les consi-
« dérer comme variétés, et l'accouplement de leurs
« métis sont féconds le plus souvent, mais non d'une
« façon tout à fait absolue. Cette fécondité presque

« générale et parfaite ne doit pas nous étonner,
« quand nous nous rappelons que, par rapport aux
« variétés à l'état de nature, nos arguments sont
« exposés à tourner dans un cercle vicieux, et
« quand nous ne perdons pas de vue que le plus
« grand nombre de variétés se sont produites à
« l'état de domesticité, par l'élection de simples
« différences externes et non de différences dans le
« système de reproduction. A tout autre égard, la
« fécondité mise de côté, il y a une grande ressem-
« blance générale entre les hybrides et les métis (1). »

Nous acceptons pleinement la teneur générale de cet important passage, mais malgré la valeur des arguments et l'insuffisance de la fécondité ou de la stérilité comme moyen de reconnaître l'espèce, il ne faut pas oublier que le fait réellement important, en ce qui concerne notre recherche de l'origine des espèces, c'est qu'on trouve dans la nature des groupes d'animaux et de plantes dont les représentants sont incapables d'union féconde avec ceux d'autres groupes ; de plus, qu'il y a des hybrides absolument stériles quand on les croise avec d'autres hybrides. Si de semblables phénomènes se présentaient chez deux seuls de ces groupes vivants auxquels on donne le nom d'espèces, ce mot étant pris soit au sens physiologique, soit au sens morphologique, toute théorie de l'origine des espèces aurait à en rendre compte, et toute théorie qui ne pourrait en rendre compte serait par cela même imparfaite.

(1) Pages 276-278.

Jusqu'ici nous avons traité de faits, et nos affirmations nous semblent contenir une juste exposition de ce que l'on sait actuellement par rapport aux propriétés essentielles de l'espèce. Tout naturaliste, quelle que soit la théorie qu'il préconise, pourra donc accepter, sans doute, le résumé suivant de cette exposition :

Les êtres vivants, animaux ou plantes, se divisent en une foule de groupes distinctement définissables, que l'on appelle *espèces morphologiques*. Ils se divisent aussi en groupes d'individus qui s'accouplent facilement entre eux, et reproduisent leurs semblables ; ce sont les *espèces physiologiques*. Les rejetons des membres de ces espèces, ressemblant normalement à leurs procréateurs, peuvent varier cependant, et la variation peut se perpétuer par sélection, comme race qui présente souvent tous les traits caractéristiques d'une espèce morphologique. Mais il n'est pas encore prouvé qu'une race croisée avec une autre race de la même espèce présente jamais ces phénomènes d'hybridation qui se présentent quand on croise bon nombre d'espèces avec d'autres. D'autre part, il n'est pas prouvé, d'abord que toutes les espèces donnent naissance à des hybrides stériles entre eux, et, de plus, il y a bien des raisons de croire que dans leur accouplement les espèces présentent tous les degrés de fécondité, depuis la stérilité parfaite jusqu'à la fécondité parfaite.

Tels sont les traits les plus essentiels qui caractérisent l'espèce. Quand bien même l'homme ne constituerait pas une espèce faisant partie du même système, et n'aurait pas été soumis aux lois qui les régissent toutes, la question de leur origine, leurs rapports de causalité, ou en d'autres termes les rapports de l'espèce avec tous les autres phénomènes de la nature, devaient attirer son attention, dès que son intelligence se fut élevée au-dessus du niveau de ses besoins journaliers.

En effet, l'histoire nous montre qu'il en a été ainsi, et nous a conservé les interprétations spéculatives de l'origine des êtres vivants, qui furent un des premiers produits des débuts de l'activité intellectuelle de l'homme. A ces époques primitives, les connaissances positives n'étaient pas possibles, mais le désir qu'en éprouvaient les hommes voulait à tout hasard une satisfaction. Selon les pays, ou selon la tournure d'esprit des penseurs, on enseigna que tous les êtres vivants provenaient soit de la boue du Nil, soit d'un œuf originel, soit de tout autre agent anthropomorphique ; la curiosité humaine se contentait de ces explications. Les mythes du paganisme sont bien morts comme Osiris et Zeus, et celui qui voudrait les faire revivre, pour les opposer aux connaissances actuelles, provoquerait le rire et le mépris ; mais à l'époque où florissaient ces superstitions, les grossiers habitants de la Palestine s'étaient forgé des légendes qui nous ont été transmises par des écrivains dont les noms et l'époque nous sont inconnus, comme le reconnaît tout homme compétent. Par malheur, ces fables n'ont pas encore subi le sort des premières, et aujourd'hui même, les neuf dixièmes du monde civilisé en font la norme et le critérium de la valeur d'une conclusion scientifique, en tout ce qui concerne l'origine des choses, et particulièrement en ce qui concerne l'origine des espèces. Au dix-neuvième siècle, comme à l'époque où commençait à poindre la science physique moderne, la cosmogonie de l'Israélite à demi barbare est pour le philosophe un incube, et pour le défenseur des doctrines orthodoxes une honte. Qui pourra compter tous ceux qui ont cherché la vérité avec patience et en toute sincérité, depuis l'époque de Galilée jusqu'à la nôtre, et qui ont été abreuvés d'amertume, conspués et déshonorés par des bibliolâtres affolés? Qui pourra compter la foule de ces hommes plus faibles qui ont perdu tout sentiment de la vérité, par le fait même de leurs efforts pour harmoniser des contradictions, et qui ont usé leur vie à vouloir mettre le vin nouveau et généreux de la science dans les vieilles outres du judaïsme, poussés par les clameurs de ce même parti puissant.

Mais si les philosophes ont souffert, il faut reconnaître que leur cause a été vengée amplement. Autour du berceau de chacune des sciences gisent des théologiens semblables aux serpents étranglés près du berceau d'Hercule, et l'histoire nous montre que chaque fois que la science et l'orthodoxie se sont rencontrées à armes égales, l'orthodoxie a dû lui abandonner le champ, fort malmenée sinon détruite, fort compromise sinon ruinée. L'orthodoxie est le Bourbon du monde de la pensée; elle ne peut ni apprendre ni oublier, et quoiqu'elle soit en ce moment désorientée dans tous ses mouvements, elle prétend comme toujours que le premier chapitre de la Genèse est l'alpha et l'oméga de toute science légitime, et comme toujours de sa main débile elle lance ses petites foudres à la tête de ceux qui ne veulent pas abaisser la nature au niveau du judaïsme primitif.

Quant aux philosophes, leurs tendances sont moins agressives. Le but sur lequel ils fixent les yeux est noble, et ils y tendent *per aspera et ardua*. Des hommes ignorants ou pleins de malice jettent des obstacles au travers de la voie difficile qu'ils parcourent, sans pouvoir la leur fermer ; parfois les chercheurs se fâchent momentanément en présence de ces vains obstacles, mais pourquoi s'en troubleraient-ils au fond de l'âme ? La majesté du fait est de leur côté, et la nature travaille pour eux de toute la force de ses éléments. Pas une étoile ne passe au méridien à l'heure prédite sans porter témoignage à l'excellence de leurs méthodes, la pluie qui tombe, le blé qui pousse confirment leur croyance. Les philosophes se sont établis sur le doute, ils ont pris pour égide la libre recherche. De tels hommes ne tremblent pas en présence des traditions les plus vénérables ; dès qu'elles encombrent la voie de la vérité au grand dommage de l'homme, ils ne leur portent plus de respect ; mais ils ont sur les bras de plus utile besogne que l'étude des antiquités, et si des dogmes qui devraient être fossiles, et ne le sont pas encore malheureusement, ne s'imposent pas à leur attention, ils sont trop heureux de pouvoir les traiter comme s'ils n'étaient pas.

Les hypothèses relatives à l'origine des espèces, faisant profession de reposer sur une base scientifique, et qui seules méritent par cela même notre attention, sont de deux sortes. La première, que l'on appelle *l'hypothèse de la création spéciale*, suppose que chaque espèce provient d'un ou de plusieurs couples qui ne résulteraient de la modification d'aucune autre forme de matière vivante, que n'aurait déterminés l'action d'aucun agent naturel, mais qui auraient été produits, en l'état, par un acte créateur surnaturel.

L'autre hypothèse, *l'hypothèse de la transmutation*, considère toutes les espèces existantes comme résultant de modifications d'espèces antérieures et de modifications qui se sont produites dans des êtres vivant avant celles-ci, sous l'influence de causes semblables à celles qui produisent aujourd'hui les variétés et les races, c'est-à-dire que ces espèces se sont produites tout à fait naturellement; et bien que ce ne soit pas là une conséquence nécessaire de cette hypothèse, elle donne comme probable l'existence d'une souche unique dont proviendraient tous les êtres vivants. Quant à l'origine de cette souche primitive, unique ou multiple, il est clair que la doctrine de l'origine des espèces peut la laisser de côté. Ainsi par exemple, l'hypothèse de la transmutation peut admettre parfaitement soit la création spéciale du germe primitif, soit sa production par modification de la matière inorganique sous l'influence de causes naturelles, et s'accommoder de l'un comme de l'autre de ces points de départ.

La doctrine de la création spéciale provient surtout de la nécessité supposée de mettre la science d'accord avec la cosmogonie hébraïque, mais il est curieux d'observer que cette doctrine, dans l'état où les hommes de science la présentent actuellement, est aussi irréconciliable avec l'interprétation hébraïque que toute autre hypothèse.

Si les recherches géologiques ont démontré une chose plus clairement qu'aucune autre, c'est que l'énorme série de plantes et d'animaux disparus ne peut se diviser, comme on le supposait autrefois, en groupes distincts séparés les uns des autres par des limites tranchées. Il n'y a pas de grands hiatus entre les époques et les formations différentes ; il n'y a pas de périodes successives marquées par l'apparition en masse des plantes, des animaux aquatiques et des animaux terrestres. Chaque année nous fait connaître de nouveaux chaînons pour relier des époques que les anciens géologues supposaient être fort séparées ; témoin, le crag qui rattache le drift aux terrains tertiaires anciens, les couches de Maëstricht rattachant les terrains tertiaires à la craie, les couches de Saint-Cassien qui nous présentent une faune abondante de types mésozoïques et paléozoïques dans des roches d'une époque considérée autrefois comme des plus pauvres en êtres vivants, témoin enfin les discussions incessamment renouvelées pour savoir si l'on comptera un terrain parmi les dévoniens ou parmi les terrains houillers, si un autre sera silurien ou dévonien, un autre encore, cambrien ou silurien.

Cette vérité est encore établie d'une façon fort intéressante par le témoignage impartial et des plus compétents de M. Pictet, qui a évalué le pour cent du nombre des genres animaux présents dans une formation, et qu'on retrouve dans la formation précédente, et il résulte de ses calculs que ce rapport n'est jamais moindre d'un tiers, soit 33 pour 100. Ce sont les terrains triassiques ou ceux du commencement de l'époque mésozoïque qui ont reçu le plus petit héritage des époques antérieures. Dans les autres formations on trouve parfois, 60, 80, et même 94 genres pour 100 semblables à ceux dont les restes sont ensevelis dans la couche précédente. Bien plus, les subdivisions de chaque formation montrent de nouvelles espèces qui les caractérisent, et ne se trouvent pas ailleurs ; et dans bien des cas, dans le lias, par exemple, les différentes couches de ces subdivisions se distinguent par des formes vitales particulières et bien marquées. Une section de 30 à 35 mètres de profondeur fera voir, à différentes hauteurs, une douzaine d'espèces d'ammonites, et aucune de ces espèces ne passe dans la zone de calcaire ou d'argile au-dessus ou au-

(1) Pictet, *Traité de paléontologie*. Paris, 1853.

dessous de celle où on la trouve. Celui qui adopte la doctrine de la création spéciale doit donc être prêt à admettre qu'à des intervalles de temps correspondant à l'épaisseur de ces couches, le créateur a trouvé bon d'intervenir dans le cours naturel des événements pour fabriquer une nouvelle ammonite. Il n'est pas facile de bien se représenter la tournure d'esprit de ceux qui sont capables d'accepter une semblable conclusion, avant d'en avoir une démonstration absolue, et l'on ne voit pas d'ailleurs ce qu'ils y gagnent, puisqu'il est certain, comme nous l'avons dit, que cette interprétation de l'origine des êtres vivants est entièrement contraire à la cosmogonie des Hébreux. Cette forme reçue de l'hypothèse de la création spéciale ne mérite donc pas le secours puissant des bibliolâtres, mais peut-elle revendiquer l'appui de la science ou de la saine logique ? Elle ne le peut guère assurément. Les arguments en sa faveur prennent tous la même forme : si les espèces n'ont pas été créées surnaturellement, nous ne pouvons comprendre les faits x, y ou z ; nous ne pouvons comprendre la structure des plantes ou des animaux, si nous ne supposons qu'ils ont été disposés en vue d'un but spécial ; nous ne pouvons comprendre la structure de l'œil, si nous ne supposons qu'il a été construit pour nous faire voir ; nous ne comprenons pas les instincts, si nous ne supposons que les animaux en ont été doués miraculeusement.

Au point de vue de la dialectique, il faut admettre que cette façon de raisonner n'est pas très-formidable pour ceux qui ne se laissent pas épouvanter par les conséquences. C'est l'*argumentum ad ignorantiam*. Acceptez cette explication ou restez ignorants. Mais supposons qu'il nous soit préférable d'admettre notre ignorance plutôt que d'adopter une hypothèse en contradiction avec tous les enseignements de la nature. Ou supposons un instant qu'après avoir admis l'explication nous nous demandions sérieusement ce que nous y avons gagné en connaissance. Qu'explique-t-elle, cette explication? Est-ce autre chose qu'une façon d'énoncer avec emphase le fait de notre ignorance absolue en ces matières? On a expliqué un phénomène quand on a fait voir qu'il est un cas de quelque grande loi naturelle; mais par la nature même de la chose, l'interposition surnaturelle du Créateur ne peut rentrer dans aucune loi, et si réellement les espèces ont été produites de cette façon, il est absurde de chercher à en discuter l'origine.

Ou en dernier lieu, demandons-nous si toute l'évidence à laquelle la nature même de nos facultés nous permet d'atteindre, pourra jamais justifier l'assertion qu'un phénomène quelconque est en dehors de la portée de la causalité naturelle. Pour s'en assurer, il faudrait nécessairement connaître toutes les conséquences auxquelles peuvent donner naissance toutes les combinaisons possibles agissant pendant un temps illimité. Si nous étions renseignés à cet égard, si nous reconnaissions qu'aucune de ces conséquences ne peut expliquer l'origine des espèces, nous serions en droit d'affirmer que leur origine reste en dehors de la causalité naturelle. Mais, d'ici là, toute hypothèse sera préférable à celle qui nous mène à de si pitoyables conclusions.

Cette hypothèse de la création spéciale n'est pas seulement un masque pour cacher notre ignorance, sa présence en biologie marque l'enfance et l'imperfection de cette science. C'est qu'en effet, l'histoire de chaque science est simplement l'histoire de l'élimination de la notion des interventions créatrices ou autres venant s'interposer dans l'ordre naturel des phénomènes dont l'étude fait l'objet de cette science. Aux débuts de l'astronomie, les étoiles du matin faisaient entendre un chœur d'allégresse, et des mains célestes dirigeaient la marche des planètes. Aujourd'hui l'harmonie des étoiles se résout en la loi de la gravitation selon la raison inverse du carré des distances, et l'orbite des planètes se déduit des lois par lesquelles la pierre lancée par un gamin brise un carreau de vitre. L'éclair était l'ange du Seigneur, mais dans ces derniers temps il a plu à la Providence que la science en fît l'humble messager de l'homme, et nous savons que des conditions vérifiables déterminent chacun de ces éclats qui brillent à l'horizon un soir d'été, et que si nous avions une connaissance suffisante de ces conditions, nous pourrions en calculer la direction et l'intensité.

Il y a de grandes compagnies commerciales dont

la solvabilité repose sur des lois qui gouvernent, comme on s'en est assuré, l'irrégularité apparente de cette vie humaine dont les moralistes ne cessent de déplorer l'incertitude. Sauf les imbéciles, tout le monde reconnaît aujourd'hui que la peste et la famine résultent naturellement de causes que pourrait dominer en majeure partie le contrôle des hommes, et ne sont pas des tortures inévitables infligées par une toute-puissance farouche sur l'œuvre débile et sans défense de ses propres mains.

Un ordre harmonique gouvernant un progrès éternellement continu ; la matière et la force, trame et chaîne du voile qui se tissent lentement sans qu'un fil se casse, et s'étend entre nous et l'infini ; un univers que nous connaissons seul, sans pouvoir connaître autre chose, tel est le monde comme nous le retrace la science, et selon qu'une des parties du tableau se rapporte au reste, nous pouvons être certains que cette partie est juste. Seule la biologie ne doit-elle pas participer à l'harmonie des sciences ses sœurs ?

Des arguments du genre de ceux que je viens de vous présenter pour combattre l'hypothèse de la création directe de l'espèce se déduisent clairement des considérations générales, mais en outre, les espèces elles-mêmes nous présentent des phénomènes qui ne font pas tellement partie de leur essence qu'il ait fallu s'en occuper dès l'abord, mais dont l'explication est des plus embarrassantes quand on adopte l'hypothèse communément admise. Tels sont les faits de distribution dans l'espace et dans le temps ; tels sont les singuliers phénomènes mis en lumière par l'étude du développement ; les relations structurales des espèces sur lesquelles sont fondés nos systèmes de classification ; telles sont enfin les grandes doctrines d'anatomie philosophique, celle de l'homologie, par exemple, ou celle du plan de structure commun qui se montre dans de grands groupes d'espèces dont les habitudes et les fonctions diffèrent extrêmement.

Des recherches récentes ont fait reconnaître, il est vrai, dans les mers qui baignent les deux côtés de l'isthme de Panama quelques espèces semblables ; elles sont néanmoins généralement fort distinctes. De même les plantes et les animaux insulaires sont différents en général de ceux qui habitent les continents voisins, bien qu'ils présentent avec ceux-ci une similarité d'aspect. Les mammifères des terrains tertiaires les plus récents, dans les deux mondes, appartiennent aux mêmes genres ou aux mêmes familles que ceux qui habitent maintenant les mêmes grandes aires géographiques. Les reptiles crocodiliens de l'époque secondaire la plus ancienne ressemblaient par leur structure générale à ceux qui existent actuellement, malgré certaines petites différences dans les vertèbres, dans les fosses nasales et en quelques autres points. Le cochon d'Inde a des dents qui tombent avant sa naissance et qui ne servent jamais par conséquent aux fonctions de mastication pour lesquelles elles sembleraient avoir été faites; et de même la femelle du dugong a des défenses qui ne percent jamais la gencive. Tous les membres d'un même grand groupe traversent des conditions semblables dans leur développement, et à l'état adulte toutes leurs parties sont disposées d'après le même plan. L'homme ressemble plus à un gorille, que le gorille ne ressemble à un lémur.

Voilà quelques faits pris au hasard dans une grande masse de faits semblables, bien constatés par les recherches modernes, mais quand celui qui étudie la nature en demande l'explication aux défenseurs de l'hypothèse admise relativement à l'origine des espèces, la réponse qu'il reçoit se réduit à la formule brève et simple de l'Orient : Mashallah! Dieu le veut! Il y a de chaque côté de l'isthme de Panama des espèces différentes?... C'est qu'elles ont été créées ainsi dans les deux mers voisines. Les mammifères des terrains pliocènes ressemblent-ils à nos mammifères actuels, c'est que tel est le plan de la création; et si nous trouvons parfois des organes rudimentaires et une similitude de plan, c'est qu'il a plu au Créateur d'opérer d'après un modèle divin, un archétype, et de le copier dans son œuvre, sans toujours y réussir parfaitement cependant, comme l'implique forcément la théorie en question.

Un tel verbiage passant aujourd'hui pour de la science sera représenté un jour comme preuve de l'infériorité intellectuelle du dix-neuvième siècle, tout cela sera matière à plaisanterie, comme nous rions aujourd'hui de l'*horreur du vide* qu'éprouve la nature, et pourtant les contemporains de Torricelli trouvaient cette explication fort satisfaisante pour rendre compte de l'ascension de l'eau dans un corps de pompe. Mais il est bon de se rappeler qu'en acceptant comme satisfaisantes des explications de ce genre, il en résulte un mal positif à côté du mal négatif, car elles découragent la recherche, et privent ainsi l'homme de l'usufruit de la nature, un des territoires les plus fertiles de son grand patrimoine.

Les objections que nous avons exposées à l'encontre de la doctrine de l'origine des espèces par création spéciale ont dû se présenter d'une façon plus ou moins claire à l'esprit de tous ceux qui ont réfléchi sur ce sujet sérieusement et en toute indépendance. Il n'est donc pas étonnant qu'il se soit produit, de temps en temps, certaines hypothèses contraires à celle-ci, et tout aussi bien fondées, sinon mieux, que la première, et il est curieux d'observer que les inventeurs de ces interprétations contraires semblent y avoir été amenés par leurs connaissances géologiques aussi souvent que par celles qu'ils avaient en biologie. En effet, dès que l'esprit a admis la conception de la production graduelle du présent état physique de notre globe par causes naturelles agissant pendant de longues périodes de temps, cet esprit sera peu disposé à admettre que les êtres vivants aient pu se produire d'une autre façon, et les interprétations spéculatives de de Maillet et de tous ses successeurs sont le complément naturel de la démonstration donnée par Scilla de la nature réelle des fossiles.

Benoît de Maillet, contemporain de Newton, vivant par conséquent à cette belle époque d'activité intellectuelle qui vit naître la physique moderne, passa sa vie fort longue comme agent consulaire du gouvernement français dans différents ports de la Méditerranée. Pendant seize ans, il occupa le poste de consul général en Égypte, et les phénomènes merveilleux que présente la vallée du Nil semblent avoir vivement impressionné son esprit. Son attention fut aussi attirée sur tous les faits de même ordre qui se présentèrent à son observation, ce qui le conduisit à chercher l'interprétation de l'origine de l'état présent de notre globe et de ses habitants. Mais, malgré toute son ardeur pour la science, de Maillet hésita, paraît-il, à publier des interprétations que ses contemporains ne devaient pas, selon toute probabilité, accepter favorablement, malgré ses efforts ingénieux, dans la préface à Telliamed, pour chercher à les mettre d'accord avec l'hypothèse hébraïque.

On n'était pas loin alors de l'époque où les plus éminents anatomistes ou physiciens de l'école italienne avaient chèrement payé les tentatives qu'ils avaient faites pour dissiper les erreurs accréditées; et Harvey, leur illustre disciple, fondateur de la physiologie moderne, n'avait pas été assez heureux, dans un pays moins opprimé par l'influence paralysante de la théologie, pour qu'aucun homme pût être tenté de suivre son exemple. Ces considérations influèrent probablement sur le consul général de Sa Majesté très-chrétienne en Égypte, et de Maillet conserva par-devers lui ses théories pendant toute la durée d'une vie fort longue, car *Telliamed*, la seule œuvre scientifique importante qu'il ait écrite, ne fut imprimée qu'en 1735 ; de Maillet avait atteint alors le grand âge de 79 ans, et bien que l'auteur vécût encore trois ans, son livre ne fut mis en vente qu'en 1748. Même alors il était anonyme pour tous ceux qui ne savaient pas que ce titre de *Telliamed* était un anagramme ; d'ailleurs la préface et la dédicace étaient écrites en termes tels qu'au besoin l'imprimeur pouvait faire valoir comme excuse plausible que l'ouvrage était dans l'intention de l'auteur un simple jeu d'esprit.

Si les idées spéculatives du philosophe indien imaginaire sont tout aussi valables que celles de plus d'une géologie conforme aux doctrines orthodoxes et qui enrichit son éditeur, ces idées n'ont cependant pas grande valeur quand on les examine à la lumière de la science moderne. Les eaux auraient d'abord recouvert tout le globe, elles auraient déposé les masses rocheuses qui en constituent les montagnes, par des procédés comparables à ceux qui forment actuellement la boue, le sable et les graviers ; puis leur niveau aurait baissé, laissant les dépouilles de leurs habitants, animaux et végétaux, enfouis dans les dépôts. L'auteur suppose que certains animaux aquatiques se seraient mis peu à peu à vivre sur la terre sèche quand elle se fut montrée, et se seraient adaptés graduellement à des modes d'existence terrestre et aérienne. Mais si nous considérons la forme et la teneur générales du raisonnement, relativement à l'état des connaissances à cette époque, deux choses sont bien dignes de remarque : en premier lieu, de Maillet avait notion de la variabilité des formes vivantes, sans avoir des connaissances précises sur ce sujet, il est vrai, et il savait encore que cette variabilité pouvait rendre compte de l'origine des espèces ; en second lieu, il prévoyait clairement la grande doctrine géologique moderne sur laquelle Hutton a tant insisté, et que Lyell a si bien exposée dans tous ses développements, à savoir, qu'il faut nous adresser aux causes actuelles pour avoir l'explication des événements géologiques passés. De fait, le passage suivant de la préface, où de Maillet est censé parler de son *alter ego*, le philosophe indien Telliamed, pourrait avoir été écrit par le plus philosophe des partisans actuels de la doctrine de l'uniformité :

« Ce qu'il y a d'étonnant est que, pour arriver à
« ces connaissances, il semble avoir perverti l'ordre
« naturel, puisqu'au lieu de s'attacher d'abord à
« rechercher l'origine de notre globe, il a commencé
« par travailler à s'instruire de la nature. Mais à
« l'entendre, ce renversement de l'ordre a été pour
« lui l'effet d'un génie favorable qui l'a conduit pas
« à pas et comme par la main aux découvertes les
« plus sublimes. C'est en décomposant la substance
« de ce globe par une anatomie exacte de toutes ses

« parties qu'il a premièrement appris de quelles
« matières il était composé, et quels arrangements
« ces mêmes matières observaient entre elles. Ces
« lumières jointes à l'esprit de comparaison toujours
« nécessaire à quiconque entreprend de percer les
« voiles dont la nature aime à se cacher, ont servi de
« guide à notre philosophe pour parvenir à des
« connaissances plus intéressantes. Par la matière
« et l'arrangement de ces compositions, il prétend
« avoir reconnu quelle est la véritable origine de ce
« globe que nous habitons, et comment et par qui
« il a été formé (1). »

Mais de Maillet précédait son époque, et comme il fallait s'y attendre, puisqu'il raisonnait sur une question zoologique et botanique avant Linnée, sur un problème physiologique avant Haller, il tomba souvent en de graves erreurs qui firent sans doute négliger son ouvrage.

Les interprétations de Robinet sont plutôt en retard qu'en avance sur celles de de Maillet, et bien que Linnée ait joué avec l'hypothèse de la transmutation, elle n'eut un défenseur sérieux que quand Lamarck l'eût adoptée et préconisée fort habilement (2).

Lamark fut entraîné à admettre l'hypothèse de la transmutation des espèces, en partie par sa manière de comprendre les questions cosmologiques et géologiques, en partie par sa conception d'une échelle

---

(1) P. XIX, XX.
(2) *Philosophie zoologique.*

des êtres présentant des embranchements irréguliers malgré sa gradation générale, idée qu'avait fait surgir chez lui son étude approfondie des plantes et des formes inférieures de la vie animale. Ce philosophe dont la manière de voir ressemble souvent beaucoup à celle de de Maillet, est en progrès marqué sur les interprétations purement spéculatives et insuffisantes de ce dernier, par rapport à la question de l'origine des êtres vivants, et il effectua ce progrès en recherchant des causes capables de produire cette transformation d'une espèce dans une autre, dont l'existence n'avait été pour de Maillet qu'une supposition. Lamarck crut avoir trouvé dans la nature de semblales causes, suffisant à expliquer parfaitement tous ces changements. C'est un fait physiologique, dit-il, que l'action fait augmenter la dimension des organes qui s'atrophient par l'inaction; c'est un autre fait physiologique que les modifications produites se transmettent aux descendants. Par conséquent, si vous changez les actions d'un animal, vous changez sa structure, en activant le développement des parties nouvellement mises en usage, en faisant diminuer celles qui ne sont plus employées; mais en modifiant les circonstances qui entourent l'animal vous changez ses actions, d'où il suit qu'à la longue, un changement de circonstances doit produire un changement d'organisation. Par ce motif, toutes les espèces animales sont, selon Lamarck, le résultat de l'action indirecte de changements de circonstances sur ces germes primitifs qui s'étaient produits originellement, d'après lui, par générations spontanées au sein des eaux du globe. Il est curieux de remarquer cependant que Lamarck ait soutenu avec tant d'insistance (1) que les circonstances ne peuvent jamais modifier directement en rien la forme ou l'organisation des animaux, et qu'elles opèrent seulement en changeant leurs besoins, puis leurs actions par conséquent. Il s'expose ainsi, en effet, à une question évidente : comment se fait-il alors que les plantes se modifient, car on ne peut leur attribuer des besoins ou des actions? A ceci il répond que les plantes se modifient par des changements dans leur procédé nutritif, changements déterminés par des circonstances nouvelles, et il ne paraît pas avoir observé qu'on pouvait tout aussi bien supposer des changements de même genre chez les animaux.

Quand nous aurons dit que Lamarck sentait bien l'insuffisance de la pure spéculation pour arriver à reconnaître l'origine des espèces, et la nécessité de découvrir par l'observation, ou autrement, une cause vraie capable de les produire, avant d'établir une théorie valable sur ce sujet, quand nous aurons dit qu'il affirmait la coïncidence de l'ordre réel des classifications, avec l'ordre de leur développement les unes des autres, qu'il insistait beaucoup sur la nécessité d'accorder un temps suffisant, et qu'il faisait remonter toutes les variétés de l'instinct et de la raison aux causes mêmes qui avaient donné naissance

(1) Voy. *Philosophie zoologique*, vol. I, p. 222 et sqq.

aux espèces, nous aurons énuméré les principales contributions de Lamarck au progrès de la question. D'ailleurs comme il ne connaissait pas dans la nature d'autre puissance capable de modifier la structure des animaux, que le changement de besoins déterminant le développement ou l'atrophie des parties, Lamarck fut conduit à attribuer à cet agent une importance infiniment plus grande qu'il ne mérite, et les absurdités dans lesquelles il avait été entraîné ont été condamnées comme elles le méritaient. Il n'avait pas la moindre idée de la lutte pour l'existence, sur laquelle insiste tant M. Darwin, comme nous allons le voir ; il se demande même si réellement une espèce peut s'éteindre quand il ne s'agit pas de grands animaux détruits par l'homme même, et il lui vient si peu à l'esprit qu'il puisse y avoir d'autres causes actives de destruction, qu'en discutant l'existence possible de mollusques dont nous retrouvons les coquilles à l'état fossile, il dit : « Pourquoi d'ailleurs seraient-ils perdus dès que l'homme n'a pu opérer leur destruction (1) ? » Lamarck ne connaît pas davantage l'influence de la sélection, et ne tire pas parti des merveilleux phénomènes que nous présentent les animaux domestiques en nous prouvant sa puissance.

La grande influence de Cuvier servit à combattre les idées de Lamarck, et comme il était facile de démontrer l'impossibilité de quelques-unes de ses

(1) *Phil. zool.*, vol. I, p. 77.

conclusions, ses doctrines furent universellement condamnées, et tombèrent, comme hétérodoxes, sous le mépris des savants et des théologiens. Des efforts récents pour les faire revivre n'ont pu leur rendre quelque crédit dans l'esprit des hommes de jugement bien renseignés sur les faits en litige ; on peut même se demander si les partisans de Lamarck ne lui ont pas fait plus de tort que ses ennemis.

Ainsi, en admettant même que les plus ardents défenseurs de l'hypothèse de la création spéciale se soient demandé parfois si leur doctrine n'était pas insuffisante et en péril, elle semblait il y a deux ans aussi inattaquable que jamais. La doctrine par elle-même n'avait peut-être pas grande valeur, mais toutes celles qui lui avaient été opposées avaient échoué d'une façon signalée. D'un autre côté, si les hommes, peu nombreux, qui réfléchissaient sérieusement à la question de l'espèce, ne pouvaient se contenter des dogmes généralement reçus, ils ne trouvaient moyen d'y échapper qu'à l'aide de suppositions aussi peu justifiables par l'expérience ou par l'observation, tout aussi peu satisfaisantes par conséquent.

On avait donc à choisir entre deux absurdités et une voie moyenne de scepticisme pénible. Dans de semblables circonstances pourtant, ce scepticisme fâcheux et peu satisfaisant était le seul état mental qui pût se justifier.

Il y avait alors, par conséquent, dans l'esprit des naturalistes une inquiétude générale ; aussi accoururent-ils en foule dans les salons de la société Linnéenne, le 1ᵉʳ juillet 1858, pour entendre lire les communications de deux auteurs qui vivaient en des points opposés du globe, qui avaient travaillé indépendamment l'un de l'autre, et annonçaient cependant qu'ils avaient découvert une même solution de tous les problèmes relatifs à l'espèce. Un des auteurs était un savant naturaliste, M. Wallace, qui avait passé quelques années à étudier les produits des îles de l'Archipel Indien. Il avait envoyé à M. Darwin un mémoire où ses idées étaient exposées, le priant de le communiquer à la Société Linnéenne. En parcourant cet essai, M. Darwin fut bien surpris de voir qu'il contenait plusieurs des idées capitales d'un grand ouvrage qu'il préparait depuis une vingtaine d'années, et dont quelques-uns de ses amis intimes avaient parcouru, quinze ou seize ans auparavant, certaines parties contenant le développement de ces mêmes idées. M. Darwin était bien perplexe ; il voulait rendre justice à son ami, et désirait aussi que justice lui fût faite. Il alla consulter le docteur Hooker et Sir Charles Lyell qui lui conseillèrent tous deux de communiquer à la Société Linnéenne un court résumé de ses propres idées en même temps que l'écrit de M. Wallace. L'*Origine des espèces* est le développement de ce résumé, mais nous espérons voir un jour l'exposition complète de la doctrine de M. Darwin dans le grand ouvrage bien illustré qu'il prépare, dit-on, en ce moment.

L'hypothèse Darwinienne a le mérite d'être fort

simple et facile à comprendre, et ses points essentiels peuvent se résumer en fort peu de mots : toutes les espèces proviennent du développement de variétés sorties des souches communes, par la conversion de ces premières variétés en races permanentes, puis en espèces nouvelles, par le procédé de *sélection naturelle*, procédé essentiellement identique à celui de la sélection artificielle à l'aide duquel l'homme a donné naissance aux races d'animaux domestiques. Dans la nature la *lutte pour l'existence* remplace l'homme, et exerce, dans le cas de la sélection naturelle, l'action qu'il accomplit dans la sélection artificielle.

A l'appui de son hypothèse, M. Darwin apporte trois genres de preuves. D'abord il cherche à montrer que l'espèce peut être produite par sélection ; en second lieu il veut faire voir que les causes naturelles sont capables d'exercer une sélection, et en troisième lieu il essaie de prouver que les phénomènes les plus remarquables et les plus anomaux, en apparence, que présentent la distribution, le développement et les relations mutuelles des espèces, peuvent se déduire, comme il le démontre, de la doctrine générale de leur origine, proposée par lui, en la combinant avec les faits connus de changements géologiques ; il établit enfin que si tous ces phénomènes ne sont pas actuellement explicables par sa doctrine, il n'en est pas qui la contredise.

On ne saurait hésiter à reconnaître que la méthode de recherche adoptée par M. Darwin est rigoureusement d'accord avec les canons de la logique scientifique, et de plus qu'elle est seule capable de nous donner des solutions justes. Des critiques, exclusivement dressés à l'étude de la littérature classique ou des mathématiques, et qui n'ont jamais de leur vie déterminé un fait scientifique par induction en se basant sur l'expérience ou l'observation, parlent sur un ton doctoral de la méthode de M. Darwin ; ils ne la trouvent pas assez inductive; elle n'est décidément pas assez Baconienne pour eux. Mais même s'ils ne jouissent pas d'une connaissance pratique des procédés de la recherche scientifique, ils peuvent apprendre, en parcourant le beau chapitre de M. Mill sur la méthode de déduction, qu'il y a une foule de recherches scientifiques dans lesquelles la méthode de la pure induction ne peut mener bien loin l'investigateur.

M. Mill dit : « L'inapplicabilité des méthodes di« rectes d'observation et d'expérimentation étant
« prouvée, le mode d'investigation qui nous reste
« comme source principale de nos connaissances
« actuelles, ou de celles que nous pouvons acqué« rir relativement aux conditions et aux lois de
« récurrence des phénomènes plus complexes, s'ap« pelle dans son expression la plus générale la mé« thode déductive, et consiste en trois opérations :
« la première est une opération d'*induction directe ;*
« la seconde une opération de *raisonnement;* la troi« sième une opération de *vérification.* »

Or, les conditions qui ont déterminé l'existence

des espèces sont des plus complexes, et de plus, en ce qui concerne la plupart d'entre elles, ces conditions dépassent la portée de nos connaissances. Mais ce que M. Darwin a cherché à accomplir s'accorde parfaitement avec la règle exposée par M. Mill. En s'appuyant sur l'observation et l'expérience, il a cherché à établir par induction certains grands faits. Puis il a raisonné sur ces données. En dernier lieu il a vérifié la valeur du résultat de ses raisonnements, en comparant les déductions qu'il en tirait, avec les faits qu'il observait dans la nature. Par la méthode d'induction M. Darwin cherche à prouver que les espèces se produisent d'une façon donnée. Par la méthode de déduction il veut montrer que si les espèces se produisent ainsi, il est possible de rendre compte des faits de distribution, de développement, de classification, etc., c'est-à-dire qu'il est possible de les déduire du mode d'origine des espèces, en tenant compte en même temps des changements reconnus en fait de géographie physique et de climat, agissant pendant un temps infini. Et cette explication, ou cette coïncidence des faits observés avec les faits déduits est pour tous ceux qu'elle embrasse une vérification des interprétations Darwiniennes.

Il n'est donc pas possible de trouver à redire à la méthode de M. Darwin ; mais toutes les conditions que lui impose cette méthode sont-elles satisfaites ? Est-il prouvé suffisamment que les espèces peuvent se produire par sélection ? Y a-t-il réellement sélection dans la nature ? Est-il certain qu'aucun des phénomènes de l'espèce ne contredise cette explication de son origine ? S'il est possible de répondre affirmativement à ces questions, les interprétations de M. Darwin ne sont plus des hypothèses ; elles deviennent des théories confirmées ; mais tant que l'évidence en présence de laquelle nous nous trouvons en ce moment n'emportera pas l'affirmation, la doctrine nouvelle devra se contenter de rester pour nous une hypothèse, hypothèse de la plus grande valeur, des plus probables, la seule qui ait une valeur au point de vue scientifique, mais cependant ce ne sera qu'une hypothèse, ne méritant pas encore le nom de théorie de l'espèce.

Après y avoir bien réfléchi, et sans parti pris assurément contre les interprétations de M. Darwin, nous sommes bien convaincus qu'au point où en est l'évidence, il n'est absolument pas possible de considérer comme prouvé qu'un groupe d'animaux ayant tous les caractères présentés par l'espèce dans la nature, ait jamais eu pour origine la sélection, soit artificielle, soit naturelle. Des groupes présentant tous les caractères morphologiques de l'espèce, des races distinctes et permanentes, ont été produites de cette façon bien des fois assurément ; mais pour le moment, il n'y a pas de preuves positives pour établir, qu'à la suite des variations naturelles et de l'accouplement par sélection, un groupe d'animaux ait donné naissance à un autre groupe, infécond au moindre degré avec le premier. M. Darwin reconnaît parfaitement ce point faible de sa doctrine, et nous présente de nombreux arguments des plus ingénieux et de grande importance pour affaiblir l'objection. Nous reconnaissons toute la valeur de ces arguments, nous allons même jusqu'à exprimer notre croyance que des expériences conduites par un physiologiste habile produiraient très-probablement des races plus ou moins infécondes, sortant d'une souche commune, dans un espace de temps relativement restreint; mais cependant c'est en ce point que cloche la doctrine, et il serait aussi fâcheux de le dissimuler que de n'en pas tenir compte.

Par moi-même, je l'avoue, il ne m'a pas été possible de reconnaître d'autres points faibles dans toute la doctrine de M. Darwin, et à en juger d'après tout ce que j'ai entendu dire, comme d'après ce que j'ai lu, d'autres ne me font pas l'effet d'y avoir mieux réussi. On a dit, par exemple, que dans ses chapitres sur la lutte pour l'existence et sur la sélection naturelle, M. Darwin prouve bien plutôt que la sélection naturelle doit s'effectuer qu'il ne prouve qu'elle s'effectue réellement; mais en somme, il n'est pas possible d'arriver à une autre démonstration. Une race attire notre attention dans la nature après avoir duré en toute probabilité depuis un temps considérable, et il est alors trop tard pour rechercher les conditions de son origine. On a dit encore qu'il n'y a pas d'analogie réelle entre la sélection qui se produit à l'état domestique, sous l'influence de l'homme, et une opération qu'effectue la nature, car l'homme intervient d'une façon intelligente. Si l'on réduit cet argument à ses éléments, il implique qu'un effet difficilement produit par un agent intelligent doit *à fortiori* être plus difficile, sinon impossible, à un agent inintelligent. Mais cet argument est insoutenable, quand même on ne tiendrait pas compte de la question incidente qui se présente : Est-il permis de dire que la nature, agissant selon des lois définies et invariables, soit un agent inintelligent ? Mélangez du sable et du sel, et l'homme le plus habile se trouvera fort empêché si on lui impose de séparer, à l'aide de ses ressources naturelles, tous les grains de sable et tous les grains de sel, mais la pluie en viendrait à bout en moins de dix minutes. Ainsi donc, tandis que tous les efforts de l'intelligence humaine nous permettent difficilement de séparer une variété, et d'en tirer par sélection une race nouvelle, les agents de destruction qui agissent constamment dans la nature élimineront à la longue et inévitablement toute variété qui se montrera plus incapable qu'une autre de résister aux circonstances.

On a souvent opposé, et en toute justice, à l'hypothèse de Lamarck sur la transmutation des espèces, l'absence de formes intermédiaires entre un grand nombre d'espèces. L'argument est sans valeur quand il s'adresse à l'hypothèse de M. Darwin. Il faut même reconnaître qu'une des parties les meilleures et les plus instructives de son ouvrage est celle où il prouve que la fréquente absence des transitions est une conséquence nécessaire de sa doctrine, et que la souche dont proviennent deux ou plusieurs espèces ne doit nullement être intermédiaire entre elles. Si deux espèces sortent d'une souche commune, comme le pigeon grosse-gorge, par exemple, et le voyageur sortent du biset, la souche commune des deux premières ne doit pas plus être intermédiaire entre elles que le biset n'est intermédiaire entre le pigeon grosse-gorge et le voyageur. Pour celui qui apprécie bien la force de ce raisonnement par analogie, les arguments qui se fondent sur l'absence de formes intermédiaires, pour combattre l'origine des espèces par sélection, perdent toute valeur. Et M. Darwin eût été, pensons-nous, bien plus inattaquable encore, s'il ne s'était pas embarrassé de l'aphorisme : *Natura non facit saltum*, qui revient si souvent dans son ouvrage. Nous croyons, comme nous l'avons dit plus haut, que la nature fait de temps en temps des sauts, et il est fort important de le reconnaître, car on se débarrasse ainsi de plusieurs des objections mineures qu'on oppose à la doctrine de la transmutation.

Mais il faut nous arrêter. La discussion des arguments de M. Darwin dans tous leurs détails nous entraînerait bien au delà des limites que nous nous sommes assignées. Nous avons atteint notre but si nous avons rendu compte d'une façon intelligible, toute sommaire qu'elle est, des faits établis relatifs à l'espèce, du rapport de l'explication de ces faits proposée par M. Darwin avec les interprétations théoriques de ses prédécesseurs, de ses contemporains, avec les exigences de la logique scientifique surtout. Nous avons cru pouvoir indiquer que l'explication ne satisfait pas encore à toutes ces exigences, mais nous affirmons sans hésitation que, par l'étendue de la base d'observation et d'expérience sur laquelle elle repose, par sa méthode rigoureusement scientifique, par la facilité avec laquelle elle rend compte des phénomènes biologiques, elle est supérieure à toutes les hypothèses anciennes ou contemporaines autant que l'hypothèse de Copernic était supérieure aux interprétations spéculatives de Ptolémée. Mais après tout, on a fini par reconnaître que les orbites planétaires n'étaient pas tout à fait circulaires, et malgré toute l'importance du service rendu à la science par Copernic, Kepler et Newton durent venir après lui.

Eh bien! si nous admettions que l'orbite du Darwinisme est peut-être un peu trop circulaire?... que, parmi les phénomènes de l'espèce, il en reste quelques-uns dont la sélection naturelle ne fournit pas l'explication?... Dans vingt ans d'ici les naturalistes seront peut-être à même de dire si c'est ou non le cas, mais de toute façon ils devront à l'auteur de l'*Origine des espèces* une immense reconnaissance. Nous laisserions dans l'esprit de nos lecteurs une très-fausse impression, si nous leur permettions de croire que la valeur de cet ouvrage dépend entièrement de la justification ultime des vues théoriques qu'il contient. Au contraire, si l'on pouvait prouver demain qu'elles sont toutes fausses, cet ouvrage serait encore le meilleur du genre, le compendium qui réunit le plus grand nombre de faits bien choisis relativement à la question de l'espèce. Dans toute la littérature biologique rien ne rivalise avec les chapitres sur la variation, sur la lutte pour l'existence, sur l'instinct, sur l'hybridité, sur l'insuffisance des données géologiques, sur la distribution géographique ; rien même que je sache ne leur est comparable, et depuis les recherches de Von Baer sur le développement (1), publiées il y a trente ans, aucun ouvrage paru n'est appelé à exercer une aussi grande influence sur l'avenir de la biologie, aucun n'étendra comme celui-ci l'empire de la science sur des régions de la pensée où elle n'a guère pénétré jusqu'ici.

(1) Baer, *Développement des animaux*.

XIII

SUR LES CRITIQUES ADRESSÉES AU LIVRE DE M. DARWIN, L'ORIGINE DES ESPÈCES (1).

Il a été publié récemment à l'étranger plusieurs commentaires du grand ouvrage de M. Darwin. Ceux qui ont parcouru, dans le livre de Sir Charles Lyell (l'*Antiquité de l'homme*), le chapitre remarquable où se trouve établi un parallèle entre le développement de l'espèce et celui des langages, apprendront avec plaisir qu'un des plus éminents philologues de l'Allemagne, le professeur Schleicher, a publié, de son côté, une brochure philosophique des plus instructives (2), à l'appui des mêmes idées qu'il corrobore de toute l'autorité, si bien établie, de ses connaissances spéciales en fait de linguistique. Le professeur Haeckel, auquel Schleicher adressait sa brochure, avait déjà profité de l'occasion qui se présentait à lui, pour

(1) *Ueber die Darwin'sche Schöpfungstheorie; ein Vortrag*, von A. Kölliker. Leipzig, 1864 ;
Examen du livre de M. Darwin sur l'Origine des espèces, par P. Flourens. Paris, 1864.
(2) Voir le *Reader* du 27 fév. 1864.

dire, dans sa belle monographie sur les *Radiolaires* (1), combien il appréciait les interprétations de M. Darwin, et combien sa manière de voir se rapprochait en général de celle du savant anglais.

Les études critiques les plus soignées, qui aient paru relativement à l'*Origine des espèces*, sont deux travaux de mérite bien différent, l'un par le professeur Kölliker, de Wurtzbourg, anatomiste et histologiste bien connu, l'autre par M. Flourens, secrétaire perpétuel de l'Académie des sciences.

L'essai du professeur Kölliker sur la théorie Darwinienne est des plus dignes d'une sérieuse considération, comme tout ce qui sort de la plume de cet écrivain profond et accompli. Il se compose d'un aperçu rapide et clair de la manière de voir de Darwin, suivi d'une énumération des principales difficultés qu'elle présente, et ces difficultés semblent tellement insurmontables au professeur Kölliker, qu'à la place de la théorie de M. Darwin, il en propose une autre qu'il appelle la théorie de la *génération hétérogène*. Nous allons examiner successivement les deux parties de cet essai : d'abord celle où l'auteur combat l'interprétation de Darwin, puis celle où il cherche à établir la sienne.

A notre grand regret nous sommes forcé de reconnaître que nous sommes en désaccord très-marqué avec le professeur Kölliker, sur plusieurs de ses observations, et c'est surtout dans sa définition de

(1) *Die Radiolarien; eine Monographie*, p. 231.

ce que nous pouvons appeler la position philosophique du Darwinisme, que nous sommes en complète opposition avec lui.

« Darwin, dit le professeur Kölliker, est, dans
« toute l'acception du mot, un téléologiste. Il dit
« sans ambiguité (1) que toutes les particularités de
« la structure d'un animal ont été créées pour son
« bien, et il considère toute la série des formes ani-
« males à ce point de vue seulement. »

Et encore :

« La conception téléologique générale adoptée
« par Darwin est erronée.

« Les variétés se produisent selon les lois généra-
« les de la nature, leur production est sans rapport
« avec notre notion de but ou d'utilité, et la variété
« produite peut être utile, nuisible ou indifférente.

« Supposer qu'un organisme existe seulement en
« vue d'une fin définie, et représente autre chose que
« la manifestation d'une idée générale ou loi, c'est
« se figurer l'univers par un seul de ses aspects. As-
« surément tout organe a une fin, tout organisme
« satisfait à la sienne, mais le but de l'organe ou de
« l'organisme n'est pas la condition de leur exis-
« tence. De plus, tout organisme est assez parfait
« pour satisfaire au but auquel il sert, et de ce côté
« du moins, il est inutile de rechercher une cause de
« son perfectionnement. »

Il est curieux qu'un même livre puisse impres-

(1) 1re édit., p. 199-200.

sionner d'une façon si différente des esprits différents. Ce qui m'avait frappé surtout, et ce dont je m'étais convaincu en parcourant pour la première fois l'*Origine des espèces*, c'est que M. Darwin avait porté le coup de grâce à la doctrine téléologique, telle qu'on la comprend habituellement. En effet, voici la teneur de l'argument téléologique : un organe ou un organisme A est précisément adapté à l'accomplissement d'une fonction ou d'un but B, donc A a été construit spécialement pour accomplir cette fonction B. Dans le célèbre exemple de Paley, l'adaptation de toutes les parties de la montre à la fonction ou au but d'indiquer l'heure, est admise comme prouvant évidemment que la montre a été spécialement agencée pour cette fin, en raison de ce que la seule cause à nous connue, pouvant produire comme effet une montre marquant l'heure, est une intelligence capable d'agencer ses moyens en les adaptant directement à ce but.

Supposons, néanmoins, qu'il soit possible de démontrer que personne n'a fabriqué directement la montre, mais qu'elle résulte des modifications d'une autre montre qui marquait l'heure fort imparfaitement, que celle-ci procédait d'un appareil méritant à peine le nom de montre, c'est-à-dire que son cadran était sans chiffres, ses aiguilles rudimentaires, et qu'en remontant bien loin dans le cours du temps, on trouvait comme premier vestige reconnaissable de cet instrument un simple barillet tournant sur son axe. Figurons-nous ensuite qu'on ait pu établir que tous ces changements proviennent, en premier lieu, d'une tendance à varier indéfiniment inhérente à l'appareil, et secondement, d'une disposition que présenterait le monde environnant à favoriser toutes les variations dans le sens de l'indication précise de l'heure, et à entraver toutes celles qui se produiraient dans un autre sens. Si l'on établissait tout cela, il est clair que l'argument de Paley aurait perdu toute sa valeur. En effet, il serait dès lors démontré qu'un appareil, parfaitement adapté à un but particulier, pourrait résulter d'une série de tentatives tantôt heureuses et tantôt malheureuses, opérées par des agents inintelligents, comme de l'application directe des moyens appropriés à cette fin, par un agent intelligent.

Or, il nous semble que la théorie de Darwin établira pour le monde organique précisément ce que, pour faire mieux saisir notre pensée par un exemple, nous avons supposé établi pour la montre. A la notion que chaque organisme a été créé comme nous le trouvons, et qu'il est poussé directement au but qu'il doit atteindre, M. Darwin substitue une idée nouvelle, que nous pouvons concevoir comme une série de tentatives parfois heureuses et parfois malheureuses. Les organismes varient incessamment ; certaines variations rencontrent des conditions environnantes qui leur conviennent, elles prospèrent ; pour le plus grand nombre les conditions sont défavorables, elles s'éteignent.

Selon la téléologie, chaque organisme ressemble

à un projectile lancé contre une cible ; selon Darwin les organismes sont comme la mitraille dont un fragment porte coup, et tous les autres s'éparpillent sans action.

Pour le téléologiste un organisme existe parce qu'il a été façonné pour les conditions où on le trouve ; pour le Darwiniste un organisme existe parce que seul, parmi beaucoup d'autres organismes de même sorte, il a pu persister dans ces conditions.

La téléologie implique que les organes de tous les organismes sont parfaits, et ne peuvent s'améliorer ; la théorie de Darwin affirme simplement qu'ils accomplissent assez bien leurs fonctions pour que l'organisme puisse se maintenir à l'encontre des compétiteurs qui se sont présentés à lui, tout en admettant la possibilité de perfectionnements indéfinis. Mais un exemple fera mieux ressortir l'opposition profonde de la doctrine ordinaire de la téléologie et de la doctrine de Darwin.

Les chats prennent très-bien les souris, les petits oiseaux et d'autres animaux de même taille. La téléologie nous dit qu'ils les attrapent si bien parce qu'ils ont été expressément construits pour les prendre, que ce sont des pièges à souris parfaits, si parfaits, si délicatement ajustés qu'il ne serait pas possible de déranger un seul de leurs organes sans troubler par cela même tout l'ensemble du mécanisme. Le Darwinisme affirme, au contraire, qu'en tout ceci il ne s'agit nullement d'une construction intentionnelle, mais que parmi les variations innombrables de la souche féline, dont un bon nombre a disparu par défaut de capacité pour résister aux influences contraires, les chats se sont trouvés mieux disposés que d'autres pour prendre les souris ; les chats ont donc persisté, et ont prospéré en raison de l'avantage qu'ils avaient ainsi sur les autres variétés de même origine.

Loin de croire que les chats existent *à seule fin* de bien attraper les souris, le Darwinisme suppose que les chats existent *parce* qu'ils les attrapent bien, la chasse aux souris n'étant pas le but, mais la condition de leur existence. Et si le type chat a persisté longtemps tel que nous le connaissons, l'interprétation de ce fait, d'après les principes de Darwin, ne serait pas que les chats sont restés invariables, mais que les variétés qui se sont produites incessamment ont été, en somme, moins propres à prospérer dans le monde que la souche existante.

Ainsi donc, si nous entrons bien dans l'esprit de l'*Origine des espèces*, rien n'est plus entièrement, plus absolument contraire à la téléologie, prise dans le sens ordinaire, que la théorie Darwinienne. De sorte que, loin d'être dans toute l'acception du mot un téléologiste, nous pourrions dire que, comme on l'entend habituellement, M. Darwin n'est pas téléologiste du tout ; nous pourrions dire encore qu'en dehors de son mérite comme naturaliste, il a rendu un service des plus importants à la pensée philosophique, en mettant à même ceux qui étudient la nature, de reconnaître, dans toute leur étendue, ces adaptations à un but, si frappantes dans le monde organique, et que la téléologie ne nous a pas laissé perdre de vue, ce dont nous devons lui être reconnaissants. De plus, M. Darwin nous mettait ainsi à même de rester fidèles aux principes fondamentaux d'une conception scientifique de l'univers, et conciliait par son hypothèse les enseignements divergents de la téléologie et de la morphologie.

Mais si nous laissons de côté ce que nous pensons nous-mêmes de l'*Origine des espèces* pour examiner les passages qui en sont cités spécialement par le professeur Kölliker, nous ne pouvons admettre l'interprétation qu'il en donne. Si l'on entre réellement dans l'esprit du livre, on verra que Darwin n'affirme pas que tous les détails de la structure d'un animal ont été créés pour son plus grand bénéfice. Voici ses paroles (1) :

« Les remarques précédentes m'amènent à dire
« deux mots au sujet de la protestation faite récem-
« ment par quelques naturalistes contre cette doc-
« trine utilitaire qui maintient que tous les détails
« de structure ont été produits pour le bien de
« celui qui en est doué. Ces naturalistes pensent
« que bien des particularités n'ont d'autre but que
« d'assurer la beauté aux yeux de l'homme, ou
« une simple variété d'aspect. Si cette doctrine

(1) P. 199.

« était vraie, elle serait absolument fatale à ma
« théorie. J'admets pleinement cependant que bien
« des particularités de structure ne servent pas di-
« rectement à celui qui en est doué. »

Et après plusieurs exemples, après plusieurs restrictions, l'auteur conclut (1) :

« Il en résulte que tous les détails de structure
« que présentent tous les êtres vivants (en tenant
« compte pourtant de l'action directe des condi-
« tions physiques) peuvent être considérés, soit
« comme ayant servi spécialement à quelques-unes
« des formes des procréateurs plus ou moins éloi-
« gnés, soit comme servant actuellement d'une
« façon spéciale aux descendants de ceux-ci, direc-
« tement ou indirectement, en raison des lois
« complexes du développement. »

Mais il est bien différent de dire, avec M. Darwin, que tous les détails observés dans la structure d'un animal lui servent, ou ont servi à ses ancêtres, et de dire avec la téléologie que tous les détails de la structure d'un animal ont été créés pour son bénéfice. D'après la première hypothèse, par exemple, les dents de la baleine à l'état fœtal ont un sens ; d'après la seconde elles ne s'expliquent pas. Nous ne connaissons pas, dans tout le livre de M. Darwin, une seule phrase qui contredise la doctrine du professeur Kölliker, quand celui-ci dit que « les
« variétés se produisent selon les lois générales de la

(1) P. 200.

« nature, comme fait indépendant de notre notion
« de but ou d'utilité, et que la variété produite
« peut être utile, nuisible ou indifférente. »

Au contraire, M. Darwin écrit (1) : « Notre igno-
« rance des lois qui président à la variation est pro-
« fonde. Il ne nous est pas possible, une fois sur
« cent, d'indiquer la cause en raison de laquelle
« telle ou telle partie diffère plus ou moins d'une
« partie analogue chez les procréateurs.... Les con-
« ditions externes de la vie, le climat, la nourriture
« par exemple, semblent avoir déterminé des mo-
« difications légères. L'habitude en produisant des
« différences constitutionnelles, l'action en forti-
« fiant, l'inaction en affaiblissant et faisant atrophier
« les organes semblent avoir été plus puissantes dans
« leurs effets. »

Enfin, comme pour éviter toutes fausses interprétations possibles, M. Darwin conclut son chapitre
sur la variation par ces paroles à méditer :

« Quelle que soit la cause de chacune des petites
« différences qui se manifestent entre le rejeton et
« ses procréateurs, et cette cause doit toujours
« exister nécessairement, c'est l'accumulation cons-
« tante par sélection naturelle de ces différences,
« quand elles sont utiles à l'individu, qui occasionne
« toutes les modifications de structure les plus im-
« portantes, à l'aide desquelles les êtres innom-
« brables répandus sur la surface de la terre peuvent

(1) Sommaire du chapitre V.

« lutter les uns avec les autres, à l'aide desquelles
« encore le plus parfait est mis à même de survivre. »

Nous nous sommes étendu sur ce sujet en raison de sa grande importance générale, et parce que nous pensons que les critiques du professeur Kölliker proviennent ici d'une fausse interprétation de la manière de voir de M. Darwin, qui au fond coïnciderait avec la sienne. Les autres objections, qu'énumère et discute le professeur Kölliker, sont les suivantes (1) :

« 1° On ne connaît pas de formes de transition
« entre les espèces existant actuellement ; de plus, les
« variétés connues et qui se sont produites par sé-
« lection, ou spontanément, n'arrivent jamais à
« constituer des espèces nouvelles. »

Le professeur Kölliker semble attacher de l'importance à cette objection. Il indique que le pigeon culbutant à face aplatie est peut-être un produit pathologique.

« 2° On ne trouve pas de formes de transition
« parmi les restes organiques des animaux des épo-
« ques primitives. »

A cet égard le professeur Kölliker remarque que l'absence de formes de transition dans le monde fossile est contraire à la théorie de Darwin, bien qu'elle ne suffise pas pour la faire condamner.

---

(1) Je ne puis donner tout au long le détail des arguments du professeur Kölliker, ce qui m'entraînerait trop loin. On en trouvera le développement dans le *Reader* du 13 et du 20 août 1864.

« 3° La lutte pour l'existence n'existe pas. »

Cette objection a été proposée par Pelzeln, mais Kölliker n'y attache pas d'importance, et en cela il a grandement raison.

« 4° La tendance des organismes à produire des va-
« riétés utiles n'existe pas plus que la sélection natu-
« relle. »

« Les variétés que l'on rencontre proviennent de
« nombreuses influences externes, et l'on ne voit
« pas pourquoi ces variétés, en totalité ou en partie,
« seraient toutes spécialement utiles. Chaque ani-
« mal suffit à ses propres fins, est parfait en son
« genre, et ne requiert pas un développement ulté-
« rieur. S'il se présentait pourtant une variété utile,
« et même si cette variété se maintenait, on ne voit
« pas pourquoi elle subirait d'autres changements.
« Toute cette conception de l'imperfection des or-
« ganismes et de la nécessité de leur perfectionne-
« ment est évidemment le côté faible de la théorie
« de Darwin ; c'est un *pis-aller* (*Nothbehelf*) qui ré-
« sulte de ce que Darwin n'a pu imaginer un autre
« principe pour expliquer les métamorphoses qui,
« comme je le crois aussi, se sont produites. »

Ici encore, nous croyons devoir différer complétement d'avis avec le professeur Kölliker, dans l'interprétation qu'il attribue à l'hypothèse de M. Darwin. Il nous semble qu'un des grands mérites de cette hypothèse provient précisément de ce qu'elle n'implique pas la croyance en un progrès incessant et nécessaire des organismes.

Si l'on saisit bien l'idée de l'auteur, on verra qu'il ne suppose pas une tendance spéciale des organismes à produire des variétés utiles, qu'il ne connaît pas de besoin de développement, ni de nécessité de perfection. Il dit en somme : Tous les organismes varient. Il est extrêmement improbable qu'une variété donnée puisse se trouver précisément dans les mêmes rapports avec les conditions environnantes que la souche dont elle provient. Dans ce cas, elle sera mieux adaptée (on pourra alors l'appeler utile), ou elle sera moins bien adaptée à ces conditions. Si elle est mieux adaptée, elle tendra à supplanter la souche originelle ; si elle est moins bien adaptée, elle tendra à être détruite par cette souche dont elle provient.

Si la variété nouvelle est si parfaitement adaptée aux conditions qu'aucun progrès ne lui soit plus possible, et c'est un cas difficile à concevoir, elle persistera, car, bien qu'elle ne cesse pas de produire des variétés, toutes ces variétés lui seront inférieures.

Si, ce qui est plus probable, la nouvelle variété, sans être parfaitement adaptée aux conditions, l'est seulement suffisamment, elle persistera tant qu'une des variétés qui sortiront d'elle ne sera pas mieux adaptée qu'elle ne l'est elle-même.

D'autre part, dès que la variété se produit en un sens utile, c'est-à-dire quand la variation est telle qu'il y a adaptation plus parfaite aux conditions, la variété nouvelle doit tendre à supplanter la forme antérieure.

Un progrès graduel vers la perfection est si loin de faire nécessairement partie de la doctrine darwinienne, que cette doctrine nous semble parfaitement compatible avec la persistance indéfinie de l'être organique dans un même état, ou avec son recul graduel. Supposons, par exemple, que nous revenions à la période glaciaire, et que les conditions climatériques des pôles s'étendent sur tout le globe. Dans ces circonstances l'action de la sélection naturelle tendrait, en fin de compte, à la ruine de tous les organismes supérieurs et à la prospérité des formes inférieures de la vie. — La végétation cryptogame prendrait le dessus, et l'emporterait sur la végétation phanérogame ; les hydrozoaires l'emporteraient sur les coraux ; les crustacés sur les insectes, les amphipodes et les isopodes sur les crustacés supérieurs ; les cétacés et les phoques sur les primates ; la civilisation des Esquimaux sur celle des Européens.

« 5° Pelzeln a encore objecté que, si les organismes
« récents étaient sortis des organismes les plus an-
« ciens, toute la série du développement, depuis les
« formes les plus simples jusqu'aux plus complexes,
« ne pourrait exister actuellement ; dans ce cas les
« organismes les plus simples auraient disparu né-
« cessairement. »

A cette objection, le professeur Kölliker répond en toute justice que la conclusion de Pelzeln ne découle pas réellement des prémisses de Darwin, et que si nous prenons les faits de la paléontologie tels qu'ils sont, ils confirment plutôt la théorie de Darwin, loin de la renverser.

« 6° Huxley, ardent défenseur de l'hypothèse de « Darwin d'ailleurs, lui a opposé une objection fort « importante en disant que nous ne connaissons pas « de variétés stériles entre elles, la stérilité étant la « règle entre formes animales qui se distinguent par « des caractères bien tranchés.

« Si Darwin a raison, il faut démontrer que par sé-« lection on peut produire des formes dont l'accou-« plement est stérile, comme celui des formes ani-« males dont les caractères sont nettement distincts, « et cette démonstration n'a pas été faite. »

L'objection est assurément fort importante, mais pour juger de sa valeur, comme M. Darwin l'a fait remarquer, il faut faire entrer en ligne de compte notre ignorance des conditions de la fécondité et de la stérilité, le défaut d'expériences bien conduites se prolongeant pendant une longue série d'années, et les étranges anomalies que présentent les résultats de la fécondation croisée d'un bon nombre de plantes.

La septième objection est celle que nous avons discutée déjà en commençant.

Voici la huitième et dernière objection.

« Pour comprendre le progrès harmonique et ré-« gulier de la série complète des formes organiques, « de la plus simple à la plus parfaite, nous pouvons « nous passer de la théorie du développement pro-« posée par Darwin.

« Le fait même des lois générales de la nature
« explique cette harmonie, quand même nous sup-
« poserions que tous les êtres se sont produits sépa-
« rément et indépendamment les uns des autres.
« Darwin oublie que dans la nature inorganique, où
« l'on ne peut faire intervenir l'idée d'une con-
« nexion génésique entre les formes, on trouve le
« même plan régulier, la même harmonie que dans
« le monde organique, et pour ne citer qu'un exem-
« ple, n'y a-t-il pas un système des minéraux aussi
« naturel que celui des plantes ou des animaux?»

Nous ne sommes pas parfaitement certain de bien comprendre ce que dit ici le professeur Kölliker, mais il semble indiquer que l'observation de l'ordre général et de l'harmonie manifestés dans toute la nature inorganique doit nous porter à prévoir un ordre semblable, une même harmonie dans le monde organique. Cela est vrai assurément, mais il ne s'ensuit nullement que cette harmonie et cet ordre observés dans le monde de la vie comme dans le monde inanimé doivent être précisément l'ordre et l'harmonie que nous y reconnaissons. Le fait des lois générales de la nature n'explique certainement pas la raie noire du dos du cheval isabelle, ni les dents de la baleine à l'état fœtal. M. Darwin s'efforce d'expliquer l'ordre exact qui existe dans la nature organique, et non le simple fait de l'existence de cet ordre.

Quant à l'existence d'un système naturel de minéraux, il se présente une réponse évidente. Ne peut-on pas établir une classification naturelle de tous les objets quels qu'ils soient, des pierres qui couvrent le bord de la mer, comme des œuvres d'art d'un musée ? C'est qu'en effet une classification naturelle est simplement une réunion des objets par groupes, de façon à exprimer leurs ressemblances et leurs différences fondamentales les plus importantes. M. Darwin croit sans doute que les ressemblances et les différences sur lesquelles se basent nos systèmes naturels ou nos classifications des plantes et des animaux se sont produites génétiquement, mais nous ne voyons aucune raison pour supposer qu'il se refuse à admettre des classifications d'une nature différente.

Est-il bien certain, d'ailleurs, qu'au-dessous de cette classification des minéraux, ne peut se cacher une relation génésique ? Le monde inorganique n'a pas toujours été tel que nous le voyons. Il a eu certainement ses métamorphoses, et selon toute probabilité la page qui retracerait l'histoire complète de son développement, à partir du blastème nébuleux dont il sort, serait bien longue. Qui pourra dire jusqu'à quel point la somme des ressemblances que présentent des groupes de minéraux, en vertu de laquelle nous pouvons maintenant les réunir en familles et en ordres, n'exprime pas les conditions communes auxquelles a été soumise cette partie du brouillard nébuleux que pouvaient constituer autrefois leurs atomes, et dont ils peuvent être, au sens le plus strict, les descendants.

D'après ce qui précède, il est clair que nous différons du professeur Kölliker quand il pense que ses objections doivent faire condamner la manière de voir de Darwin. Mais il aurait raison sur ce point, que nous ne saurions accepter la théorie de la génération hétérogène, par laquelle il voudrait remplacer celle qu'il combat. Il formule ainsi sa théorie :

« Cette hypothèse a pour conception fondamentale que, sous l'influence d'une loi générale de développement, les germes organiques produisent des organismes différents de ceux qui leur ont donné naissance. Ceci peut arriver de deux façons :

« 1° Sous l'influence de circonstances spéciales, des ovules fécondés, en voie de développement, peuvent atteindre à des formes supérieures.

« 2° En dehors de toute fécondation, des organismes primitifs, comme ceux auxquels ils ont donné naissance, pourraient produire des germes ou des œufs dont sortiraient des organismes différents (*parthénogenèse*). »

Le professeur Kölliker allègue en faveur de cette dernière hypothèse les faits bien connus de *métagenèse* ou *génération alternante* ; la dissemblance extrême des mâles et des femelles chez certains animaux, ainsi que celle des mâles, des femelles et des neutres chez les insectes vivant en colonies ; et voici comment il établit les rapports de cette théorie avec celle de Darwin :

« Il est certain, dit-il, qu'à première vue mon hypo-

« thèse ressemble beaucoup à celle de Darwin, car je
« pense comme lui que les différentes formes anima-
« les procèdent directement les unes des autres. Ce-
« pendant mon hypothèse de la création des organis-
« mes par géneration hétérogène se distingue essen-
« tiellement de celle de Darwin, en ce que je n'y fais
« pas intervenir le principe des variations utiles et
« de leur sélection naturelle; la conception qui me sert
« de point de départ, c'est que, comme fondement de
« l'origine du monde organique, il y a un grand plan
« de développement qui pousse les formes les plus
« simples à des développements de plus en plus com-
« plexes. Je n'ai pas la prétention naturellement de
« dire comment cette loi opère, quelles influences
« déterminent le développement des œufs et des ger-
« mes, et les poussent à revêtir constamment de
« nouvelles formes, mais l'analogie des générations
« alternantes corrobore ma manière de voir. Si une
« *bipinnaria*, une *brachiolaria,* un *pluteus* peuvent
« produire un échinoderme qui en diffère si com-
« plétement, si un polype hydroïde peut produire la
« méduse d'une forme supérieure à la sienne, si la
« nourrice trématode vermiforme peut développer
« à l'intérieur de son corps le cercaire qui lui res-
« semble si peu, il ne semblera pas impossible que
« l'œuf, ou l'embryon cilié d'une éponge, soit devenu
« une fois, sous l'influence de conditions spéciales,
« un polype hydroïde, ou que l'embryon d'une mé-
« duse soit devenu un échinoderme. »

D'après ces extraits, il est évident que l'hypothèse

du professeur Kölliker se fonde sur l'existence supposée d'une intime analogie entre les phénomènes de la métagenèse et la production d'espèces nouvelles par des espèces préexistantes. Mais cette analogie est-elle réelle ? Nous ne le pensons pas ; de plus, l'hypothèse même la contredit. En quoi consistent, en effet, les phénomènes de la métagenèse, tels qu'on les explique généralement ? Un œuf fécondé se développe, et produit une forme sans organes sexuels, A ; celle-ci produit, sans rapports sexuels, une forme seconde ou plusieurs formes consécutives, B, différant plus ou moins de A. Ensuite B peut reproduire sans rapports sexuels ; cependant les choses ne se passent pas ainsi dans les cas les plus simples ; B acquiert des caractères sexuels, et produit des œufs fécondés qui donnent naissance à A.

La métagenèse ne présente pas de cas connu où A *différant beaucoup de B* est lui-même capable de propagation sexuelle. Ce mode de génération ne présente pas non plus de cas où la progéniture de B par génération sexuelle soit autre que la reproduction de A.

Si ce que je dis exprime bien ce qui se passe dans la génération par métagenèse, en quoi ce mode de génération nous met-il à même de comprendre que des espèces existantes en aient produit de nouvelles ? Supposons que les hyènes aient précédé les chiens, et qu'elles aient produit ces derniers par métagenèse. La hyène représentera alors notre terme A, et le chien, B. La première difficulté qui se présente, c'est qu'il faut supposer la hyène privée d'organes sexuels, ou le mode de reproduction ne sera plus comparable à ce qui se passe dans la métagenèse. Mais laissons de côté cette difficulté, et supposons qu'il soit sorti en même temps de la souche hyène un chien et une chienne ; ce couple doit produire, si nous nous en tenons au mode le plus simple de la métagenèse, une portée de petites hyènes et non une portée de petis chiens (1). En effet, dans la génération par métagenèse, la série est toujours, comme nous l'avons vu, A, B, A, B... etc. ; pour qu'il y ait production d'une espèce nouvelle, il faudrait au contraire que la série soit A, B, B, B... etc. La production d'une espèce ou d'un genre nouveaux est la divergence permanente extrême d'un groupe sorti de la souche primitive. Au contraire, tout processus de génération par métagenèse se termine toujours par un retour complet à la souche primitive. Comment la métagenèse pourrait-elle donc nous faire comprendre par analogie la production d'une espèce nouvelle ?

(1) Si l'on suivait au contraire les modes de métagenèse plus complexes, tels que la génération des trématodes et celle des aphidiens, la hyène devrait produire sans rapports sexuels une portée de chiens sans organes sexuels qui produiraient aussi d'autres chiens également privés de ces organes. Après un certain nombre de termes de cette série les chiens acquerraient des sexes, procréeraient, mais les petits ne seraient pas des chiens, ce seraient des hyènes. De fait, nous avons démontré dans les phénomènes de la métagenèse ce retour inévitable au type originel, dont les opposants de M. Darwin affirment la vérité pour toutes les variations en général, ce qui serait nécessairement fatal à son hypothèse, s'ils pouvaient donner une démonstration de leur affirmation.

La première des deux alternatives proposées par le professeur Kölliker « *sous l'influence de circon-* « *stances spéciales, des ovules fécondés en voie de dé-* « *veloppement peuvent atteindre à des formes supé-* « *rieures* » ne serait, si elle se présentait, qu'un cas extrême de variation dans le sens indiqué par Darwin, d'un degré supérieur, il est vrai, à celle du bélier Ancon, souvent cité, et qui provenait de l'ovule d'une brebis ordinaire, mais tout à fait semblable par sa nature à ce dernier cas. Vraiment, il nous a toujours semblé que M. Darwin s'était créé bien inutilement des embarras en maintenant d'une façon stricte son aphorisme favori : *Natura non facit saltum*. Nous soupçonnons fort que la nature fait parfois des sauts considérables dans les variations qu'elle produit, et que ces sauts occasionnent plusieurs des lacunes qui semblent exister dans la série des formes connues.

Si nous avons cru devoir dire librement tout le désaccord qu'il y a ici entre la manière de voir du professeur Kölliker et la nôtre, nous nous sommes acquitté de cette tâche avec des sentiments de regret, et sans manquer, croyons-nous, au respect dû au grand mérite scientifique du professeur de Wurtzbourg, à l'étude soigneuse qu'il avait faite de ce sujet, et surtout à son argumentation loyale et convenable, à son appréciation généreuse et constante de la valeur des travaux de M. Darwin.

Nous voudrions pouvoir en dire autant de M. Flourens.

25.

Par malheur, M. le secrétaire perpétuel de l'Acacadémie des sciences traite M. Darwin comme le premier Napoléon aurait traité un *idéologue,* et tout en faisant preuve d'une déplorable faiblesse de logique, du peu de profondeur de ses connaissances, il le prend avec lui sur un ton d'autorité qui frise toujours le ridicule, et passe parfois les limites des convenances.

Ainsi par exemple (1) :

« M. Darwin continue : « Aucune distinction ab-
« solue n'a été et ne peut être établie entre les espè-
« ces et les variétés. » — Je vous ai déjà dit que vous
« vous trompiez ; une distinction absolue sépare les
« variétés d'avec les espèces. »

Je vous ai déjà dit !... Quand M. le secrétaire perpétuel de l'Académie des sciences a parlé, vous

> Qui n'êtes rien,
> Pas même académicien,

ne vous permettez pas d'affirmer le contraire ! Voilà pourtant comment nous traduisons un semblable langage, car nous n'avons pas le bonheur de posséder une Académie en Angleterre, et n'avons pas l'habitude, par conséquent, d'entendre traiter de la sorte nos hommes les plus capables, même par un secrétaire perpétuel.

Ou encore, si l'on veut remarquer que celle des qualités de l'ouvrage de M. Darwin à laquelle ses

(1) P. 56.

partisans, comme ses ennemis, ont tous porté témoignage, c'est la candeur, la loyauté dont il a fait preuve en admettant et en discutant les objections, que faut-il penser de l'affirmation de M. Flourens quand il dit :

« M. Darwin ne cite que les auteurs qui partagent ses opinions (1). »

Et plus loin (2) :

« Enfin, l'ouvrage de M. Darwin a paru ! On ne
« peut qu'être frappé du talent de l'auteur. Mais
« que d'idées obscures, que d'idées fausses ! Quel
« jargon métaphysique jeté mal à propos dans
« l'histoire naturelle, qui tombe dans le galimatias
« dès qu'elle sort des idées claires, des idées justes !
« Quel langage prétentieux et vide ! Quelles per-
« sonnifications puériles et surannées ! O lucidité, ô
« solidité de l'esprit français, que devenez-vous ? »

Idées obscures et fausses... jargon métaphysique... galimatias.... langage prétentieux et vide.... personnifications puériles et surannées !... En Angleterre comme en Allemagne, M. Darwin a rencontré d'ardents contradicteurs ; mais dans le catalogue des fautes qu'on lui reproche, nous ne nous rappelons pas avoir jamais rencontré celles-ci. Il faut donc au plus vite examiner cette découverte qu'a faite M. Flourens, à l'aide de la lucidité et de la solidité de son esprit.

(1) P. 40.
(2) P. 65.

Selon M. Flourens, la grande erreur de M. Darwin est d'avoir personnifié la nature (1), et de plus :

« Il commence par imaginer une *élection natu-*
« *relle;* il imagine ensuite que ce *pouvoir d'élire*
« qu'il donne à la nature est pareil au pouvoir de
« l'homme. Ces deux suppositions admises, rien ne
« l'arrête, il joue avec la nature comme il lui plaît,
« et lui fait faire tout ce qu'il veut (2). »

Voici maintenant comment M. Flourens met à mal la sélection naturelle :

« Voyons donc encore une fois ce qu'il peut y
« avoir de fondé dans ce qu'on nomme *élection natu-*
« *relle.*

« L'élection naturelle n'est sous un autre nom
« que la nature. Pour un être organisé, la nature
« n'est que l'organisation, ni plus ni moins.

« Il faudra donc aussi personnifier *l'organisation,*
« et dire que l'organisation choisit l'organisation.
« *L'élection naturelle* est cette *forme substantielle*
« dont on jouait autrefois avec tant de facilité.

« Aristote disait que si l'art de bâtir était dans le
« bois, cet art agirait comme la nature. A la place
« de *l'art de bâtir* M. Darwin met l'élection natu-
« relle, et c'est tout un ; l'un n'est pas plus chiméri-
« que l'autre (3). »

Et voilà tout ce que M. Flourens a pu tirer de la sélection naturelle. Cherchons donc à analyser le

(1) P. 10.
(2) P. 6.
(3) P. 31

passage : « Pour un être organisé, la nature n'est
« que l'organisation ni plus ni moins. »

Les êtres organisés n'ont donc absolument pas de
relations avec la nature inorganique ; une plante ne
dépend pas du sol, du soleil, du climat, de la profondeur d'eau qui la recouvre, ou de son altitude au-
dessus du niveau des mers ; la quantité de matière
saline dissoute dans l'eau est sans influence sur la
vie animale ; la substitution d'acide carbonique à
l'oxygène de notre atmosphère n'incommoderait
personne. M. Flourens doit bien savoir, mieux que
qui que ce soit, l'absurdité de ces propositions ;
mais ce sont des déductions logiques de sa première affirmation, et aussi de cette autre que la
sélection naturelle revient à dire que l'organisation
choisit l'organisation.

En effet, si l'on admet comme le prescrit le bon
sens, que les chances de vie d'un organisme donné
augmentent en raison de certaines conditions A, et
diminuent par leurs contraires B, il est alors mathématiquement certain qu'un changement de conditions, dans le sens de A, exercera une influence
élective en faveur de cet organisme, tendant à son
développement, à sa prolifération, tandis qu'un
changement en sens de B exercera une influence
élective contraire à cet organisme, tendant à son
déclin et à son extinction.

D'autre part, les conditions restant les mêmes,
qu'un organisme donné varie (et cette variation est
admise par tous) selon deux directions différentes,

qu'il produise une forme *a*, mieux adaptée à lutter avec ces conditions que la souche originelle, et une forme *b*, moins bien adaptée. Il est alors tout aussi certain que ces conditions exerceront une influence élective en faveur de *a*, et contraire à *b*, de sorte que *a* tendra à la prédominance, et *b*, à l'extinction.

Quoi ! M. Flourens n'a-t-il pas compris la nécessité logique de ces arguments simples qui servent de base à tous les raisonnements de M. Darwin? A-t-il pu confondre une déduction irréfragable, tirée des rapports reconnus qui subsistent entre les organismes et les conditions qui les entourent, avec une forme substantielle métaphysique, une personnification chimérique des forces de la nature? Ce serait à n'y pas croire, si d'autres passages du livre ne venaient faire cesser toute hésitation à cet égard.

« On imagine une *élection naturelle* que, pour
« plus de ménagement, on me dit être *inconsciente*,
« sans s'apercevoir que le contre-sens littéral est pré-
« cisément là : *Élection inconsciente* (1).

« J'ai déjà dit ce qu'il faut penser de l'élection
« naturelle. Ou l'élection naturelle n'est rien, ou
« c'est la nature. Mais la nature douée d'élection,
« mais la nature personnifiée !... Dernière erreur du
« dernier siècle !... Le dix-neuvième ne fait plus de
« personnifications (2). »

M. Flourens ne peut concevoir une élection, ou,

---

(1) P. 52.
(2) P. 53.

puisque le mot a cours aujourd'hui en français, une sélection naturelle, car c'est tout un, et pour lui, c'est là une contradiction dans les termes. M. Flourens a-t-il jamais visité une des plus charmantes stations balnéaires du beau pays de France, la baie d'Arcachon. En traversant les Landes, il aurait pu observer sur une grande échelle la formation des dunes. Que sont donc ces dunes ? Les vents, les vagues n'ont guère conscience, et cependant elles ont fait élection de tous les grains de sable inférieurs à une dimension donnée, et les ont choisis dans une infinité de masses de silex de toutes formes et de toutes dimensions ; puis, par leur action propre, ces agents les ont amoncelés sur une grande étendue. Il y a donc eu *élection inconsciente* de ce sable ; il a été choisi au milieu du gravier où il reposait d'abord avec autant de précision que si un homme en avait fait élection consciente au moyen d'un tamis. La géologie physique abonde en élections de ce genre. Sans cesse nous y trouvons un triage de ce qui est dur et de ce qui ne l'est pas, de ce qui est soluble et de ce qui est insoluble, de ce qui est fusible et de ce qui est infusible, sous l'influence d'agents naturels auxquels nous n'avons guère l'habitude d'attribuer nos notions conscientes.

Mais ce que sont vents et marées pour une rive sablonneuse, toutes ces influences que nous appelons conditions de l'existence le sont pour les organismes vivants. Tous les êtres sont passés au crible ; seuls les forts subsistent ; la gelée d'une nuit d'hiver fait élection, elle choisit les plantes robustes d'une plantation, et comme le vent et l'eau triaient, dans l'exemple ci-dessus, le sable du gravier, elle sépare celles qui sont plus tendres de celles qui sont vigoureuses, comme si l'intelligence d'un jardinier avait agi pour détruire les organismes les plus faibles. L'opération inconsciente des conditions naturelles a agi d'une façon plus efficace pour répandre sur les Pampas le chardon qui y a étouffé les plantes indigènes, que si des milliers d'agriculteurs avaient passé leur temps à le planter.

Un des grands services que M. Darwin a rendus à la science biologique, c'est d'avoir démontré la signification de ces faits. Étant donnés la variation et le changement de conditions, il a fait voir qu'il en résulte inévitablement une influence qui agira sur les organismes, en un sens favorable à celui-ci, contraire à celui-là ; le premier tendra à prédominer, l'autre à disparaître ; ainsi le monde vivant porte en lui-même l'impulsion qui le pousse à des changements incessants, et tout ce qui l'environne agit dans le même sens.

Ces vérités sont tout aussi certaines qu'aucune autre loi physique, indépendamment de la valeur de l'hypothèse que M. Darwin a établie sur elle, et si M. Flourens, lâchant la proie pour l'ombre, ne sait reconnaître la belle exposition qu'en a faite M. Darwin, et ne sait y voir qu'une dernière erreur du dernier siècle, une personnification de la nature, nous pouvons bien nous écrier comme lui : O lucidité ! O solidité de l'esprit français, que devenez-vous !

De fait, M. Flourens n'a pas su comprendre les premiers principes de la doctrine qu'il attaque avec tant de violence. Il fait des objections de détail tellement passées de mode, ressassées et rebattues, en ce pays du moins, que même un écrivain de la *Quarterly Review* n'oserait s'en servir pour dauber encore une fois M. Darwin. Nous avons Cuvier et les momies, M. Roulin et la domestication des animaux d'Amérique, les difficultés que présentent l'hybridité et la paléontologie, le darwinisme une réédition de de Maillet et de Lamarck, le darwinisme un système sans commencement, dont l'auteur devrait croire à M. Pouchet, etc., etc. On sait tout cela par cœur, aussi éprouve-t-on un grand soulagement en lisant à la page 65 : « Je laisse M. Darwin !... »

Mais nous ne pouvons laisser M. Flourens, sans appeler l'attention de nos lecteurs sur son étrange chapitre, le dixième, intitulé : « *De la préexistence des germes et de l'épigenèse*, qui commence ainsi :
« La génération spontanée n'est qu'une chimère.
« Ce point établi, restent deux hypothèses : celle
« de la préexistence et celle de l'épigenèse. Ces
« deux hypothèses sont aussi peu fondées l'une que
« l'autre (1). »

« L'épigenèse vient de Harvey. Suivant de l'œil

(1) P. 163.

« le développement du nouvel être sur les biches
« de Windsor, il vit chaque partie successivement
« apparaître, et prenant le moment de l'*apparition*
« pour le moment de la *formation*, il *imagina l'épi-*
« *genèse* (1). »

M. Flourens dit au contraire (2) :

« Le nouvel être se forme tout d'un coup, tout
« d'ensemble, instantanément ; il ne se forme point
« parties par parties et en divers temps. Il se forme
« à la fois ; il se forme à l'instant unique *indivis*
« où se fait la conjonction du mâle et de la femelle. »

On remarquera que le langage de M. Flourens
est sans ambiguïté. Pour lui les travaux de Von Baer,
de Rathke, de Coste, de leurs contemporains et de
leurs successeurs en Allemagne, en France, en Angleterre sont non avenus, et comme Darwin *imagina* la sélection naturelle, Harvey *imagina* cette
doctrine qui lui donne plus grand droit encore à la
vénération de la postérité que sa découverte mieux
connue de la circulation du sang.

Tout ce que nous venons de citer ne s'explique
que par une complète ignorance de certains faits
des mieux établis, et ce langage est tellement contraire à la vérité que nous n'en aurions pas fait
mention s'il ne nous rendait compte du refus à *priori*
qu'a fait sans hésiter M. Flourens d'accepter la
doctrine de la modification progressive chez les

(1) P. 165.
(3) P. 167.

êtres vivants, sous aucune de ces formes. En effet, l'homme sur l'esprit duquel la connaissance des phénomènes du développement n'exerce pas son influence, manque d'un des principaux motifs qui le pousseraient à rechercher la relation génésique possible entre les différentes formes vitales existant actuellement. Ceux qui ignorent la géologie n'éprouvent aucune difficulté pour croire que le monde a été fait tel que nous le voyons ; et le pâtre, sans connaissances historiques, ne voit pas de raison pour croire que le monticule verdoyant, où nous reconnaissons le site d'un camp romain, soit autre chose qu'un des reliefs de la colline telle qu'elle est sortie des mains du bon Dieu. De même M. Flourens qui croit que les embryons se forment *tout d'un coup*, ne trouve naturellement pas de difficulté à concevoir que les espèces se sont produites de la même façon.

XIV

SUR LE DISCOURS DE LA MÉTHODE.

On a eu raison de dire que depuis le commencement du monde jusqu'au jour présent, toutes les pensées des hommes se relient entre elles, et forment une grande chaîne ; mais une autre métaphore indiquera mieux peut-être la filiation intellectuelle du genre humain. Les pensées des hommes me semblent comparables aux feuilles, aux fleurs, aux fruits des branches innombrables de quelques grands troncs, dont les racines cachées s'entremêlent. Ces troncs s'appellent des noms d'une demi-douzaine d'hommes héroïques par la force et la lucidité de leur intelligence, et quel que soit notre point de départ, c'est à eux que nous sommes amenés quand nous cherchons à remonter le cours de l'histoire du monde de la pensée. Nous les retrouvons aussi certainement qu'en suivant les rameaux de l'arbre, jusqu'aux branches de plus en plus grosses qui les portent, nous arrivons tôt ou tard à la souche dont procède toute cette ramification.

De tous les penseurs, celui qui, d'après moi, représente mieux que tout autre la souche et le tronc de la philosophie et de la science modernes, c'est

René Descartes. Je m'explique : Celui qui s'attache à un de ces résultats caractéristiques de la pensée moderne, soit en fait de philosophie, soit en fait de science, reconnaîtra que le sens, sinon la forme de cette pensée, était présent à l'esprit du grand Français.

Certains hommes sont réputés grands parce qu'ils représentent l'actualité de leur époque et nous la reflètent telle qu'elle est. Voltaire était de ceux-là, et on a pu dire de lui en manière d'épigramme : Il a, plus que personne, l'esprit qu'a tout le monde. Personne, en effet, n'exprimait mieux que lui la pensée de tous.

Mais d'autres hommes sont grands parce qu'ils représentent tout ce que leur époque a de forces latentes, et leur magie consiste à nous refléter l'avenir. Ils expriment les pensées qui seront celles de tout le monde, deux ou trois siècles après eux. Tel fut René Descartes.

Il naquit en Touraine, il y aura bientôt trois cents ans (1596), d'une famille noble. C'était un enfant débile et maladif; la précocité de son intelligence lui valut parmi les siens le surnom de *philosophe*, et de la part de ses nobles parents un semblable sobriquet équivalait presque à un reproche. Les meilleurs pédagogues de l'époque, les jésuites, firent son éducation, et cette éducation fut aussi bonne que pouvait l'être celle d'un jeune Français du dix-septième siècle. Nous devons croire que ses maîtres firent consciencieusement leur devoir, car, avant d'être parvenu au terme de ses études, Descartes avait reconnu que presque tout ce qu'il avait appris, les mathématiques exceptées, était de nulle valeur.

« C'est pourquoi, » dit-il dans ce *Discours* dont je veux vous entretenir, « sitôt que l'âge me permit de
« sortir de la sujétion de mes précepteurs, je quittai
« entièrement l'étude des lettres; et me résolvant
« de ne chercher plus d'autre science que celle qui
« se pourrait trouver en moi-même, ou bien dans le
« grand livre du monde, j'employai le reste de ma
« jeunesse à voyager, à voir des cours et des armées,
« à fréquenter des gens de diverses humeurs et con-
« ditions, à recueillir diverses expériences, à m'é-
« prouver moi-même dans les rencontres que la for-
« tune me proposait, et partout à faire telle réflexion
« sur les choses qui se présentaient que j'en pusse
« tirer quelque profit...... Et j'avais toujours un
« extrême désir d'apprendre à distinguer le vrai
« d'avec le faux, pour voir clair en mes actions, et
« marcher avec assurance en cette vie (1). »

Mais apprendre la vérité afin de faire le bien, c'est le résumé de tout le devoir de l'homme, pour tous ceux qui ne savent satisfaire les besoins de l'esprit au moyen du vent desséchant de l'autorité; ceux d'entre nous modernes qui en sommes là, devons donc reconnaître en Descartes un ancêtre spirituel, et c'est un de ses grands titres à notre vénération

---

(1) Descartes, *Discours de la méthode*, in Œuvres, édit. Cousin. Paris, 1824, t. I, p. 130.

d'avoir clairement vu à l'âge de vingt-trois ans que tel était son devoir et de s'être conformé à sa conviction. A trente-deux ans il avait reconnu que toutes les autres occupations sont incompatibles avec la recherche des connaissances qui mènent à l'action, et comme il possédait d'ailleurs une honnête aisance, il se retira en Hollande; il y passa neuf années à réfléchir et à étudier, si bien séquestré du monde, que deux ou trois amis sur lesquels il pouvait compter savaient seuls où il se trouvait.

Le monde ne connut les premiers fruits de ses longues méditations qu'en 1637, par le célèbre *Discours de la méthode pour bien conduire sa raison, et chercher la vérité dans les sciences*. C'est à la fois une autobiographie et une philosophie, qui revêt d'un langage exquis d'harmonie, de simplicité et de lucidité, les pensées les plus profondes.

Voici les propositions fondamentales de tout ce discours. Il y a une voie qui nous mène si sûrement à la vérité, que celui qui veut la suivre doit nécessairement atteindre au but, que ses capacités soient grandes ou petites. Et pour nous guider, il y a une règle à l'aide de laquelle un homme peut toujours reconnaître cette voie, et s'y tenir, sans jamais se perdre, quand il l'a reconnue. Cette règle consiste à ne jamais accorder son assentiment absolu à d'autres propositions qu'à celles dont la vérité est si claire et si distincte qu'il ne soit pas possible d'en douter.

En énonçant ce premier commandement majeur de la science, Descartes consacrait le doute. Jusqu'à ce moment l'exécration du monde avait poursuivi le doute, c'était un péché mortel ; Descartes le releva de l'opprobre, il lui assigna une place d'honneur parmi les devoirs primordiaux, et la conscience scientifique des temps modernes lui a donné raison. Parmi tous les modernes, Descartes fut le premier qui se soumit en toute sincérité à ce commandement, et pour lui ce fut un devoir religieux de se dépouiller de toutes ses croyances, et de se mettre dans un état de nudité intellectuelle, jusqu'à ce qu'il eût pu reconnaître qu'elles étaient celles de ces croyances dont il pouvait se revêtir. Mieux valait à son avis cette nudité que d'accepter un vêtement commode et des mieux portés dont l'étoffe n'était peut-être que de camelotte.

Quand je vous dis que Descartes consacra le doute, il faut vous rappeler qu'il s'agit de ce genre de doute appelé par Gœthe « un scepticisme actif dont le seul but est de se conquérir lui-même (1), » et non de cette autre forme du doute, produit de la légèreté et de l'ignorance, dont le seul but est de se perpétuer pour servir d'excuse à la paresse et à l'indifférence. Mais les paroles mêmes de Descartes nous donneront la meilleure définition possible du doute scientifique. Après avoir décrit le progrès graduel de sa critique négative, il nous dit :

(1) Un scepticisme actif est celui qui cherche constamment à se surmonter lui-même, et qui essaie d'arriver à la certitude relative par une expérience raisonnée. *Maximes et réflexion*, chap. VII.

« Malgré cela, je n'imitais pas les sceptiques qui
« doutent pour le seul plaisir de douter, et veulent
« rester toujours indécis; au contraire, toute mon
« intention était d'arriver à la certitude, et je creu-
« sais dans le sable et les graviers pour atteindre la
« roche ou l'argile qu'ils recouvrent. »

Et de plus, comme un homme de bon sens, qui démolit sa maison dans l'intention de la rebâtir, ne manque pas de s'assurer un abri en attendant la fin de son entreprise, de même, avant de démolir cette maison de ses vieilles croyances, spacieuse, tout incommode qu'elle fût, Descartes crut qu'il serait sage de se munir d'une *morale par provision*, comme il l'appelle, à l'aide de laquelle il résolut de gouverner sa vie pratique, en attendant qu'il eût pu acquérir une meilleure instruction. Les lois de ce gouvernement personnel provisoire sont formulées en quatre maximes. Par la première, notre philosophe s'engage à se soumettre aux lois et à la religion qui furent celles de son enfance; par la seconde il se propose d'agir vite et selon ce que son jugement lui fera connaître de mieux, dans toutes les occasions où l'action est nécessaire, et d'accepter le résultat de ses actions sans récriminer; par la troisième, il se prescrit de rechercher le bonheur en limitant ses désirs plutôt qu'en cherchant à les satisfaire; par la quatrième, enfin, il se promet de faire de la recherche de la vérité l'occupation de toute sa vie.

Ayant ainsi préparé son existence pour tout le temps que dureraient ses doutes, Descartes se mit à les envisager virilement. Pour lui une chose était claire : il ne se mentirait pas à lui-même ; aucune pénalité ne lui ferait dire : « Je suis certain, » quand il ne l'était pas ; il était décidé à creuser pour pénétrer jusqu'à la roche de grand prix, ou en mettant les choses au pire, jusqu'à ce qu'il ait pu reconnaître que cette roche n'existait pas. Comme nous le raconte l'histoire de ses progrès, il lui fallut confesser que la vie est pleine de déceptions ; que l'autorité peut se tromper ; que le témoignage peut être faux ou mal interprété ; que la raison nous mène à des erreurs sans fin, qu'il ne faut pas bien souvent avoir plus confiance en sa mémoire qu'en son espérance ; qu'il est possible de mal comprendre l'évidence des sens mêmes ; que les rêves sont réels tant qu'ils durent, et que ce que nous appelons la réalité est peut-être un rêve prolongé et plein d'inquiétude. On peut même concevoir qu'un être puissant et malicieux prenne plaisir à nous tromper, et nous fasse croire ce qui n'est pas, pendant tout le cours de notre vie. Qu'y a-t-il donc de certain ? S'il existe un être de ce genre, en quoi ne peut-il plus nous tromper ? La réponse est évidente : l'existence du fait de la pensée, la conscience que nous en avons lui échappe. Quand même nos pensées nous mèneraient à l'erreur, elles ne peuvent être fictives. Comme pensées elles sont réelles, elles existent ; le trompeur le plus habile ne peut faire qu'il en soit autrement.

Ainsi penser, c'est être. Bien plus, pour ce qui

nous concerne, être, c'est penser, car toutes nos conceptions de l'existence sont une forme quelconque de la pensée. Ne croyez pas un instant qu'il s'agisse ici de purs paradoxes ou de subtilités. Pour peu que vous réfléchissiez aux faits les plus communs, vous reconnaîtrez que ce sont des vérités irréfragables. Ainsi par exemple, je prends une bille, et je reconnais que c'est un petit corps rouge, rond, dur, unique. Cette couleur rouge, cette forme ronde, cette résistance, cette unité, nous appelons tout cela des qualités de la bille, et dire que ces qualités sont des modes de notre propre conscience, dont nous ne pouvons même pas concevoir l'existence dans la bille, semble de prime abord le comble de l'absurdité. Mais pour commencer, considérez la couleur rouge. Comment se produit cette sensation du rouge ? Les ondes d'une certaine matière des plus ténues, dont les particules vibrent avec une rapidité extrême, bien que cette rapidité soit loin d'être la même pour chacune d'elles, rencontrent la bille, et celles de ces ondes qui vibrent à un certain taux se réfléchissent sur sa surface, dans tous les sens. L'appareil optique de l'œil rassemble un certain nombre de ces ondes, et les dirige de telle sorte, qu'elles frappent la surface de la rétine, membrane des plus délicates se rattachant à la terminaison des fibres du nerf optique. Les impulsions de cette matière si ténue, l'éther, affectent cet appareil et les fibres du nerf optique d'une certaine façon ; le changement qui s'effectue dans les fibres du nerf optique produit d'autres changements dans le cerveau, et ces changements déterminent, d'une façon qui nous est inconnue, la sensation ou la conscience de la couleur rouge. Si la rapidité de vibration de l'éther, ou si la nature de la rétine pouvaient être changées, la bille restant la même, elle ne nous paraîtrait plus rouge, elle aurait pour nous une autre couleur. Il y a bien des gens affectés d'un certain état de la vision appelé *Daltonisme*, et qui consiste dans l'incapacité de reconnaître une couleur d'une autre. Un daltonique pourrait dire que cette bille est verte, et il aurait raison, comme nous avons raison en disant qu'elle est rouge. Mais comme la bille ne peut être par elle-même à la fois verte et rouge, ceci montre que la qualité du rouge réside en notre conscience et non dans la bille.

De même, il est facile de voir que la rondeur et la solidité sont des formes de notre conscience, appartenant à ces groupes que nous appelons les *sensations de la vue et du toucher*. Si la surface de la cornée était cylindrique, nous aurions d'un corps rond une notion bien différente de celle que nous en avons, et si la force de nos organes, celle de nos muscles devenait cent fois plus grande, notre bille nous semblerait molle comme une boulette de mie de pain.

Non-seulement il est évident que toutes ces qualités sont en nous, mais de plus, si vous voulez en faire la tentative, vous reconnaîtrez l'impossibilité de concevoir l'existence d'une couleur, d'une forme, d'une résistance, sans la rattacher à une connaissance comparable à la nôtre. Il peut sembler étrange de dire que même l'unité de la bille se rapporte à nous ; mais des expériences fort simples prouvent qu'il en est réellement ainsi, et que les deux sens sur lesquels nous pouvons compter le plus peuvent se contredire l'un l'autre sur ce point même. Prenez la bille dans les doigts, regardez-la comme à l'ordinaire ; la vue et le toucher s'accordent, elle est unique. Louchez maintenant, la vue vous dira qu'il y a deux billes, tandis que le toucher affirme qu'il n'y en a qu'une. Puis, rendez aux yeux leur position normale, et prenez la bille entre la pulpe des doigts index et médius après les avoir croisés l'un sur l'autre, le toucher vous dira alors qu'il y a deux billes, et la vue, qu'il n'y en a qu'une, et cependant le toucher réclame notre confiance, quand nous nous adressons à lui, tout aussi absolument que la vue.

Mais on dira que la bille occupe un certain espace qui ne pourrait être occupé en même temps par aucune autre chose. En d'autres termes, la bille est douée d'étendue, qualité primordiale de la matière, et assurément cette qualité doit être dans la chose, et non dans notre esprit. Mais ici encore il faut répondre : Que ceci ou cela existe ou n'existe pas dans la chose, tout ce que nous pouvons savoir relativement à ses qualités n'est qu'un état de notre conscience. Ce que nous appelons l'étendue est la connaissance d'une relation entre deux ou un plus grand nombre d'affections du sens de la vue et du toucher. Il est entièrement inconcevable que ce que nous appelons l'étendue existe indépendamment d'une pensée consciente comparable à la nôtre. Que malgré cette impossibilité de concevoir l'étendue indépendamment de nous, elle existe par elle-même ou n'existe pas, c'est là un point relativement auquel je ne puis me prononcer.

Ainsi, quoi que puisse être notre bille par elle-même, je ne puis la connaître que sous la forme d'un faisceau de pensées conscientes qui me sont propres.

De même, notre connaissance d'une chose quelconque connue ou sentie par nous n'est, plus ou moins, que la connaissance d'états de la conscience. Toute notre vie se compose d'états de ce genre. Nous rapportons certains de ces états à une cause que nous appelons le *moi*, d'autres, à une ou plusieurs causes que l'on peut réunir sous le titre *du non-moi*. Mais nous n'avons pas, et même nous ne pouvons avoir en aucune sorte, une certitude indiscutable et immédiate du moi ou du non-moi, comme nous l'avons des états de la conscience que nous considérons comme effets de ces causes. Ce ne sont pas des faits immédiatement observés : ce sont seulement les résultats de l'application de la loi de causalité à ces faits. En langage précis, l'existence du moi, celle du non-moi sont des hypothèses dont nous nous servons pour rendre compte des faits de conscience. Nous croyons à ces hypothèses comme nous croyons aux données générales de la mémoire, à la constance générale des lois de la nature, et toutes ces croyances sont établies pour nous sur la même base. Mais ce sont des postulats hypothétiques dont la preuve est impossible, et dont la connaissance ne peut atteindre à ce haut degré de certitude que confère la conscience immédiate ; d'une énorme valeur pratique cependant, car l'expérience vérifie toujours les conclusions qui en découlent logiquement.

Voilà, selon moi, à quoi aboutit l'argument de Descartes ; mais je dois vous le faire remarquer, nous avons été au delà de ce qu'a dit Descartes lui-même. Il s'était arrêté à la formule célèbre : *Je pense, donc je suis*. Réfléchissez-y un peu cependant, et vous reconnaîtrez que cette formule est pleine de piéges et de difficultés dans les termes. D'abord, le *donc* est ici mal placé. *Je pense*, qui n'est qu'une autre façon de dire : *je suis pensant*, postule nécessairement *je suis*. De plus, *je pense* n'est pas une proposition simple ; *je pense* renferme trois affirmations distinctes résumées en une seule : En premier lieu, *une chose que j'appelle moi existe* ; puis, *une chose que j'appelle la pensée existe* ; et enfin, *la pensée est le résultat de l'action du moi*.

Or, il sera bien clair pour vous que la seconde de ces propositions peut seule satisfaire à l'épreuve cartésienne de la certitude. On ne saurait douter de celle-ci, car le doute même est une pensée existante. Mais vraies ou fausses, il est possible de révoquer en doute, comme cela a été fait, la première et la troisième. En effet, à celui qui les affirme, on peut demander : Comment savez-vous que la pensée n'existe pas par elle-même ; ou bien, comment savez-vous qu'une pensée donnée n'est pas l'effet de la pensée antécédente, ou d'une puissance extérieure? On pourrait faire bien d'autres questions plus faciles à poser qu'à résoudre. Descartes, bien résolu à se dépouiller de toutes ces draperies que tisse l'intelligence pour s'en revêtir, avait négligé celle-ci, le *moi*, la plus intime, la plus profonde de toutes, et quand il eut préparé de quoi recouvrir sa nudité, tout son appareil en fut ruiné.

Mais il n'entre pas dans mon intention de m'arrêter aux particularités mineures de la philosophie cartésienne. Je voudrais seulement vous faire bien comprendre qu'après avoir commencé par déclarer que le doute est un devoir, Descartes trouva la certitude dans la conscience seule, et que le résultat nécessaire de sa manière de voir est le système qui mérite le nom d'*idéalisme*, c'est-à-dire la doctrine qui professe que, quoi que puisse être l'univers, tout ce que nous en pouvons savoir se réduit au tableau que nous en retrace la conscience. Ce tableau peut être ressemblant à la chose, bien que nous ne puissions pas nous expliquer comment cette ressemblance est possible. Il pourrait ne pas plus ressembler à sa cause, qu'une fugue de Bach ne ressemble à l'exécutant, qu'une poésie ne ressemble à la bouche et aux lèvres de celui qui la récite. Pour tous les besoins pratiques de l'existence humaine, il suffit que les résultats vérifient la confiance que

nous inspire ce tableau de la pensée consciente, et
que par ce moyen nous soyons mis à même de marcher avec assurance en cette vie.

Ainsi, la méthode, ou la voie qui mène à la vérité,
indiquée par Descartes, nous mène tout droit à l'idéalisme critique de son grand successeur Kant.
C'est cet idéalisme qui déclare que le fait ultime de
toute connaissance est un état de la conscience, ou
en d'autres termes un phénomène mental ; affirmant par conséquent que la plus haute certitude, et
même la seule certitude absolue, est celle de l'existence de l'esprit pensant. Mais c'est aussi cet idéalisme qui se refuse à toute affirmation, soit positive
soit négative, relativement à ce qui reste en dehors
de la conscience. Il accuse le subtil Berkeley d'avoir
dépassé les limites de la connaissance en déclarant
que la substance de la matière n'existe pas, et aussi
d'avoir manqué de logique quand il n'a pas reconnu
que les arguments qui, selon lui, ruinaient l'existence de la matière, ruinaient en même temps l'existence de l'âme. Cet idéalisme se refuse encore à
prêter l'oreille au verbiage plus récent relatif à l'*Absolu* et à tous ces autres qualificatifs érigés en hypostases, dont on imprime généralement la première
lettre en majuscule, comme on met un bonnet d'ourson sur la tête d'un grenadier pour le faire paraître
plus formidable que ne l'a fait la nature.

Je vous le répète, la voie indiquée et suivie par
Descartes, et que nous avons parcourue jusqu'ici,
mène par le doute à cet idéalisme critique qui est

au cœur de la pensée métaphysique moderne. Mais le Discours nous indique une autre voie, bien différente en apparence, et qui nous mène d'une façon tout aussi précise à reconnaître la corrélation de tous les phénomènes de l'univers avec la matière et le mouvement ; cette doctrine-ci est le point essentiel de la pensée physique moderne, et la plupart des hommes l'appellent *matérialisme*.

Le commencement du dix-septième siècle est une des grandes époques de la vie intellectuelle de l'humanité, et c'est alors que Descartes atteignit à l'âge adulte. A ce moment la science physique s'avança soudainement dans l'arène de la pensée publique et de la pensée familière, pour mettre à la fois au défi la philosophie et l'église, et aussi cette commune ignorance qui a cours sous le nom de *sens commun*. L'affirmation du mouvement de la terre était une provocation de ce genre à l'adresse de chacune d'elles, et c'est par la main de Galilée que la science physique jeta le gant.

Il nous est pénible de nous rappeler les résultats immédiats du combat; il nous est pénible de voir le champion de la science, vieux, fatigué, confirmant de sa signature ce qu'il savait être un mensonge et à genoux devant le cardinal inquisiteur. Sans nul doute les cardinaux se frottèrent les mains en pensant qu'ils avaient si bien imposé silence, et fait perdre tout crédit à leur adversaire. Mais deux cents ans se sont écoulés depuis lors, et malgré la faiblesse et toutes les fautes de ses défenseurs, la science physique est couronnée sur son trône comme un des souverains légitimes du monde de la pensée. Le moindre enfant des rues rougirait aujourd'hui de ne pas savoir que la terre tourne, la scolastique est oubliée, et quant aux cardinaux... Eh bien, les cardinaux font des conciles œcuméniques, et cherchent toujours, comme par le passé, à arrêter le mouvement du monde.

Comme un navire, dont toutes les voiles déployées pendaient aux mâts pendant le calme, bondit tout à coup sous la brise favorable, de même l'esprit de Descartes, lesté du doute qui y avait fait l'équilibre, s'abandonna aux sciences physiques et au mode de la pensée physique, qui l'entraînèrent par leurs puissantes impulsions. Il ne tarda pas à dépasser ses grands contemporains, Galilée et Harvey, les initiateurs de ce mouvement scientifique, et par la hardiesse de sa pensée spéculative, il eut la prévision des conclusions que les recherches de plusieurs générations de travailleurs pouvaient seules établir sur une base solide.

Descartes vit que les découvertes de Galilée signifiaient que des lois mécaniques gouvernent les points les plus éloignés de l'univers, et celles de Harvey lui firent comprendre que ces mêmes lois président aux opérations de cette partie du monde la plus rapprochée de nous, à savoir notre propre structure corporelle. De ce centre, il s'élança à la vaste circonférence du monde, par un de ces élans puissants qui sont le propre du génie, et chercha à ramener tous les phénomènes de l'univers à la matière et au mouvement, ou à la force agissant selon des lois (1). Cette belle conception avait été indiquée dans le discours; il la développa plus amplement dans les *Principes* et dans le *Traité de l'homme*, employa à la faire valoir la puissance extraordinaire de ses lumières, et arriva dans ce dernier essai à cette interprétation purement mécanique des phénomènes vitaux que la physiologie moderne s'efforce de confirmer.

Cherchons à comprendre comment Descartes était entré dans cette voie, et pourquoi elle le mena au point où il est arrivé. Évidemment le mécanisme de la circulation du sang s'était fortement emparé de son esprit, car il le décrit plusieurs fois et tout au long. Après en avoir donné une description complète dans le *Discours*, et s'être trompé en assignant le mouvement du sang à la chaleur qu'il supposait produite dans le cœur, au lieu d'attribuer ce mouvement aux contractions des parois cardiaques, il dit dans le *Traité de l'homme* :

« Ce mouvement que je viens d'expliquer est au-
« tant le résultat nécessaire des parties qu'on peut
« voir dans le cœur, de la chaleur que l'on peut

---

(1) « Au milieu de toutes ses erreurs, il ne faut pas mécon-
« naître une grande idée, qui consiste à avoir tenté pour la
« première fois de ramener tous les phénomènes naturels à
« n'être qu'un simple développement de la mécanique. » Tel est le jugement fort remarquable de Biot cité par Bouillier, *Histoire de la philosophie cartésienne*, t. I, p. 196.

« sentir en y introduisant un doigt, et de la nature
« du sang que l'on peut vérifier expérimentalement,
« que le mouvement d'une horloge résulte de la
« force, de la situation et de la figure de son poids
« et de ses rouages. »

Mais si cette opération, vitale à toute apparence, est explicable comme simple question de mécanique, ne peut-on pas faire rentrer d'autres opérations vitales dans la même catégorie ? Descartes répond affirmativement sans hésiter.

« Les esprits animaux, dit-il, ressemblent à un
« fluide très-subtil ou à une flamme très-pure et très-
« vive ; le cœur les engendre continuellement, et ils
« montent au cerveau qui leur sert en quelque sorte
« de réservoir. De là ils passent dans les nerfs qui les
« distribuent dans les muscles, et produisent des con-
« tractions ou des relâchements selon leur quantité. »

Ainsi, d'après Descartes, le corps animal est un automate capable d'accomplir toutes les fonctions animales, précisément comme fonctionne une horloge ou tout autre mécanisme. Voici comment il s'exprime à cet égard :

« Or, à mesure que ces esprits (les esprits ani-
« maux) entrent ainsi dans les concavités du cerveau,
« ils passent de là dans les pores de sa substance, et
« de ces pores dans les nerfs ; où, selon qu'ils en-
« trent, ou même seulement qu'ils tendent à entrer
« plus ou moins dans les uns que dans les autres, ils
« ont la force de changer la figure des muscles en
« qui ses nerfs sont insérés, et par ce moyen de

« faire mouvoir tous les membres. Ainsi que vous
« pouvez avoir vu dans les grottes et les fontaines
« qui sont aux jardins de nos rois, que la seule force
« dont l'eau se meut en sortant de sa source est
« suffisante pour y mouvoir diverses machines, et
« même pour les y faire jouer de quelques instru-
« ments, ou prononcer quelques paroles, selon la
« diverse disposition des tuyaux qui la conduisent.
  « Et véritablement l'on peut fort bien comparer
« les nerfs de la machine que je vous décris aux
« tuyaux des machines de ces fontaines, ses muscles
« et ses tendons aux divers autres engins et ressorts
« qui servent à les mouvoir, ses esprits animaux à
« l'eau qui les remue, dont le cœur est la source,
« et dont les concavités du cerveau sont les regards.
« De plus la respiration et autres telles actions qui
« lui sont naturelles et ordinaires, et qui dépendent
« du cours des esprits, sont comme les mouvements
« d'une horloge ou d'un moulin que le cours ordi-
« naire de l'eau peut rendre continus. Les objets
« extérieurs, qui, par leur seule présence, agissent
« contre les organes de ses sens, et qui par ce moyen
« la déterminent à se mouvoir en plusieurs diver-
« ses façons, selon que les parties de son cerveau
« sont disposées, sont comme des étrangers qui, en-
« trant dans quelques-unes de ces fontaines, cau-
« sent eux-mêmes sans y penser les mouvements qui
« se font en leur présence ; car ils n'y peuvent en-
« trer qu'en marchant sur certains carreaux telle-
« ment disposés que, par exemple, s'ils approchent

« d'une Diane, qui se baigne, ils la feront cacher
« dans des roseaux ; et s'ils passent plus outre pour
« la poursuivre, ils feront venir vers eux un Neptune,
« qui les menacera de son trident ; ou, s'ils vont de
« quelque autre côté, ils en feront sortir un mons-
« tre marin qui leur vomira de l'eau contre la face,
« ou telles choses semblables, selon le caprice des
« ingénieurs qui les ont faites. Et, enfin, quand l'âme
« raisonnable sera en cette machine, elle y aura son
« siége principal dans le cerveau, et sera là comme
« le fontenier, qui doit être dans les regards où se
« vont rendre tous les tuyaux de ces machines,
« quand il veut exciter, ou empêcher, ou changer
« en quelque façon leurs mouvements (1). »

Un peu plus loin Descartes est plus explicite encore :

« Je désire que vous considériez après cela que
« toutes les fonctions que j'ai attribuées à cette ma-
« chine (le corps humain), comme la digestion des
« viandes, le battement du cœur et des artères, la
« nourriture et la croissance des membres, la res-
« piration, la veille et le sommeil ; la réception de
« la lumière, des sons, des odeurs, des goûts, de la
« chaleur et de telles autres qualités dans les orga-
« nes des sens extérieurs ; l'impression de leurs idées
« dans l'organe du sens commun et de l'imagination,
« la rétention ou l'empreinte de ces idées dans la
« mémoire ; les mouvements intérieurs des appétits
« et des passions ; et, enfin, les mouvements exté-

(1) *Traité de l'Homme*, édit. Cousin, t. IV, p. 347.

« rieurs de tous les membres qui suivent si à propos
« tant des actions des objets qui se présentent aux
« sens que des passions et des impressions qui se
« rencontrent dans la mémoire, qu'ils imitent le
« plus parfaitement qu'il est possible ceux d'un vrai
« homme (1); je désire, dis-je, que vous considériez
« que ces fonctions suivent toutes naturellement
« en cette machine de la seule disposition de ses or-
« ganes, ne plus ne moins que font les mouvements
« d'une horloge, ou autre automate, de celle de ses
« contre-poids et de ses roues, en sorte qu'il ne faut
« point à leur occasion concevoir en elle aucune au-
« tre âme végétative ni sensitive, ni aucun autre
« principe de mouvement et de vie, que son sang et
« ses esprits agités par la chaleur du feu qui brûle
« continuellement dans son cœur, et qui n'est point
« d'autre nature que tous les feux qui sont dans
« les corps inanimés (2). »

L'esprit de ces passages est exactement celui qui anime la physiologie la plus avancée du jour présent; pour les faire coïncider par la forme avec notre physiologie actuelle, il suffit de représenter les détails du travail de la machine animale en langage moderne et à l'aide de conceptions modernes.

(1) Descartes prétend qu'il n'applique pas son interprétation au corps humain, mais seulement à une machine imaginaire qui accomplirait, s'il était possible de la construire, tout ce qu'accomplit le corps humain. Il s'abaissait à jeter ainsi un gâteau à Cerbère, bien inutilement d'ailleurs, car Cerbère n'était pas assez stupide pour le ramasser.
(2) *Traité de l'Homme*, t. IV, p. 427.

Bien certainement la digestion des aliments dans le corps humain est une pure opération chimique, comme le passage des parties nutritives de ces aliments dans le sang est une opération physique. Il est hors de doute que la circulation du sang est simplement une question mécanique ; elle résulte de la structure et de l'arrangement des parties du cœur et des vaisseaux, de la contractilité de ces organes, et de ce que cette contractilité est réglée par un appareil nerveux agissant automatiquement. De plus, les progrès de la physiologie ont fait voir que la contractilité des muscles et l'irritabilité des nerfs résultent simplement du mécanisme moléculaire de ces organes, et que les mouvements réguliers des organes de la respiration, de la digestion, comme ceux de tous les autres organes internes, sont dirigés et gouvernés de la même façon mécanique, par les centres nerveux qui leur sont appropriés. Le rhythme régulier de la respiration de chacun de nous dépend de l'intégrité structurale d'une certaine région de la moelle allongée, tout aussi bien que le tic-tac d'une horloge dépend de l'intégrité de l'échappement. Vous pouvez enlever les aiguilles de l'horloge, en briser la sonnerie, mais son tic-tac continuera, et un homme peut être incapable de sentir, de parler, de se mouvoir, et cependant il continuera à respirer.

De même, et ceci s'accorde entièrement avec l'affirmation de Descartes, il est certain que les modes de mouvements qui constituent la base physique de la lumière, du son et de la chaleur, sont transformés en affections de la matière nerveuse par les organes des sens. Les affections sont, pour ainsi dire, une sorte d'idées physiques que retiennent les organes centraux ; elles constituent ce que l'on pourrait appeler la mémoire physique ; elles peuvent se combiner d'une certaine façon qui correspond à l'association des idées et à l'imagination ; elles peuvent enfin produire des contractions musculaires dans ces actions réflexes qui sont les représentants mécaniques des volitions.

Considérez ce qui arrive quand un coup est porté sur l'œil (1). Aussitôt, sans le savoir, sans le vouloir, et même malgré notre volonté, les paupières se ferment. Qu'est-il arrivé ? Une image du poing qui s'avance rapidement se dessine sur la rétine, au fond de l'œil. La rétine transforme cette image en une affection d'un certain nombre de fibres du nerf optique ; les fibres du nerf optique affectent certaines parties du cerveau ; en conséquence, le cerveau affecte celle des fibres du nerf de la septième paire qui se rendent au muscle orbiculaire des paupières ; le changement produit dans ces fibres nerveuses détermine un changement dans les dimensions des fibres musculaires qui se raccourcissent en s'élargissant, et il en résulte l'occlusion de la fente palpébrale autour de laquelle sont disposées ces fibres. Voici un pur mécanisme produisant une action qui

---

(1) Comparez le *Traité des Passions*, art. 13, 16.

a un but, et ce mécanisme est strictement comparable à celui qui faisait mouvoir la Diane du jet d'eau supposé par Descartes. Mais nous pouvons aller plus loin, et nous demander si, en ce que nous appelons une action volontaire, la volonté joue jamais un autre rôle que celui du fontainier de Descartes, siégeant dans ses regards, et faisant mouvoir tel ou tel robinet selon qu'il veut mettre en mouvement telle ou telle machine, sans exercer une influence directe sur les mouvements du tout.

Nos actes volontaires se composent de deux parties : d'abord nous désirons accomplir une certaine action ; puis d'une façon dont nous ne nous rendons pas compte, nous mettons en mouvement un mécanisme qui accomplit ce que nous désirons. Mais nous avons si peu une action directe sur ce mécanisme, que neuf fois sur dix l'homme ne sait même pas qu'il existe.

Supposons qu'on veuille lever le bras et le faire tourner en rond. Rien n'est plus facile. Mais pour la plupart, nous ne savons pas que des nerfs et des muscles interviennent pour produire ce mouvement, et le meilleur anatomiste d'entre nous se trouverait singulièrement embarrassé, si on lui demandait de diriger la succession et la force relative des nombreux changements nerveux qui sont la cause immédiate de ce mouvement fort simple.

De même dans la parole. Combien d'hommes savent que la voix se produit dans le larynx et se modifie par la bouche ? Parmi les personnes qui ont reçu une bonne éducation, combien d'entre elles comprennent comment se produit la voix, comment elle se modifie ? Il n'existe pas d'homme assurément qui saurait faire prononcer une phrase à un autre, en admettant qu'il eût un pouvoir illimité sur tous les nerfs qui fournissent à la bouche et au larynx de celui-ci. Et cependant, quand on veut dire quelque chose, rien n'est plus simple ; nous désirons émettre certaines paroles, nous touchons le ressort de la machine aux paroles, et les voilà émises. C'est comme quand le fontainier de Descartes voulait faire jouer telle ou telle machine hydraulique, il n'avait qu'à tourner un robinet, et ce qu'il désirait s'effectuait. C'est parce que le corps est une machine que l'éducation est possible. L'éducation consiste à former des habitudes, à surcharger d'une organisation artificielle l'organisation naturelle du corps, de façon que des actes demandant d'abord un effort conscient finissent par devenir inconscients et s'effectuent machinalement. Si l'acte qui demandait d'abord la connaissance distincte et la volition de tous ses détails nécessitait toujours le même effort, l'éducation deviendrait impossible.

Ainsi donc, selon Descartes, toutes les fonctions communes à l'homme et aux animaux sont accomplies par le corps agissant comme simple mécanisme, et pour lui la conscience est la marque distinctive de la *chose pensante*, de l'âme rationnelle, qui dans l'homme (et dans l'homme seul, d'après l'opinion de Descartes) est surajoutée au corps. D'après lui, cette âme rationnelle est logée dans la glande pinéale, comme dans une sorte d'officine centrale, et là, par l'intermédiaire des esprits animaux, elle est avertie de ce qui se passe dans le corps, comme de ce qui en influence les opérations. La physiologie moderne n'attribue pas une si haute fonction à la petite glande pinéale, mais elle adopte vaguement, pour ainsi dire, le principe de Descartes, et suppose l'âme logée dans la substance corticale du cerveau ; du moins considère-t-on habituellement cette partie comme le siége et l'instrument de la conscience.

Descartes a clairement expliqué la différence qu'il conçoit entre l'esprit et la matière. La matière est une substance douée d'étendue, mais qui ne pense pas ; l'esprit est une substance qui pense, mais qui n'a pas d'étendue. Quand on rapproche de ces définitions l'idée de la localisation de l'âme dans la glande pinéale, il est difficile de bien saisir le sens de cette localisation, et je ne puis l'expliquer qu'en me représentant l'âme comme un point mathématique occupant un lieu sans étendue à l'intérieur de la glande. Non-seulement elle occupe un lieu, mais elle doit aussi exercer une force ; car, selon l'hypothèse, elle peut, quand elle le veut, changer le cours des esprits animaux qui sont constitués par de la matière en mouvement. Ainsi l'âme devient un centre de forces. Mais en même temps la distinction de l'esprit et de la matière s'évanouit, puisque la matière, selon une hypothèse soutenable, peut être considérée tout simplement comme une multitude de centres de forces. La difficulté est encore plus grande si nous adoptons la notion vague des modernes, d'après laquelle la conscience a pour siége général la substance grise du cerveau, car cette substance grise ayant de l'étendue, ce qui y est logé doit en avoir aussi. Nous sommes ainsi menés par une autre voie a faire disparaître l'esprit dans la matière.

En vérité, la physiologie de Descartes, comme la physiologie moderne, dont elle représente l'esprit par anticipation, mène tout droit au matérialisme, en tant qu'il est juste d'appliquer ce terme à la doctrine professant que nous ne pouvons connaître une substance pensante en dehors de la substance douée d'étendue, et que la pensée est, au même titre que le mouvement, une fonction de la matière. Nous voici donc arrivés à un singulier résultat. Le *Discours de la méthode* nous ouvrait deux voies : par Berkeley et par Hume la première nous mène à Kant et à l'idéalisme ; l'autre par Lamettrie et Priestley, aboutit à la physiologie moderne et au matérialisme (1). Notre tronc se divise en deux grandes branches, poussant en sens opposés, et dont les fleurs se ressemblent aussi peu que possible. Cependant chacune des branches est saine et vigoureuse, et à cet égard l'une vaut l'autre.

(1) Bouillier, dont je n'avais pas lu l'excellente *Histoire de la Philosophie cartésienne* quand j'écrivais ce passage, dit avec raison que Descartes « a mérité le titre de *père de la philoso-« phie*, aussi bien que celui de *père de la métaphysique mo-« derne* » (t. I, p. 197. Voy. aussi *Geschichte der neuen Philosophie*, Bd. I, de Kuno Fischer, et le très-remarquable ouvrage de Lange, *Geschichte des Materialismus*).

Si le botaniste rencontrait un semblable état de choses sur une plante nouvelle, il serait porté à penser, je m'imagine, que cette plante est monoïque, que les fleurs sont de sexes différents, et, loin d'établir une barrière entre les deux branches de l'arbre, il n'aurait espoir de leur fécondité qu'en les rapprochant l'une de l'autre. Je suis peut-être trop porté à envisager le cas au point de vue du naturaliste, mais, je dois l'avouer, c'est, d'après moi, ce qu'il faudrait faire pour la métaphysique et la physique. Leurs différences sont complémentaires et non contraires, et la pensée humaine ne sera réellement féconde que quand elle les aura réunies. Permettez-moi de bien préciser le sens de mes paroles. Avec le matérialisme, je soutiens que le corps humain, comme tous les corps vivants, est une machine dont toutes les opérations s'expliqueront tôt ou tard par les principes des sciences physiques. Tôt ou tard, je crois, nous arriverons à connaître l'équivalent mécanique de la pensée, comme nous sommes arrivés à connaître l'équivalent mécanique de la chaleur. Quand l'unité de poids tombe d'une hauteur égale à l'unité de distance, il se produit une quantité définie de chaleur que l'on appelle à juste titre l'*équivalent de ce mouvement*. Ce même poids tombant de la même hauteur sur la main produit une somme définie de sensations qui pourrait tout aussi bien être appelée l'*équivalent en pensée* de ce même mouvement (1).

---

(1) Pour toutes les restrictions qu'il y a lieu de faire ici, je

Et comme nous savons déjà qu'il y a une certaine parité entre l'intensité d'une douleur et la force du désir de s'en débarrasser; de plus, qu'il y a une certaine correspondance entre l'intensité de la chaleur ou de la violence mécanique qui produit la douleur, et cette douleur elle-même, la possibilité d'établir une corrélation entre la force mécanique et la volition devient apparente. On pouvait d'ailleurs prévoir cette conclusion en remarquant que, dans de certaines limites, l'intensité de la force mécanique produite par l'homme est proportionnelle à l'intensité du désir qu'il a eu de la produire.

Ainsi, je suis tout prêt à suivre le matérialisme aussi loin que le mènera réellement la voie indiquée par Descartes, et en toute circonstance je suis heureux de déclarer qu'à mon avis, le développement hardi des aspects matérialistes de la nature a exercé une influence immense et des plus heureuses sur la physiologie comme sur la psychologie. Et même quand les matérialistes vont plus loin qu'ils n'auraient droit de le faire, d'après moi, quand ils introduisent le calvinisme dans la science, déclarant que l'homme n'est qu'une machine, je ne trouve pas leurs doctrines bien pernicieuses, tant qu'ils admettent ce fait d'expérience, que dans de certaines limites, c'est une machine capable de s'adapter par elle-même aux circonstances.

renvoie le lecteur à la discussion si complète qu'a faite M. Herbert Spencer du mode de relation entre l'action nerveuse et la conscience, *Principles of Psychology*, p. 115 et sqq.

Je déclare que si une Puissance supérieure voulait consentir à me faire toujours penser selon la vérité et agir selon le bien, à condition de me transformer en une sorte d'horloge qu'on remonterait tous les matins, j'accepterais tout de suite la proposition qui m'en serait faite. La seule liberté à laquelle je tienne est la liberté de faire le bien ; la liberté de faire le mal, je voudrais m'en débarrasser à tout prix. Mais quand les matérialistes s'écartent de la voie qui leur est tracée, et se mettent à nous raconter que dans tout l'univers il n'y a rien que *matière, force, lois nécessaires*, quand ils font parader devant nous des grenadiers de leur façon, je me refuse à les suivre. Je retourne à notre point de départ pour suivre l'autre voie de Descartes. Nous avons déjà vu d'une façon bien claire et bien distincte, et de manière à n'en pouvoir douter, je vous le répète, que toute notre connaissance se compose de la connaissance d'états de la conscience. D'après ce que nous pouvons en savoir, la *matière*, la *force*, ne sont que des noms pour indiquer certaines formes de la pensée consciente ; si l'on me parle de *lois nécessaires*, cette nécessité signifie ce dont nous ne pouvons concevoir le contraire, et la loi, une règle dont la vérification s'est toujours confirmée, et que nous pensons devoir toujours trouver valable. Voici donc une vérité indiscutable : ce que nous appelons le *monde matériel* nous est seulement connu sous les formes du monde idéal ; et, comme Descartes nous le dit, notre connaissance de l'âme est plus intime, plus certaine que notre connaisance du corps. Si je dis que l'impénétrabilité est une propriété de la matière, mon affirmation ne peut signifier qu'une chose : l'état de conscience que j'appelle l'*étendue* et l'état de conscience que j'appelle la *résistance* sont constamment associés. Le motif et le mode de cette relation sont pour moi un mystère. Et si je déclare que la pensée est une propriété de la matière, cela ne peut signifier autre chose que ceci : la conscience de l'étendue et celle de la résistance accompagnent actuellement tous les autres états de conscience, et nous ne pouvons concevoir qu'il en soit autrement ; mais, comme précédemment, le motif de cette association est un mystère insoluble.

De tout ceci il résulte que le *matérialisme légitime*, comme je puis bien l'appeler, c'est-à-dire l'extension des conceptions et des méthodes de la science physique aux phénomènes les plus élevés ou les plus inférieurs de la vitalité, n'est, en somme, ni plus ni moins qu'une sorte de représentation commode de l'idéalisme, et les deux voies indiquées par Descartes se réunissent au sommet de la montagne, bien qu'elles soient parties des flancs opposés.

Pour réconcilier la physique et la métaphysique, il faut que de part et d'autre on reconnaisse ses fautes. Les physiciens devront reconnaître qu'en dernière analyse tous les phénomènes de la nature ne nous sont connus que comme faits de la conscience. De leur côté, les métaphysiciens devront admettre qu'en pratique les faits de conscience ne peuvent s'interpréter qu'au moyen des méthodes et des formules des sciences physiques. Enfin, les uns et les autres devront observer la maxime de Descartes: Ne donnez jamais votre assentiment à une proposition dont la matière ne soit tellement claire, tellement distincte qu'il n'y ait pas moyen d'en douter.

Quand vous m'avez fait l'honneur de me demander de parler devant vous (1), j'ai été embarrassé, je vous l'avoue, pour faire choix d'un sujet. C'est que votre société se fait gloire du christianisme qu'elle professe hautement, et je ne pouvais chercher le sujet de mon discours que dans la science ou la philosophie, où les questions religieuses restent ignorées comme appartenant à un monde différent. Cependant les arguments que je viens de développer devant vous ne me semblent contraires à aucune forme de la théologie reçue en ce pays.

Après y avoir bien réfléchi, j'ai pensé qu'en m'efforçant de vous faire entrevoir ce monde de la pensée scientifique qui reste en dehors du christianisme, et en vous le montrant tel que le voit un homme qui y a établi sa demeure, je pourrais vous être de quelque utilité ; et pour cela j'ai cherché à vous faire savoir par quelle méthode nous tâchons, en ce qui concerne quelques-uns des problèmes les plus profonds et les plus difficiles qui s'imposent à l'huma-

---

(1) *The Cambridge young men's Christian Society*, l'assemblée religieuse à laquelle s'adressait cette conférence, est une des nombreuses sociétés fondées en Angleterre pour la propagation du protestantisme évangélique.

nité, de distinguer la vérité du mensonge, afin de voir clair dans nos actions et marcher avec assurance en cette vie, comme dit Descartes.

Je pensais que si l'exécution de mon projet se rapprochait tant soit peu de ma manière de comprendre la question, j'arriverais à vous faire reconnaître que les philosophes et les gens de science ne sont pas précisément tels qu'on vous les représente parfois; et que leurs méthodes et leurs voies ne mènent pas aussi directement aux abîmes qu'on vous le dit souvent. De plus, je dois l'avouer, j'avais un motif, spécial et tout personnel pour choisir ce sujet ; je voulais faire voir qu'un certain discours qui attira, il y a peu de temps, un bien violent orage sur ma tête, ne contenait rien d'autre que le développement ultime de la pensée du père de la philosophie moderne. Je me demande maintenant si j'ai eu raison de tenir compte de ce dernier motif. Rien n'est dangereux, dit-on, comme d'aller se mettre sous un grand arbre pour se protéger de l'orage; et d'ailleurs l'histoire de Descartes nous montre combien il s'en fallut de peu qu'il ne fût atteint par la foudre, plus à craindre à cette époque qu'elle ne l'est aujourd'hui.

Descartes vécut et mourut en bon catholique, s'étant toujours fait un titre de gloire d'avoir démontré l'existence de Dieu et celle de l'âme humaine. Pour le récompenser de ses efforts, les Jésuites, ses anciennes connaissances, le déclarèrent athée et firent mettre ses livres à l'Index; de leur côté les théologiens protestants de Hollande le déclarèrent à la fois jésuite et athée. Ses livres faillirent être brûlés par la main du bourreau ; la fin malheureuse de Vanini lui était souvent rappelée, et les chagrins de Galilée l'effrayaient tellement qu'il eut grande envie de renoncer à des recherches si profitables par la suite à l'humanité, et qu'il fut réduit à des subterfuges évasifs indignes de lui.

Ce fut une lâcheté de sa part, me direz-vous. Soit. Mais n'oubliez pas qu'au dix-septième siècle tout hérétique était menacé du bûcher ou tout au moins de la prison, et que celui qui était seulement soupçonné d'hérésie était traqué, tourmenté et ne pouvait plus espérer le repos si nécessaire à la recherche de la vérité. A ce qu'il me semble, Descartes était homme à moins craindre le bûcher que des ennuis et des vexations continuelles, et comme bien d'autres il sacrifia à sa tranquillité ce qu'il aurait soutenu sans broncher contre les dernières violences.

Mais n'importe ; que ceux qui sont bien certains qu'à sa place ils eussent fait mieux, lui jettent la pierre ; pour moi j'ai voué toute ma vénération et toute ma reconnaissance à l'homme qui a fait ce qu'il fit à l'époque où il le fit, et j'éprouve une sorte de honte pour ceux qui se refusent à prendre leur part des ennuis dont le monde a abreuvé ce grand homme.

Enfin, il me vient à l'idée qu'après vous avoir bien expliqué ma manière de voir à cet égard, il serait bon pour nous tous de vous demander la vôtre. Le christianisme du dix-septième siècle vous semble-t-il plus noble et plus attrayant pour avoir traité de la sorte un tel homme ? Non sans doute. Mais alors, ne devez-vous pas, tous tant que vous êtes, faire tous vos efforts pour empêcher que le christianisme du dix-neuvième siècle ne reproduise ce scandale ?

Dans deux ou trois siècles on se rappellera les noms de deux ou trois de nos contemporains, dont les grandes pensées doivent durer et fructifier tant que durera l'humanité, comme nous nous rappelons aujourd'hui le nom de Descartes. Si le vingt et unième siècle étudie leur histoire, il reconnaîtra que le christianisme du milieu du dix-neuvième n'a su que les vilipender. A vous, jeunes chrétiens, et à ceux qui vous ressemblent, de nous dire si le christianisme de l'avenir en sera toujours là. Répondez non ; je vous en conjure dans votre intérêt, comme dans celui du christianisme que vous professez.

Dans l'intérêt de la science, je n'ai pas à faire appel à vos efforts, et nous pouvons lui appliquer les beaux vers du Dante (1) sur la Fortune :

> Voilà celle que mettent si souvent en croix
> Ceux-là mêmes qui devraient proclamer ses louanges
> Au lieu de la noircir et de lui reprocher leurs maux.
> Mais elle est bienheureuse et n'écoute pas leurs plaintes ;
> Avec tous les autres anges elle jouit de la félicité
> Et parcourt son orbite, goûtant le bonheur divin.

Ainsi donc, malgré les cris de rage de ses ennemis, la science, calme parmi les Puissances éternelles, fera son œuvre et sera bénie.

(1) L'*Enfer*, VII, 90-95.

NOTE SUR LES COELENTERÉS (1).

Frey et Leuckart ont établi dans l'embranchement des *Rayonnés* de Cuvier un embranchement spécial auquel ils ont donné le nom de *Cœlentérés*. Cet embranchement se compose de deux classes : *Hydrozoaires* et *Actinozoaires*.

Les *Hydrozoaires* sont des animaux aquatiques présentant un tégument externe, un tégument interne, et une structure histologique appréciable. Le corps représente un sac à une seule ouverture avec des appendices creux ou pleins. Ces derniers sont des tentacules diversement disposés, organes de mouvement, avec lesquels ils saisissent leur proie et qui sont pourvus de *nématocystes,* filaments dentelés, venimeux, enroulés dans un sac, et que l'animal projette pour en blesser sa proie. D'autres points du corps peuvent présenter également des *Nématocystes*. Les appendices creux sont la cavité digestive, distincte de la cavité générale du corps, mais en communication avec cette dernière par une large ouverture, et les organes de reproduction (capsules) sont ouverts extérieurement.

(1) Voyez pages 303 et 309.

Ex. : hydre, sertulaire, certaines méduses.

Les *Actinozoaires* sont des animaux marins généralement fixés au moins à l'âge adulte, souvent agrégés sur un pied commun diversement disposé, rameux ou en plateaux, et ressemblant parfois à des fleurs par leurs formes et leurs belles couleurs. Ils sont aussi comparables à un sac à une seule ouverture autour de laquelle sont disposés les tentacules mus par des faisceaux musculaires appréciables chez les plus élevés d'entre eux. Ils présentent une cavité digestive spéciale comprise dans la cavité générale du corps avec laquelle elle communique du côté opposé à la bouche ; cette cavité digestive est séparée des parois par la cavité périviscérale faisant partie de la cavité générale. La cavité périviscérale est divisée par des mésentères qui relient la cavité digestive aux parois et assurent la fixité de leurs rapports. Les chambres formées par les cloisons mésentériques s'étendent en remontant jusqu'à la base des tentacules. Les organes de reproduction sont logés intérieurement dans l'épaisseur des mésentères. Ex. : actinies, coraux.

Ces deux classes : *Actinozoaires* et *Hydrozoaires* constituent une des divisions les plus naturelles du règne animal. Chez eux le corps est composé d'éléments histologiques primitivement disposés en deux couches : le tégument interne et le tégument externe, et, seuls parmi les animaux qui présentent ce caractère, ils ont une cavité digestive communiquant librement avec la cavité générale du corps par une extrémité inférieure ouverte. Ils ne sont pas pourvus d'un système circulatoire distinct, et chez les Cténophores qui présentent seuls un système nerveux, le ganglion central occupe le côté du corps diamétralement opposé à la bouche. Chez la plupart des Actinozoaires et des Hydrozoaires les organes de préhension sont des tentacules creux entourant rciculairement la bouche, et ils sont armés, sauf peut-être les Cténophores, de *nématocystes* dont on retrouve l'analogue chez quelques mollusques et peut-être même chez les Turbellariés.

FIN.

TABLE ALPHABÉTIQUE

A

Abolition de l'esclavage, 29.
Absolu, 197, 465.
Absolutisme papal, 208.
Académie des sciences, 442.
Accroissement, 107.
Acide carbonique, 189, 249.
Acte respiratoire, 125. — spontané, 198. — volontaire, 475.
Actes des êtres vivants (unité des), 176.
Actinocrinies, 313.
Actinozoaires, 487.
Action (spontanéité d'), dans la vie, 106.
Activité scientifique et littéraire de l'Angleterre, 69.
Activité de l'homme, 170.
Adaptation aux circonstances, 371.
Æthalium septicum, 179.
Affaissements, 280.
Age relatif de l'époque crétacée, 269. — de la chaleur solaire, 350. — des terrains, 287.
Albion, son nom, 245.
Algues (protoplasme des), 174.
Alibi (comparaison), 292, 293.
Allemagne comparée à l'Angleterre, 69.
Alpes, 275.
Ammoniaque, 189.
Ammonites, 278.
Anatomie, 21, 134, 331.
Anatomie comparée, 112, 133. — et géologie, 285.
Anatomie philosophique, 399.
Anatomiste, 133.
Ancienneté de l'homme, 269.
Andes, 275.

Ane (espèce), 361.
Angleterre (activité scientifique et littéraire de l'), 69. — préhistorique, 273. — comparée à l'Allemagne, 69.
Animal ou plante, 179.
Animaux, 131. — (apparition des) sur le globe, 290. — (dissection des), 157. — distribuent et dispersent la puissance accumulée par les végétaux, 188. — fossiles, 303, 393. — de la période crétacée, 276.
Annelés, 143, 306, 309.
Anoplotherium, 316.
Antennes, 137.
Anthropomorphisme de l'enfant, 226.
Apparition des animaux et des végétaux sur le globe, 290.
Aquosité (hypothèse de l'), 190.
Arachnides, 306, 309.
Ararat, 275.
Archegosaurus, 315.
Argile des blocs erratiques, 270.
Articulés, 143.
Ascidiens, 120.
Assurances, 397.
Astronomie, 19, 232, 235.
Atlantique (sol de l'), 256.
Australie, 270.
Automatisme du corps humain, 469.
Autorité (foi en l'), 25.
Autorité et doute, 93.
Azote, 189.

B

Baculites, 312.
Baleine jubarte, 169.
Base physique de la vie, 167.
Beauté morale, 212. — naturelle (sentiment de la), 127. — physique de la femme, 31.

Bélemnites, 278, 309.
Belemnoteuthis, 306.
Beryx, 310.
Bien-être procuré par les sciences naturelles, 13.
Bille (comparaison), 459.
Biologie, 22, 101, 109, 132, 232. — sa valeur comme discipline mentale, 124.
Bipinnaria, 438.
Blanc et noir, 27.
Blocs erratiques (argile des), 270.
Botanique, 90, 133.
Botaniste, 133.
Boue des mers profondes, 255.
Brachiolaria, 438.
Brachyoures, 310, 313.
Bryozoaires, 264.
But de l'éducation intellectuelle, 161.

C

Câble télégraphique transatlantique, 255.
Canaux et rivières (comparaison), 285.
Capacités des plantes (limite des), 187.
Caractère unique des formes vivantes, 180.
Carapace, 136.
Carbonate de chaux, 250.
Carbone, 189.
Carbonique (acide), 189, 249.
Catastrophes (système des) en géologie, 320, 338.
Cathéchisme, 94.
Catholicisme, 214. — sans christianisme, 195, 213, 241. — ultramontain, 240.
Cause et effet, 54.
Causes finales, 325, 422.
Centres uniques de formation des espèces (doctrine des), 295.
Céphalopodes, 306, 312.
Certitude, 458.
Chaleur : action sur le protoplasme, 182. — solaire (âge de la), 350.
Changements dans les conditions physiques, 371. — moléculaires de la matière, 193. — dans la population vivante du globe, 302. — (cycle de), 106. — (loi de), 308. — géologiques (succession des), 275.
Chaos, 336.
Chat et souris, 425.
Chaux, 249. — (carbonate de), 250.
Chéloniens, 311.
Cheval (espèce), 361.
Chimie, 21, 91, 102, 232. — n'étudie que la matière morte, 180. — de la craie, 249. — animale créatrice, 187.
Chose pensante, 476.
Christianisme et science, 483.
Cidarides, 313.
Cil vibratile, 104.
Circulation du sang, 117.
Cirripèdes, 310.
Civilisation du IV° siècle et du XIX° siècle, 163.
Classe en histoire naturelle, 115, 143.
Classification, 116, 134. — par types et par définition, 114. — naturelle, 436. — des sciences, 218, 231.
Classiques (les), 61.
Clergé, 83.
Coccolithes, 261.
Coccosphères, 262.
Cœlacanthes, 307.
Cœlacanthinés, 310.
Cœlentérés, 143, 303, 309, 487.
Collections zoologiques, 158.
Collèges des universités, 66.
Comatule, 313.
Comparaison, 116.
Composition (unité de) de la matière vivante, 180. — substantielle (unité de), 170.
Comtiste, 210.
Conditions physiques (changements dans les), 371.
Connaissances absolues et relatives, 197.
Conscience, 464.
Contemporanéité géologique, 284, 291.
Contraction, 149.

TABLE ALPHABÉTIQUE.

Contradictions de Comte, 222.
Coraux, 264.
Corps humain (automatisme du), 469 — (fonctions du) d'après Descartes, 471 ; — (unité de structure du), 177.
Correspondance de succession et d'âge des terrains, 287.
Cosmogonie mosaïque, 321. — de l'Israélite, 390.
Cosmos, 336.
Côtelette réparatrice, 185.
Couche forestière, 271.
Couches (synchronisme de deux), 298. — fossilifère, 287. — à lingules, 292.
Couleurs (comparaison), 459.
Coup sur l'œil, 474.
Cours d'instruction, 153.
Crag de Suffolk, 297.
Craie, 244. — au microscope, 250. — brûlant dans la flamme d'hydrogène (comparaison), 232. — (chimie de la), 249. — (distribution géologique de la), 264. — (fossiles de la), 264. — (paysages de la), 248. — (sédiments de la), 251.
Crâne, 267, 309.
Créations différentes, 277. — spéciale (hypothèse de la), 392.
Crime et misère, 55.
Crinoïdes, 312.
Crocodiles, 280, 307. — de la craie, 278.
Crocodiliens, 315.
Croisements, 383. — des plantes, 383. — (stérilité des), 384.
Crustacés, 143, 313.
Cténoïdes, 310.
Cténophores, 489.
Culte de l'humanité et absolutisme papal, 208.
Cycle de changements, 106.
Cycloïdes, 310.

D

Daltonisme, 460.
Daman, 311.

Darwinisme, 356, 420.
Déduction, 116.
;Définition (classification par), 114.
Démonologie des sauvages, 229.
Démonstrations, 153.
Dépôts (synchronisme des), 294.
Descendance d'une souche primitive unique, 368.
Descendant, 366.
Désirs spirituels apaisés par les sciences naturelles, 16.
Destinée ultime de la matière de la vie, 183.
Déterminisme, 198.
Développement des connaissances naturelles, 1. — de l'embryon, 134, 364. — de l'intelligence, 224. — intellectuel de l'espèce, 228. — de l'individu, 331. — historique des sciences, 238. — progressif (loi de), 346.
Déviation, 369.
Diatomacées, 259.
Différences en degré, non en espèce, de facultés similaires, 175.
Dimanche consacré à l'éducation scientifique, 99.
Dinosaures, 304.
Discena, 309.
Discipline mentale par la biologie, 124.
Discours de la Méthode, VII, 452.
Dissection des animaux, 157.
Distribution des êtres vivants dans le temps et l'espace, 331. — géographique et géologique, 133, 145, 146. — zoologique, 134. — (zones de), 290.
Diversité dans l'exécution, 137. — d'existence vitale, 170.
Division du travail, 175.
Doctrine des centres uniques de formation des espèces, 295.
Doute, 456. — et autorité, 93.
Drift, 270.
Droits naturels (égalité des), 28.

TABLE ALPHABÉTIQUE.

Dunes des Landes, 447.
Durée de la période crétacée, 265.

E

Eau, 189. — (éléments constitutifs de l'), 190. — (propriétés de l'), 190.
Écaille d'huitre, 253.
Ecclésiastiques ignorants, 85.
Échecs (partie d') comparées à la vie, 44.
Échinides, 313.
Échinoderme, 267, 304.
École du dimanche, 99.
Écoles primaires, 50, 97, 160. — (zoologie dans les), 161.
Écoles secondaires, 56.
Éducation artificielle, 48. — des femmes, 29. — intellectuelle, son but, 161. — libérale, 38. — par les mathématiques, 237. — de la nature, 48. — obligatoire, 42. — scientifique, 76. — (sélection par l'), 36.
Égalité des droits naturels, 28. — naturelle des sexes, 30.
Élasmobranche, 306.
Électeurs, 53.
Élection naturelle, 444.
Électricité : action sur le protoplasme, 182.
Éléments constitutifs de l'eau, 190.
Émancipation, 27. — des femmes, 29.
Embranchement, 143.
Embryon (développement de l'), 134, 364.
Enfants dirigés vers l'étude de la science, 129. — (esprit de l'), 224. — interprète de la nature, 227. — (pensée des), 224. — se font centres, 226.
Enseignement (méthodes d'), 153.
Entité (hypothèse d'une), dans la matière vivante, 191.
Épaisseur de la craie, 265.
Épigénèse, 449.
Épilepsie héréditaire, 378.
Épine-vinette, 171.

Éponge, 143.
Époque tertiaire, 290.
Équilibre des forces, 105.
Équivalents de mouvement, 479; — de pensée, 479.
Esclavage (abolition de l'), 29.
Espèces, 142, 231, 360. — (développement intellectuel de l'), 228. — différentes des êtres vivants, 168. — éteintes, 277. — fossiles, 286. — morphologiques, 361. — (origine des), VII, 356, 420. — physiologiques, 361. — (transmutation des), 407. — vivantes, 217.
Esprit, 198, 200. — de l'enfant, 224. — (phénomènes de l'), 204.
Esprit antiscientifique du positivisme, 216.
Esprits animaux, 469; — frappeurs, 126.
Esquimaux, 270.
Esturgeon, 306.
État métaphysique, 219. — scientifique, 219. — théologique, 219.
Étendue, 492.
Éthique intellectuelle de l'humanité, 24.
Ethnologiste, 133.
Étiologie géologique, 333.
Étoiles, 397.
Étoiles de mer, 261, 264.
Êtres vivants (distribution des), dans le temps et l'espace, 133, 331. — (espèces différentes des), 168. — (unité d'actes des), 176.
Étude de la zoologie, 131.
Études classiques, 63.
Évolution (système de l'), en géologie, 331.
Eucalyptocrinus, 313.
Euglène, 104.
Euphrate, 274.
Évidence négative, 302.
Examens, 153.
Existence vitale (diversité d'), 170.
Expédition du *Challenger*, 260.
Expérimentation, 116.

TABLE ALPHABÉTIQUE. 495

F

Facultés (unité de), 170. — similaires, 175. — — supérieures, 171.
Falaises de Cromer, 272.
Familles, 142.
Faune géologique, 290.
Fécondation des plantes, 383.
Femme (beauté physique de la), 31. — (éducation des), 29. — (émancipation des), 29.
Fétichisme, 229.
Finales (causes), 325, 422.
Flores géologiques, 290.
Foi en l'autorité, 25.
Fonctions du corps humain, d'après Descartes, 411.
Fond de la mer, 254.
Fongie, 309.
Fontaine (comparaison), 470.
Foraminifères, 309.
Force, 481 ; — et matière, 367, 398.
Forces (équilibre des), 105. — indestructibilité des), 21. — (persistance des), 21.
Formation des espèces (doctrine des centres uniques), 295.
Formations géologiques, 290. —(succession des), 332.
Formes (permanence des), 105. — (unité des), 170. — animales (variétés des), 300. — successives (production des), 105. — végétales (variétés des), 300. — vivantes (caractère unique des), 180. — vivantes (variabilité des), 404.
Fortune (la) dont parle Dante et la science (comparaison), 486.
Fossiles de la craie, 264.
France préhistorique, 270.
Fruits secs de la vie, 48.

G

Ganoïdes, 306, 314.
Gastéropodes, 309, 312.

Génération alternante, 437. — hétérogène, 421, 437. — spontanée, 449.
Genre, 142. — humain (puissance du), 170.
Géographie générale, 74. — physique, 89, 294, 332.
Géographique (distribution), 133, 145, 146, 331.
Géologie (portée de la), 331. — et anatomie comparée, 285.
Géologique (distribution), 133, 146, 331. — (réforme), 319. — (spéculation), 320, 333.
Globe (habitants du), 276.
Globigérine, 252, 258.
Goutte de sang, 176.
Grand Être suprême de Comte, 208.
Gravitation universelle (loi de la), 20, 200.
Greffe des arbres, 385.

H

Habitants du globe, 276.
Harmonie de l'univers, 122.
Héliolithes, 309.
Héliopores, 309.
Hiérarchie des sciences, 233.
Hiddekel, 274.
Himalaya, 275.
Histoire, 75, 92. — naturelle, 131. — — valeur au point de vue de l'éducation, 101.
Homard, 135. — devenant humanité, 186.
Homme (ancienneté de l'), 269. — (origine de l'), 388.
Homologie, 399. — anatomique, 288. — des parties, 135.
Homotaxis géologique, 288, 298.
Horloge (comparaison), 339.
Huître, 253.
Humanité (culte de l'), 208. — (éthique intellectuelle de l'), 24.
Hybridation, 381.
Hydrogène, 189.

Hydrozoaires, 487.
Hypothèse de l'aquosité, 190. — de la création spéciale, 392. — darwinienne, 410. — d'une entité dans la matière vivante, 191. — des nébuleuses, 335. — de la transmutation, 392. — de la vitalité, 191.

I

Ichthyosaure, 277, 279, 304, 311.
Idéalisme, 464; — et matérialisme, 478.
Ignorance, 40. — et misère remplissent le monde. 203.
Incendie de 1666, 2,
Indestructibilité des forces, 21. — de la matière, 21.
Induction, 81, 412.
Inexactitude prétendue de la science biologique, 110.
Infusoires, 104.
Ingénieurs, 79.
Insectes, 306, 309.
Instruction médicale, 81.
Instruments de silex, 269.
Intelligence (développement de l'), 224.
Interprétation de la nature, VI; — par l'enfance, 227.
Inventaire du négociant (comparaison), 284. — de l'homme de science, 284

J

Jardin d'Éden, 274.
Je pense, donc je suis, 463.
Jeune fille (timidité de la), 33.

L

Laboratoire humain, 185.
Labyrinthodontes, 303, 315.
Lacertiens, 315.
Laideur morale, 212.
Lamellibranches, 309.
Le génie du judaïsme, 389.
Lepidosteus, 306, 314.

Lepidotus, 310.
Lias d'Angleterre, 293. — d'Allemagne, 293.
Liberté humaine, 230, 481.
Ligne de sonde, 254.
Limite des capacités des plantes, 187. — des recherches philosophiques, 194.
Lingula, 309.
Littérature, 74.
Livres de médecine, 82. — de métaphysique et de théologie, 202.
Loi de changement, 308.
Loi de développement progressif, 316.
Loi de la gravitation, 200.
Lois du monde physique, 54.
Loi morale, 52.
Lois de la nature, 24.
Loi naturelle, 301.
Lois nécessaires, 198, 481.
Loi de reproduction, 366.
Loi des trois états, 218.
Loligo, 309.
Lophiodon, 311.
Lophobranches, 310.
Lutte pour l'existence, 79, 411.

M

Macropoma, 310.
Macroures, 310, 313.
Madréporaires, 305, 309.
Magie, 229.
Mammifères, 116, 307.
Mandibule, 138.
Marées, 345.
Masse de protoplasme à noyau, 177.
Mastodonsaurus, 316.
Matérialisme, 205, 466; — c'est une erreur philosophique, 193. — et idéalisme, 478. — légitime, 482.
Maternité virtuelle, 37.
Mathématicien et naturaliste, 141.
Mathématiques, 92, 102, 232, 236.
Matière, 200, 481. — et force, 367, 398. — de la vie, 167. — (changements moléculaires de la), 193. — (in

destructibilité de la), 21. — (phénomènes de la), 204.
Matière morte, étudiée par la chimie, 180.
Matière vivante, destinée ultime, 183. — (hypothèse d'une entité dans la), 191. — (origine de la), 183 ; — (unité de composition de la), 180. — (puissance de la), 170.
Mécanique rationnelle, 236.
Médecine, 21. — dans les livres, 82.
Médecins, 80.
Mer (fond de la), 254. — (sondage de la), 255.
Mers crétacées (population des), 277.
Métagénèse, 437.
Métaphysique, 196. — (livres de), 202 ; — et physique, 482.
Météorologie, 332.
Méthodes biologiques, 121. — d'enseignement, 153 ; — physiologique comparative, 111. — scientifiques, 88, 109.
Métis, 381.
Microscope, 217.
Migrations, 299.
Minéraux, 131.
Misère et crime, 55. — et ignorance remplissent le monde, 203.
Moi (le) et le non-moi, 462.
Mollusques, 144, 309. — à coquilles, 264. — de la craie, 278.
Monde matériel, 198, 481. — plein de misère et d'ignorance, 203. — spirituel, 198.
Monstruosités, 374.
Montre (comparaison), 423.
Morale par prevision, 457.
Moralité, 52.
Morceau de craie, 245.
Morphologie, 133, 361. — zoologique, 146.
Morse, 273.
Mort, 228. — du protoplasme, 183.
Moulin, comparaison avec les mathématiques, 348.
Moutons Ancons, 370. — transsubstantié en homme, 185.
Mouvement (équivalent de), 479 ; — géologiques, 279. — de la terre, 345.
Muscles, 149.
Mythes du paganisme, 389.

N

Naturalistes, 131. — et mathématiciens, 121.
Nature (éducation de la), 48. — (interprétation de la), VI; — interprétée par l'enfant, 227. — (lois de la), 24. — (ordre de la), 204.
Nautile perlée, 264, 312.
Nébuleuses (hypothèses des), 335.
Nécessité, 220. — (notion de), 200.
Nématocystes, 487.
Nerveuse (substance), 149.
Noir et blanc, 27.
Noyau du protoplasme, 178.

O

Observation, 81, 116. — (science d'), 112.
Œil (coup sur l'), 474.
OEuf de salamandre, 364. — de triton, 364.
Ordre fixe et régulateur des phénomènes, 18. — de la nature, 204. — naturel des sciences, 233 ; — de succession des terrains, 287.
Ordres, 142. — des plantes, 302.
Organisation, 444.
Origine des espèces, VII, 356, 420. — de l'homme, 388. — de la matière de la vie, 183. — de la pensée, 193. — de la vie, 291.
Orthoceras, 312.
Orthodoxie et science, 390.
Ortie, 172.
Ostéoptérygiens, 310.
Oursins, 264. — de la craie, 266.
Oxygène, 21, 189.

28.

P

Palæocyclus, 309.
Palæotherium, 311.
Paléontologie, 284, 289, 294, 301.
Paradis terrestre, 274.
Parole, 475.
Parthénogenèse, 437.
Partie d'échecs comparée à la vie, 44.
Parties homologues, 135.
Paysages de la craie, 248.
Paysanne des Alpes (comparaison).
Peau de chagrin (la), comparaison, 184.
Pensée 464 (équivalent de la), 479. — (origine de la), 193. — de l'enfant, 224.
Perfection relative des sciences, 238.
Période crétacée, 265. — glaciaire, 349.
Permanence des formes, 195.
Persistance des forces, 21.
Peste de 1664, 1.
Phascolotherium, 311.
Phénomènes de l'esprit et de la matière, 204. — naturels (substratum imaginaire des), 200. — physico-chimiques et vitaux, 106. — sociaux, 234.
Philologie, 61.
Philosophie, 244. — nouvelle, VII, 194, 210. — positive, 195.
Pholidogaster, 316.
Phrénologie, 217.
Phréno-magnétisme, 126.
Physicisme, 230.
Physiologie, 21, 91, 133, 147, 232, 331, 361. — de l'avenir, 199. — comparée, 133 ; — zoologique, 134.
Physiologiste, 133.
Physique, 21, 90, 232 ; — et métaphysique, 482. — moléculaire, 235. — sociale, 232.
Pierres à chaux, 250.
Pigeon, 378.
Plaine atlantique, 256.
Plan (unité dans le), 137.
Plante ou animal ? 179.
Plantes, 131. — fossiles, 302. — (fécondation des), 383.
Plectognathes, 310.
Plésiosaure, 277, 304, 311.
Pleuracanthus, 306.
Plomb de la ligne de sonde, 254.
Pluteus, 438.
Podophthalmes, 313.
Poil microscopique de l'ortie, 172.
Poissons de la craie, 278.
Politique anti-esclavagiste, 28. — lunaire (comparaison), 202. — positive, 240.
Polypterus, 306, 314.
Pompe, 20.
Population des mers crétacées, 277. — vivante du globe (changements dans la), 302.
Positivisme, VII, 195. — ses rapports avec la science, 206. — sa valeur scientifique, 216.
Positiviste, 210.
Pouvoir spirituel, 241.
Précision des sciences, 238.
Préexistence, 449.
Prêtre catholique, 86.
Preuves négatives, 292.
Procédés intellectuels de la science, 108.
Processus cosmique, 330.
Production de formes successives, 105.
Propositions générales, 116.
Propriétés de l'eau, 190. — du protoplasme, 192.
Protectionnistes (système des), 40.
Protéine, 103, 181.
Protoplasme, 167. — son noyau, 178. — des algues, 174. — de l'ortie, 172. — action de l'électricité, 182. — (mort du), 183. — (propriétés du), 192. — (réparation du), 185.
Protozoaires, 143, 303, 308.
Psychologie, 217.
Ptérodactyle, 277, 304, 311.

TABLE ALPHABÉTIQUE. 499

Puissance du genre humain, 170. — de la matière vivante, 170. — (unité de), 170. — accumulée par les végétaux et distribuée et dispersée par les animaux, 188.
Pycnodontes, 307, 313.
Pyramides d'Égypte, 263.
Pyrénées, 275.

Q

Quatre éléments, 181.

R

Race, 375, 377.
Radiolaires, 259.
Rayonnés, 487.
Recherche de la vérité dans les sciences, 455. — philosophiques (limite des), 194.
Réforme géologique, 319.
Règne intermédiaire, 179.
Relatif, 197.
Relation spéciale entre des séries de couches fossilifères, 287. — de cause à effet, 54. — sérielle des terrains, 288.
Religion, 17.
Réparation du protoplasme, 185.
Reproduction, 107. — (loi de), 366.
Reptiles, 304.
Résistance, 482.
Rhynchonelle, 309.
Rivières et canaux (comparaison), 285.
Roches crétacées, 273. — sans fossiles, 293.
Rotation terrestre, 345.

S

Saisons, 19.
Salamandre, 364.
Sang (circulation du), 117. — (goutte de), 179.
Sauvages, 229.
Scepticisme, 25. — actif, 456. — de Hume, 202.
Science et christianisme, 483; — comparée à la fortune dont parle Dante, 486. — et orthodoxie, 390. — (procédés intellectuels de la), 108. — rapports avec le positivisme, 206.
Sciences abstraites, 231. — concrètes, 231. — expérimentales, 112. — d'histoire naturelle, leur valeur au point de vue de l'éducation, 101. — morale, 74. — naturelles, 131, 231. — d'observation, 112. — physiologique, 101, 124. — physiques, 79, 87, 131, 164. — sociale, 74. — (classification des), 218, 231. — (développement historique des), 238. — (hiérarchie des), 232. — (ordre naturel des), 233. — (perfection relative des), 238. — (précision des), 238.
Sédiments de craie, 251.
Sélection, 376, 408. — par l'éducation, 36. — naturelle, 411.
Sens commun, 466.
Sensations de la vue et du toucher, 460.
Sensitive, 171.
Sentiment des beautés naturelles, 127.
Série animale, 217.
Sexes (égalité naturelle des), 30.
Silence de midi dans la forêt, 174.
Silex taillés, 269. — (instruments de), 269.
Similarité de relation sérielle des terrains, 288.
Sinaï, 275.
Sociétés coopératives, 40.
Société royale pour le développement des connaissances naturelles, 5.
Sociologie, 123, 215, 232.
Sol de l'Atlantique, 256.
Sommeil, 228.
Sondages de la mer, 255.
Sorcellerie, 229.
Souche primitive, 368.

Soulèvements, 280.
Souris et chat, 425.
Souveraineté spirituelle, 241.
Spatangoïdes, 313.
Spath d'Islande (comparaison), 181.
Spéculation géologique, 320, 333.
Spirifères, 309.
Spirula, 309.
Spontanéité, 198. — d'action dans la vie, 106.
Stalagmites, stalactites, 250.
Statique, 236.
Stérilité des croisements, 384.
Structure (unité de) du corps humain, 177.
Subdivision, 143.
Substance nerveuse, 149.
Substratum imaginaire des phénomènes naturels, 200.
Succession des changements géologiques, 275. — des formations, 332. — des terrains, 287.
Superficie (une même) de la surface terrestre a été successivement occupée par des espèces vivantes fort différentes, 287.
Synchronisme des deux couches, 298. — des dépôts contenant des restes organiques semblables, 294. — réel, 291.
Système des protectionnistes, 40. — social de Comte, 242. — des catastrophes, 320, 338. — de l'évolution en géologie, 331. — de l'uniformité, 321, 338.

T

Tables tournantes, 126.
Tapir, 311.
Taxonomie, 90.
Téléologique (conception), 422.
Téléostés, 310.
Température de l'intérieur de la terre, 351.
Térébratules, 264. — de la craie, 278.

Terminologie, 204. — matérialiste, 193.
Terrains fossilifères, 393. — siluriens en Europe et en Amérique, 296. — (correspondance de succession et d'âge des), 287. — (similarité de relation sérielle des), 288.
Terre (mouvement de la), 345. — (rotation de la), 345. — (température de l'intérieur de la), 351. — (théorie de la), 321.
Théologie, 23. — (livres de), 202.
Théorie de la terre, 321.
Tigre, 274.
Timidité de la jeune fille, 33.
Tissus (unité morphologique des), 217.
Toucher (sensation du), 460.
Tournebroche (comparaison), 191.
Toxodontes, 304.
Traces de vie, 291.
Tranche de craie, 251.
Transcendantalisme, 191.
Transmutation (hypothèse de la), 392. — des espèces, 407.
Transsubstantiation du mouton en homme, 185.
Travail (division du), 175. — implique usure, 184.
Triton, 364.
Trois États (loi des), 218.
Turbellariés, 489.
Types (classification par), 114. — d'animaux avant et après la période crétacée, 277. — persistants de la vie, 284, 305.

U

Uniformité (système de l') en géologie, 321, 338.
Unité des actes des êtres vivants, 176. — de composition de la matière vivante, 180. — de composition substantielle, 170. — de faculté, 170. — de forme, 170. — dans le plan, 137. — de puissance, 170. — de struct du corps humain, 177. —

morphologique des tissus, 217.
Univers, 23. — (harmonie de l'), 126.
Universités, 66.
Usure, conséquence du travail, 184.

V

Valeur scientifique du positivisme, 216.
Variabilité des formes vivantes, 404.
Variations, 429. — spontanées, 372.
Variété, 370, 422. — des formes animales et végétales, 300.
Végétation de la craie, 278.
Végétaux (les) accumulent la puissance que les animaux distribuent et dispersent, 188. — (apparition des) sur le globe, 290.
Vérification, 117.
Vérité (recherche de la), 455.
Version grecque, 65.
Vertèbres, 144, 310.
Vie, 102, 106, 199. — animale, 133. —

(base physique de la), 167. — comparée à une partie d'échecs, 44. — d'une goutte de sang, 176. — (matière de la), 167. — par la mort, 184. — (origine de la), 291. — (traces de la), 291. — (types persistants de la), 284, 305. — végétale, 133.
Vitalité (hypothèse de la), 191.
Vitellus, 139.
Vue (sensation de la), 460.

X

Waldheimia, 309.
Warme-stasse, 182.

Z

Zones de distribution, 290.
Zoologie, 133. — dans les écoles primaires, 161. — (étude de la), 131.
Zoologiste, 133.

TABLE DES MATIÈRES

Préface nouvelle...	v
I. De l'utilité de travailler au développement des connaissances naturelles. — Sermon laïque à Saint-Martin's Hall, le dimanche soir 7 janvier 1866....	1
II. Le blanc et le noir; une question d'émancipation..	27
III. De l'éducation libérale. — Où peut-on la trouver?.	38
IV. De l'éducation scientifique; réminiscence d'un discours après dîner...	76
V. Valeur des sciences naturelles au point de vue de l'éducation...	101
VI. Sur l'étude de la zoologie...........................	131
VII. Sur la base physique de la vie......................	167
VIII. Du positivisme dans ses rapports avec la science...	206
IX. Sur un morceau de craie. — Conférence faite à des ouvriers...	245
X. De la contemporanéité géologique, et des types persistants de la vie...	284
XI. De la réforme géologique...........................	319
XII. L'origine des espèces...............................	356
XIII. Sur les critiques adressées au livre de M. Darwin, l'Origine des espèces.......................................	420
XIV. Sur le *Discours de la méthode*...................	452
Note sur les Cœlentérés...............................	487
Table alphabétique...................................	491

770-76. — CORBEIL, typ. de CRETÉ FILS.

Bulletin mensuel. — N° 96.

LIBRAIRIE J.-B. BAILLIÈRE et FILS
Rue Hautefeuille, 19, près du boulevard Saint-Germain, à Paris

---
AOUT 1876

DERNIÈRES NOUVEAUTÉS

TRAITÉ ICONOGRAPHIQUE D'OPHTHALMOSCOPIE, comprenant la description des différents ophthalmoscopes, l'exploration des membranes internes de l'œil et le diagnostic des affections cérébrales et constitutionnelles, par X. Galezowski, professeur libre d'ophthalmologie à l'École pratique. Paris, 1876, 1 vol. gr. in-8° de 285 pages, avec atlas de 20 planches chromolithographiées, contenant 115 fig. et 50 fig. interc. dans le texte, cart. 30 fr.

ATLAS D'OPHTHALMOSCOPIE ET DE CÉRÉBROSCOPIE, montrant chez l'homme et chez les animaux les lésions du nerf optique, de la rétine et la choroïde, produites par les maladies du cerveau, par les maladies de la moelle épinière, et par les maladies constitutionnelles et humorales, par E. Bouchut, médecin de l'hôpital des Enfants-Malades, professeur agrégé de la Faculté de médecine de Paris. 1 vol. in-4 de viii-140 pages, avec 14 planches en chromolithographie, comprenant 137 figures et 19 figures intercalées dans le texte, cartonné . . . . . 35 fr.

NOUVEAU TRAITÉ ÉLÉMENTAIRE ET PRATIQUE DES MALADIES MENTALES, par le Dr Henri Dagonet, médecin en chef de l'asile des aliénés de Sainte-Anne, professeur agrégé de la Faculté de médecine de Strasbourg. 2e *édition*. 1 vol. in-8 de 800 pages avec 8 planches en photoglyptie, représentant 32 types d'aliénés, cart. . . . . . 15 fr.

ÉLÉMENTS DE BOTANIQUE, comprenant l'anatomie, l'organographie, la physiologie des plantes, les familles naturelles, et la géographie botanique, par P. Duchartre, de l'Institut (Académie des sciences), professeur à la Faculté des sciences ; 2e édition. 1 vol. in-8 de 1000 pages avec 550 figures, cart. . . . . . 18 fr.

LE SYSTÈME NERVEUX PÉRIPHÉRIQUE, au point de vue normal et pathologique. Ouvrage faisant suite aux Leçons sur la physiologie du système nerveux. Paris, 1876, in-8, 604 pages, avec fig. . . . . . 8 fr.

CHIRURGIE JOURNALIÈRE DES HOPITAUX DE PARIS, répertoire de thérapeutique chirurgicale, par le Dr P. Gillette, chirurgien des Hôpitaux, ancien prosecteur de la Faculté de médecine de Paris. Grand in-8 de 499 pages avec figures . . . . . 4 fr.

TRAITÉ DE L'IMPUISSANCE ET DE LA STÉRILITÉ chez l'homme et chez la femme, comprenant l'exposition des moyens recommandés pour y remédier, par le Dr Félix Roubaud. *Troisième édition*. Paris, 1876, in-8 de 804 pages. . . . . . 8 fr.

MÉMOIRE SUR LE DÉVELOPPEMENT EMBRYOGÉNIQUE DES HIRUDINÉES, par Charles Robin, membre de l'Institut, professeur à la Faculté de médecine de Paris, etc. In-4 de 472 pages, avec 19 planches. 20 fr.

NOUVEAU DICTIONNAIRE
DE
MÉDECINE ET DE CHIRURGIE
PRATIQUES
ILLUSTRÉ DE FIGURES INTERCALÉES DANS LE TEXTE

RÉDIGÉ PAR

ANGER, E. BAILLY, BARRALLIER, BENI-BARDE, BERNUTZ, P. BERT, BŒCKEL, BUIGNET, CUSCO, DEMARQUAY, DENUCÉ, DESNOS, DESORMEAUX, A. DESPRÉS, DEVILLIERS, M. DUVAL, FERNET, Alf. FOURNIER, Ach. FOVILLE, T. GALLARD, H. GINTRAC, GOMBAULT, GOSSELIN, Alph. GUERIN, A. HARDY, HÉRAUD, HEURTAUX, HIRTZ, JACCOUD, JACQUEMET, JEANNEL, KŒBERLÉ, LAENNEC, LANNELONGUE, S. LAUGIER, LEDENTU, LÉPINE, P. LORAIN, LUNIER, LUTON, MARTINEAU, A. NÉLATON, Aug. OLLIVIER, ORÉ, PANAS, M. RAYNAUD, RICHET, Ph. RICORD, A. RIGAL, Jules ROCHARD, Z. ROUSSIN, SAINT-GERMAIN, Ch. SARAZIN, Germain SÉE, Jules SIMON, SIREDEY, STOLTZ, I. STRAUS, A. TARDIEU, S. TARNIER, TROUSSEAU, VALETTE, VERJON, A. VOISIN.

Directeur de la rédaction : le Dr JACCOUD.

Son titre suffit à indiquer à la fois son but, son esprit.

Son but. C'est de rendre service à tous les praticiens qui ne peuvent se livrer à de longues recherches faute de temps ou faute de livres, et qui ont besoin de trouver réunis et comme élaborés tous les faits qu'il leur importe de connaître bien ; c'est de leur offrir une grande quantité de matières sous un petit volume, et non pas seulement des définitions et des indications précises comme en présente le *Dictionnaire de Littré et Robin*, mais une exposition, une description détaillée et proportionnée à la nature du sujet et à son rang légitime dans l'ensemble et la subordination des matières.

Son esprit. Le *Nouveau Dictionnaire* ne sera pas une compilation des travaux anciens et modernes ; ce sera une analyse des travaux des maîtres français et étrangers, empreinte d'un esprit de critique éclairé et élevé ; ce sera souvent un livre neuf par la publication de matériaux inédits qui, mis en œuvre par des hommes spéciaux, ajouteront une certaine originalité à la valeur encyclopédique de l'ouvrage ; enfin ce sera surtout un livre pratique.

CONDITIONS DE LA SOUSCRIPTION

Le *Nouveau Dictionnaire de médecine et de chirurgie pratiques*, illustré de figures intercalées dans le texte, se composera d'environ 30 volumes grand in-8 cavalier de 800 pages.

Prix de chaque vol. de 800 pages, avec fig. intercalées dans le texte. 10 fr.
Les Tomes I à XXII *complets* sont en vente.—Il sera publié trois volumes par an.
Les volumes seront envoyés *franco* par la poste aussitôt leur publication aux souscripteurs des départements, sans augmentation sur le prix fixé.
On souscrit chez J.-B. Baillière et Fils, et chez tous les libraires des départements et de l'étranger.

LISTE DES AUTEURS

DU NOUVEAU DICTIONNAIRE DE MÉDECINE ET DE CHIRURGIE PRATIQUES

ANGER (Benj.), chirurgien des hôpitaux.
BARRALLIER, professeur à l'École de médecine navale de Toulon.
BENI-BARDE, médecin en chef de l'établissement hydrothérapique d'Auteuil.
BERNUTZ, médecin de l'Hôpital de la Pitié.
BERT (P.), professeur de physiologie à la Faculté des sciences de Paris.
BŒCKEL, professeur agrégé à la Faculté de médecine de Strasbourg.
BUIGNET, professeur à l'École supérieure de pharmacie de Paris.
CUSCO, chirurgien de l'Hôpital Lariboisière.
DEMARQUAY, chirurgien de la Maison municipale de santé.
DENUCÉ, professeur de clinique chirurgicale à l'École de médecine de Bordeaux.
DESNOS, médecin des Hôpitaux de Paris.
DESORMEAUX, chirurgien de l'Hôpital Necker.
DESPRÉS (A.), professeur agrégé de la Faculté de médecine, chirurgien des hôpitaux.
DEVILLIERS, membre de l'Académie de médecine.
DUVAL (M.), professeur agrégé à la Faculté de médecine de Paris.
FERNET (Ch.), professeur agrégé à la Faculté de médecine, médecin des hôpitaux.
FOURNIER (Alfred), professeur agrégé à la Faculté, médecin des Hôpitaux de Paris.
FOVILLE (Ach.), directeur de l'asile des aliénés de Quatre-Mare.
GALLARD (T.), médecin de l'Hôpital de la Pitié.
GINTRAC (Henri), professeur de clinique médicale à l'École de médecine de Bordeaux.
GOSSELIN, professeur à la Faculté de médecine de Paris, chirurgien de la Charité.
GUÉRIN (Alphonse), chirurgien de l'Hôpital Saint-Louis.
HARDY (A.), professeur à la Faculté de Paris, médecin de l'Hôpital Saint-Louis.
HERAUD, professeur à l'École de médecine navale à Toulon.
HEURTAUX, professeur à l'École de médecine de Nantes.
HIRTZ, professeur à la Faculté de médecine de Strasbourg.
JACCOUD, professeur agrégé à la Faculté de médecine, médecin des Hôpitaux de Paris.
JACQUEMET, professeur agrégé à la Faculté de Montpellier.
JEANNEL, pharmacien en chef de l'hôpital Saint-Martin, à Paris.
KŒBERLÉ, professeur agrégé à la Faculté de médecine de Strasbourg.
LANNELONGUE, professeur agrégé de la Faculté de médecine, chirurgien des hôpitaux.
LAUGIER (S.), professeur à la Faculté de médecine, chirurgien de l'Hôtel-Dieu.
LEDENTU, professeur agrégé de la Faculté de médecine.
LÉPINE, médecin des Hôpitaux.
LORAIN (P.), professeur à la Faculté de médecine, médecin des Hôpitaux de Paris.
LUNIER, inspecteur général des établissements d'aliénés.
LUTON, professeur à l'École de médecine de Reims.
MARTINEAU, médecin des hôpitaux.
OR.., professeur à l'École de médecine de Bordeaux.
PANAS, professeur agrégé à la Faculté de médecine, chirurgien des Hôpitaux.
RAYNAUD (Maurice), médecin des Hôpitaux, agrégé à la Faculté de médecine.
RICHET, professeur à la Faculté de Paris, chirurgien de l'Hôtel-Dieu.
RICORD (Ph.), membre de l'Académie de médecine, ex-chirurgien de l'Hôpital du Midi.
RIGAL (A.), professeur agrégé à la Faculté de médecine.
ROCHARD (Jules), directeur du service de santé de la marine au port de Brest.
ROUSSIN (Z.), professeur agrégé à l'École du Val-de-Grâce.
SAINT-GERMAIN, chirurgien des Hôpitaux.
SARAZIN (Ch.), professeur agrégé à la Faculté de Strasbourg.
SÉE (Germain), professeur à la Faculté de médecine, médecin de la Charité.
SIMON (Jules), médecin des Hôpitaux de Paris.
SIREDEY, médecin des Hôpitaux.
STOLTZ, professeur d'accouchements à la Faculté de médecine de Strasbourg.
STRAUS (I.), chef de clinique médicale à la Faculté de médecine.
TARDIEU (Amb.), professeur de la Faculté de médecine de Paris, médecin de l'Hôtel-Dieu, membre de l'Académie de médecine.
TARNIER (S.), professeur agrégé à la Faculté de Paris, chirurgien des Hôpitaux.
TROUSSEAU, professeur de clinique médicale à la Faculté de médecine de Paris.
VALETTE, professeur de clinique chirurgicale à l'École de médecine de Lyon.
VOISIN (Auguste), médecin de la Salpêtrière.

PRINCIPAUX ARTICLES

DES VINGT ET UN PREMIERS VOLUMES

TOME PREMIER (812 pages avec 56 figures).

Articles.	MM.	Articles.	MM.
INTRODUCTION	Jaccoud.	ACCOUCHEMENT	Stoltz, Lorain.
ABDOMEN	Denucé, Bernutz.	AGONIE	Jaccoud.
ABSORPTION	Bert.	ALBUMINURIE	Jaccoud.

TOME II (800 pages avec 60 figures).

ANÉVRYSMES	Richet.	ANUS	Gosselin, Giraldès, Laugier
ANGINE DE POITRINE	Jaccoud.		

TOME III (824 pages avec 75 figures).

APHRODISIAQUES	Ricord.	ASTHME	G. Sée.
ARTÈRES	Nélaton, M. Raynaud.	ATAXIE LOCOMOTRICE	Trousseau.

TOME IV (800 pages avec 80 figures).

AUSCULTATION	Luton	BEC-DE-LIÈVRE	Demarquay.

TOME V (812 pages avec 60 figures).

BILE	Jaccoud.	BRONZÉE (Maladie)	Jaccoud.
BLENNORRHAGIE	A. Fournier.	BUBON	A. Fournier.

TOME VI (832 pages avec 175 figures).

CANCER, CANCROIDE	Heurtaux	CÉSARIENNE (Opération)	Stoltz.
CAROTIDES	Richet.	CHALEUR	Buignet, Bert et Hirtz.

TOME VII (775 pages avec 95 figures).

CHAMPIGNONS	Marchand et Roussin.	CHOLÉRA	Desnos, Lorain, et Gombault.
CHANCRE	Fournier.	CIRCULATION	Luton.

TOME VIII (802 pages avec 81 figures).

CLAVICULE	Richet et Després.	CŒUR	Luton et Maur. Raynaud
CLIMAT	Rochard.	COMMOTION	Laugier.

TOME IX (820 pages avec 84 figures).

CONJONCTIVE	Gosselin.	COUDE	Denucé.

TOME X (780 pages avec 122 figures).

COXALGIE	Valette.	CRURAL	Gosselin.
CROUP	Simon.	DARTRE	Hardy.

TOME XI (796 pages avec 49 figures).

DENT............	Sarazin.	DIGESTION......	Bert.
DIABÈTE........	Jaccoud.	DYSENTERIE......	Barrallier.

TOME XII (820 pages avec 110 figures).

EAU, EAUX MINÉRALES Buignet, Verjon et Tardieu. | ÉLECTRICITÉ...... Buignet, Jaccoud

TOME XIII (800 pages avec 80 figures).

ENCÉPHALE....	Lausier et Jaccoud.	ENTOZOAIRES.....	L. Vaillant et
ENDOCARDE.....	Jaccoud.		Luton.

TOME XIV (780 pages avec 68 figures).

ÉRYSIPÈLE.. .	M. Raynaud et Gosselin.	FER.........	Buignet et Hirtz
FACE.......	Ledentu, Cintrac.	FIÈVRE.......	Hirtz.

TOME XV (786 pages avec 121 figures).

FOIE........	J. Simon.	FRACTURE......	Valette.
FOLIE...	Foville, Tardieu et Lunier.	GÉNÉRATION.....	M. Duval.
FORCEPS......	Tarnier.		

TOME XVI (754 pages avec 41 figures).

GENOU........	Panas.	GLAUCOME.....	Cusco et Abadie.
GÉOGRAPHIE MÉDICALE H. Rey.		GOITRE........	Luton.

TOME XVII (800 pages avec 99 figures).

GROSSESSE.....	Stoltz.	HERNIE.......	Ledentu.
HÉRÉDITÉ......	A. Voisin.	HISTOLOGIE.....	Duval.

TOME XVIII (844 pages avec 44 figures).

HYDROTHÉRAPIE....	Beni Barde.	INFANTICIDE.....	Tardieu
ICTÈRE.......	Jules Simon.	INFLAMMATION....	Heurtaux.

TOME XIX (776 pages avec 101 figures).

INOCULATION.....	A. Fournier.	INTESTIN.......	Luton et Després.
INTERMITTENTE (fièvre) Hirtz.		JAMBE........	Poncet et Chauvel.

TOME XX (800 pages avec 100 figures).

LANGUE.......	Demarquay.	LEUCORRHÉE.....	Stoltz.
LARYNX.......	Bœckel.	LITHOTRITIE.....	Demarquay.
LEUCOCYTHEMIE...	Jaccoud.	LUXATIONS......	Valette.

TOME XXI (800 pages avec 80 figures).

LYMPHATIQUE....	Ledentu et Longuet.	MALADIE.......	M. Raynaud.
MACHOIRES.....	A. Després.	MAMELLE.......	Lannelongue.
MAIN........	Ledentu et Duval.	MECONIUM......	Devilliers.

TOME XXII (817 pages avec 52 figures).

MÉDICAMENT, MÉDICATION..	Hirtz.	MICROSCOPE.....	M. Duval.
MENINGES.. Jaccoud et Labadie-Lagrave.		MINEURS.......	Gauchet.
MENSTRUATION.......	Stoltz.	MOELLE ÉPINIÈRE..	Hallopeau, Oré et Poinsot.

LIBRAIRIE J.-B. BAILLIERE ET FILS

ANDOUARD. Nouveaux éléments de pharmacie, par ANDOUARD, professeur à l'Ecole de médecine de Nantes. Paris, 1874. 1 vol. in-8 de 880 p. avec 120 figures. . . . . 14 fr.

ANGER. Nouveaux éléments d'anatomie chirurgicale, par BENJAMIN ANGER, chirurgien des hôpitaux, professeur agrégé à la Faculté de médecine. Paris, 1869. 1 vol. grand in-8 de xvi-1056 pages, avec 1079 figures et Atlas in-4 de 12 planches gravées et coloriées, et représentant les régions de la tête, du cou, de la poitrine, de l'abdomen, de la fosse iliaque interne, du périnée et du bassin. . . . . 40 fr.
Séparément, le texte. 1 vol. in-8. . . . . 20 fr.
Séparément, l'Atlas. 1 vol. in-4. . . . . 25 fr.

ANGLADA. Études sur les maladies nouvelles et les maladies éteintes, pour servir à l'histoire des évolutions séculaires de la pathologie, par CH. ANGLADA, professeur de la Faculté de médecine de Montpellier. Paris, 1869. 1 vol. in-8 de 700 pages. . . . . 8 fr.

ANNALES D'HYGIÈNE PUBLIQUE ET DE MÉDECINE LÉGALE, par MM. BEAUGRAND, BRIERRE DE BOISMONT, CHEVALLIER, L. COLIN, DELPECH, DEVERGIE, FONSSAGRIVES, FOVILLE, GALLARD, GAUCHET, GAULTIER DE CLAUBRY, A. GAUTIER, G. LAGNEAU, PROUST, ROUSSIN, AMB. TARDIEU, E. VALLIN, VERNOIS, avec une revue des travaux français et étrangers, par MM. O. DU MESNIL et STROHL.
Paraissant tous les 2 mois par cahiers de 12 feuilles in-8, avec pl.
Prix de l'abonnement annuel pour Paris. . . . . 22 fr.
Pour les départements . . . . 24 fr.
Pour l'Union postale . . . . 25 fr.
La première série, collection complète (1829 à 1853), dont il ne reste que peu d'exemplaires, 50 vol. in-8, figures. . . . . 500 fr.
Tables alphabétiques par ordre des matières et des noms d'auteurs des Tomes I à L (1829 à 1853). Paris, 1855. In-8 de 136 pages à 2 col. 3 fr. 50
Chacune des dernières années séparément, jusqu'à 1871 inclus. 18 fr.
— Depuis 1872 jusqu'à 1875 inclusivement . . . . 20 fr.
La seconde série a commencé avec le cahier de janvier 1854.
On ne vend pas séparément : 1re *série*, tomes I et II (1829), tomes XI et XII (1834), tomes XV et XVI (1836). — 2e *série*, tomes XI et XII (1859), tomes XIII et XIV (1860).

ANNUAIRE PHARMACEUTIQUE, ou Exposé analytique des travaux de pharmacie, physique, histoire naturelle pharmaceutique, hygiène, toxicologie et pharmacie légale, fondé par O. REVEIL et L. PARISEL, continué par C. MÉHU, pharmacien en chef de l'hôpital Necker. Paris, 1863-1874. 11 vol. in-18, de chacun 360 pag., avec fig. Prix de chacun. 1 fr. 50

BARELLA. Quelques considérations pratiques sur le diagnostic et le traitement des maladies organiques du cœur. Bruxelles, 1872. 1 vol. in-8. . . . . 5 fr.

BARRAULT (E.). Parallèle des eaux minérales de France et d'Allemagne, Guide pratique du médecin et du malade, avec une introduction par le docteur DURAND-FARDEL. Paris, 1872. In-18 de xxii-372 p. 3 fr. 50

BEALE. De l'Urine, des dépôts urinaires et des calculs, de leur composition chimique, de leurs caractères physiologiques et pathologiques et des indications thérapeutiques qu'ils fournissent dans le traitement des maladies. Traduit de l'anglais et annoté par MM. Auguste OLLIVIER, médecin des hôpitaux, et G. BERGERON, professeur agrégé de la Faculté de médecine. Paris, 1865. 1 vol. in-18, 40 p. avec 136 figures. . . 7 fr.

BEAUMONT (Élie de). Leçons de Géologie pratique, professées au Collége de France. Paris, 1845-1869. 2 vol. in-8 avec planches. . . 14 fr.
Séparément, Tome II, 1869. . . . . 5 fr.
BEAUNIS. Nouveaux éléments de physiologie humaine, comprenant les principes de la physiologie comparée et de la physiologie générale, par H. Beaunis, professeur de physiologie à la Faculté de médecine de Nancy. Paris, 1876. 1 vol. in-8 de 1100 pages avec 350 fig. Cart. . . . . 14 fr.
BEAUNIS et BOUCHARD. Nouveaux éléments d'anatomie descriptive et d'embryologie, par H. Beaunis, professeur à la Faculté de médecine de Nancy, et H. Bouchard, professeur agrégé à la Faculté de médecine de Nancy. *Deuxième édition*. Paris, 1875. 1 v. grand in-8 de 1104 pages avec 421 figures. Cart. . . . . 18 fr.
BEAUREGARD. Des difformités des doigts (dactylolyses). Dactylolyses essentielles (ainhum) dactylolyse de cause interne et de cause externe. Etude de séméiologie par le docteur G. Beauregard (du Havre). Paris, 1875. 1 vol. in-8 de 110 pages, avec 6 planches. . . . . 4 fr.
BÉCLU (H.). Nouveau manuel de l'herboriste ou traité des propriétés médicinales des plantes exotiques et indigènes du commerce, suivi d'un Dictionnaire pathologique, thérapeutique et pharmaceutique. 1872. 1 vol. in-12 de xiv-256 pages, avec 55 figures. . . . . . . 2 fr. 50
BELLYNCK. Cours élémentaire de botanique, par A. Bellynck, professeur au collége Notre-Dame de la Paix, à Namur. *Deuxième édition*. 1876, 1 vol. in-8 de 680 pages, avec 905 gravures. . . . . 10 fr.
BERGERET (L.-F.). Des fraudes dans l'accomplissement des fonctions génératrices, causes, dangers et inconvénients pour les individus, la famille et la société, remèdes, par L. F. Bergeret, médecin en chef de l'hôpital d'Arbois (Jura). *Quatrième édition*. Paris, 1874. 1 vol. in-18 jésus de 228 pages. . . . . 2 fr. 50
De l'abus des boissons alcooliques, dangers et inconvénients pour les individus, la famille et la société. Moyens de modérer les ravages de l'ivrognerie. Paris, 1870. In-18 jésus de viii-380 pages. . . . . . 3 fr.
BERNARD (Claude). Leçons de Physiologie expérimentale appliquée à la médecine, faites au Collége de France, par Cl. Bernard, membre de l'Institut de France, professeur au Collége de France, professeur au Muséum d'histoire naturelle. Paris, 1855-1856. 2 vol. in-8, avec fig. 14 fr.
— **Leçons sur les effets des substances toxiques et médicamenteuses**. Paris, 1857. 1 vol. in-8, avec 32 figures . . . . 7 fr.
— **Leçons sur la physiologie et la pathologie du système nerveux**. Paris, 1858. 2 vol. in-8, avec figures. . . . . 14 fr.
— **Leçons sur les propriétés physiologiques et les altérations pathologiques des liquides de l'organisme**. Paris, 1859. 2 vol. in-8, av. fig. 14 fr.
— **Introduction à l'étude de la médecine expérimentale**. Paris, 1865 In-8, 400 pages. 7 fr.
— **Leçons de pathologie expérimentale**. Paris, 1871. 1 vol. in-8 de 600 pages. . . . . 7 fr.
— **Leçons sur les anesthésiques et sur l'asphyxie**. Paris, 1875. 1 vol. in-8 de 520 pages avec figures. . . . . 7 fr.
— **Leçons sur la chaleur animale**, sur les effets de la chaleur et sur la fièvre. Paris, 1876. In-8 de 469 pages, avec fig. . . . . . . 7 fr.
BERNARD (Claude) et HUETTE. Précis iconographique de médecine opératoire et d'anatomie chirurgicale, par Claude Bernard et Ch. Huette (de Montargis). *Nouveau tirage*. Paris, 1875. 1 vol. in-18 jésus, avec 113 planches, figures noires. Cartonné. . . . . 24 fr.
— Le même, figures coloriées. . . . . 48 fr.
BERNARD (H.). Premiers secours aux blessés sur le champ de ba-

taille et dans les ambulances, par le docteur H. Bernard, ancien chirurgien des armées, précédée d'une introduction par J. N. Demarquay, chirurgien de la Maison municipale de santé. Paris, 1870. In-18 de 164 p. avec 79 figures. . . . . 2 fr.

BERT (Paul). Leçons sur la physiologie comparée de la respiration, par Paul Bert, professeur à la Faculté des sciences. Paris, 1870. 1 vol. in-8 de 500 pages avec 150 fig. . . . . 10 fr.

BLANCHARD. Les poissons des eaux douces de la France. Anatomie, physiologie, description des espèces, mœurs, instincts, industrie, commerce, ressources alimentaires, pisciculture, législation concernant la pêche, par Émile Blanchard, membre de l'Institut, professeur au Muséum d'histoire naturelle. Paris, 1866. 1 magnifique volume, grand in-8, avec 151 figures dessinées d'après nature. . . . . 12 fr.

BOISSEAU. Des maladies simulées et des moyens de les reconnaître, par le docteur Edm. Boisseau, professeur agrégé. Paris, 1870. 1 vol. in-8 de 500 pages. . . . . 7 fr.

BOIVIN et DUGÈS. Anatomie pathologique de l'utérus et de ses annexes, fondée sur un grand nombre d'observations classiques ; par madame Boivin, docteur en médecine, sage-femme en chef de la Maison de santé, et A. Dugès, professeur à la Faculté de médecine de Montpellier. Paris, 1866. Atlas in-folio de 41 planches, gravées et coloriées, *représentant les principales altérations morbides des organes génitaux de la femme*, avec explication. . . . . 45 fr.

BONNAFONT. Traité théorique et pratique des maladies de l'oreille et des organes de l'audition, par le docteur J. B. Bonnafont. *Deuxième édition.* Paris, 1873. 1 vol in-8, xvi-700 pages, avec 45 figures. 10 fr.

BONNET. Traité de thérapeutique des Maladies articulaires, Paris, 1853, 1 vol. in-8, xviii-684 pages, avec 97 figures. . . . . 9 fr.

— **Maladies des articulations.** Atlas in-4 de 16 planches contenant 58 dessins avec texte explicatif. . . . . 6 fr.

— **Nouvelles méthodes de traitement des Maladies articulaires.** *Seconde édition*, revue et augmentée d'une notice historique, par le docteur Garin, médecin de l'Hôtel-Dieu de Lyon, accompagnée d'observations sur la rupture de l'ankylose, par MM. Barrier, Berne, Philipeaux et Bonnes. Paris, 1860, in-8 de 356 pages, avec 17 figures. . . . . . . 4 fr. 50

BOUCHUT. Traité pratique des Maladies des nouveau-nés, des enfants à la mamelle et de la seconde enfance, par le docteur E. Bouchut, médecin de l'hôpital des Enfants malades, professeur agrégé à la Faculté de médecine. *Sixième édition*, corrigée et augmentée. Paris, 1875. 1 vol. in-8 de viii-1092 pages, avec 179 figures. . . . . 16 fr.

Ouvrage couronné par l'Institut de France (Académie des sciences).

Après une longue pratique et plusieurs années d'enseignement clinique à l'hôpital des Enfants-Malades, M. Bouchut, pour répondre à la faveur publique, a étendu son cadre et complété son œuvre, en y faisant entrer indistinctement toutes les maladies de l'enfance jusqu'à la puberté. On trouvera dans son livre la médecine et la chirurgie du premier âge.

— **Hygiène de la Première Enfance**, guide des mères pour l'allaitement, le sevrage et le choix de la nourrice, chez les nouveau-nés. *Sixième édition*, revue et augmentée. Paris, 1874. In-18 de viii-525 pages, avec 49 figures. . . . . 4 fr.

— **La vie et ses attributs dans leurs rapports avec la philosophie, l'histoire naturelle et la médecine.** *Deuxième édition.* Paris, 1876, 1 vol. in-18 jésus de 450 pages. . . . . 4 fr. 50

— **Nouveaux éléments de Pathologie générale, de Séméiologie et de diagnostic**, comprenant : la nature de l'homme, l'histoire générale de la maladie, les différentes classes de maladies, l'anatomie pathologique générale, de l'histologie pathologique, le pronostic, la thérapeutique générale, les éléments du diagnostic par l'étude des symptômes et l'emploi des moyens physiques (auscultation, percussion, cérébroscopie, laryngoscopie, microscopie, chimie pathologique, spirométrie, etc.). *Troisième édition.* Paris, 1875. 1 vol. grand in-8 de 1312 pages. 20 fr.

BOUCHUT. Traité des signes de la mort, et des moyens de ne pas être enterré vivant. *Deuxième édition*, augmentée d'une étude sur de nouveaux signes de la mort. Paris, 1874. 1 vol. in-18 jésus de viii-468 p. 4 fr.

— **Du Nervosisme et des maladies nerveuses.** Paris, 1877. 1 vol. in-8, 400 pages.

BOURGEOIS (L. X.). Les passions dans leurs rapports avec la santé et les maladies, par le docteur X. Bourgeois, lauréat de l'Académie de médecine de Paris. — **L'amour et le libertinage.** *Troisième édition* augmentée. Paris, 1871. 1 vol. in-12 de 208 pages. . . . . . 2 fr.

BOURGEOIS (L. X.). De l'influence des maladies de la femme pendant la grossesse sur la constitution et la santé de l'enfant, par M. le docteur L. X. Bourgeois, médecin à Tourcoing. Paris, 1861. 1 vol. in-4. 3 fr. 50

BOURGUIGNAT (J. R.). Les Spicilèges malacologiques. Paris, 1862. 1 vol. in-8, avec 15 planches en partie coloriées. . . . . . 25 fr.

Cet important ouvrage comprend 15 monographies : 1° genre Choanomphalus; catalogue des Paludinées recueillies en Sibérie et sur le territoire de l'Amour; 3° Limaciens; 4° Limaces algériennes; 5° Parmacella; 6° genre Testacella; 7° genre Pyrgula; 8° genre Guadlachia; 9° genre Pocyia; 10° genre Brondelia; 11° Limaces d'Europe; 12° Paludinées de l'Algérie; 13° et 14° Vivipara; 15° genre Ancylus.

BRAIDWOOD (P. M.). De la Pyohémie ou fièvre suppurative, traduction par Edw. Alling, revue par l'auteur. Paris, 1870. 1 vol. in-8 de 500 pages avec 12 planches chromo-lithographiées. . . . . . . 8 fr.

BRAUN, BROUWERS et DOCX. Gymnastique scolaire en Hollande, en Allemagne et dans les pays du Nord, par MM. Braun, Brouwers et Docx, suivie de l'état de l'enseignement de la gymnastique en France. Paris, 1874. In-8 de 168 pages. . . . . 3 fr. 50

BREHM. La vie des animaux illustrée, ou description populaire du règne animal, par A. E. Brehm. Édition française, revue par Z. Gerbe. Caractères, mœurs, instincts, habitudes et régime, chasses, combats, captivité, domesticité, acclimatation, usages et produits.

— **Les Mammifères.** 2 vol. grand in-8 avec 800 figures et 40 planches, broché. . . . . 21 fr.
— Cartonné en toile, doré sur tranches, avec fers spéciaux. . . . 28 fr.
— Relié en demi-maroquin, doré sur tranches. . . . . 30 fr.
— **Les Oiseaux.** 2 vol. grand in-8, avec 700 fig. et 40 pl. broché. 21 fr.
— Cartonné en toile, doré sur tranches, fers spéciaux. . . . . 28 fr.
— Relié en demi-maroquin, doré sur tranches. . . . . 30 fr.

BRIAND et CHAUDÉ. Manuel complet de Médecine légale, ou Résumé des meilleurs ouvrages publiés jusqu'à ce jour sur cette matière, et des jugements et arrêts les plus récents, par J. Briand, docteur en médecine de la Faculté de Paris, et Ernest Chaudé, docteur en droit, et contenant un *Traité élémentaire de chimie légale,* par J. Bouis, professeur agrégé de toxicologie à l'École de pharmacie de Paris. *Neuvième édition.* Paris, 1875. 1 vol. grand in-8 de viii-1088 pages, avec 3 planches gravées et 57 figures. . . . . 18 fr.

BRUCKE. Des couleurs au point de vue physique, physiologique, artistique et industriel, par le docteur Ernest Brucke, professeur à l'Université de Vienne, membre de l'Académie des sciences et du Conseil du musée pour l'art et l'industrie, traduit de l'allemand sous les yeux de l'auteur, par P. Schützenberger. Paris, 1866. In-18 jésus, 344 pages avec 46 figures. . . . . 4 fr.

CARRIÈRE. Le climat de l'Italie et des stations du midi de l'Europe, sous le rapport hygiénique et médical, par le Dr Carrière, médecin de Monseigneur le comte de Chambord. *Deuxième édition*, 1876. 1 vol. in-8 de 640 pages. . . . . 9 fr.

CAUVET. Nouveaux éléments d'histoire naturelle médicale, Paris, 1869. 2 vol. in-18 jésus d'environ 600 pages, avec 790 figures. . 12 fr.

CHAILLY. Traité pratique de l'Art des accouchements. *Cinquième édition*, revue et corrigée. Paris, 1867. 1 vol. in-8 de xxiv-1036 pages, avec 1 pl. et 282 figures. . . . . 10 fr.

Ouvrage adopté par le Conseil de l'Instruction publique pour les facultés de médecine, les écoles préparatoires et les cours départementaux institués pour les sages-femmes.

CHANTREUIL. Les dispositions du cordon (la procidence exceptée) qui peuvent troubler la marche régulière de la grossesse et de l'accouchement par G. Chantreuil, professeur agrégé de la Faculté de médecine de Paris, 1875. in-8 de 176 pages. . . . . 4 fr.

CHATIN (J.) Du siège des substances actives dans les plantes médicales, 1876, grand in-8; 176 pages avec deux planches en lithographie.

CHAUVEAU. Traité d'anatomie comparée des animaux domestiques. 2e édition, revue et augmentée avec la collaboration de M. Arloing. Paris, 1871. 1 vol. in-8 avec 368 figures. . . . . 20 fr.

CHEVREUL. Des couleurs et de leurs applications aux arts industriels à l'aide des cercles chromatiques, par M. E. Chevreul, membre de l'Académie des sciences, professeur au Muséum, directeur de la manufacture des Gobelins. Paris, 1864. Petit in-folio, avec 27 planches gravées sur acier et imprimées en couleur par M. René Digeon, cart. en toile. 55 fr.

CHURCHILL. Traité pratique des maladies des femmes, hors l'état de grossesse, pendant la grossesse et après l'accouchement, par Fleetwood Churchill, professeur d'accouchements, de maladies des femmes et des enfants, à l'Université de Dublin. Traduit de l'anglais par les docteurs Wieland et Dubrisay. *Deuxième édition* contenant l'exposé des travaux français et étrangers les plus récents, par le Dr Leblond. Paris, 1874. 1 vol. grand in-8 de 1258 p., avec 359 figures. . . . . 18 fr.

CIVIALE. Traité pratique sur les Maladies des Organes génito-urinaires, par le docteur Civiale, membre de l'Institut et de l'Académie de médecine. *Troisième édition*, augmentée. Paris, 1858-1860. 3 vol. in-8, avec figures. . . . . 24 fr.

Cet ouvrage, le plus pratique et le plus complet sur la matière, est ainsi divisé : Tome I. Maladies de l'urèthre. — Tome II. Maladies du col de la vessie et de la prostate. — Tome III. Maladies du corps de la vessie.

CODEX medicamentarius. Pharmacopée française rédigée par ordre du gouvernement, la commission de rédaction étant composée de professeurs de la Faculté de médecine et de l'Ecole supérieure de pharmacie de Paris, et de membres de l'Académie de médecine et de la Société de pharmacie de Paris. Paris, 1866. 1 fort vol. grand in-8, cartonné à l'anglaise. . . . . 9 fr. 50

Franco par la poste. . . . . 11 fr. 50

— Le même, interfolié de papier réglé et solidement relié en demi-maroquin. . . . . 16 fr. 50

Le nouveau Codex medicamentarius, Pharmacopée française, édition de 1866, sera et demeurera obligatoire pour les pharmaciens à partir du 1er janvier 1867. (*Décret du 5 décembre 1866.*)

Commentaires thérapeutiques du Codex. Voy. Gubler, page 18.

COLIN (G.) Traité de physiologie comparée des animaux, considérée dans ses rapports avec les sciences naturelles, la médecine, la zootechnie et l'économie rurale, par G. Colin, professeur à l'école vétérinaire d'Alfort. *Deuxième édition*. Paris, 1871-72. 2 vol. in-8 avec 250 figures. 26 fr.

COLIN (Léon). **Traité des fièvres intermittentes**, par Léon Colin, professeur à l'École du Val-de-Grâce. Paris, 1870. 1 vol. in-8 de 500 pages, avec un plan médical de Rome. 8 fr.

— **De la Variole**, au point de vue épidémiologique et prophylactique. Paris, 1873. 1 vol. in-8 de 200 pages avec 3 figures. . . . . 3 fr. 50

COMITÉ consultatif d'**Hygiène publique de France** (Recueil des travaux et des actes officiels de l'Administration sanitaire), publié par ordre de M. le Ministre de l'agriculture et du commerce. Paris, 1872. Tome I. 1 vol. in-8 de XXIV-451 pages. . . . . 8 fr.

— Tome II. Paris, 1873. 1 vol. in-8 de 432 pages avec 2 cartes. . 8 fr.

— Tome II, 2ᵉ partie, contenant l'Enquête sur le goitre et le crétinisme. Rapport par M. Baillarger. Paris, 1873. 1 vol. in-8 de 376 pages, avec 5 cartes (pas séparément de la collection). . . . . 7 fr.

— Tome III. Paris, 1874. 1 vol. in-8 de 404 pages. . . . . 8 fr.

— Tome IV. Paris, 1875. 1 vol. in-8 avec cartes. . . . . 8 fr.

— Tome V. Paris, 1876. 1 vol. in-8 avec carte coloriée. . . . . . 8 fr.

COMTE (A.). **Cours de philosophie positive**, par Auguste Comte, répétiteur d'analyse transcendante et de mécanique rationnelle à l'École polytechnique. *Troisième édition*, augmentée d'une préface par E. Littré, et d'une table alphabétique des matières. Paris, 1869. 6 vol. in-8. . . . 45 fr.

Tome I. Préliminaires généraux et philosophie mathématique. — Tome II. Philosophie astronomique et philosophie physique. — Tome III. Philosophie chimique et philosophie biologique. — Tome IV. Philosophie sociale (partie dogmatique). — Tome V. Philosophie sociale (partie historique : état théologique et état métaphysique). — Tome VI. Philosophie sociale (complément de la partie historique, et Conclusions générales.

— **Principes de philosophie positive**, précédés de la préface d'un disciple, par E. Littré. Paris, 1868. 1 vol. in-18 jésus, 208 pag. . . 2 fr. 50

Les *Principes de philosophie positive* sont destinés à servir d'introduction à l'étude du *Cours de philosophie*; ils contiennent : 1° l'exposition du but du cours, ou considérations générales sur la nature et l'importance de la philosophie positive; 2° l'exposition du plan du cours, ou considérations générales sur la hiérarchie des sciences.

CONTEJEAN. **Éléments de géologie et de paléontologie**, par Contejean, professeur d'histoire naturelle à la Faculté des sciences de Poitiers. Paris, 1874. 1 vol. in-8 de 750 pages, avec 467 figures. Cartonné. 16 fr.

CORLIEU (A.). **Aide-mémoire de médecine, de chirurgie et d'accouchements**, vade-mecum du praticien, par le docteur A. Corlieu. *Deuxième édition*. Paris, 1872. 1 vol. in-18 jésus de 700 pages avec 418 fig. Cart. . . . . 6 fr.

CORRE. **La pratique de la chirurgie d'urgence**, par le docteur A. Corre, ex-médecin de 1ʳᵉ classe de la marine. Paris, 1872. In-18 de VIII-216 p., avec 51 figures. . . . . 2 fr.

CRUVEILHIER. **Anatomie pathologique du Corps humain**, ou Descriptions, avec figures lithographiées et coloriées, des diverses altérations morbides dont le corps humain est susceptible; par J. Cruveilhier, professeur d'anatomie pathologique à la Faculté de médecine de Paris, médecin de l'hôpital de la Charité, président perpétuel de la Société anatomique, etc. Paris, 1830-1842. 2 vol. in-folio, avec 230 pl. col. 456 fr.

Demi-rel., dos de maroquin, non rog. Prix pour les 2 v. gr. in-fol. 24 fr.

Ce bel ouvrage est complet; il a été publié en 41 livraisons, chacune contenant 6 feuilles de texte in-folio grand raisin vélin, caractère neuf de F. Didot, avec 5 pl. coloriées avec le plus grand soin, et 6 planches lorsqu'il n'y a que 4 planches de coloriées. Chaque livraison. . . . . 11 fr.

CRUVEILHIER. Traité d'Anatomie pathologique générale, par J. Cruveilhier, professeur d'anatomie pathologique à la Faculté de médecine de Paris. *Ouvrage complet.* Paris, 1849-1864. 5 vol. in-8. . . . . . 35 fr.
Tome V et dernier, dégénérations aréolaires et gélatiniformes, dégénérations cancéreuses proprement dites, par J. Cruveilhier; pseudo-cancers et tables alphabétiques, par Ch. Houel. Paris, 1864. 1 v. in-8 de 420 p. . 7 fr.
Cet ouvrage est l'exposition du Cours d'anatomie pathologique que M. Cruveilhier fait à la Faculté de médecine de Paris. Comme son enseignement, il est divisé en XVIII classes, savoir : Tome Ier, 1° solutions de continuité; 2° adhésions; 3° luxations; 4° invaginations; 5° hernies; 6° déviations. — Tome II, 7° corps étrangers; 8° rétrécissements et oblitérations; 9° lésions de canalisation par communication accidentelle; 10° dilatations. — Tome III, 11° hypertrophies; 12° atrophies; 13° métamorphoses et productions organiques analogues. — Tome IV, 14° hydropisies et flux; 15° hémorrhagies; 16° gangrènes; 17° inflammations ou phlegmasies. — Tome V, 18° dégénérations organiques.

CURTIS. Du traitement des rétrécissements de l'urèthre par la dilatation progressive, par le docteur T. B. Curtis. Paris, 1873. In-8 de 113 pages. . . . . 2 fr. 50

CUVIER (G.). Les Oiseaux, décrits et figurés d'après la classification de Georges Cuvier, mise au courant des progrès de la science. Paris, 1870, 1 vol. in-8 avec 72 pl. contenant 464 fig. noires, 50 fr. Fig. color. 50 fr.

— **Description des Animaux sans vertèbres découverts dans le bassin de Paris**, pour servir de supplément à la Description des coquilles. fr.

— **Les Mollusques.** Paris, 1868. 1 vol. in-8 avec 36 pl. contenant 520 figures noires, 15 fr.; fig. coloriées . . . . 25 fr.

— **Les Vers et les Zoophytes.** Paris. 1869. 1 vol. in-8 avec 57 planches, contenant 550 figures. — Fig. noires, 15 fr.; fig. color. . . . . . 25 fr.

CYON. Principes d'électrothérapie, par le docteur Cyon, professeur à l'Académie médico-chirurgicale de Saint-Pétersbourg. Paris. 1873. 1 vol. in-8 de viii-275 pages avec figures. . . . . 4 fr.

CZERMAK. Du laryngoscope et de son emploi en physiologie et en médecine, par le docteur J. N. Czermak, professeur de physiologie à l'Université de Pesth. Paris, 1860, in-8., avec 2 pl. grav. et 51 fig. 5 fr. 50

DALTON. Physiologie et hygiène des écoles, des collèges et des familles, par Dalton, professeur à l'Université de New-York. Traduit par le Dr E. Acosta. Paris, 1870. 1 v. in-18 jés. de 500 p., avec 66 fig. 4 fr.

DAREMBERG. Histoire des sciences médicales, comprenant l'anatomie, la physiologie, la médecine, la chirurgie et les doctrines de pathologie générale, par Ch. Daremberg, professeur à la Faculté de médecine membre de l'Académie de médecine, bibliothécaire de la bibliothèque Mazarine, etc. Paris, 1870. 2 vol. in-8. . . . . 20 fr.

DAVASSE. La Syphilis, ses formes, son unité, par J. Davasse, ancien interne des hôpitaux de Paris. Paris, 1865. 1 vol. in-8, 570 pag. 8 fr.

DEGLAND et GERBE. Ornithologie européenne, ou Catalogue descriptif, analytique et raisonné des oiseaux observés en Europe, par Degland et Z. Gerbe, préparateur du Cours d'Embryogénie au Collège de France. *Deuxième édition* entièrement refondue. Paris, 1867. 2 vol. in-8. . 24 fr.

DEPIERRIS. Physiologie sociale, le Tabac qui contient le plus violent des poisons, la nicotine, abrège-t-il l'existence? Est-il cause de la dégénérescence physique et morale des sociétés modernes? par le Dr H. A. Depierris. 1876. 1 vol. in-8 de 512 pages . . . . 6 fr.

DESHAYES (G.-P.) Conchyliologie de l'île de la Réunion (Bourbon). Paris, 1863. Gr. in-8, 144 pages, avec 14 planches coloriées. . . 10 fr.

— **Coquilles fossiles des environs de Paris.** 1837-1874, 166 planches avec explication détaillée en 2 volumes in-4, cart. . . . . . . 120 fr.
Quelques exemplaires seulement.

quilles fossiles des environs de Paris, comprenant une revue générale de toutes les espèces actuellement connues;] par G. P. DESHAYES, professeur au Muséum d'histoire naturelle. Paris, 1860-1866. *Ouvrage complet.* 5 vol. in-4 de texte et 2 vol. in-4 de 196 planch., publié en 50 livraisons. Prix de chaque livrais, 5 fr. — Prix de l'ouvrage complet. . . . 250 fr.

Dictionnaire général des Eaux minérales et d'Hydrologie médicale, comprenant la géographie et les stations thermales, la pathologie thérapeutique, la chimie analytique, l'histoire naturelle, l'aménagement des sources, l'administration thermale, etc., par MM. DURAND-FARDEL, inspecteur des sources d'Hauterive à Vichy, E. LE BRET, inspecteur des eaux minérales de Baréges, J. LEFORT, pharmacien, avec la collaboration de M. JULES FRANÇOIS, ingénieur en chef des mines, pour les applications de la science de l'ingénieur à l'hydrologie médicale. Paris, 1860. 2 forts volumes in-8 de chacun 750 pages . . . . 20 fr
Ouvrage couronné par l'Académie de médecine.

Dictionnaire de Médecine, de Chirurgie, de Pharmacie, de l'Art vétérinaire et des Sciences qui s'y rapportent, publié par J.-B. Baillière et Fils. *Treizième édition*, entièrement refondue par E. LITTRÉ, membre de l'Institut de France (Académie française et Académie des inscriptions), et CH. ROBIN, professeur à la Faculté de médecine de Paris, membre de l'Académie de médecine. Ouvrage contenant la synonymie *grecque, latine, allemande, anglaise, italienne et espagnole* et le Glossaire de ces diverses langues. Paris, 18"?. 1 beau volume grand in-8 de 1,700 pag. à deux colonnes, avec plus de 550 figures. . . . . 20 fr.
Demi-reliure maroquin, plats en toile. . . . . 4 fr.
Demi-reliure maroquin à nerfs, plats en toile, très-soignée. . . . 5 fr.

Il y a plus de soixante ans que parut pour la première fois cet ouvrage longtemps connu sous le nom de *Dictionnaire de médecine de Nysten* et devenu classique par un succès de onze éditions.

Les progrès incessants de la science rendaient nécessaires, pour cette treizième édition, une révision générale de l'ouvrage et plus d'unité dans l'ensemble des mots consacrés aux théories nouvelles et aux faits nouveaux que l'emploi du microscope, les progrès de l'anatomie générale, normale et pathologique, de la physiologie, de la pathologie, de l'art vétérinaire, etc., ont créés.

M. Littré, connu par sa vaste érudition et par son savoir étendu dans la littérature médicale, nationale et étrangère, et M. le professeur Ch. Robin, que de récents travaux ont placé si haut dans la science, se sont chargés de cette tâche importante. Une addition qui sera justement appréciée, c'est la Synonymie *grecque, latine, anglaise, allemande, italienne, espagnole*, qui, avec les glossaires, fait de ce Dictionnaire un Dictionnaire polyglotte.

DONNÉ. Hygiène des gens du monde, par AL. DONNÉ, recteur de l'Académie de Montpellier. Paris, 1870. 1 vol. in-18 jésus de 540 pages. 4 fr.
Table des matières. — A mon éditeur. — Utilité de l'hygiène. — Hygiène des saisons. — Exercices et voyages de santé. — Eaux minérales. — Bains de mer. — Hydrothérapie. — La fièvre. — Hygiène des poumons. — Hygiène des dents. — Hygiène de l'estomac. — Hygiène des yeux. — Hygiène des femmes nerveuses. — La toilette et la mode, ***.

— **Conseils aux mères sur la manière d'élever les enfants nouveaunés**. 5e *édition*. Paris, 1875. 1 vol. in-18 jésus de 550 p. . . . . 3 fr.

DUCHARTRE. Éléments de Botanique comprenant l'anatomie, l'organographie, la physiologie des plantes, les familles naturelles et la géographie botanique, par P. DUCHARTRE, de l'Institut (Académie des sciences), professeur à la Faculté des sciences. *Deuxième édition*. 1876. 1 vol. in-8 de 1010 pages, avec 506 figures. Cart. . . . . 18 fr.

DUCHENNE. De l'Électrisation localisée et de son application à la pathologie et à la thérapeutique; par le docteur DUCHENNE (de Boulogne), lauréat de l'Institut de France. *Troisième édition*, entièrement refondue, Paris, 1872. 1 vol. in-8 avec 279 fig. et 3 pl. noires et coloriées. 18 fr.

DUCHENNE. Mécanisme de la physionomie humaine, ou analyse électro-physiologique de l'expression des passions, publié en trois éditions :
1° *Édition grand in-octavo* formant 1 vol. de 264 pages, avec 9 planches représentant 144 fig. photographiées. *Deuxième édition.* 20 fr.
2° *Édition de luxe* formant 1 vol. grand in-8, avec atlas composé de 74 planches photographiées et de 9 planches représentant 144 fig. *Deuxième édition.* Cart. 68 fr.
3° *Grande édition* in-folio, dont il ne reste que 2 exemplaires, formant 84 pages de texte in-folio à deux colonnes et 84 planches, tirées d'après les clichés primitifs, dont 74 sur plaques normales et représentant l'ensemble des expériences électro-physiologiques. 200 fr.
— **Physiologie des mouvements**, démontrée à l'aide de l'expérimentation électrique et de l'observation clinique, et applicable à l'étude des paralysies et des déformations. Paris, 1867. In-8, xvi, 872 pag. avec 101 fig. 14 fr.

DUTROULAU. Traité des maladies des Européens dans les pays chauds (régions intertropicales), climatologie et maladies communes, maladies endémiques, par le docteur A. F. Dutroulau, médecin en chef de la marine. *Deuxième édition.* Paris, 1868. In-8, 650 pages. 8 fr.

DUVAL. Cours de physiologie. Voyez Kuss, page 22.
— **Structure et usage de la rétine.** Paris, 1872. 1 vol. in-8 de 142 pages avec figures. 3 fr.

ÉCOLE DE SALERNE (L'). Traduction en vers français, par Ch. Meaux Saint-Marc, avec le texte latin en regard (1870 vers), précédée d'une introduction par M. le docteur Ch. Daremberg. — **De la Sobriété**, conseils pour vivre longtemps, par L. Cornaro, traduction nouvelle. Paris, 1861. 1 joli vol. in-18 jésus de lxxii-344 pages avec 5 vignettes. 3 fr. 50

ENGEL. La série grasse et la série aromatique. Comparaison des deux séries. 1876, gr. in-8, 412 pages. 2 fr. 50

ESPANET (Alexis). La pratique de l'homœopathie simplifiée. 1874. 1 vol. in-18 jésus de xxi-546 pages. Cartonn. 4 fr. 50
— **Traité méthodique et pratique de Matière médicale et de Thérapeutique**, basé sur la loi des semblables. Paris, 1861. In-8 de 808 p. 9 fr.

FAGET (J.-C.). Monographie sur le type et la spécificité de la fièvre jaune établie avec l'aide de la montre et du thermomètre, par le docteur J.-C. Faget, de la Faculté de Paris, etc. Paris, 1875. Grand in-8 de 84 pages, avec 109 tracés graphiques (pouls et température). 4 fr.

FALRET (J.-P.). Des maladies mentales et des asiles d'aliénés. Paris, 1864. In-8, lxx-800 pages avec 1 planche. 11 fr.

FAU (J.). Anatomie artistique élémentaire du corps humain. *Cinquième édition.* Paris, 1876. 1 vol. in-8, 17 pl. gravées, avec texte explicatif, figures noires. 4 fr.
— Le même, figures coloriées. 10 fr.

FELTZ. Traité clinique et expérimental des embolies capillaires, par V. Feltz, professeur à la Faculté de médecine de Nancy. *Deuxième édition.* Paris, 1870. In-8 de 450 pages, avec 11 planches chromolithographiées, comprenant 90 dessins. 12 fr.

FERRAND (E.). Aide-mémoire de pharmacie, vade-mecum du pharmacien à l'officine et au laboratoire, par E. Ferrand, pharmacien à Paris. Paris, 1872. 1 vol. in-18 jésus, de 700 p. avec 250 figures; cart. 6 fr.

FERRAND (A.). Traité de thérapeutique médicale, ou guide pour l'application des principaux modes de médication thérapeutique et au traitement des maladies, par le docteur A. Ferrand, médecin des hôpitaux. Paris, 1875. 1 vol. in-18 jésus de 800 pages. Cart. 8 fr.

FEUCHTERSLEBEN. Hygiène de l'âme, traduit de l'allemand, par

Schlesinger-Rahier. *Troisième édition*, précédée d'études biographiques et littéraires. Paris, 1870. 1 vol. in-18 de 260 pages. . . . . 2 fr. 50

FIOUPE (J.). Lymphatiques utérins, et parallèle entre la lymphangite et la phlébite utérines (suites de couches), 1876, avec tracés graphiques intercalés dans le texte, et en lithographie . . . . . 2 fr. 50

FOISSAC. De l'influence des climats sur l'homme et des agents physiques sur le moral. Paris, 1867. 2 vol. in-8 . . . . 15 fr.

— **La longévité humaine**, ou l'art de conserver la santé et de prolonger la vie. Paris, 1875, 1 vol. grand in-8 de 567 pages. . . . . . 7 fr. 50

— **La chance ou la destinée.** Paris, 1876, 1 vol. in 8 de 662 pages. 7 fr. 50

FONSSAGRIVES. Hygiène et assainissement des villes; campagnes et villes; conditions originelles des villes; rues; quartiers; plantations; promenades; éclairage; cimetières; égouts; eaux publiques; atmosphère; population; salubrité; mortalité; institutions actuelles d'hygiène municipale; indications pour l'étude de l'hygiène des villes. Paris, 1874. 1 vol. in-8 de xii-568 pages. . . . . 8 fr.

— **Principes de thérapeutique générale** ou le médicament étudié aux points de vue physiologique, posologique et clinique, par J.-B. Fonssagrives, prof. à la Faculté de médecine de Montpellier, 1875. 1 v. in-8 de 468 p. 7 fr.

— **Hygiène alimentaire** des malades, des convalescents et des valétudinaires, ou du Régime envisagé comme moyen thérapeutique. *Deuxième édition*, revue et corrigée. Paris, 1867. 1 vol. in-8 de xxxii-670 p. . 9 fr.

FOURNIER (H.). De l'Onanisme, causes, dangers et inconvénients pour les individus, la famille et la société, remèdes, par le docteur H. Fournier. Paris, 1875. 1 vol. in-12 de 175 pages. . . . . 1 fr. 50

FOVILLE (Ach.) Les aliénés aux États-Unis, législation et assistance, par Ach. Foville fils. directeur-médecin de l'asile des aliénés de Quatre-Mares, près Rouen. Paris, 1875. In-8 de 118 pages . . . . 2 fr. 50

— **Les aliénés.** Étude pratique sur la législation et l'assistance qui leur sont applicables. Paris, 1870. 1 vol in-8 de xiv-207 pages. . . . 3 fr.

FRERICHS. Traité pratique des maladies du foie et des voies biliaires, par Fr. Th. Frerichs, professeur à l'Université de Berlin, traduit de l'allemand par les docteurs Duménil et Pellagot. *Troisième édition*. Paris, 1877. 1 vol. in-8 de xvi-896 pages avec 158 figures. . . 12 fr.

GALEZOWSKI (X.). Traité des maladies des yeux, par X. Galezowski, professeur à l'École pratique de la Faculté de Paris. *Deuxième édition*. Paris, 1875. 1 vol. in-8, xvi-896 p. avec 416 fig. . . . . 20 fr.

— **Du diagnostic des maladies des yeux** par la chromatoscopie rétinienne, précédé d'une étude sur les lois physiques et physiologiques des couleurs Paris, 1868. 1 v. in-8 de 267 p., avec 51 figures, une échelle chromatique comprenant 44 teintes et cinq échelles typographiques tirées en noir et en couleurs. . . . . 7 fr.

— **Échelles typographiques et chromatiques** pour l'examen de l'acuité visuelle. Paris, 1874. 1 vol. in-8 avec 20 pl. noires et col. Cart. 6 fr.

GALIEN. Œuvres anatomiques, physiologiques et médicales de Galien, traduites sur les textes imprimés et manuscrits; accompagnées de sommaires, de notes, de planches, par le docteur Ch. Daremberg. Paris, 1854-1857. 2 vol. grand in-8 de 800 pages. . . . . 20 fr.
Séparément, le tome II. . . . . 10 fr.

GALISSET et MIGNON. Nouveau traité des vices rédhibitoires ou **Jurisprudence vétérinaire**, contenant la législation et les garanties dans les ventes et échanges d'animaux domestiques, d'après les principes du code civil et la loi modificatrice du 20 mai 1828, la procédure à suivre, la description des vices rédhibitoires, le formulaire des expertises, procès-verbaux et rapports judiciaires, et un précis des législations étrangères. *Troisième édition*, mise au courant de la jurisprudence et augmentée d'un appendice sur les épizooties et l'exercice de la médecine vétérinaire. Paris, 1864. In-18 jésus de 542 pages . . 6 fr.

GALLARD. Leçons cliniques sur les maladies des femmes, par le docteur T. GALLARD, médecin de l'hôpital de la Pitié. Paris, 1873. 1 vol. in-8 de xx-792 pages avec 94 figures. . . . . 12 fr.

GALLOIS. Formulaire de l'Union médicale. Douze cents formules favorites des médecins français et étrangers, par le docteur N. GALLOIS, lauréat de l'Institut. Paris, 1874. 1 vol. in-32 de xxviii-452 p. 2 fr. 50

GAUJOT et SPILLMANN (E.). Arsenal de la chirurgie contemporaine. Description, mode d'emploi et appréciation des appareils et instruments en usage pour le diagnostic et le traitement des maladies chirurgicales, l'orthopédie, la prothèse, les opérations simples, générales, spéciales et obstétricales, par G. GAUJOT, professeur à l'Ecole du Val-de-Grâce, médecin principal de l'armée, et E. SPILLMANN, médecin-major, professeur agrégé à l'Ecole de médecine militaire (Val-de-Grâce). Paris, 1867-1872. 2 vol. in-8 avec 1855 figures. . . . . 32 fr.
Séparément : Tome II, 1 vol. in-8 de 1086 pages avec 1457 figures. *Pour les souscripteurs.* . . . . 18 fr.

GERBE. *Voy.* BREHM, DEGLAND.

GERMAIN (de Saint-Pierre). **Nouveau Dictionnaire de botanique**, comprenant la description des familles naturelles, les propriétés médicales et les usages économiques des plantes, la morphologie et la biologie des végétaux (étude des organes et étude de la vie), Paris, 1870. 1 vol. in-8 de xvi-1388 pages avec 1640 fig. . . . . 25 fr.

GERVAIS et VAN BENEDEN. Zoologie médicale. Exposé méthodique du règne animal basé sur l'anatomie, l'embryogénie et la paléontologie, comprenant la description des espèces employées en médecine, de celles qui sont vénimeuses et de celles qui sont parasites de l'homme et des animaux. 1859. 2 volumes in-8, avec 198 figures. . . . . 15 fr.

GILLET. Les champignons (fungi, hyménomycètes) qui croissent en France, description et iconographie, propriétés utiles ou vénéneuses, par C.-C. GILLET, vétérinaire principal en retraite, membre correspondant de la Société linnéenne de Normandie, 1re partie, 1875. 1 vol. in-8 de 150 pages, avec 52 planches coloriées. . . . . 22 fr. 50

GILLETTE. Chirurgie journalière des hôpitaux de Paris, répertoire de thérapeutique chirurgicale, par P. GILLETTE, chirurgien des hôpitaux, ancien prosecteur de la Faculté de médecine de Paris. Paris, 1876. grand in-8 de 199 pages avec figures. . . . . 4 fr.

GIRARD. Études pratiques sur les Maladies nerveuses et mentales, accompagnées de tableaux statistiques, par le docteur H. GIRARD DE CAILLEUX, 1863. 1 vol. grand in-8 de 234 pages. . . . . 12 fr.

GIRARD (M.). Les insectes, Traité élémentaire d'Entomologie, comprenant l'histoire des espèces utiles et leurs produits, des espèces nuisibles et des moyens de les détruire, l'étude des métamorphoses et des mœurs, les procédés de chasse et de conservation, par MAURICE GIRARD, président de la Société entomologique de France. Tome I, Introduction. — Coléoptères. Paris, 1873. 1 vol. in-8 de 840 pages, avec atlas de 60 pl. et Tome II, 1re partie, névroptères, orthoptères, in-8 de 576 pages, avec atlas de 8 planches, figures noires. . . . . 40 fr.
Figures coloriées. . . . . 76 fr.
Séparément : Tome II, 1re partie, figures noires. . . . . . 10 fr.
Figures coloriées. . . . . 16 fr.

GLONER. Nouveau dictionnaire de thérapeutique comprenant l'exposé des diverses méthodes de traitement employées par les plus célèbres praticiens pour chaque maladie, par le docteur J.-C. GLONER. Paris, 1874. 1 vol. in-18 de VIII-805 pages. . . . . 7 fr.

GODRON (D.-A.). De l'espèce et des races dans les êtres organisés et spécialement de l'unité de l'espèce humaine. 2e *édition*. Paris. 1872 2 vol. in-8. . . . . 12 fr

GOFFRES. Précis iconographique de bandages, pansements et appareils, par le docteur GOFFRES, médecin principal des armées. Nouveau tirage. Paris, 1873. 1 vol. in-18 jésus, 596 pages avec 81 planches gravées. Figures noires cartonné. . . . . 18 fr.
— LE MÊME, figures coloriées, cartonné. . . . . 56 fr.

GOSSELIN (L.). Clinique chirurgicale de l'hôpital de la Charité, par L. GOSSELIN, membre de l'Institut (Académie des sciences), professeur de clinique chirurgicale à la Faculté de médecine, chirurgien de la Charité. *Deuxième édition*. Paris, 1876. 2 vol. in-8, avec figures. . . . . 24 fr.

GOURRIER. Les lois de la génération, sexualité et conception, par le docteur H.-M. GOURRIER. Paris, 1875. 1 vol. in-18 jésus de 200 p. 2 fr.

GRAEFE. Clinique ophthalmologique, par A. de GRAEFE, professeur à la Faculté de médecine de l'Université de Berlin. Edition française publiée avec le concours de l'auteur, par le docteur Ed. Meyer. Paris, 1866, in-8, avec 21 figures. . . . . 8 fr.

Table des matières. — Du traitement de la cataracte par l'extraction linéaire modifiée; leçon sur l'amblyopie et l'amaurose; de l'inflammation du nerf optique; de la névro-rétinite; sur l'embolie de l'artère centrale de la rétine comme cause de perte subite de la vision; de l'ophthalmie sympathique; observations ophthalmologiques chez les cholériques; notice sur le cysticerque.

GRELLOIS (E.). Histoire médicale du blocus de Metz, par E. GRELLOIS, ex-médecin en chef des hôpitaux et ambulances de cette place. Paris, 1872. In-8 de 406 pages. . . . . 6 fr.

GRENIER. Flore de la chaîne jurassique, par Ch. GRENIER, doyen et professeur de botanique à la Faculté des sciences de Besançon. Edition complète, précédée de la *Revue de la Flore du mont Jura*, 3 parties formant 1 vol. in-8 de 1092 pages, cart. . . . . 12 fr.
— **Contributions à la flore de France**, 10 mémoires formant 1 vol. in-8 de 187 pages avec 1 planche. . . . . 3 fr. 50

GRIESINGER. Traité des maladies infectieuses. Maladies des marais, fièvre jaune, maladies typhoïdes (fièvre pétéchiale ou typhus des armées, fièvre typhoïde, fièvre récurrente ou à rechutes, typhoïde bilieuse, peste), choléra, par W. GRIESINGER, professeur à la Faculté de médecine de l'Université de Berlin, traduit d'après la 2e édition allemande, et annoté par le docteur G. Lemattre, ancien interne des hôpitaux de Paris. Paris, 1868, in-8, VIII, 556 pages. . . . . 8 fr.

GRISOLLE. Traité de la pneumonie, par A. GRISOLLE, professeur à la Faculté de médecine de Paris, médecin de l'Hôtel-Dieu, etc. *Deuxième édition*, refondue et augmentée. Paris, 1864, in-8, XVI-744 pages. . . 9 fr.

Ouvrage couronné par l'Académie des sciences et l'Académie de médecine (prix Itard).

GROS (C. H.). Mémoires d'un estomac, écrits par lui-même pour le bénéfice de tous ceux qui mangent et qui lisent, et édités par un ministre de l'intérieur, traduit de l'anglais par le docteur C.-H. GROS, médecin en chef de l'hôpital de Boulogne-sur-Mer. 2e édition, Paris 1875, 1 vol. in-12 de 186 pages. . . . . 2 fr.

GROS-FILLAY (P.). Des indications et contre-indications dans le traitement des kystes de l'ovaire, par le docteur P. Gros-Fillay. Paris, 1874. In-8 de 92 pages. 2 fr.

GUARDIA (J. M.). La Médecine à travers les siècles. Histoire et philosophie, par J. M Guardia, docteur en médecine et docteur ès lettres. Paris, 1865. 1 vol. in-8 de 800 pages. . . . . 10 fr.

Table des matières.— Histoire. La tradition médicale; la médecine grecque avant Hippocrate; la légende hippocratique; classification des écrits hippocratiques, documents pour servir à l'histoire de l'art. — Philosophie. Questions de philosophie médicale; évolution de la science; des systèmes philosophiques ; nos philosophes naturalistes; sciences anthropologiques; Buffon; la philosophie positive et ses représentants ; la métaphysique médicale; Asclépiade, fondateur du méthodisme, esquisse des progrès de la physiologie cérébrale; de l'enseignement de l'anatomie générale; méthode expérimentale de la physiologie ; les vivisections à l'Académie de médecine; les misères des animaux; abus de la méthode expérimentale; philosophie sociale.

GUBLER. Commentaires thérapeutiques du Codex medicamentarius ou histoire de l'action physiologique et des effets thérapeutiques des médicaments inscrits dans la pharmacopée française, par Adolphe Gubler, professeur à la Faculté de médecine, médecin de l'hôpital Beaujon, membre de l'Académie de médecine. *Deuxième édition*, revue et augmentée. Paris, 1874. 1 vol. grand in-8, format du Codex, de 900 pages. Cartonné 15 fr.

GUIBOURT. Histoire naturelle des drogues simples ou Cours d'histoire naturelle professé à l'Ecole de pharmacie de Paris, par J. B. Guibourt, professeur à l'Ecole de pharmacie, membre de l'Académie de médecine. *Septième édition*, corrigée et augmentée par G. Planchon, professeur à l'Ecole supérieure de pharmacie de Paris, précédée de l'Éloge de Guibourt, par M. Buignet. Paris, 1876. 4 forts vol. in-8, avec 1077 figures. . 36 fr.

GUILLAUD. Les ferments figurés, étude sur les Schizomycètes : levures et bactériens, 1876, gr. in-8, 120 pages. . . . . 2 fr 50.

GUILLAUME. Hygiène des écoles, conditions économiques et architecturales, par le docteur L. Guillaume. Paris, 1874. In-8 de 80 pages avec 25 figures. . . . . 2 fr.

GUNTHER. Nouveau manuel de médecine vétérinaire homœopathique ou traitement homœopathique des maladies du cheval, des bêtes bovines, des bêtes ovines, des chèvres, des porcs et des chiens, à l'usage des vétérinaires, des propriétaires ruraux, des fermiers, des officiers de cavalerie et de toutes les personnes chargées du soin des animaux domestiques, par F. A. Gunther, traduit de l'allemand sur la troisième édition, par P. J. Martin, médecin vétérinaire, ancien élève des écoles vétérinaires. 2ᵉ *édition*, revue et corrigée. Paris, 1871. 1 vol. in-18 de xii-504 pag. avec 54 figures. . . . . 5 fr.

GUYON. Eléments de chirurgie clinique, comprenant le diagnostic chirurgical, les opérations en général, l'hygiène, le traitement des blessés et des opérés, par J. C. Félix Guyon, chirurgien de l'hôpital Necker, professeur agrégé de la Faculté de Paris. Paris, 1873. 1 vol. in-8 de xxxviii-672 pages, avec 63 figures. . . . . 12 fr.

GYOUX. Education de l'enfant au point de vue physique et moral, depuis sa naissance jusqu'à sa première dentition. Paris, 1870. 1 vol. In-18 jésus de 300 pages. . . . . 3 fr.

HAHNEMANN. Exposition de la doctrine médicale homœopathique, ou Organon de l'art de guérir, par S. Hahnemann; traduit de l'allemand, sur la dernière édition, par le docteur A. J. L. Jourdan. *Cinquième édition*, augmentée de commentaires et précédée d'une notice sur la vie, les travaux et la doctrine de l'auteur, par le docteur Léon Simon. Paris, 1873. 1 vol. in-8 de 640 pages avec le portrait de S. Hahnemann. . . . . 8 fr.

— **Etudes de médecine homœopathique**, Paris, 1855. 2 séries publiées chacune en 1 vol. in-8 de 600 pages. Prix de chacune. . . . . 7 fr.

HARRIS et AUSTEN, Traité théorique et pratique de l'art du dentiste, par Chapin, A. Harris et Ph. Austen, traduit de l'anglais et annoté par le docteur Elm. Andrieu. Paris, 1874. 1 vol. in-8 de 976 pages avec 465 figures. Cartonné. . . . . 17 fr.

HÉRAUD. Nouveau dictionnaire des plantes médicinales, description, habitat et culture, récolte, conservation, partie usitée, composition chimique, formes pharmaceutique et doses, action physiologique, usages dans le traitement des maladies, suivi d'une étude générale sur les plantes médicinales au point de vue botanique, pharmaceutique et médical, avec une clef dichotomique, tableau des propriétés médicales et mémorial thérapeutique, par le docteur A. Héraud, professeur d'histoire naturelle à l'Ecole de médecine de Toulon. 1875, 1 vol. in-18, cartonné, de 600 pages, avec 261 figures. . . . . 6 fr.

HERING. Médecine homœopathique domestique, par le Dr C. Hering. Traduction nouvelle, augmentée d'indications nombreuses et précédée de conseils d'hygiène et de thérapeutique générale, par le docteur Léon Simon. *Sixième édition.* Paris, 1873. In-12, xii-756 pages avec 169 figures, cart. . . . . 7 fr.

HIPPOCRATE. Œuvres complètes, traduction nouvelle, avec le texte en regard, collationné sur les manuscrits et toutes les éditions; accompagnée d'une introduction, de commentaires médicaux, de variantes et de notes philologiques; suivies d'une table des matières, par E. Littré, membre de l'Institut de France. — Ouvrage complet. Paris, 1839-1861. 10 forts vol. in-8, de 700 p. chacun. . . . . 100 fr.

Il a été tiré quelques exemplaires sur jésus vélin. Prix de chaque volume. . . . . 20 fr.

HIRSCHEL. Guide du médecin homœopathe au lit du malade, pour le traitement de plus de mille maladies, et Répertoire de thérapeutique homœopathique, par le docteur B. Hirschel. Nouvelle traduction faite sur la 8e édition allemande, par le docteur V. Léon Simon. *Deuxième édition.* Paris, 1874. 1 vol. in-18 jésus de xxiv-540 pages. . . . . 5 fr.

HOFFMANN (Ach.). **L'homœopathie exposée aux gens du monde,** par le docteur Achille Hoffmann (de Paris). Paris, 1870, in-18 jésus de 142 pages. . . . . 1 fr. 25

HOLMES. Thérapeutique des maladies chirurgicales des enfants, par T. Holmes, chirurgien de l'hôpital des Enfants malades, chirurgien de Saint-George's Hospital, ouvrage traduit sur la seconde édition et annoté sous les yeux de l'auteur, par O. Larcher. Paris, 1870. 1 vol. in-8 de 917 pages avec 530 figures. . . . . 15 fr.

HUFELAND. L'art de prolonger la vie ou la Macrobiotique, par C.-W. Hufeland, nouvelle édition française, augmentée de notes par J. Pellagot. Paris, 1871. 1 vol. in-18 jésus de 640 pages. . . . . . 4 fr.

HUGHES (R.). Action des médicaments homœopathiques, ou éléments de pharmaco-dynamique, traduit de l'anglais et annoté par le docteur I. Guérin-Méneville. Paris, 1874. 1 vol. in-18 jésus de xvi-647 p. 6 fr.

HUGUIER. Mémoire sur les allongements hypertrophiques du col de l'utérus, dans les affections désignées sous les noms de *descente,* de *précipitation de cet organe,* et sur leur traitement par la résection ou l'amputation de la totalité du col suivant la variété de cette maladie, par P. C. Huguier, membre de l'Académie de médecine, chirurgien de l'hôpital Beaujon. Paris, 1860, in-4, 251 pages, avec 15 planches lithographiées. . . . . 15 fr.

— **De l'hystérométrie** et du cathétérisme utérin, de leurs applications au diagnostic et au traitement des maladies de l'utérus et de ses annexes et de leur emploi en obstétrique. Paris, 1865, in-8 de 400 pages avec 4 planches lithographiées. . . . . 6 fr.

HURTREL-D'ARBOVAL. Dictionnaire de médecine, de chirurgie et d'hygiène vétérinaires, par L. H. J. HURTREL-D'ARBOVAL. Édition entièrement refondue et augmentée de l'exposé des faits nouveaux observés par les plus célèbres praticiens français et étrangers, par A. ZUNDEL, vétérinaire supérieur d'Alsace-Lorraine. 3 vol. grand in-8 à 2 colonnes, avec 1500 figures, publiées en 6 parties. . . . . 50 fr.

En vente : Tome Ier (A-F), 1024 pages avec 410 figures. — Tome II (G-PA), 972 pages avec 704 figures. — Tome III, 1re partie (PE-SA), 452 pages, avec 166 figures. . . . . 50 fr.
Le tome III, 2e partie, sera délivré gratuitement aux souscripteurs.
Après achèvement de l'ouvrage. le prix en sera porté à 60 fr.

HUXLEY. La place de l'homme dans la nature, par M. Th. HUXLEY, membre de la Société royale de Londres, traduit, annoté, précédé d'une introduction et suivi d'un compte rendu des travaux anthropologiques du Congrès international d'anthropologie et d'archéologie préhistoriques, tenu à Paris (session de 1867), par le docteur E. Dally, secrétaire général adjoint de la Société d'anthropologie, avec une préface de l'auteur, Paris, 1868, in-8 de 368 pages, avec 68 figures. . . . . 7 fr.

— **Éléments d'anatomie comparée des animaux vertébrés**. Traduit de l'anglais par Mme BRUNET, revu par l'auteur et précédé d'une préface par CH. ROBIN, membre de l'Institut (Académie des sciences). Paris, 1875. 1 vol. in-18 jésus de 600 pages, avec 122 figures. . . . . 6 fr.

IMBERT-GOURBEYRE. Des paralysies puerpérales. Paris, 1861. 1 vol. in-4 de 80 pages. . . . . 2 fr. 50

JAHR. Nouveau Manuel de Médecine homœopathique, divisé en deux parties : 1° Manuel de matière médicale, ou Résumé des principaux effets des médicaments homœopathiques, avec indication des observations cliniques; 2° Répertoire thérapeutique et symptomatologique, ou table alphabétique des principaux symptômes des médicaments homœopathiques avec des avis cliniques, par le docteur G. H. G. JAHR. *Huitième édition*, revue et augmentée. Paris, 1872. 4 vol. in-18 jésus. . . . . . . 18 fr.

— **Principes et règles qui doivent guider dans la pratique de l'Homœopathie**. Exposition raisonnée des points essentiels de la doctrine médicale de HAHNEMANN. Paris, 1857. In-8 de 528 pages. . . . . . . 7 fr.

— **Notions élémentaires d'Homœopathie**. Manière de la pratiquer avec les effets les plus importants de dix des principaux remèdes homœopathiques, à l'usage de tous les hommes de bonne foi qui veulent se convaincre par des essais de la vérité de cette doctrine; par G. H. G. JAHR. *Quatrième édition*, corrigée et augmentée. Paris, 1861. In-18 de 144 p. . . . 1 fr. 25

— **Du Traitement homœopathique des Affections nerveuses** et des maladies mentales. Paris, 1854. 1 vol. in-12 de 600 pages. . . . . . 6 fr.

— **Du Traitement homœopathique des Maladies des Organes de la Digestion**, comprenant un précis d'hygiène générale et suivi d'un répertoire diététique à l'usage de tous ceux qui veulent suivre le régime rationnel de la méthode de Hahnemann. Paris, 1859. 1 vol. in-18 jésus de 520 pages. . . . . 6 fr.

JAHR et CATELLAN. Nouvelle Pharmacopée homœopathique, ou Histoire naturelle, Préparation et Posologie ou administration des doses des médicaments homœopathiques, par le docteur G. H. G. JAHR et CATELLAN frères, pharmaciens homœopathes. *Troisième édition*, revue et augmentée. Paris, 1862. In-18 jésus de 430 pages, avec 144 figures. . . . . . . 7 fr.

JAQUEMET (H.). Des Hôpitaux et des Hospices, des conditions que doivent présenter ces établissements au point de vue de l'hygiène et des intérêts des populations, par le docteur Hipp. Jaquemet. Paris, 1866. 1 vol. in-8 de 184 pages, avec figures. . . . . 3 fr. 50

JEANNEL. Formulaire officinal et magistral, international, comprenant environ 4,000 formules tirées des Pharmacopées légales de la France et de l'étranger ou empruntées à la pratique des thérapeutistes et des pharmacologistes, avec les indications thérapeutiques, les doses des substances simples et composées, le mode d'administration, l'emploi des médicaments nouveaux, etc., suivi d'un mémorial thérapeutique, par J. Jeannel, pharmacien-inspecteur, membre du Conseil de santé des armées. *Deuxième édition*. Paris, 1876. 1 vol. in-18 de xxxvi-966 pages cartonné. . . . . 6 fr.

JEANNEL. De la prostitution dans les grandes villes, au dix-neuvième siècle, et de l'extinction des maladies vénériennes ; questions générales d'hygiène, de moralité publique et de légalité, mesures prophylactiques internationales, réformes à opérer dans le service sanitaire ; discussion des règlements exécutés dans les principales villes de l'Europe. Ouvrage précédé de documents relatifs à la prostitution dans l'Antiquité. *Deuxième édition*, refondue et complétée par des documents nouveaux. Paris, 1874. 1 vol. in-18 de 650 pages avec figures. . . . . . . 5 fr.

JOBERT. De la réunion en chirurgie, par Jobert (de Lamballe), chirurgien de l'Hôtel-Dieu, professeur de clinique chirurgicale à la Faculté de médecine de Paris, membre de l'Institut. Paris, 1864. 1 volume in-8, xvi-720 pages, avec 7 planches dessinées d'après nature, gravées en taille-douce et coloriées. . . . . 12 fr.

JOLLY. Le tabac et l'absinthe, leur influence sur la santé publique, sur l'ordre moral et social, par le docteur Paul Jolly, membre de l'Académie de médecine. Paris, 1876, 1 vol. in-18 jésus, de 216 pages. . . . 2 fr.

JOUSSET (P.). Éléments de pathologie et de thérapeutique générales, par le docteur P. Jousset, médecin de l'hôpital Saint-Jacques, à Paris. Paris, 1873. 1 vol. in-8 de 245 pages. . . . . 4 fr.

JULLIEN. De la transfusion du sang, par le docteur Louis Jullien, prof. agrégé de la Faculté de médecine de Nancy, ancien interne des hôpitaux de Lyon, 1875. 1 vol. in-8 de 329 pages, avec figures. . . . . . 5 fr.

KIENER (L.-C.). Species général et iconographie des coquilles vivantes, comprenant la collection du Muséum d'histoire naturelle de Paris, la collection Lamarck et les découvertes récentes des voyageurs, par L. C. Kiener, continuée par le Dr Fischer, aide-naturaliste au Muséum d'histoire naturelle. Paris, 1837-1876. Livraisons 1 à 146. Prix de chacune, de 6 planch. color. et 24 pages de texte, grand in-8, fig. color. 6 fr. — In-4, fig. col. . . . . 12 fr.

I. Famille des Enroulées (genres Porcelaine, 57 pl. ; Ovule, 6 pl. ; Tarière, 1 pl. ; Ancillaire, 6 pl. ; Cône, 114 pl.).

II. Famille des Columellaires (genres Mitre, 34 pl. ; Volute, 52 pl. ; Marginelle, 13 pl.).

III. Famille des Ailées (genres Rostellaire, 4 pl. ; Ptérocère, 10 pl. ; Strombe, 34 pl.).

IV. Famille des Canalifères, 1re partie (genres Cérite, 52 pl. ; Pleurotome, 27 pl. ; Fuseau, 31 pl.).

V. Famille des Canalifères, 2e partie (genres Pyrule, 15 pl. ; Fasciolaire, 13 pl. ; Turbinelle, 21 pl. ; Cancellaire, 9 pl.).

VI. Famille des Canalifères, 3ᵉ partie (genres Rocher, 47 pl.; Triton, 18 pl.; Ranelle, 15 pl.).
VII. Famille des Purpurifères, 1ʳᵉ partie (genres Cassidaire, 2 pl.; Casque, 16 pl.; Tonne, 5 pl.; Harpe, 6 pl.; Pourpre, 46 pl.).
VIII. Famille des Purpurifères, 2ᵉ partie (genres Colombelle, 16 pl.; Buccin, 31 pl.; Éburne, 3 pl.; Struthiolaire, 2 pl.; Vis, 14 pl.).
IX. Famille des Turbinacées (genres Turritelle, 14 pl.; Scalaire, 7 pl.; Cadran, 4 pl.; Roulette, 5 pl.; Dauphinule, 4 pl.; Phasianelle, 5 pl.; Troque, 49 pl.; Turbo, 38 pl.).
X. Famille des Plicaces (genres Tornatelle, 1 pl.; Pyramidelle, 2 pl.);
XI. Famille des Myaires (genre Thracie, 2 pl.).
Les livraisons 139 et 140 contiennent le texte complet du genre TURBO rédigé par M. Fischer. 128 p. et 6 pl. nouv.
Les livraisons 141 à 146 contiennent le commencement du genre TROQUE par M. Fischer.

KUSS et DUVAL. Cours de physiologie, d'après l'enseignement du professeur Kuss, publié par le docteur Mathias Duval, professeur agrégé de la Faculté de médecine de Paris, professeur d'anatomie à l'Ecole des Beaux-Arts. *Troisième édition*, complétée par l'exposé des travaux les plus récents. Paris, 1876. 1 v. in-18 jés., viii-660 p., avec 160 fig., cart. . 7 fr.

LANDOUZY. Contributions à l'étude des convulsions et paralysies liées aux méningo-encéphalites fronto-pariétales, par le docteur Louis Landouzy. Paris, 1876, in-8, de 248 pages. . . . . 5 fr.

LA POMMERAIS. Cours d'Homœopathie, par le docteur Ed. Couty de la Pommerais. Paris, 1865. In-8, 555 pages. . . . . 4 fr.

LAYET. Hygiène des professions et des industries, précédé d'une étude générale des moyens de prévenir et de combattre les effets nuisibles de tout travail professionnel, par le docteur Alexandre Layet, professeur agrégé à l'Ecole de médecine navale de Rochefort. Paris, 1875. 1 v. in-12 de xiv-560 pages. 5 fr.

LEBERT. Traité d'Anatomie pathologique générale et spéciale, ou Description et iconographie pathologique des affections morbides, tant liquides que solides, observées dans le corps humain; par le docteur H. Lebert, professeur de clinique médicale à l'Université de Breslau. *Ouvrage complet*. Paris, 1855-1861. 2 vol. in-fol. de texte, et 2 vol. in-fol. comprenant 200 planches dessinées d'après nature, gravées et coloriées. 615 fr.

Le tome Iᵉʳ, comprend : texte, 760 pages, et tome Iᵉʳ, planches 1 à 94 (livraisons I à XX).

Le tome II comprend : texte, 734 pages, et le tome II, planches 95 à 200 (livraisons XXI à XLI).

On peut toujours souscrire en retirant régulièrement plusieurs livraisons. Chaque livraison est composée de 30 à 40 p. de texte, sur beau papier vélin, et de 5 pl. in-folio gravées et coloriées. Prix de la livraison. 15 fr.

Cet ouvrage est le fruit de plus de douze années d'observations dans les nombreux hôpitaux de Paris. Aidé du bienveillant concours des médecins et des chirurgiens de ces établissements, trouvant aussi des matériaux précieux et une source féconde dans les communications et les discussions des Sociétés anatomiques, de biologie, de chirurgie et médicale d'observation, M. Lebert réunissait tous les éléments pour entreprendre un travail aussi considérable. Placé depuis à la tête du service médical d'un grand hôpital à Breslau, dans les salles duquel il a constamment cent malades, l'auteur continua à recueillir des faits pour cet ouvrage, vérifiant et contrôlant les résultats de son observation dans les hôpitaux de Paris par celle des faits nouveaux à mesure qu'ils se produisaient sous ses yeux.

Après l'examen des planches de M. Lebert, un des professeurs les plus compétents et les plus illustres de la Faculté de Paris, écrivait : « J'ai admiré l'exactitude, la beauté, la nouveauté des planches qui composent la majeure partie de cet ouvrage : j'ai été frappé de l'immensité des recherches originales et toutes propres à l'auteur qu'il a dû exiger. *Cet ouvrage n'a pas d'analogue en France ni dans aucun pays.* »

LEFORT (Jules). Traité de chimie hydrologique comprenant des notions générales d'hydrologie et l'analyse chimique des eaux douces et des eaux minérales, par J. LEFORT, membre de l'académie de médecine. 2e *édition* Paris, 1875. 1 vol. in-8, 798 pages avec 50 figures et une planche chromolithographiée. . . . . 12 fr.

LEGOUEST. Traité de Chirurgie d'armée, par L. LEGOUEST, médecin-inspecteur de l'armée, ex-professeur de clinique chirurgicale à l'École d'application de la médecine et de la pharmacie militaires. (Val-de-Grâce.) *Deuxième édition.* Paris, 1872. 1 fort vol. in-8 de 800 p. avec 149 fig. 14 fr.

LETIEVANT. Traité des sections nerveuses, physiologie pathologique, indications, procédés opératoires, par le docteur LETIEVANT, chirurgien des hôpitaux de Lyon. Paris, 1873. 1 vol. in-8 avec 20 figures. . . . 8 fr.

LEUDET. Clinique médicale de l'Hôtel-Dieu de Rouen, par le docteur E. LEUDET, médecin en chef de l'Hôtel-Dieu de Rouen. 1874. 1 vol. in-8 de 650 pages. . . . . 8 fr.

LEURET et GRATIOLET. Anatomie comparée du système nerveux considérée dans ses rapports avec l'intelligence; par FR. LEURET, médecin de l'hospice de Bicêtre, et P. GRATIOLET, aide-naturaliste au Muséum d'histoire naturelle, professeur à la Faculté des sciences de Paris. Paris, 1839-1857. *Ouvrage complet.* 2 vol. in-8 et atlas de 32 planches in-folio, dessinées d'après nature et gravées avec le plus grand soin. Figures noires. . . . . 48 fr.
LE MÊME, figures coloriées. . . . . 96 fr.

Tome I, par LEURET, comprend la description de l'encéphale et de la moelle rachidienne, le volume, le poids, la structure de ces organes chez l'homme et les animaux vertébrés, l'histoire du système ganglionnaire des animaux articulés et des mollusques, et l'exposé de la relation qui existe entre la perfection progressive de ces centres nerveux et l'état des facultés instinctives, intellectuelles et morales.

Tome II, par GRATIOLET, comprend l'anatomie du cerveau de l'homme et des singes, des recherches nouvelles sur le développement du crâne et du cerveau, et une analyse comparée des fonctions de l'intelligence humaine.

Séparément le tome II. Paris, 1857. In-8 de 692 pages, avec atlas de 16 planches dessinées d'après nature, gravées. Figures noires. . . 24 fr.
Figures coloriées. . . . . 48 fr.

LÉVY. Traité d'Hygiène publique et privée, *Cinquième édition,* revue, corrigée et augmentée. Paris, 1869. 2 vol. in-8. Ensemble, 1900 p. 20 fr.

LORAIN. De l'Albuminurie, par PAUL LORAIN, professeur à la Faculté de médecine, médecin de l'hôpital de la Pitié. Paris, 1860. In-8, avec une planche. . . . . 2 fr. 50

— **Études de médecine clinique et physiologique.** *Le Choléra observé à l'hôpital Saint-Antoine.* Paris, 1868. 1 vol. grand in-8 raisin de 500 pages avec planches graphiques, dont plusieurs coloriées. . . . . 7 fr.

— *Le Pouls, ses variations et ses formes diverses dans les maladies.* Paris, 1870. 1 vol. gr. in-8, 372 pages avec 488 fig. . . . . 10 fr.

— Voy. VALLEIX, *Guide du Médecin praticien.*

LUCAS-CHAMPIONNIÈRE. Chirurgie antiseptique. Principes, modes d'application, et résultats du pansement de Lister. 1876, in-18 avec fig. 3 fr.

LUTON. Traité des injections sous-cutanées à effet local. Méthode de traitement applicable aux névralgies, aux points douloureux, au goître, aux tumeurs, etc. par le docteur A. LUTON, professeur de pathologie externe à l'École de médecine de Reims, médecin de l'Hôtel-Dieu de cette ville. Paris, 1875, 1 vol. in-8 de VIII-380 pages. . . . . 6 fr.

LUYS (J.-B.). **Recherches sur le système nerveux cérébro-spinal, sa structure, ses fonctions et ses maladies**, par J. B. Luys, médecin de l'hôpital de la Salpêtrière, lauréat de l'Académie de médecine et de l'Institut. Paris, 1865. 1 vol. grand in-8 de 660 pages avec atlas de 40 pl. lithographiés et texte explicatif. Fig. noires. . . . . 35 fr.
Le même, figures coloriées. . . . . 70 fr.
— **Iconographie photographique des centres nerveux**. Paris, 1873. 1 vol. gr. in-4° de texte et d'explication des planches viii-74, 40 pages avec atlas de 70 photographies et 65 schémas lithographiés, cart. en 2 vol. . . . . 150 fr.
— **Des Maladies héréditaires**. Paris, 1863. In-8 de 140 pages. 2 fr. 50
— **Études de physiologie et de pathologie cérébrales**. Des actions réflexes du cerveau dans les conditions normales et morbides de leurs manifestations. Paris, 1874. 1 vol. grand in-8 de xii-200 pages, avec 2 planches contenant 8 figures tirées en lithographie et 2 figures tirées en photoglyptie. 5 fr.

LYELL. **L'Ancienneté de l'homme**, prouvée par la géologie, et remarques sur les théories relatives à l'origine des espèces par variation, par sir Charles Lyell, membre de la Société royale de Londres, traduit avec le consentement et le concours de l'auteur par M. Chaper. *Deuxième édition* française revue et corrigée par Hamy. Paris, 1870. In-8 de xvi, 560 pag. avec 68 figures. — **Précis de Paléontologie humaine**, par Hamy, servant de supplément. Paris, 1870. 1 vol. in-8, avec figures. 16 fr.
— *Séparément*, **Précis de Paléontologie humaine**, par Hamy. Paris, 1870. 1 vol. in-8 avec fig. . . . . 7 fr.

MAGITOT (E.). **Traité de la carie dentaire**. Recherches expérimentales et thérapeutiques. Paris, 1867. 1 vol. in-8, 228 pages, avec 2 planches, 19 figures et 1 carte. . . . . 5 fr.
— **Mémoire sur les tumeurs du périoste dentaire et sur l'ostéo-périostite alvéolo-dentaire**. *Deuxième édition*. Paris, 1875. In-8, avec 1 planche. . . . . 3 fr.

MAGNE. **Hygiène de la vue**, par le docteur A. Magne. *Quatrième édition*, revue et augmentée. Paris. 1866, in-18 jés. de 350 p. avec 50 fig. 3 fr.

MAHÉ. **Manuel pratique d'hygiène navale**, ou des moyens de conserver la santé des gens de mer, à l'usage des officiers mariniers et marins des équipages de la flotte, par le docteur J. Mahé, médecin-professeur de la marine. Ouvrage publié sous les auspices du ministre de la marine et des colonies. Paris, 1874. 1 vol. in-18 de xv-451 pages. Cartonné. 5 fr. 50

MAHÉ. Programme de sémiologie et d'étiologie pour l'étude des maladies exotiques et principalement des maladies des pays chauds, par J. Mahé, professeur à l'École de médecine de Brest, 1876, 1 vol. in-8, 400 pages.

MAILLIOT. Traité pratique d'auscultation appliquée au diagnostic des maladies des organes respiratoires. 1874, grand in-8 de 542 pages. 12 fr.

MANDL (L.). **Traité pratique des maladies du larynx et du pharynx**. Paris, 1872. In-8° de xx-816 pages, avec 7 planches gravées et coloriées et 164 figures, cartonné. . . . . 18 fr.
— **Hygiène de la voix parlée ou chantée**, suivie du formulaire pour le traitement des affections de la voix, par le docteur L. Mandl. 1876, 1 vol. in-12 de 508 pages, cart. . . . . 4 fr. 50
— **Anatomie microscopique**, par le docteur L. Mandl, professeur de microscopie. Paris, 1838-1857. Ouvrage complet. 2 vol. in-folio, avec 92 planches. . . . . 200 fr.

MARCÉ. **Traité pratique des Maladies mentales**, par le docteur L. V. Marcé, professeur agrégé à la Faculté de médecine de Paris, médecin des aliénés de Bicêtre. Paris, 1862. In-8 de 670 pages. . . . 8 fr

— **Des Altérations de la sensibilité**, Paris, 1860. In-8. . . . 2 fr. 50
— **Recherches cliniques et anatomo-pathologiques sur la démence sénile** et sur les différences qui la séparent de la paralysie générale. Paris, 1861. Grand in-8, 72 pages. . . . . 1 fr. 50
— **De l'état mental de la chorée**. Paris, 1860. In-4, 58 pages. 1 fr. 50

MARCHAND (A.-H.). **Étude sur l'extirpation de l'extrémité inférieure du rectum**, par le docteur A.-H. MARCHAND, professeur agrégé de la Faculté de médecine de Paris. Paris, 1873. In-8 de 124 pages. 2 fr. 50
— **Des accidents qui peuvent compliquer la réduction des luxations traumatiques**. 1875, 1 vol. in-8 de 149 pages. . . . . 3 fr.

MARCHANT (Léon). **Étude sur les maladies épidémiques**, avec une réponse aux quelques réflexions sur le mémoire de l'angine épidémique. *Seconde édition*, corrigée et augmentée. Paris, 1861. In-12, 92 p. 1 fr.

MARTINS. **Du Spitzberg au Sahara**. Étapes d'un naturaliste au Spitzberg, en Laponie, en Écosse, en Suisse, en France, en Italie, en Orient, en Égypte et en Algérie par CHARLES MARTINS, professeur d'histoire naturelle à la Faculté de médecine de Montpellier, directeur du jardin des plantes de la même ville. Paris, 1866. In-8, xvi-620 pages. . . . . . 8 fr.

MARVAUD (Angel). **L'alcool**, son action physiologique, son utilité et ses applications en hygiène et en thérapeutique. Paris, 1872. In-8, 160 pages avec 25 planches. . . . . 4 fr.
— **Les aliments d'épargne** : alcool et boissons aromatiques, café, thé, coca, cacao, maté, par le docteur MARVAUD. 2ᵉ édition. Paris, 1874. 1 vol. in-8 de 504 pages avec figures. . . . . 6 fr.

MAYER. **Des Rapports conjugaux**, considérés sous le triple point de vue de la population, de la santé et de la morale publique, par le docteur ALEX. MAYER, médecin de l'inspection générale de la salubrité. *Sixième édition*, revue et augmentée. Paris, 1874. 1 volume in-18 jésus de 422 pages. . . . . 3 fr.
— **Conseils aux femmes sur l'âge de retour**, médecine et hygiène. Paris, 1875. 1 vol. in-12 de 256 pages. . . . . 3 fr.

MEHU. Voir *Annuaire pharmaceutique*, page 6.

MÉLIER. **Relation de la fièvre jaune**, survenue à Saint-Nazaire en 1861, lue à l'Académie de médecine en avril 1863, suivie d'une réponse aux discours prononcés dans le cours de la discussion et de la loi anglaise sur les quarantaines. 1863. In-4 de 276 pages avec 3 cartes. . . . . 10 fr.

MIARD (A.). **Des troubles fonctionnels et organiques, de l'amétropie et de la myopie** en particulier, de l'accommodation binoculaire et cutanée dans les vices de la réfraction, par le docteur ANTONY MIARD, ancien chef de clinique ophthalmique. Paris, 1873. 1 vol. in-8 de viii-460 pag. 7 fr.

MOITESSIER. **La Photographie appliquée aux recherches micrographiques**, par A. MOITESSIER, docteur ès sciences, professeur à la Faculté de médecine de Montpellier. Paris, 1866. 1 vol. in-18 jésus, avec 41 figures gravées d'après des photographies et 5 planches photographiques. . . . . 7 fr.

MOLÉ. **Signes précis du début de la convalescence dans les maladies aiguës**, par le docteur Léon MOLÉ. Paris, 1870, grand in-8 de 112 pag. avec 23 figures. . . . . 3 fr.

MOLINARI (Ph. DE). **Guide de l'homœopathiste**, indiquant les moyens de se traiter soi-même dans les maladies les plus communes en attendant la visite du médecin. *Seconde édition*. Bruxelles, 1861, in-18 de 256 pages. . . . . 3 fr

MONOD. **Étude sur l'angiome simple** sous-cutané circonscrit, nævus vasculaire sous-cutané, angiome lipomateux, angiome lobulé, suivi de quelques remarques sur les angiomes circonscrits de l'orbite, par CH. MONOD,

professeur agrégé de la Faculté de médecine de Paris. Paris, 1875. In-8 de 86 pages avec 2 planches. . . . . 2 fr. 50
— **Étude comparative des diverses méthodes de l'Exérèse.** 1875. 1 vol. in-8 de 175 pages. . . . . 2 fr. 50
MONTANÉ. Étude anatomique du crâne chez les microcéphales, par Louis MONTANÉ (de la Havane), docteur en médecine de la Faculté de Paris. Paris, 1874. Grand in-8 de 80 pages, avec 6 planches. . . . . 3 fr. 50
MOQUIN-TANDON. Histoire naturelle des Mollusques terrestres et fluviatiles de France, contenant des études générales sur leur anatomie et leur physiologie, et la description particulière des genres, des espèces, des variétés, par MOQUIN-TANDON, professeur d'histoire naturelle médicale à la Faculté de médecine de Paris, membre de l'Institut. Ouvrage complet. Paris, 1855. 2 vol. grand in-8 de 450 pages, avec un Atlas de 54 planches dessinées d'après nature et gravées. L'ouvrage complet, avec figures noires. 42 fr.
L'ouvrage complet avec figures coloriées. . . . . 66 fr.
Cartonnage de 3 vol. grand in-8. . . . . 4 fr. 50
Le tome I*er* comprend les études sur l'anatomie et la physiologie des mollusques.
— Le tome II comprend la description particulière des genres, des espèces et des variétés.
L'ouvrage de M. Moquin-Tandon est utile non-seulement aux savants, aux professeurs, mais encore aux collecteurs de coquilles, aux simples amateurs.
MOQUIN-TANDON. Éléments de Botanique médicale, contenant la description des végétaux utiles à la médecine et des espèces nuisibles à l'homme, vénéneuses ou parasites, précédée de Considérations sur l'organisation et la classification des végétaux. *Troisième édition.* Paris, 1875. 1 vol. in-18 jésus, avec 128 figures. . . . . 6 fr.
— **Éléments de Zoologie médicale,** contenant la description des animaux utiles à la médecine et des espèces nuisibles à l'homme, venimeuses ou parasites, précédée de Considérations sur l'organisation et la classification des animaux et d'un résumé sur l'histoire naturelle de l'homme. *Deuxième édition,* revue et augmentée. Paris, 1862. 1 volume in-18, avec 150 figures. . . . . 6 fr.
MORACHE. Traité d'hygiène militaire, par G. MORACHE, médecin-major de première classe, professeur agrégé à l'École d'application de médecine et de pharmacie militaires (Val-de-Grâce). Paris, 1874. 1 vol. in-8 de 1050 pages avec 175 figures. . . . . 16 fr.
MORELL MACKENZIE. Du laryngoscope et de son emploi dans les maladies de la gorge, avec un appendice sur la rhinoscopie, traduit de l'anglais sur la deuxième édition par le docteur E. NICOLAS-DURANTY. Paris, 1867. Grand in-8, 156 pages avec figures. . . . . 4 fr.
MOTARD (A.). Traité d'hygiène générale, par le docteur Adolphe MOTARD. Paris, 1868. 2 vol. in-8, ensemble 1,900 pages, avec figures. 16 fr.
MUSELIER. Étude sur la valeur séméiologique de l'ecthyma, accompagnées d'observations recueillies à l'hôpital Saint-Louis). Rapports de l'ecthyma avec la syphilis, par le docteur Paul MUSELIER. Paris, 1876, in-8 de 125 pages. . . . . 2 fr. 50
NAEGELE et GRENSER. Traité pratique de l'art des accouchements, par le professeur H. F. NAEGELE, professeur à l'Université de Heidelberg et M. L. GRENSER, directeur de la Maternité de Dresde. Traduit sur la 6e et dernière édition allemande, annoté et mis au courant des derniers progrès de la science, par G. A. AUBENAS, professeur agrégé à la Faculté de médecine de Nancy. Ouvrage précédé d'une introduction par J. A. STOLTZ, doyen de la Faculté de médecine de Nancy. Paris, 1869. 1 vol. in-8 de 800 pages, avec une planche sur acier et 207 figures. . . . . 12 fr.

ORIARD (F.). L'homœopathie mise à la portée de tout le monde. *Troisième édition.* Paris, 1865, in-18 jésus, 570 pages. . . . . . 4 fr.

ORIBASE. Œuvres, texte grec, en grande partie inédit, collationné sur les manuscrits, traduit pour la première fois en français, avec une introduction, des notes, des tables et des planches, par les docteurs Bussemaker et Daremberg. Paris, 1851-1875, tomes I à V, in-8 de 700 pages chacun. Prix de chaque volume. . . . . 12 fr.
— Sous presse, le tome VI et dernier.

ORY. Recherches cliniques sur l'étiologie des syphilides malignes précoces, et accompagnées d'observations nouvelles recueillies à l'hôpital Saint-Louis, par le docteur Eugène Ory, ancien interne des hôpitaux, in-8 de 98 pages. . . . . 2 fr.

OUDET. Recherches anatomiques, physiologiques et microscopiques sur les Dents et sur leurs maladies, comprenant : 1° Mémoire sur l'altération des dents désignée sous le nom de carie; 2° sur l'odontogénie; 3° sur les dents à couronnes; 4° de l'accroissement continu des dents incisives chez les rongeurs; par le docteur J. E. Oudet, membre de l'Académie de médecine, etc. Paris, 1862. In-8, avec une pl. . . . . . . 4 fr.

PARENT-DUCHATELET. De la Prostitution dans la ville de Paris, considérée sous le rapport de l'hygiène publique, de la morale et de l'administration; ouvrage appuyé de documents statistiques puisés dans les archives de la préfecture de police, par A. J. B. Parent-Duchatelet, membre du Conseil de salubrité de la ville de Paris. *Troisième édition*, complétée par des documents nouveaux et des notes, par MM. A. Trébuchet et Poirat-Duval, chefs de bureau à la préfecture de police, suivie d'un précis hygiénique, statistique et administratif sur la prostitution dans les principales villes de l'Europe. Paris, 1857. 2 forts volumes in-8 de chacun 750 pages avec cartes et tableaux. . . . . 18 fr.

Le *Précis hygiénique, statistique et administratif sur la Prostitution dans les principales villes de l'Europe* comprend pour la France : Bordeaux, Brest, Lyon, Marseille, Nantes, Strasbourg, l'Algérie; pour l'Etranger : l'Angleterre et l'Ecosse, Berlin, Berne, Bruxelles, Christiania, Copenhague, l'Espagne, Hambourg, la Hollande, Rome, Turin.

PARISEL. *Voy.* Annuaire pharmaceutique, page 6.

PARSEVAL (LUD.). Observations pratiques de Samuel Hahnemann, et Classification de ses recherches sur les **Propriétés caractéristiques des médicaments**. Paris, 1857-1860. In-8 de 400 pages. . . . . 6 fr.

PAULET et LÉVEILLÉ. Iconographie des Champignons, de Paulet. Recueil de 217 planches dessinées d'après nature, gravées et coloriées, accompagné d'un texte nouveau présentant la description des espèces figurées, leur synonymie, l'indication de leurs propriétés utiles ou vénéneuses, l'époque et les lieux où elles croissent, par J. H. Léveillé. Paris, 1855. 1 vol. in-folio de 155 pages, avec 217 planches coloriées, cartonné. 170 fr.
— Séparément le texte, par M. Léveillé, pet. in-fol. de 155 pages. 20 fr.
— Séparément chacune des dernières planches in-folio coloriées. . 1 fr.

PEIN. Essai sur l'hygiène des champs de bataille, par le docteur Théodore Pein. Paris, 1873. In-8 de 80 pages. . . . . 2 fr.

PENARD. Guide pratique de l'Accoucheur et de la Sage-Femme, par le docteur Lucien Penard, chirurgien principal de la marine, professeur d'accouchements à l'Ecole de médecine de Rochefort. *Quatrième édition.* Paris, 1874. 1 vol. in-18, xxiv-550 pages, avec 142 fig. . . . . . 4 fr.

PÉROT. Etude expérimentale et clinique sur le thorax des pleurétiques et sur la pleurotomie, par le docteur J.-J. Peyrot, aide d'anotomie à la Faculté de médecine de Paris. Paris, 1876, in-8 de 153 pages. 5 fr.

PHARMACOPÉE FRANÇAISE. Voy. *Codex medicamentarius*, page 10.

PICTET. Traité de Paléontologie, ou Histoire naturelle des animaux fossiles considérés dans leurs rapports zoologiques et géologiques, par F. J. Pictet, professeur de zoologie et d'anatomie comparée à l'Académie de Genève, etc. *Deuxième édition*, corrigée et augmentée. Paris, 1853-1857. 4 volumes in-8, avec atlas de 110 planches grand in-4. . 80 fr.

PINARD. Les vices de conformation du bassin, étudiés au point de vue de la forme et des diamètres antéro-postérieurs. Recherches nouvelles de pelvimétrie et de pelvigraphie, par le docteur Ad. Pinard, ancien interne de la Maternité. Paris, 1874. In-4 de 64 pages, avec 100 planches représentant 100 bassins de grandeur naturelle. . . . . 7 fr.

— Des contre-indications de la version dans la présentation de l'épaule et des moyens qui peuvent remplacer cette opération. 1875. In-8 de 140 p. 3 fr.

POINCARÉ. Leçons sur la physiologie normale et pathologique du système nerveux, par le docteur Poincaré, professeur adjoint à la Faculté de médecine de Nancy. 1873-1876, 3 vol. in-8 de 500 pages avec fig.   18 fr.

Séparément le tome III : Le système nerveux périphérique, 1876, in-8, 604 pages avec figures. . . . . 8 fr.

PROST-LACUZON. Formulaire pathogénétique usuel, ou Guide homœopathique pour traiter soi-même les maladies. *Quatrième édition*, corrigée et augmentée. Paris, 1872. 1 vol. in-18 de xiv-582 pages. . . 6 fr.

— Le système nerveux périphérique au point de vue normal et pathologique. Ouvrage faisant suite aux *Leçons sur la physiologie du système nerveux*. Paris, 1876, in-8, 600 pages avec fig. . . . . 8 fr.

PROST-LACUZON et BERGER. Dictionnaire vétérinaire homœopathique ou guide homœopathique pour traiter soi-même les maladies des animaux domestiques, par J. Prost-Lacuzon et H. Berger, élève des Écoles vétérinaires, ancien vétérinaire de l'armée. Paris, 1865, in-18 jésus de 486 pages. . . . . 4 fr. 50

PRUNIER. Théorie physique de la calorification, 1876, gr. in-8, 128 pages avec figures intercalées dans le texte. . . . . 3 fr.

QUATREFAGES. Physiologie comparée. Métamorphoses de l'Homme et des Animaux, par A. de Quatrefages, membre de l'Institut, professeur au Muséum d'histoire naturelle. Paris, 1862. In-18 de 524 p. . . 3 fr. 50

QUATREFAGES et HAMY. Les Crânes des races humaines décrits et figurés d'après les collections du Muséum d'histoire naturelle de Paris, de la Société d'Anthropologie de Paris et les principales collections de la France et de l'Étranger, par A. de Quatrefages, membre de l'Institut, professeur au Muséum, et Ern. Hamy, aide-naturaliste au Muséum de Paris, 1873-1877. In-4 de 500 p. avec 100 pl. et fig.

L'ouvrage se publiera en 10 livraisons, chacune de 5 à 6 feuilles de texte et de 10 pl. — 5 livraisons sont en vente. — Prix de chaque livraison. . . . 14 fr.

RACLE. Traité de Diagnostic médical. Guide clinique pour l'étude des signes caractéristiques des maladies, contenant un Précis des procédés physiques et chimiques d'exploration clinique, par le docteur V. A. Racle. *Cinquième édition*, revue et augmentée par Ch. Fernet, médecin des hôpitaux, agrégé de la Faculté et le Dr I. Straus. Paris, 1875. 1 vol. in-18 jésus, 796 pag. avec 77 fig. . . . . 7 fr.

— De l'Alcoolisme. Paris, 1860. In-8. . . . . 2 fr. 50

REMAK. Galvanothérapie, ou de l'application du courant galvanique constant au traitement des maladies nerveuses et musculaires par Robert Remak, professeur extraordinaire à la Faculté de médecine de l'université de Berlin. Traduit de l'allemand par le docteur A. Morpain, avec les additions de l'auteur. Paris, 1860. 1 vol. in-8 de 467 pages. . . . . . 7 fr.

RENOUARD. Lettres philosophiques et historiques sur la Médecine au XIX° siècle, par le docteur P. V. Renouard. *Troisième édition*, corrigée et considérablement augmentée. Paris, 1861. In-8 de 240 p. . . 3 fr. 50

REVEIL. Formulaire raisonné des Médicaments nouveaux et des médications nouvelles, suivi de notions sur l'aérothérapie, l'hydrothérapie, l'électrothérapie, la kinésithérapie et l'hydrologie médicale; par le docteur O. Reveil, pharmacien en chef de l'hôpital des Enfants, professeur agrégé à la Faculté de médecine et l'École de pharmacie. *Deuxième édition*, revue et corrigée. Paris, 1865. 1 vol. in-18 jésus de xii-698 pages avec figures . . . . 6 fr.

— **Annuaire pharmaceutique.** Voy. Annuaire, page 6.

RIBES. Traité d'Hygiène thérapeutique, ou Application des moyens de l'hygiène au traitement des maladies, par Fr. Ribes, professeur d'hygiène à la Faculté de médecine de Montpellier. Paris, 1860. 1 volume in-8 de 828 pages . . . . 10 fr.

RICHARD. Histoire de la génération chez l'homme et chez la femme, par le docteur David Richard. 1875. 1 vol. de 350 pages, avec 8 planches gravées en taille douce et tirées en couleur. Cart. . . . 12 fr.

RICHELOT. De la péritonite herniaire et de ses rapports avec l'étranglement, par L.-G. Richelot, prosecteur de la Faculté de médecine. Paris, 1874. In-8 de 88 pages . . . . 2 fr.

— **Du tétanos.** 1875. In-8 de 147 pages . . . . 3 fr.

RICORD. Lettres sur la Syphilis adressées à M. le rédacteur en chef de *l'Union médicale*, suivies des discours à l'Académie de médecine sur la syphilisation et la transmission des accidents secondaires, par Ph. Ricord, chirurgien de l'hôpital du Midi, avec une Introduction par Am. Latour. *Troisième édit.* Paris, 1863. 1 v. in-18 jésus de vi-558 pages. 4 fr.

RINDFLEISCH (Édouard). Traité d'histologie pathologique, traduit et annoté par le docteur F. Gross, professeur agrégé à la Faculté de médecine de Nancy. Paris, 1875. 1 vol. grand in-8 de 739 pages avec 260 figures . . . . 14 fr.

ROBIN. Traité du microscope, comprenant son mode d'emploi, ses applications à l'étude des injections, à l'anatomie humaine et comparée, à la physiologie, à la pathologie médico-chirurgicale, à l'histoire naturelle animale et végétale et à l'économie agricole, par Ch. Robin, professeur à la Faculté de médecine, membre de l'Académie des sciences. *Troisième édition*. Paris, 1877. 1 vol. in-8 avec 580 figures, cart. . . . 20 fr.

— **Leçons sur les humeurs** normales et morbides du corps de l'homme, professées à la Faculté de médecine de Paris. *Deuxième édition*. Paris, 1874. 1 vol. in-8 de 1008 pages avec 35 figures, cart. . . . 18 fr.

— **Anatomie et physiologie cellulaires**, ou des cellules animales et végétales, du protoplasma et de éléments normaux et pathologiques qui en dérivent. Paris, 1873. 1 vol. in-8 de 640 pages, avec 83 figures, cart. . . . . 16 fr.

— **Programme du cours d'Histologie.** *Deuxième édition*. Paris, 1870. 1 vol. in-8 de xl-416 pages . . . . 6 fr.

— **Mémoire sur la rétraction, la cicatrisation et l'inflammation des vaisseaux ombilicaux** et sur le système ligamenteux qui leur succède. Paris, 1860. 1 vol. in-4 avec 5 planches lithographiées, . . 3 fr. 50

— **Mémoire sur les modifications de la muqueuse utérine** pendant et après la grossesse. Paris, 1861. In-4, avec 5 pl. lithographiées. 4 fr. 50

— **Mémoire sur l'évolution de la notocorde**, des cavités des disques intervertébraux et de leur contenu gélatineux. Paris, 1868. 1 vol. in-4, 202 pages avec 12 planches . . . . 12 fr.

— **et LITTRÉ.** Voy. *Dictionnaire de médecine*, treizième édition, page 13.

ROBIN et VERDEIL. Traité de Chimie anatomique et physiologique normale et pathologique, ou des Principes immédiats normaux et morbides qui constituent le corps de l'homme et des mammifères, par Ch. Robin et F. Verdeil, docteur en médecine, chef des travaux chimiques à l'Institut agricole, professeur de chimie. Paris, 1853. 3 forts volumes in-8, avec atlas de 45 planches dessinées d'après nature, gravées, en partie coloriées. . . . . 56 fr.

ROCHARD. Histoire de la chirurgie française au XIXe siècle, étude historique et critique sur les progrès faits en chirurgie et dans les sciences qui s'y rapportent, depuis la suppression de l'Académie royale de chirurgie jusqu'à l'époque actuelle, par le docteur Jules Rochard, directeur du service de santé de la marine. Paris, 1875. 1 vol. in-8 de xvi-800 pages. . . . . 12 fr.

ROUSSEL. Traité de la pellagre et des pseudo-pellagres, par le docteur J.-B.-Th. Roussel. Ouvrage couronné par l'Institut de France. Paris, 1866. 1 vol. in-8 de 656 pages. . . . . 10 fr.

ROUX. De l'ostéomyélite et des amputations secondaires, d'après les observations recueillies à l'hôpital de la marine de Saint-Mandrier (Toulon, 1859) sur les blessés de l'armée d'Italie, par M. le docteur Jules Roux, directeur du service de santé de la marine à Paris. Paris, 1860. 1 vol. in-4, avec 6 planches lithographiées. . . . . 5 fr.

SAINT-VINCENT. Nouvelle médecine des familles à la ville et à la campagne, à l'usage des familles, des maisons d'éducation, des écoles communales, des curés, des sœurs hospitalières, des dames de charité et de toutes les personnes bienfaisantes qui se dévouent au soulagement des malades : remèdes sous la main, premiers soins avant l'arrivée du médecin et du chirurgien, art de soigner les malades et les convalescents, par le docteur A. C. de Saint-Vincent. *Troisième édition.* Paris, 1874. 1 vol. in-18 jésus de 451 pages avec 142 figures. Cartonné. . 3 fr. 50

SAUREL. Traité de Chirurgie navale, par L. Saurel, chirurgien de la marine, professeur agrégé à la Faculté de médecine de Montpellier, suivi d'un Résumé de leçons sur le **service chirurgical de la flotte**, par le docteur J. Rochard, directeur du service de santé de la marine à Brest. Paris, 1861. In-8 de 600 pages, avec 106 figures. . . . . 8 fr.

SCHATZ. Études sur les hôpitaux sous tente, par le docteur J. Schatz, ex-chirurgien des armées des États-Unis d'Amérique. Paris, 1870, in-8 de 70 pages avec figures. 2 fr. 50

SCHIMPER. Traité de Paléontologie végétale, ou la flore du monde primitif dans ses rapports avec les formations géologiques et la flore du monde actuel, par W. P. Schimper, professeur de géologie à la Faculté des sciences et directeur du Musée d'histoire naturelle de Strasbourg. Paris, 1869-1874. 3 vol. grand in-8, avec atlas de 110 planches grand in-4, lithographiées. . . . . 150 fr.

Séparément, tome III. Paris, 1874. 1 vol. grand in-8 de 830 pages avec atlas de 20 planches. . . . . 50 fr.

SCHWABE. Pharmacopea homœopathica polyglottica, en allemand, anglais et français, par le docteur Willmar Schwabe et le docteur Alphonse Noack de Lyon. 1872. 1 vol. in-8 cart. de 250 pages. . . . . . . 9 fr.

SÉDILLOT. De l'évidement sous-périosté des os. *Deuxième édition.* Paris, 1867. 1 v. in-8, 458 pages, avec 16 pl. polychromiques. . 14 fr.

— **Contributions à la chirurgie.** Paris, 1869. 2 vol. gr. in-8 de 700 pages chacun, avec figures. . . . . 24 fr.

SÉDILLOT et LEGOUEST (L.). Traité de Médecine opératoire, bandages et appareils, par Ch. Sédillot, médecin inspecteur des armées, directeur de l'École du service de santé militaire, professeur de clinique chirurgicale à la Faculté de médecine de Strasbourg, membre correspondant de l'Institut de France et L. LEGOUEST, médecin-inspecteur des armées, professeur à l'Ecole du Val-de-Grâce. *Quatrième édition.* Paris, 1870. 2 vol. grand in-8 de 650 pages chacun, avec figures intercalées dans le texte et en partie coloriées. . . . . 20 fr.

SERRES (E.). Anatomie comparée transcendante, Principes d'embryogénie, de zoogénie et de tératogénie. Paris, 1859. 1 vol. in-4 de 942 pages, avec 26 planches . . . . 16 fr.

SICHEL. Iconographie ophthalmologique, ou Description avec figures coloriées des maladies de l'organe de la vue, comprenant l'anatomie pathologique, la pathologie et la thérapeutique médico-chirurgicales, par le docteur J. SICHEL, professeur d'ophthalmologie. Paris, 1852-1859. *Ouvrage complet.* 2 vol. grand in-4 dont 1 vol. de 840 pages de texte, et 1 volume de 80 planches dessinées d'après nature, gravées et coloriées avec le plus grand soin, accompagnées d'un texte descriptif. . . . . . 172 fr. 50

Demi-reliure des deux volumes, dos de maroquin, tranche supérieure dorée. . . . . 15 fr.

Cet ouvrage est complet en 25 livraisons, dont 20 composées chacune de 28 pages de texte in-4 et de 4 planches dessinées d'après nature, gravées, imprimées en couleur, retouchées au pinceau, et 5 livraisons (17 bis, 18 bis et 20 bis de texte complémentaires). Prix de chaque livraison. . . . . 7 fr.

On peut se procurer séparément les dernières livraisons.

Le texte se compose d'une exposition théorique et pratique de la science, dans laquelle viennent se grouper les observations cliniques, mises en concordance entre elles, et dont l'ensemble formera un *Traité clinique des maladies de l'organe de la vue,* commenté et complété par une nombreuse série de figures.

Les planches sont aussi parfaites qu'il est possible; elles offrent une fidèle image de la nature; partout les formes, les dimensions, les teintes ont été consciencieusement observées; elles présentent la vérité pathologique dans ses nuances les plus fines, dans ses détails les plus minutieux; gravées par des artistes habiles, imprimées en couleur et souvent avec repère, c'est-à-dire avec une double planche, afin de mieux rendre les diverses variétés des injections vasculaires des membranes externes; toutes les planches sont retouchées au pinceau avec le plus grand soin.

L'auteur a voulu qu'avec cet ouvrage le médecin, comparant les figures et la description, puisse reconnaître et guérir la maladie représentée lorsqu'il la rencontrera dans la pratique.

SIEBOLD. Lettres obstétricales, par E. C. J. VON SIEBOLD, professeur d'accouchements à l'Université de Gœttingue, traduit de l'allemand par le docteur MORPAIN, avec introduction et des notes, par J. A. STOLTZ, professeur d'accouchements à la Faculté de médecine de Strasbourg. Paris, 1866. In-18, 268 pages. . . . . 2 fr. 50

SIMON (LÉON). Des Maladies vénériennes et de leur traitement homœopathique, par le docteur LÉON SIMON fils. Paris, 1860. 1 vol. in-18 jésus, XII-744 pages. . . . . 6 fr.

— *Voy.* HERING.

SIMPSON. Clinique obstétricale et gynécologique, par sir James Y SIMPSON, professeur à l'Université d'Edimbourg. Traduit et annoté par G. Chantreuil, chef de clinique d'accouchements à la Faculté de médecine de Paris. 1874. 1 vol. grand in-8 de 820 p. avec fig. . . . 12 fr.

SOUBEIRAN. Nouveau dictionnaire des falsifications et des altérations des aliments, des médicaments et de quelques produits employés dans les arts, l'industrie et l'économie domestique; exposé des moyens scientifiques et pratiques d'en reconnaître le degré de pureté, l'état de conservation, de constater les fraudes dont ils sont l'objet. par J. LÉON SOUBEIRAN, professeur à l'École supérieure de pharmacie de Montpellier. Paris, 1874. 1 vol. grand in-8 de 640 pages avec 218 fig. Cart. . . . 14 fr.

SYPHILIS VACCINALE (De la). Communications à l'Académie de médecine, par MM. DEPAUL, RICORD, BLOT, JULES GUÉRIN, TROUSSEAU,

Devergie, Briquet, Gibert, Bouvier, Bousquet, suivies de mémoires sur la transmission de la syphilis par vaccination animale, par MM. A. Viennois (de Lyon), Pellizari (de Florence), Palasciano (de Naples), Phillipeaux (de Lyon), et Auzias-Turenne. Paris, 1865, in-8 de 592 pages. . . . . 6 fr.

TARDIEU. Dictionnaire d'Hygiène publique et de Salubrité, ou Répertoire de toutes les Questions relatives à la santé publique, considérées dans leurs rapports avec les Subsistances, les Épidémies, les Professions, les Établissements et institutions d'Hygiène et de Salubrité, complété par le texte des Lois, Décrets, Arrêtés, Ordonnances et Instructions qui s'y rattachent; par Ambroise Tardieu, professeur de médecine légale à la Faculté de médecine de Paris, médecin de l'Hôtel-Dieu, président du Comité consultatif d'hygiène publique. *Deuxième édition*, considérablement augmentée. Paris, 1862. 4 forts vol. grand in-8. (Ouvrage couronné par l'Institut de France.) . . . . 32 fr.

TARDIEU (A). Étude médico-légale sur la folie. Paris, 1872. 1 vol. in-8 de xxii-610 pages avec 15 fac-simile d'écriture d'aliénésd. . 7 fr.
— **Étude médico-légale sur la pendaison, la strangulation et la suffocation.** Paris, 1870. 1 vol. in-8, xii, 552 pages avec planches . 5 fr.
— **Étude médico-légale et clinique sur l'empoisonnement** (avec la collaboration de M. Z. Roussin, pour la partie de l'expertise médico-légale relative à la recherche chimique des poisons). *Deuxième édition*. Paris, 1875. 1 vol. in-8 de 1072 pages avec 2 planches et 52 figures. . 14 fr.
— **Étude médico-légale sur les Attentats aux mœurs.** *Sixième édition*. Paris, 1873. in-8 de 224 pages, 4 planches gravées. . . 4 fr 50
— **Étude médico-légale sur l'Avortement**, suivie d'une note sur l'obligation de déclarer à l'état civil les fœtus mort-nés et d'observations et recherches pour servir à l'histoire médico-légale des grossesses fausses et simulées. 3ᵉ *édition*. Paris, 1868. In-8, viii-280 pages. . . . . 4 fr.
— **Étude médico-légale sur l'infanticide.** Paris, 1868. 1 vol. in-8, avec 3 planches coloriées. . . . . 6 fr.
— **Question médico-légale de l'identité** dans ses rapports avec les vices de conformation des organes sexuels, contenant les souvenirs et impressions d'un individu dont le sexe avait été méconnu. *Deuxième édition*. Paris, 1874. 1 vol. in-8 de 176 pages. . . . . 3 fr.
— **Relation médico-légale de l'affaire Armand** (de Montpellier). Simulation de tentative homicide (commotion cérébrale et strangulation); avec les adhésions de MM. les professeurs G. Tourdes (de Strasbourg), Ch. Rouget (de Montpellier), Émile Gromier (de Lyon), Sirus Pinondi (de Marseille), et Jacquemet (de Montpellier). Paris, 1864, in-8 de 80 pag. 2 fr.
— **Projet de construction du nouvel Hôtel-Dieu de Paris**, Paris 1865. In-8, 44 pages. . . . . 1 fr. 25

TARDIEU (A.) et LAUGIER. Contribution à l'histoire des monstruosités, considérée au point de vue de la médecine légale, à l'occasion de l'exhibition publique du monstre pygopage Millie-Christine; par MM. A. Tardieu et M. Laugier. 1874. In-8 de 52 pages, avec 4 figures. 1 fr. 50

TEMMINCK et LAUGIER. Nouveau Recueil de planches coloriées d'Oiseaux, pour servir de suite et de complément aux planches enluminées de Buffon; par MM. Temminck, directeur du Musée de Leyde, et Meiffren-Laugier, de Paris. Ouvrage complet en 102 livr. Paris, 1822-1838. 5 vol. grand in-folio, avec 600 planches dessinées d'après nature, par Prêtre et Huet, gravées et coloriées. . . . . 1,000 fr.
Le même avec 600 planches grand in-4, figures coloriées. . . 750 fr.
Demi-reliure, dos en maroquin, des 5 vol. grand in-fol. . . 90 fr.
 Dito des 5 vol. grand in-4. . . . . 60 fr.

Acquéreurs de cette grande et belle publication, l'une des plus importantes et l'un des ouvrages les plus parfaits pour l'étude de l'ornithologie, nous venons offrir le *Nouveau Recueil de planches coloriées d'oiseaux* en souscription en baissant le prix d'un tiers.

Chaque livraison, composée de 6 planches gravées et coloriées avec le plus grand soin, et le texte descriptif correspondant. L'ouvrage est *complet* en 102 livraisons.

Prix de la livraison in-folio, fig. coloriées, (15 fr.) . . . . 10 fr.
— gr. in-4, fig. col., (10 fr. 50) . . . . 7 fr. 50

La dernière livraison contient des tables scientifiques et méthodiques. Les personnes qui n'ont point retiré les dernières livraisons pourront se les procurer aux prix indiqués ci-dessus.

TESTE. Manuel pratique de Magnétisme animal. Exposition méthodique des procédés employés pour produire les phénomènes magnétiques et leur application à l'étude et au traitement des maladies. *Quatrième édition*, revue, corrigée et augmentée. Paris, 1853. In-12 . . . . . . 4 fr.

TESTE. Systématisation pratique de la Matière médicale homœopathique, par le docteur A. TESTE, ancien président de la Société de médecine homœopathique. Paris, 1853. 1 vol in-8 de 616 pages. . 8 fr.

— **Traité homœopathique des maladies aiguës et chroniques des Enfants.** *Deuxième édition.* Paris, 1856. In-18 de 420 pages. . . 4 fr. 50

— **Comment on devient homœopathe.** *Troisième édition*, Paris, 1873. 1 vol. in-18 jésus de 322 pages. . . . . 3 fr. 50

THOMPSON. Traité pratique des maladies des voies urinaires, par sir Henry THOMPSON, professeur de clinique chirurgicale et chirurgien à University College Hospital, membre correspondant de la Société de chirurgie de Paris. Traduit avec l'autorisation de l'auteur et annoté par Ed. MARTIN, Ed. LABARRAQUE et V. CAMPENON, internes des hôpitaux de Paris, membres de la Société anatomique, suivi des **Leçons cliniques sur les maladies des voies urinaires**, professées à University College Hospital, traduites et annotées par les docteurs Jude HUE et F. GIGNOUX. Paris, 1874. 1 vol. grand in-8 de 1020 pages, avec 280 figures. Cartonné. . . 20 fr.

TRIPIER (AUG.). Manuel d'électrothérapie. Exposé pratique et critique des applications médicales et chirurgicales de l'électricité. Paris, 1861. 1 vol. in-18 jésus, XII-624 pages, avec 89 figures. . . . . 6 fr.

TROUSSEAU. Clinique médicale de l'Hôtel-Dieu de Paris, par A. TROUSSEAU, professeur à la Faculté de médecine de Paris, médecin de l'Hôtel-Dieu. *Quatrième édition*, par le docteur MICHEL PETER. Paris, 1875 3 v. in-8, ensemble 2616 p., avec un portrait gravé de l'auteur. 32 fr.

Cette quatrième édition a reçu des augmentations considérables. Les sujets principaux que j'ai ajoutés à cette édition sont : les névralgies, la paralysie glosso-laryngée, l'aphasie, la rage, la cirrhose, l'ictère grave, le rhumatisme noueux, le rhumatisme cérébral, la chlorose, l'infection purulente, la phlébite utérine, la phlegmatia alba dolens, les phlegmons périhystériques, les phlegmons iliaques, les phlegmons périnéphriques, l'hématocèle rétro-utérine, l'ozène, etc., etc. (*Extrait de la préface de l'auteur.*)

TURCK. Méthode pratique de laryngoscopie, par le docteur LUDWIG TURCK, médecin en chef de l'hôpital général de Vienne (Autriche). Paris, 1861. In-8 de 80 p., avec une pl. lithographiée et 29 figures. 3 fr. 50

— **Recherches cliniques sur diverses maladies du larynx, de la trachée et du pharynx**, étudiées à l'aide du laryngoscope. Paris, 1862. In-8 de VIII-100 pages. 2 fr. 50

VALETTE. Clinique chirurgicale de l'Hôtel-Dieu de Lyon, par A.-D. VALETTE, professeur de clinique chirurgicale à l'Ecole de médecine de Lyon, 1875, 1 vol. in-8 de 720 pages avec figures. . . . . 12 fr.

VALLEIX. Guide du Médecin praticien, ou Résumé général de Pathologie interne et de Thérapeutique appliquées, par le docteur F. L. I. VALLEIX, médecin de l'hôpital de la Pitié. *Cinquième édition*, entièrement refondue

et contenant le résumé des travaux les plus récents, par P. Lorain, médecin des hôpitaux de Paris, professeur agrégé de la Faculté de médecine, avec le concours de médecins civils et de médecins appartenant à l'armée et à la marine. Paris, 1866. 5 volumes grand in-8 de chacun 800 pages, avec 411 figures. . . . . 50 fr.
> Tome I. Fièvres, maladies pestilentielles, maladies constitutionnelles, névroses. — Tome II. Maladies des centres nerveux, maladies des voies respiratoires. — Tome III. Maladies des voies circulatoires, maladies des voies digestives. — Tome IV. Maladies des annexes des voies digestives, maladies des voies génito-urinaires. — Tome V. Maladies des femmes, maladies du tissu cellulaire, de l'appareil locomoteur, maladies de la peau, maladies des yeux et des oreilles. Intoxications par les venins, par les virus, par les poisons d'origine animale, végétale et minérale. Table générale.

VERLOT. Le Guide du Botaniste herborisant, conseils sur la récolte des plantes, la préparation des herbiers, l'exploration des stations de plantes phanérogames et cryptogames, et les herborisations aux environs de Paris, dans les Ardennes, la Bourgogne, la Provence, le Languedoc, les Pyrénées, les Alpes, l'Auvergne, les Vosges, au bord de la Manche, de l'Océan et de la Méditerranée, par M. Bernard Verlot, chef de l'École de botanique au Muséum d'histoire naturelle, avec une Introduction par M. Naudin, membre de l'Institut (Académie des sciences). Paris, 1865. In-8, 600 pages avec figures intercalées dans le texte. Cart. 5 fr. 50

VERNEAU. Le bassin dans les sexes et dans les races, par le docteur R. Verneau, préparateur d'anthropologie au Muséum d'histoire naturelle. Paris, 1875. in-8 de 156 pages, avec 16 planches. . . . . 6 fr.

VERNEUIL. De la gravité des lésions traumatiques et des opérations chirurgicales chez les alcooliques, communications à l'Académie de médecine, par MM. Verneuil, Hardy, Gubler, Gosselin, Béhier, Richet, Chauffard et Giraldès. Paris, 1871, in-8 de 160 pages. . . . . . . 3 fr.

VERNOIS. Traité pratique d'Hygiène industrielle et administrative, comprenant l'étude des établissements insalubres, dangereux et incommodes; par le docteur Maxime Vernois, membre de l'Académie de médecine. Paris, 1860. 2 vol. in-8 de chacun 700 pages. . . . . 16 fr.

— **De la Main des ouvriers et des artisans** au point de vue de l'hygiène et de la médecine légale, Paris, 1862. In-8 avec 4 pl. chromolithographiées. . . . . 3 fr. 50

— **État hygiénique des lycées de l'empire en 1867**. Paris, 1868, in-8. . . . . 2 fr. 50

VIDAL. Traité de Pathologie externe et de Médecine opératoire, avec des Résumés d'anatomie des tissus et des régions, par A. Vidal (de Cassis), chirurgien de l'hôpital du Midi, professeur agrégé à la Faculté de médecine de Paris, etc. *Cinquième édition*, par le docteur Fano, professeur agrégé de la Faculté de médecine de Paris. Paris, 1861. 5 vol. in-8, avec 761 figures. . . . . 40 fr.

VILLEMIN. Études sur la tuberculose, preuves rationnelles et expérimentales de sa spécificité et de son inoculation, par J.-A. Villemin, professeur à l'École du Val-de-Grâce. Paris, 1868. 1 vol. in-8 de 640 pages. . . . . 8 fr.

VIRCHOW. La pathologie cellulaire basée sur l'étude physiologique et pathologique des tissus, par R. Virchow, professeur à la Faculté de Berlin, médecin de la Charité, membre correspondant de l'Institut. Traduction française. *Quatrième édition*, conforme à la quatrième édition allemande, par I. Straus, chef de clinique de la Faculté de médecine. Paris, 1874. 1 vol. in-8 de xxiv-582 pages, avec 157 fig. . . . . 9 fr.

VOISIN (Aug.). De l'Hématocèle rétro-utérine et des Épanchements sanguins non enkystés de la cavité péritonéale du petit bassin, considérés

comme accidents de la menstruation; par le docteur Auguste Voisin, médecin de la Salpêtrière. Paris, 1860. In-8 de 368 pages, avec une planche.. . . . . 4 fr. 50
— **Le service des secours publics** à Paris et à l'étranger. Paris, 1873. In-8 de 54 pages. . . . . 1 fr. 50
— **Leçons cliniques sur les maladies mentales**, professées à la Salpêtrière. 1876. 1 vol. in-8 de 196 pages, avec photographies, planches lithogrrphiées et figures. 6 fr.
WATELET (A. D.). Description des plantes fossiles du bassin de Paris. Paris, 1865-1866. 2 vol. in-4 de 300 pages et de 60 planches lithographiées, cartonnés. . . . . 60 fr.
WEHENKEL. Éléments d'anatomie et de physiologie pathologiques générales, nosologie, par le docteur Wehenkell, professeur à l'École de médecine vétérinaire de Cureghem. 1874. 1 vol. in-8 de 520 p. 7 fr. 50
WETTERWALD (Maurice.) Le vétérinaire du foyer ou traité des diverses maladies de nos principaux animaux domestiques. Traduit de l'allemand par J. Ducommun. Paris, 1872. In-12 de xi-196 pages. . . . 2 fr. 50
WOILLEZ. Dictionnaire de diagnostic médical, comprenant le diagnostic raisonné de chaque maladie, leurs signes, les méthodes d'exploration et l'étude du diagnostic par organe et par région, par E.-J. Woillez, médecin de l'hôpital La Riboisière. *Deuxième édition.* Paris, 1870. In-8 de 952 pages avec figures. . . . . 16 fr.
WUNDT. Traité élémentaire de physique médicale, par le docteur Wundt, professeur à l'Université de Heidelberg, traduit avec de nombreuses additions, par le docteur Ferd. Monoyer, professeur agrégé de physique médicale à la Faculté de médecine de Nancy. Paris, 1871, 1 vol. in-8 de 704 p. avec 596 fig. y compris 1 pl. en chromolith. 12 fr.
ZIMMERMANN. Anthropologie et ethnographie. L'homme, merveilles de la nature humaine, origine de l'homme, son développement de l'état sauvage à l'état de civilisation. Nouvelle édition. Paris, 1869. In-8 de 796 pages, avec figures et planches . . . . 10 fr.
Le même, relié, doré sur tranches, plats toile. . . . . 15 fr.

Tous les ouvrages portés dans ce Catalogue seront expédiés par la poste franco, dans les départements et en Algérie, à toute personne qui en aura envoyé le montant en un mandat sur Paris ou en timbres-poste.

EN DISTRIBUTION

CATALOGUE GÉNÉRAL

DES LIVRES DE MÉDECINE

De Chirurgie, de Pharmacie, des Sciences accessoires et de l'Art vétérinaire, français et étrangers qui se trouvent chez J.-B. Baillière et Fils. Un vol. in-8 de xlviii-400 pages. . . . . 1 fr. 50

CATALOGUE GÉNÉRAL
DES LIVRES D'HISTOIRE NATURELLE
FRANÇAIS ET ÉTRANGERS QUI SE TROUVENT CHEZ J.-B. BAILLIÈRE ET FILILS

Histoire naturelle générale, 16 pages.
Géologie, Minéralogie, Paléontologie, 56 p. (Mai 1873-74).
Botanique, 80 pages. (Août 1872).
Zoologie, 104 pages. (1872).

Les Catalogues spéciaux seront envoyés *franco* à toute personne qui d en fera la demande par lettre affranchie.

Nous publions tous les 2 mois une notice de nos nouvelles publlications et nous l'envoyons régulièrement à toute personne qui nous en fait la demande par lettre affranchie.

Pour paraître en 1876 :

TRAITÉ PRATIQUE DES MALADIES NERVEUSES, par l HAMMOND traduction française, augmentée de notes par M. LABADIE LAGRAVAVE. 1 vol grand in-8 de 600 pages, avec figures.

MANIPULATIONS DE PHYSIQUE. Cours de travaux pratiquques, pro fessé à l'École de pharmacie, par M. BUIGNET, professeur à l'E'Ecole d pharmacie. 1 vol. in-8 de 700 pages, avec 250 figures.

CLINIQUE MÉDICALE, par le docteur GALLARD, médecin de l la Pitié 1 vol. in-8 de 650 pages, avec 50 fig.

MAHÉ. Programme de séméiotique et d'éthiologie pour l'étude des es **MALADIES EXOTIQUES**, et principalement des maladies des pays chauauds, pa J. MAHÉ, prof. à l'École de médecine de Brest, 1876, 1 vol. in-8, 40400 pages

TRAITÉ D'HYGIÈNE NAVALE, par le docteur FONSSAGRIVES, 1 médecin en chef de la marine, professeur à la Faculté de Montpellier. D Deuxième édition. 1 vol. in-8 de 700 pages, avec 100 fig.

LEÇONS SUR LE DIABÈTE, par Claude BERNARD, professeur au au colég de France et au muséum d'histoire naturelle, membre de l'Académdémie de sciences. 1 vol. in-8 de 500 pages avec fig. . . . . 7 fr

PRÉCIS D'ANATOMIE, par BEAUNIS, professeur à la Faculté de m médecin de Nancy, et BOUCHARD, professeur agrégé à la Faculté de médédecine de Nancy. 1 vol. in-18 de 500 pages.

PRÉCIS D'OPÉRATIONS DE CHIRURGIE, par J. CHAUVEL, profof agrég à l'École du Val-de-Grâce. 1 vol. in-18 jésus de 600 pages avec ec 500 fig

LES SCIENCES NATURELLES ET LES PROBLÈMES QU'U'ELLES FONT SURGIR, sermons laïques, par Th. HUXLEY, membre de la la Sociét royale de Londres. 1 vol. in-18 jésus de 500 pages.

ARSENAL DU DIAGNOSTIC MÉDICAL. Applications cliniquques de thermomètres, des balances, des instruments d'explorations s des or ganes respiratoires, de l'appareil cardio vasculaire, des systèmèmes nerveux, musculaire, locomoteur, de l'appareil digestif, des ophththalmos copes, des speculums utérins, et des laryngoscopes, par M. JEANNNNEL, mé decin major. 1 vol. in-8 de 200 pages avec 180 fig.

NOUVEAUX ÉLÉMENTS D'ANATOMIE PATHOLOGIQUE DE ESCRIP TIVE ET HISTOLOGIQUE, par J. A. LABOULBENE, prof. agrégégé à la Fa culté de médecine, médecin des hôpitaux. 1 vol. in-8 de 700 p. avec ec 150 fig

TRAITÉ PRATIQUE DES MALADIES VÉNÉRIENNES, par le le docteu JULLIEN, professeur agrégé de la Faculté de médecine de Nancy.cy. 1 vol de 700 pages avec 150 fig.

Typographie Lahure, rue de Fleurus, 9, à Paris.

www.ingramcontent.com/pod-product-compliance
Lightning Source LLC
Chambersburg PA
CBHW070841230426
43667CB00011B/1887